普通高等教育"十二五"规划教材

轻化工机械与设备

主 编 张 恒
副主编 胡志军 李 俊
　　　　蓝惠霞 尤 鹏

科学出版社
北　京

内 容 简 介

本书是为培养高等院校轻化工程专业学生的制浆造纸工程机械与设备的专业技能而编写的,主要讲解制浆造纸工艺中所涉及的各种设备。通过本书的学习,读者能够熟悉制浆造纸工程行业生产过程所涉及的设备的一些共性问题,以及典型设备的结构及工作原理,明确其性能,进而掌握设备选型、使用、管理、维护以及改进等方面的基础知识。本书共12章,主要包括备料、制浆、筛洗、漂白、打浆、造纸、涂布和水处理等机械设备的基本特点、工作原理和设备概况。

本书可作为高等院校轻化工程及相关专业本科生的教材,也可作为工程技术人员培训教材或参考材料。

图书在版编目(CIP)数据

轻化工机械与设备/张恒主编.—北京:科学出版社,2013.1
普通高等教育"十二五"规划教材
ISBN 978-7-03-036062-5

Ⅰ.①轻⋯ Ⅱ.①张⋯ Ⅲ.①化工机械-高等学校-教材 ②化工设备-高等学校-教材 Ⅳ.①TQ 05

中国版本图书馆 CIP 数据核字(2012)第 277155 号

责任编辑:陈雅娴 / 责任校对:刘小梅
责任印制:徐晓晨 / 封面设计:迷底书装

科学出版社出版
北京东黄城根北街16号
邮政编码:100717
http://www.sciencep.com

北京凌奇印刷有限责任公司 印刷
科学出版社发行 各地新华书店经销
*

2013年1月第 一 版 开本:787×1092 1/16
2021年7月第六次印刷 印张:21 1/2
字数:541 000
定价:**69.00元**
(如有印装质量问题,我社负责调换)

《轻化工机械与设备》
编写委员会

主　编　张　恒

副主编　胡志军　李　俊　蓝惠霞　尤　鹏

编　委（以姓氏汉语拼音为序）

　　　　　管秀琼　胡志军　蓝惠霞　李　俊
　　　　　刘　智　聂　青　尤　鹏　张　恒

前　言

目前,我国轻工机械与设备工业已具备一定的生产规模,在种类、规模、数量和质量等方面都有了很大的发展和提高,但与国外同类行业相比,还有一定的差距。在今后,我国应大力重视和促进轻工装备生产制造技术水平的提高和发展,国内企业应瞄准国际发展趋势,提高自身加工水平和创新能力。

本书概括了轻工机械中用于制浆造纸工业的机械与设备,按照与制浆造纸生产工艺过程一致的顺序,分章论述了备料、制浆、筛洗、漂白、打浆、造纸、涂布和水处理等机械设备的概况、基本特点和作用原理,另外介绍了部分制浆造纸工艺,并对关键的机械和设备作了重点介绍。本书注重理论联系实际,内容丰富,深入浅出,为保证系统性,涵盖了齐全的制浆造纸设备,可根据教学情况选择学习内容。

本书由张恒担任主编,编写分工如下:第1章、第2章、第6章和第8章由张恒编写,第3章、第7章由李俊编写,第4章、第10章由胡志军编写,第5章由刘智、聂青编写,第9章由管秀琼编写,第11章由尤鹏编写,第12章由蓝惠霞编写。

本书在编写过程中,得到了青岛科技大学化工学院、轻化工程教研室和教务处的大力支持,许多专家提出了宝贵意见,在此表示衷心的感谢!同时非常感谢本书引用的参考文献的作者,是他们的研究成果奠定了本书的编写基础。另外,还要感谢各位编者的大力支持与真诚合作。黎振球老师对部分章节提出了宝贵意见,青岛科技大学研究生张岩冲、刘丽丽、黄秀红和韩洪燕在资料整理、文字处理和校对方面做了大量的工作,在此一并致谢!

由于编者经验和水平有限,书中不当之处在所难免,恳请各位专家和广大读者提出宝贵意见。

编　者
2012年5月

目 录

前言
第1章 备料 ·· 1
  1.1 木材原料的备料 ·· 1
    1.1.1 去皮 ·· 1
    1.1.2 削片 ·· 3
    1.1.3 木片的筛选和质量控制 ··· 5
    1.1.4 粗大木片的再碎 ·· 6
  1.2 非木材原料的备料 ··· 6
    1.2.1 干法备料 ··· 7
    1.2.2 全湿法备料 ·· 8
    1.2.3 干湿结合法备料 ·· 9

第2章 化学制浆设备 ··· 11
  2.1 概述 ·· 11
  2.2 间歇式蒸煮设备 ··· 11
    2.2.1 蒸球 ··· 11
    2.2.2 蒸煮锅 ·· 12
    2.2.3 蒸煮锅的加热系统 ·· 12
  2.3 连续式蒸煮设备 ·· 13
    2.3.1 塔式连续蒸煮器 ··· 13
    2.3.2 横管式连续蒸煮器 ··· 15
    2.3.3 斜管式连续蒸煮设备 ·· 16
  2.4 蒸煮技术与设备的改进和发展 ·· 17
    2.4.1 置换蒸煮技术 ·· 18
    2.4.2 改良的硫酸盐法连续蒸煮技术 ··· 19
    2.4.3 第二代紧凑蒸煮技术 ·· 20
    2.4.4 Kamyr 单体液相式连续 Lo-Solid 蒸煮制浆工艺 ···························· 22
    2.4.5 Kamyr 双体液相式连续蒸煮制浆工艺和设备 ······························· 23

第3章 高得率制浆设备 ··· 26
  3.1 概述 ·· 26
  3.2 磨石磨木浆设备 ·· 26
    3.2.1 磨木机的类型及特点 ·· 27
    3.2.2 间歇式磨木机 ·· 27
    3.2.3 连续式磨木机 ·· 29
    3.2.4 磨石 ··· 31
  3.3 盘磨机械浆设备 ·· 32
    3.3.1 盘磨机的结构与类型 ·· 33
    3.3.2 盘式磨浆机的主要构件 ··· 36

3.4 搓丝机 …… 40
3.4.1 搓丝机的工作机理与特征 …… 40
3.4.2 搓丝机的结构组成 …… 41
3.5 盘磨机械浆系统的配套设备 …… 43
3.5.1 木片洗涤设备 …… 43
3.5.2 加料器 …… 45
3.5.3 汽蒸器 …… 46
3.5.4 挤压疏解机 …… 47
3.5.5 浸渍器 …… 47
3.6 盘磨机械浆的热回收设备 …… 49
3.7 高得率制浆设备的发展 …… 50
3.7.1 盘式磨浆机的技术发展趋势 …… 50
3.7.2 搓丝机的技术发展趋势 …… 51

第4章 废纸制浆系统及设备 …… 52
4.1 概述 …… 52
4.1.1 废纸制浆工艺流程 …… 52
4.1.2 废纸制浆的特点 …… 54
4.1.3 废纸的预处理 …… 57
4.1.4 废纸制浆的主要工序 …… 57
4.1.5 废纸制浆设备的类型 …… 57
4.2 碎浆系统及设备 …… 57
4.2.1 普通低浓水力碎浆机 …… 59
4.2.2 D型水力碎浆机 …… 61
4.2.3 立式高浓水力碎浆机 …… 62
4.2.4 转鼓碎浆机 …… 64
4.2.5 其他辅助碎浆设备 …… 66
4.3 浮选槽 …… 68
4.3.1 加气装置 …… 68
4.3.2 槽体 …… 69
4.3.3 浮选流程 …… 73
4.3.4 附属部件 …… 74
4.4 热分散系统及设备 …… 74
4.4.1 盘式热分散机 …… 75
4.4.2 辊式热分散机 …… 76
4.4.3 低温分散机 …… 78
4.5 废纸制浆生产实例 …… 78

第5章 洗涤与浓缩设备 …… 84
5.1 概述 …… 84
5.2 低浓洗涤浓缩设备 …… 85
5.2.1 圆网浓缩机 …… 85
5.2.2 网式浓缩设备 …… 86

5.3 中浓洗涤浓缩设备 ·············· 88
  5.3.1 真空洗涤浓缩机 ············ 88
  5.3.2 压力洗涤浓缩机 ············ 93
  5.3.3 水平带式真空洗浆机 ········ 94
5.4 高浓洗涤浓缩设备 ·············· 95
  5.4.1 螺旋挤浆机 ················ 95
  5.4.2 双辊挤浆机 ················ 96
  5.4.3 双网挤浆机 ················ 97
  5.4.4 鼓式置换洗浆机 ············ 97

第6章 纸浆的筛选与净化设备 ········ 100
6.1 概述 ·························· 100
6.2 筛选设备 ······················ 100
  6.2.1 筛浆机工作原理及分类 ······ 100
  6.2.2 振动式筛浆机 ·············· 101
  6.2.3 离心式筛浆机 ·············· 102
  6.2.4 压力式筛浆机 ·············· 104
6.3 净化设备 ······················ 107
  6.3.1 离心净化器工作原理 ········ 107
  6.3.2 涡旋除渣器的分类 ·········· 108
  6.3.3 低压差除渣器与高压差除渣器 · 109
  6.3.4 高浓除渣器 ················ 110
  6.3.5 除渣器的设计 ·············· 111
  6.3.6 涡旋除渣器的安装与使用 ···· 113
6.4 浆渣的处理 ···················· 115
6.5 废纸制浆的筛选净化设备 ········ 115
  6.5.1 除渣器 ···················· 116
  6.5.2 筛浆机 ···················· 117

第7章 漂白设备 ···················· 119
7.1 概述 ·························· 119
  7.1.1 漂白过程的段与序 ·········· 119
  7.1.2 漂白段的基本配备 ·········· 120
  7.1.3 纸浆漂白技术的发展 ········ 121
7.2 传统 CEH 三段漂白设备 ········ 121
  7.2.1 漂白流程及所需设备 ········ 122
  7.2.2 氯化段及氯化塔 ············ 122
  7.2.3 碱处理段及碱处理塔 ········ 123
  7.2.4 次氯酸盐漂白段及漂白塔 ···· 125
  7.2.5 混合设备 ·················· 126
7.3 中高浓纸浆氧漂白设备 ·········· 128
  7.3.1 中浓纸浆氧漂白的流程及所需设备 · 128
  7.3.2 氧漂白塔 ·················· 129

        7.3.3 高浓纸浆氧漂白 ··· 129
    7.4 中浓纸浆二氧化氯漂白设备 ··· 130
        7.4.1 中浓纸浆二氧化氯漂白段流程及所需设备 ··· 130
        7.4.2 中浓纸浆二氧化氯漂白塔 ··· 131
        7.4.3 对中浓纸浆二氧化氯漂白的评价 ··· 131
    7.5 中高浓纸浆过氧化氢漂白设备 ··· 132
        7.5.1 中浓纸浆过氧化氢漂白段流程 ··· 132
        7.5.2 高浓纸浆过氧化氢漂白流程及设备 ·· 133
    7.6 中高浓混合设备 ·· 135
        7.6.1 中浓高剪切混合设备 ·· 135
        7.6.2 高浓混合设备 ··· 138
    7.7 中高浓多段漂白流程与设备 ··· 140
        7.7.1 OC/DEoD 短序漂白流程及设备 ··· 140
        7.7.2 无元素氯漂白流程及设备 ··· 141
        7.7.3 全无氯漂白程序的组合及关键设备 ·· 142
    7.8 中高浓纸浆漂白系统的辅助设备 ·· 143
        7.8.1 洗浆机 ··· 143
        7.8.2 疏解机 ··· 143
        7.8.3 针形阀 ··· 144
        7.8.4 循环推进器 ·· 144

第8章 碱回收设备 ·· 145
    8.1 碱回收概述 ·· 145
    8.2 黑液的蒸发与浓缩设备 ··· 145
        8.2.1 短管蒸发器 ·· 146
        8.2.2 长管升膜蒸发器 ·· 146
        8.2.3 管式降膜蒸发器 ·· 147
        8.2.4 板式降膜蒸发器 ·· 148
        8.2.5 黑液增浓蒸发器 ·· 149
    8.3 黑液的燃烧设备 ··· 149
        8.3.1 黑液燃烧炉 ·· 149
        8.3.2 黑液燃烧炉主要辅助设备 ··· 151
    8.4 绿液的苛化设备 ··· 152
        8.4.1 石灰消化器 ·· 152
        8.4.2 苛化器 ··· 153
        8.4.3 澄清过滤设备 ··· 153
    8.5 白泥回收设备 ·· 154
        8.5.1 回转窑法 ··· 155
        8.5.2 流化床沸腾炉法 ·· 155
        8.5.3 闪急炉法 ··· 156

第9章 打浆与疏解设备 ··· 157
    9.1 概述 ··· 157

9.1.1 打浆设备的基本作用 157
9.1.2 对打浆设备的基本要求 158
9.1.3 打浆设备的分类 158
9.1.4 打浆设备的发展趋势 158
9.2 打浆机 159
9.3 圆柱形磨浆机 160
9.3.1 单向流式圆柱磨浆机 160
9.3.2 双向流式圆柱磨浆机 162
9.4 锥形磨浆机 164
9.4.1 单磨腔锥形磨浆机 164
9.4.2 双磨腔锥形磨浆机 166
9.5 盘磨机 167
9.5.1 盘磨机概述 167
9.5.2 盘磨机的类型 168
9.5.3 磨盘及磨浆特性 170
9.5.4 盘磨机的选用 172
9.5.5 盘磨机的主要技术特征 173
9.6 中高浓打浆设备 174
9.6.1 中高浓盘磨机 174
9.6.2 圆柱高浓打浆机 176
9.7 疏解设备 177

第10章 纸机抄造设备 179

10.1 纸机概述 179
10.1.1 纸机的发展 179
10.1.2 国产纸机的发展 182
10.1.3 纸机的组成 185
10.1.4 纸机的分类 185
10.1.5 纸机的规格 186
10.1.6 纸机的选型 190
10.2 纸浆流送系统及设备 190
10.2.1 流浆箱的供浆方式 190
10.2.2 配浆设备 192
10.2.3 冲浆稀释设备 195
10.2.4 网前净化设备 196
10.2.5 纸浆的除气装置 200
10.2.6 脉冲抑制设备 202
10.2.7 冲浆泵 202
10.3 流浆箱 203
10.3.1 概述 203
10.3.2 布浆器 205
10.3.3 堰池和匀整装置 208

- 10.3.4 上浆装置 … 212
- 10.3.5 流浆箱结构举例 … 214

10.4 纸机成形装置
- 10.4.1 长网成形装置 … 220
- 10.4.2 圆网成形装置 … 233
- 10.4.3 夹网成形器 … 236
- 10.4.4 叠网成形器 … 239

10.5 纸机压榨设备
- 10.5.1 概述 … 240
- 10.5.2 压榨辊类型 … 243
- 10.5.3 压榨部的引纸装置 … 250

10.6 纸机干燥装置
- 10.6.1 概述 … 252
- 10.6.2 烘缸、烘毯缸和冷缸 … 258
- 10.6.3 干燥装置的供热系统 … 263
- 10.6.4 干燥部的通风装置 … 267

10.7 压光机
- 10.7.1 概述 … 271
- 10.7.2 压光机的主要部件 … 273
- 10.7.3 普通压光机及半干压光机 … 275
- 10.7.4 光泽压光机 … 276
- 10.7.5 软辊压光机 … 277
- 10.7.6 超级压光机 … 280

10.8 卷纸机、切纸机及复卷机
- 10.8.1 卷纸机 … 282
- 10.8.2 切纸机 … 285
- 10.8.3 复卷机 … 289

第 11 章 涂布机械 … 295
11.1 概述 … 295
11.2 涂料制备设备
- 11.2.1 涂料制备流程 … 296
- 11.2.2 分散与混合设备 … 296
- 11.2.3 涂料筛选设备 … 299
- 11.2.4 涂料泵送设备 … 302

11.3 涂布器
- 11.3.1 表面施胶压榨与辊式涂布器 … 304
- 11.3.2 气刀涂布器 … 307
- 11.3.3 刮刀涂布器 … 309

11.4 干燥器
- 11.4.1 干燥器用空气的加热方法 … 313
- 11.4.2 常用干燥器 … 313

第12章 废水处理设备 · 317
12.1 概述 · 317
12.2 一级处理单元 · 318
12.2.1 理想沉淀池模型 · 318
12.2.2 沉淀池 · 319
12.3 二级处理单元 · 320
12.3.1 好氧生物处理 · 321
12.3.2 厌氧生物处理 · 323
12.3.3 人工湿地法 · 324
12.4 深度处理方法及设备 · 325
12.4.1 混凝装置 · 325
12.4.2 沉淀装置 · 326
12.5 污泥脱水装置 · 326
12.5.1 基本原理 · 326
12.5.2 污泥脱水装置种类 · 327

参考文献 · 329

第1章 备 料

备料在造纸企业中是指造纸植物纤维原料的堆放贮存、切断破碎、除尘筛选等基本过程。造纸植物纤维原料在备料工段应尽可能地去除木材原料的树皮及树节,草类原料的穗、鞘、髓、谷粒及尘土、砂石等杂质,并按规格要求筛选出合格的料片,直接送往下一工段或贮存备用。按照原料的种类不同,备料工段可分为木材原料的备料和非木材原料的备料,这两种备料的流程以及所使用的设备都有较大的区别。

1.1 木材原料的备料

造纸工业的木材原料主要是原木,其备料的一般流程如图1-1所示,主要包括去皮、削片、筛选以及粗大木片的再碎等过程。

1.1.1 去皮

由于一般的树皮(韧皮类树种除外)中纤维含量低,灰分和杂质含量高,所以要先将其除去,以减少化学药品的消耗和提高纸浆的质量。树皮有内皮和外皮之分,是否去内皮要视浆种而定,如生产磨木浆、亚硫酸盐化学浆和人造丝浆等需除去内皮;生产硫酸盐化学浆可不除去内皮;生产较低档的纸板用浆甚至内皮和外皮都可以保留。去皮工作最好在林区进行,因为新伐的原木水分大,外皮容易脱落,而且去皮后的原木容易干燥,还可以防止细菌侵蚀。

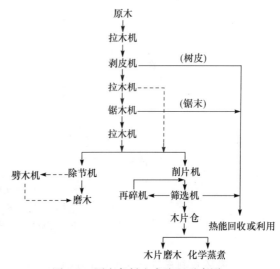

图 1-1 原木备料生产流程示意图

目前,去皮操作中较常使用的设备是剥皮机,剥皮机有连续式圆筒剥皮机、圆环式剥皮机、刀辊式剥皮机等。

1. 连续式圆筒剥皮机

连续式圆筒剥皮机(图1-2)有一个较大的圆筒形的转鼓,其壁上设有树皮排出孔或缝,内壁沿纵向设置有数目不等的断面、呈尖角或圆弧等形状的钢梁(也称提升器)。原木从圆筒的进料端连续地进入,在筒内做无规则滚动,并被圆筒内壁的钢梁带着,随着圆筒的旋转而提升,再下落,逐渐从筒的一端移向另一端。在这个过程中,原木之间、原木与筒壁之间发生摩擦、碰撞,使树皮剥离。

连续式圆筒剥皮机还分为湿法和干法两类。在湿法圆筒剥皮机中,水加到进料端的钢板内,用于松动树皮。圆筒的其余部分开有树皮排出缝,剥下的树皮会在木段前进的过程中与水一同从缝中排出。在干法圆筒剥皮机中,圆筒的全长都开有排出树皮的缝,而且其圆筒比湿法的长、转速高。干法剥皮的优点是脱出的树皮可以直接送入树皮锅炉中燃烧,而湿法圆筒剥皮机出来的树皮必须收集在水槽中,并要在燃烧前脱水,而且其最终废水的处理比较困难、费用较高。

连续式圆筒剥皮机的特点是可以处理较长的原木,生产能力大;去皮效果良好,损失率较小(1.0%~1.5%);设备简单,维护方便;操作人员少。缺点是设备占地面积较大;湿法的耗水量较大;由于摩擦的原因,木段两端变成帚形,易于夹带泥沙等杂质,影响纸浆的质量,并增加削片后的筛选损失。

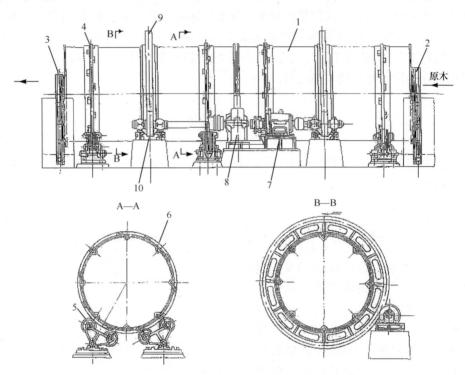

图 1-2　连续式短原木剥皮机

1.剥皮圆筒;2.投木槽;3.出木槽;4.滚圈;5.托轮;6.提升器;
7.电动机;8.减速器;9.从动齿轮;10.主动齿轮

2. 圆环式剥皮机(cambium shear barker)

如图 1-3 所示,圆环式剥皮机主要部件是一个旋转圆环(在圆环上装有多个带有刮铲刀片的支臂),当木片通过圆环时,对其施加径向和切向的压力。这种剥皮机是利用树皮和木材形成层之间的结合力较弱的特点来剥皮。该设备的喂料和转子的速度可以调整,以适应木段直径和树皮粘牢度的大范围变化,但这种装置不适于弯曲材和冻材。

图 1-3　圆环式剥皮机剥皮刀操作简图

3. Rosser 刀辊式剥皮机

Rosser 刀辊式剥皮机(Rosser head barker)如图 1-4 所示。它是利用一个快速旋转的附有多个切削刀的刀辊来切削和刮铲掉原木上的树皮。原木在削皮时自身旋转并纵向移动通过 Rosser 刀辊。该设备对冻材及树皮结合较紧的材种比较有效。

图 1-4　Rosser 刀辊式剥皮机结构示意图

另外，去皮的方法除了机械去皮还有人工去皮、水力去皮以及化学去皮等，其中人工去皮费时费力，不适合应用于大规模生产。

水力去皮是利用水力喷射式剥皮机(hydraulic jet barker)剥皮，在使用大直径原木的地区流行。这种方法是直接用高压水(超过 6.9MPa)射向原木以脱除树皮。其特点是剥皮效果好，且损失率低于 2%；但废水很难处理，许多工厂已转而采取机械剥皮。

化学去皮是在树木砍伐之前，在距地面 1.2m 左右的树干上剥掉一圈树皮(宽度与树径相等)，并涂上 20%～40%的砷酸钠溶液。这样处理后，树会在 1～2 周死去，而秋后易于剥皮，如果延至第二年的春夏剥皮会更加容易。这种剥皮方法对鱼鳞松、铁杉、白杨、桦木等最为有效，但南方潮湿地区及其他一些树种则不太适宜。

1.1.2　削片

生产化学木浆、化学机械木浆和木片机械浆等都需要将原料制成木片。一般木片的规格：长 15～25mm，厚 3～5mm，宽度虽然不限，但也不能过宽(不要超过 20mm)。原木木片的合格率一般要求大于 90%，板皮木片的合格率一般要求大于 75%。常用的削片设备主要有圆盘削片机和鼓式削片机，前者使用较多。

1. 圆盘削片机

圆盘削片机按喂料方式分为两种：斜口喂料(或倾斜喂料)和平口喂料(或水平喂料)；按刀盘上的刀数可分为两种：普通削片机(4～6 把刀)和多刀削片机(8～16 把刀)；按卸料方式又分为两种：上卸料和下卸料。

一种斜口圆盘削片机的结构如图 1-5 所示。刀盘是圆盘削片机的主要部件，它是一个沉重的铸钢圆盘，被固定在回转的钢轴上，起惯性轮的作用。在大型多刀削片机上往往还安装有一个与刀盘平行的惯性轮，以减少电机的容量。一般刀盘直径 1600～4000mm、厚 100～150mm。普通削片机的刀片安装在刀盘从辐射状位置向前倾斜 8°～15°，多刀削片机的刀片则安装在刀盘的辐射状位置。

刀片凸出刀盘的距离称为刀距，其大小可以调节，从而调节木片的长度。每一条刀片的下

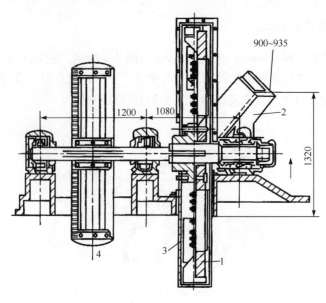

图 1-5 斜口喂料普通削片机
1.刀盘；2.喂料槽；3.外壳；4.皮带轮

方都有一条宽约 100mm 的缝，长度与刀片相同，削下的木片就通过这个缝到达刀盘的另一边。在缝的下面还装有与刀盘平齐的钢垫板（称刀牙或下刀），防止封口边缘被磨损。刀片厚度一般为 20~25mm，宽度不小于 200mm，长度视削片机的直径而定。刀片朝向刀牙的一面称为切削面，其背面称为安刀面，两个面形成的夹角称为刀刃角。刀刃与刀牙之间的垂直距离称为刀高，一般为 18~20mm（图 1-6）。

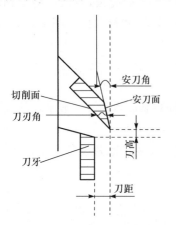

图 1-6 刀片在刀盘上的安装情况

上卸料削片机的刀盘周围装有翅片，用来打碎木片；下卸料的则不需翅片，木片直接下落到下面的运输带上。多刀削片机因转速快，用翅片输送木片易裂，故一般采用下卸料的方式。

喂料槽俗称虎口，其截面形状有圆形、方形、多边形等。喂料槽和刀盘平面设置有一定的角度，斜口喂料槽的喂料槽中心线与水平线形成的角称虎口角，一般为 45°~52°（平口喂料时该角度为 0°）。喂料槽的水平投影与刀盘主轴中心线形成的角为投木偏角，一般为 15°~38°。

2. 鼓式削片机

我国国产 BX 型鼓式削片机结构如图 1-7 所示。它的切削刀装在圆柱形的鼓上，其工作原理是刀鼓上的飞刀与其斜下方的底刀把原料切成木片；木片再穿过鼓下方装在机体上的筛板被排出；未能通过筛板的大块木料被旋转的刀辊再碎。

鼓式削片机对各种原料的适应性较强，可用于各种小径材、枝丫材、板皮、板条和其他木材加工剩余物的削片，且生产出的木片合格率较高。

几十年来，国内外已研制和生产了上百种型号的固定式和移动式削片机，其结构和性能已日趋完善，在生产中发挥着重要作用。近年来，国外削片机的研制有了进一步发展，并研制出多种新型的削片机，主要是改善进出料机构，改进飞刀、底刀结构及飞刀的装夹方式，增设控制

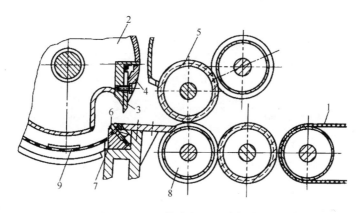

图 1-7 BX 型鼓式削片机结构简图
1.进料皮带；2.刀鼓；3.飞刀；4.压力板；5.上喂料辊；6.底刀；
7.底刀座；8.下喂料辊；9.筛板

木片质量的分离装置，降低削片机的振动与噪声。这些新型的削片机起到了提高生产率、木片质量和木片合格率，以及降低噪声、振动和减少能耗的作用，获得了很好的经济效益。

1.1.3 木片的筛选和质量控制

一般来说，送往制浆的木片合格率要求大于 90%，而来自削片机的木片合格率一般为 75%～85%，其中含有的一些大片、长条、木屑、木节等必须通过筛选，将过大或过小的料片分离，并将过大的木片再碎或再削片，以满足制浆的要求，并充分利用原料。另外，有些木片中还带有树皮，也必须从木片中除去。

选用合适的筛选机是控制木片质量的关键。目前，常用的木片筛选机有圆筛、平筛和盘式筛三类。

圆筛的筛选原理是利用不同筛孔的筛板在回转时将木屑、合格木片、长条等分开。它具有结构简单、设备维修容易等优点，但占地面积大、筛选有效面积小、筛孔易堵塞，故新建厂很少选用。

平筛分为高频振动式和低频摇摆式。利用不同筛孔的筛板，通过振动或摇摆将长条、木片和木屑分开。由于高频式平筛的筛框和弹簧垫等易损坏，木片在筛网上易堆积，已很少使用。目前国内多采用摇摆式平筛。它有两个用钢丝绳悬吊在机架上的水平的筛体。装有偏重轮的轴一端支撑在与筛体连接的横梁上，另一端支撑在机架的轴承上。每个筛体有三层具有 3°～4°倾角的、不同孔隙的筛网，木片随机器的摆动逐渐分层，并向低的一端移动、流出。上层的大木片送到再碎或重新削片系统；在中、下层网(有的工厂已将中层网拆除)的合格木片送往制浆系统；通过下层网的碎末集中处理。

一般来说，在蒸煮时药液沿纤维纵向的流速比横向大几十倍，甚至上百倍，所以木片厚度是影响浸透的重要指标。根据工作原理，摇摆筛不能很好地分离过厚的木片，而平形和 V 形圆盘筛由于对控制木片的厚度有良好的作用，越来越受到重视。筛选流程如图 1-8 所示。

圆盘式木片筛有多根装有圆形或梅花形盘的转轴。轴的中心线在同一倾斜平面内的称为平形圆盘筛；轴的中心线所构成的平面为 V 形的称为 V 形圆盘筛。V 形圆盘筛一般由 10 组圆盘(每组圆盘集中串联在一根轴上)形成 V 形的筛面，V 形的夹角为 3.5°；筛面从进口到出口还安装成 5°～10°倾角。相邻转轴之间靠得很近，而且圆盘之间相互错开，圆盘间的间距是控制木片厚度的唯一因素，而圆盘轴间距则决定了生产能力。V 形圆盘筛的工作原理见图 1-9。

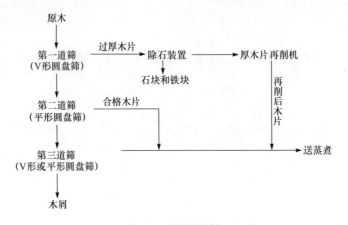

图 1-8 控制木片厚度的筛选流程

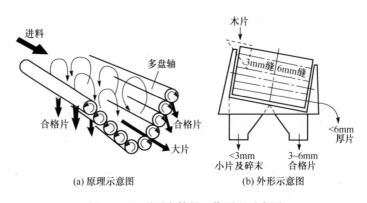

图 1-9 V形圆盘筛的工作原理示意图

1.1.4 粗大木片的再碎

筛选出来的粗大木片、长木条需要进行再碎处理。再碎的设备一般有锤式、刀式两类。锤式再碎机对木材损伤大,再碎效果差,设备零件的磨损也大。目前使用较多的是小型的圆盘式削片机,其直径约为1000mm,削出的木片能够基本满足生产要求。但是削出的木片质量欠佳,尤其是木片的厚度不能变小。目前新开发的双转子木片切薄机能够解决这一问题。它的工作原理是:厚木片被送进一个类似转鼓并带有切削刀的低速(约150r/min)转子中,被里面以高速(约300r/min)转动的带有推叶的转子带动,产生很大的离心力而紧紧贴附在低速转子的内壁上。两个转子同向转动,由于推叶转得快,木片几乎是平卧在低速转子的内壁上移动,在被推过低速转子的刀片位置时被切薄。

1.2 非木材原料的备料

目前,非木材原料在我国造纸原料中也占有一定的比例(10%~20%),而且非木材原料种类繁多,如稻麦草、芦苇、芒秆、蔗渣、竹子等。由于非木材原料种类繁多且各具特点,其备料流程也有差异,此处仅以较为典型的稻麦草为例说明非木材原料的备料情况。

稻麦草原料的备料可分为干法备料、全湿法备料及干湿结合法备料。

1.2.1 干法备料

图 1-10 为稻麦草干法备料的基本流程，主要有喂料、切料、筛选和除尘等几部分。

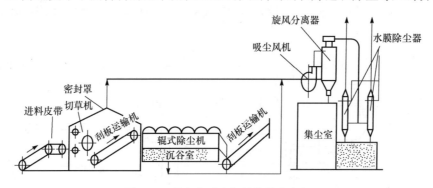

图 1-10 稻麦草干法备料的基本流程

1. 喂料与切料

草片的规格要求是切草长度 (25 ± 5) mm 且合格率大于 85%，所用设备一般为刀辊切草机（图 1-11），由喂料压辊、飞刀辊和底刀等组成。

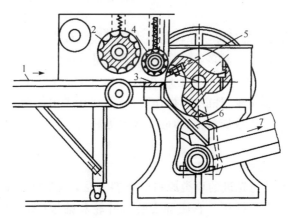

图 1-11 刀辊切草机结构示意图
1.喂料带；2、4.喂料压辊；3.底刀；5.飞刀辊；6.挡板；7.出料带

2. 筛选和除尘

筛选和除尘是为了将草片中夹带的草末、草叶、尘土和谷粒等杂质除去。我国沿用较久的是辊式除尘机（羊角除尘器），其外形如图 1-10 基本流程中所示。它由 4 或 6 个转鼓组成，转鼓上装有类似羊角的短棒，转鼓下面有筛网和筛板，运转时草片从进料口进入，转鼓上的羊角一面松散草片，一面拨动草片在筛网上向前运动，最后从出料口排出。谷粒、草末、尘土等穿过筛网落到下面的坑中，用风机连续抽出或定期由人工清除。由于这种设备的筛体固定，除尘效率不够高，尤其草湿的时候易堵塞筛孔。改进型的振动筛辊式除尘机的筛板是振动的，筛选效率和除尘效率大大提高，而且对筛出的尘土进行了上下分离，轻的由风机从上层抽走，重的落下由螺旋输送机排出。

另一种常用的除尘设备是锥形筛。筛的下半部有筛板，筛的中心轴上设置有呈螺旋状排列的搅拌叶片,草片从小端进入。由于叶片本身有一定倾斜角,又是按螺旋方向排列,所以旋转时草片从筛的入端就被叶片拨起并旋转着推向大端。在此过程中,谷粒、尘土等杂质很容易落到下部的筛板上,并穿过筛孔进入除尘系统。由于这种筛通常成对使用(串联或并联),又称为双锥除尘筛(图1-12)。与辊式除尘机相比较它占地面积小,堵塞现象少,除尘效果好。

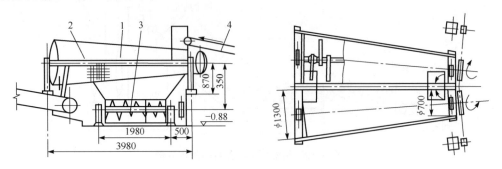

图1-12 双锥草片除尘机(并联)
1.筛鼓;2.轴辊;3.螺旋输送机;4.胶带输送机

吸尘风机吸走的尘土等杂质通过旋风分离器,按相对密度的大小被分离。重质向下被送入集尘室,并在此自然沉降。没有沉降下来的轻质灰尘从旋风分离器的上出口被送入水膜除尘器或水帘除尘器中。

水膜除尘器或水帘除尘器的除尘原理是将水喷成膜状或帘状,从而把空气中的灰尘凝聚下来,并随水排出。凝聚的灰尘越多,排出的尾气含尘量就越少。为了增大水膜或水帘与空气的接触面积,有的在空心塔中安装一些管子,也有的利用孔隔板形成水帘。

干法备料工艺成熟,投资少,耗能少,操作容易;但存在飞尘污染大,草片所带灰尘等杂质多,制浆用碱量高,得率低,纸浆质量不高,硅干扰大等缺点。

1.2.2 全湿法备料

全湿法备料是目前较为先进的草类原料的备料方法,其典型流程见图1-13。其主要设备是具有球形壳体的水力碎解机。它底部安装有叶轮和筛板(图1-14)。整捆的麦草由运

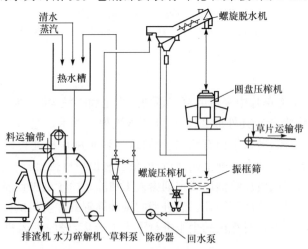

图1-13 麦草全湿法备料工艺流程

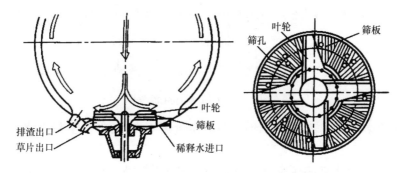

图 1-14 水力碎解机底部的叶轮和筛板结构示意图

输带直接送入碎解机中,在底刀和强大的涡流作用下,草捆被打散、撕裂和切断(草片的长度约 30mm)。碎草片穿过筛孔由草料泵抽出,不能通过筛孔的重杂质由排渣机连续排出。碎解机中的草料浓度为 5%~6%,NaOH 的用量为 1%(对绝干草),温度为 45℃,时间约为 15min。

草料泵将草片送至螺旋脱水机。它安装成 25°的倾斜角,并设有筛孔,从低端进入的草片悬浮液中的水、泥砂、尘埃以及被碎解的草叶、草穗、霉草的碎末等在被螺旋向上推动的过程中穿过筛板流下。从高端被推出的草片不仅被清洗除杂,而且被脱水(浓度由 5%变为 10%);再经圆盘压榨机压榨,压成干度为 25%~35%的饼状草块。

来自螺旋脱水机和圆盘压榨机的废水经振框筛和锥形除砂器处理后,约有 70%被送回水力碎解机回用。

全湿法备料的优点是:
(1) 草捆直接投入碎草机,无干法备料的噪声和粉尘,改善了工作环境,减低了劳动强度。
(2) 草叶、泥砂等去除率高,净化效果好,使灰分、苯-醇抽出物含量降低,减少了蒸煮和漂白的化学药品用量,尤其是 SiO_2 量的降低有利于黑液碱回收。
(3) 草片被纵向撕裂,草节部分被打碎,有利于药液的浸透。
(4) 蒸煮的草片水分稳定,有利于控制液比,尤其是对连续蒸煮有利。
(5) 纸浆得率高,强度好,易于滤水。

虽然全湿法备料有设备投资大、维修费用高、动力消耗大、生产成本高的缺点,但因同时具有以上的优点,而受到重视。

1.2.3 干湿结合法备料

干湿结合法备料是将干法备料和全湿法备料的一些工序进行组合,使之具有两者的特点。其代表性流程有以下两种。

干切、干净化、湿洗涤流程如图 1-15 所示。

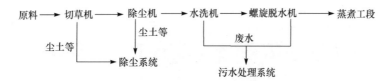

图 1-15 干切、干净化、湿洗涤流程图

干切、湿净化流程如图 1-16 所示。

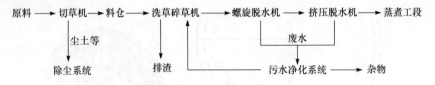

图 1-16　干切、湿净化流程图

干湿结合备料与连续蒸煮配套使用,具有蒸煮得率高、纸浆强度大、均整性好、原料损耗低、汽和电负荷均衡、自动化程度高、节省药液、劳动生产率高、劳动强度低、工作环境得以改善以及成浆质量稳定等优点,是草类碱法制浆备料的发展趋势。

第 2 章 化学制浆设备

2.1 概述

化学制浆是将纤维原料在蒸煮设备中与适量的化学药品一起在适当的压力下加热,且在一定时间内保温保压,使纤维原料中的木素大部分溶于药液中,而纤维素得以离解成所需纸浆的过程。

由于化学制浆的方法很多、纤维原料品种各异、生产规模不一等原因,化学制浆设备的结构与形式多种多样。一般将化学制浆设备依照操作过程分为间歇式和连续式两大类。

间歇式化学制浆设备的主体设备为蒸球和蒸煮锅,另外还配有附属设备,如循环泵、药液循环加热器、废热回收设备、喷放锅等。

连续式化学制浆设备按主体蒸煮设备可分为塔式连续蒸煮器[也称为卡米尔(Kamyr)连续蒸煮器]、横管式连续蒸煮器及斜管式连续蒸煮器。塔式连续蒸煮器适用于大中型木浆厂,在全球范围内使用最为普遍。

2.2 间歇式蒸煮设备

2.2.1 蒸球

蒸球是最早使用的蒸煮设备,主要用于烧碱法、硫酸盐法、碱性或中性亚硫酸盐法蒸煮。蒸球球体是一个球形薄壁压力容器,采用 15K 锅炉钢板焊接而成,也有少数用复合不锈钢板制成,结构见图 2-1。

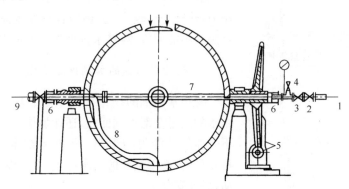

图 2-1 蒸球结构示意图
1、7.进汽管;2、3.截止阀;4.安全阀;5.蜗轮蜗杆传动系统;
6.逆止阀;8.喷放弯管;9.喷放管

球体上有一个椭圆形的装料孔,供装料和送液用,如采用无压倒料,则装料孔同时是卸料孔。装料孔有球盖,装料送液后可用紧固螺栓将其固定在装料孔上。球体通过法兰盘与两个铸钢制的空心轴颈连接,一个与进汽管连接,另一个与喷放管连接。蒸球的外壁上通常敷有 50~60mm 厚的保温层,以减少蒸球的热损失。目前,蒸球的规格有 $14m^3$、$25m^3$ 和 $40m^3$ 三种,以 $25m^3$ 和 $40m^3$ 规格使用较多。

2.2.2 蒸煮锅

立式蒸煮锅具有较大的生产能力和灵活性,设备投资特别是维修费用较低,操作维护管理较容易,成浆质量容易控制[未漂浆卡伯(Kappa)值变动小],耗碱量较少等特点。由于Sunds-Celleco法和RDH(repid displacement heating method)等法的开发成功,在很大程度上克服了间歇蒸煮能耗高的缺点,同时由于现代工业过程自动控制技术的迅速发展,立式蒸煮锅间歇蒸煮自控技术已成熟,因而在相当长的一段时期内,立式蒸煮锅仍将是我国生产化学浆的大中型纸厂蒸煮设备的重要选择。

蒸煮锅为立式固定设备,锅体可分为三部分,中部为圆筒形,上下两部分均为球形与锥形组合体。锅体外敷保温层,它的容积随工厂的规模而变化,蒸煮锅的上部有一个大的带有法兰盘的开口以及可移动的锅盖,作为纤维原料的进口。为了达到较高的木片装料密度,装料时可以使用蒸汽或机械装锅器。

在碱性条件下蒸煮的蒸煮锅,一般使用20K锅炉钢板焊接而成,目前国产的主要有$50m^3$、$75m^3$和$110m^3$三种规格,国外也有采用较大锅容的,如$125m^3$、$160m^3$。图2-2所示为$75m^3$硫酸盐蒸煮锅。

酸性亚硫酸盐蒸煮锅必须内衬耐腐蚀材料。旧式蒸煮锅用耐酸砖衬里,新式蒸煮锅一般使用不锈钢板衬里(厚度3~4mm)。

2.2.3 蒸煮锅的加热系统

1. 蒸煮锅加热循环系统

传统的立式蒸煮锅都使用管式加热器来加热循环药液,使蒸煮锅升温,见图2-3。这一系统的优点是操作简单,能够回收蒸汽凝结水。但在使用当中频繁改变温度、压力,热应力比较大,加热器容易发生泄漏,造成凝结水带黑液不能回收,凝结水排地沟又大量损失热量。

2. 凝结水回锅的加热循环系统

凝结水回锅的操作系统见图2-4。该系统不仅使凝结水的热量全部得到回收,还能加快升温速度,升温时间不受加热器能力的限制。虽然系统本质上还是直接加热,但不会产生激烈的汽水冲击,蒸煮设备不会有大的振动,保证安全。

3. 喷射加热器

喷射加热器结构见图2-5。它应用文丘里管,并在扩散喷管周边开许多小的斜孔,蒸汽从斜孔喷入。液体流经管中,经文丘里喷嘴提高了流速,一方面对蒸汽有抽吸的作用,较高速度下还加强了汽-液的混合,平稳吸收蒸汽,减小振动和噪声。

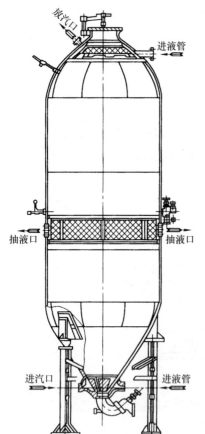

图2-2 $75m^3$硫酸盐蒸煮锅结构示意图

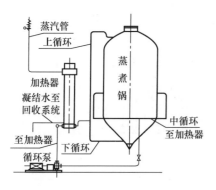
图 2-3 传统的蒸煮锅加热循环系统

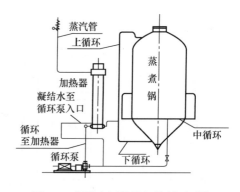
图 2-4 凝结水回锅的加热循环系统

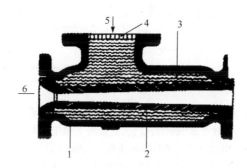

图 2-5 QSH 型加热器纵切面图
1.壳体；2.喷管；3.填料；4.过滤网；5.进汽口；6.进液口

2.3 连续式蒸煮设备

2.3.1 塔式连续蒸煮器

塔式连续蒸煮器对各种蒸煮方法和原料有较大的适应性，是目前应用最为广泛的一种连续蒸煮设备。塔式连续蒸煮器的类型有液相型、汽-液相型、高压预浸-液相型（双塔）和高压预浸-汽-液相型（双塔）。

塔式液相型连续蒸煮器是工业生产使用最早、最为普遍的一种形式，其工艺流程见图 2-6。

木片经电磁除铁器和木片筛后，经汽封 1，进入一个带有蒸汽喷嘴的缓冲木片仓 2，木片在 90℃（或稍高）温度下停留 10～15min。木片仓的振动器 3 将木片送入木片计量器 4，改变计量器的转速可以调节设备的生产量。从计量器出来的木片通过低压进料器 5 进入汽蒸罐 6，停留 2～3min，保持蒸汽压力 103～124kPa，所需蒸汽主要来自蒸煮器的闪急蒸汽。木片在汽蒸罐内分离出的松节油等挥发物，同空气与多余蒸汽一起排入冷凝器冷凝，回收松节油。

预汽蒸后的木片由汽蒸罐推入溜槽 9，进入一台附加的杂物分离器 7 和高压进料器 8。高压进料器连接两条药液循环管路。直立的循环管路由循环泵 10 泵送的药液将木片由溜槽冲入高压进料器转子垂直方向的空腔内，药液通过空腔底部的滤网被抽走。当高压进料器的转子转到水平位置时，木片被从顶部循环泵 12 来的药液送到蒸煮锅的顶部分离器 11 内。在这里大部分药液通过分离器滤网由顶部循环泵送回高压进料器，木片和部分药液被螺旋送入蒸煮锅内。

从高压进料器底部滤网分离出来的药液被循环泵 10 送到砂石分离器 17，除砂后送回木

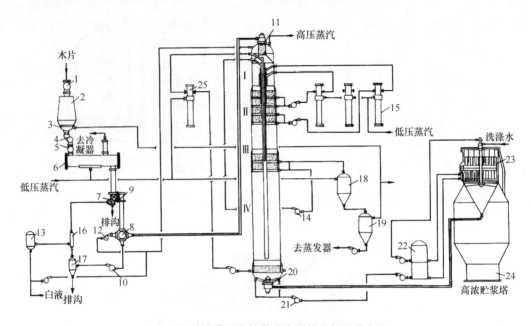

图 2-6 单塔带两段扩散洗涤器的液相型蒸煮器
1.汽封；2.木片仓；3.振动器；4.木片计量器；5.低压进料器；6.汽蒸罐；
7.杂物分离器；8.高压进料器；9.溜槽；10.循环泵；11.顶部分离器；
12.顶部循环泵；13.液位槽；14.蒸煮器；15.加热器；16.在线排水器；
17.砂石分离器；18.1号闪蒸罐；19.2号闪蒸罐；20.刮料器；21.出料装置；
22.两段滤液槽；23.两段扩散洗涤塔；24.高浓贮浆塔；25.洗液加热器

片溜槽,多余药液送往液位槽13,其作用是控制木片溜槽的液位。补充的白液与液位槽的药液混合后被补充药液泵送往蒸煮锅顶部。

木片从蒸煮锅顶部缓慢地下降到高压浸渍区Ⅰ,在115℃温度下浸渍约40min,然后再下降到上加热区Ⅱ。在此处,药液从滤带抽出经药液加热器15加热后,经由中心分配管送回蒸煮锅内。在此区间,木片温度由115℃上升到155℃;在下加热区,同样从滤带抽出药液经加热后送回下加热区,此时木片温度进一步上升到170℃左右。每一加热区上下两节滤网在加热过程中轮流交替工作,从而可利用木片下移时对滤网表面的擦拭作用而使滤网保持清洁。这种交替工作是由自动转换阀来实现的。

木片经加热后进入蒸煮区Ⅲ,在此处停留1.5~2h。由于蒸煮是放热反应,在此区间温度将继续上升4℃左右。蒸煮区温度和时间可根据成浆的质量要求加以调整。

木片通过蒸煮区后即进入热扩散区Ⅳ。温度为70~80℃的黑液(洗液)由泵打入锅底冷却区,一部分将木片冷却至90~100℃后再经排料装置排出,另一部分则由泵从锅底的滤网抽出,经加热器加热到120~130℃,经由中心分配管回到原来抽液的区段内,然后以相对于木片移动的方向上升,进行逆流扩散洗涤(图2-7)。当洗液上升到洗涤区上端的下部滤网时,用泵抽出,经中心分配管送到蒸煮区下端,将与木片一起下行的浓黑液置换出来,由上部滤网抽出到闪蒸罐闪急蒸发而回收蒸汽,然后送往蒸发工段。热回收分成两段,1号闪蒸罐18产生的蒸汽用于120℃的木片预汽蒸;2号闪蒸罐19产生的蒸汽用于木片仓的常压预汽蒸或制取热水。热扩散洗涤时间需1.5~4h。

在蒸煮锅底部,借缓慢转动的叶片(该叶片固定于出口装置轴套的旋臂上)将冷却后的软化木片连续打成浆状,然后借助蒸煮锅内的压力(约1.4MPa)将浆料排出,送到两段扩散洗涤器进行进一步洗涤。

2.3.2 横管式连续蒸煮器

国外横管式连续蒸煮器有潘地亚(Pandia)、荻菲布莱特(Defibrator)和格林柯(Grenco)等类型,其中以潘地亚最为常用。

潘地亚连续蒸煮器是美国布莱克-克劳逊公司潘地亚公司(Black-Clawson Co. Pandia Division)于 1948 年研制成功,取名潘地亚连续蒸煮器,原来主要用于生产阔叶木中性亚硫酸盐法半化学浆,由于很适合草类纤维的蒸煮,在国外较大型的蔗渣和草浆厂采用较多。

横管式连续蒸煮器的工作原理:原料经药液预处理后经喂料装置,强制送入排列最高的横管容器内,其药液、蒸汽几乎同时送入,经横管内的螺旋输送器推动,把原料由横管的一端输送到另一端,原料凭重力掉入第二根横管,再由第二根横管的螺旋输入器送到另一端,直到第三根等。原料通过螺旋的输送和搅拌,在高温高压下与药液充分混合,20~50min 内达到良好的蒸煮效果。

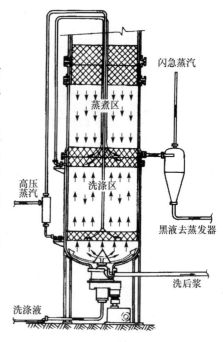

图 2-7 逆流扩散洗涤

横管式连续蒸煮器属于高温快速的蒸煮设备,原料进入密闭的蒸煮设备后即为直接蒸汽,被迅速加热至较高的蒸煮温度(175~190℃),蒸煮周期较短。根据原料、浸渍条件、成浆质量要求不同,蒸煮时间为 10~50min。

图 2-8 为软质非木材纤维原料的连续蒸煮流程图。经湿法备料脱水后的草料进入回料螺旋 1,草料经回料螺旋的第一个出料口并通过销鼓计量器 2 定量地进入连续蒸煮系统,剩余约 5% 的草料通过第二个出料口回湿法备料的碎草机中。草料经计量器连续定量地送入预汽蒸螺旋输送机 3 内,经预汽蒸器顶盖上的喷嘴,将蒸煮药液喷洒到草料上,由两条浆式螺旋输送机进行混合,使草料受到均匀浸渍,同时草料受到低压蒸汽的预热至约 85℃,在此草料中的空气得以排除。浸渍后的草料连续均衡地进入螺旋喂料器 4 中。螺旋喂料器的作用是将草料连续均匀地送入压力约 1.0MPa 的蒸煮管 6 内,并作为压力密封装置。原料通过螺旋喂料器后被压成"料塞"。螺旋喂料器是连续蒸煮的关键设备,如果草料量太小,料塞形成不紧密,密封不住蒸煮管的气压,就可能出现反喷现象——即草料被蒸煮管中的蒸汽反吹出来,这样生产将无法继续。为了避免反喷发生,在 T 形管上设有防反喷的锥形阀头,当草料少到一定的程度、喂料器的功率降到某一值时,说明有可能要出现反喷,这时喂料器的功率变送器给防反喷装置一指令,锥形阀头就会迅速堵住出口,防止反喷产生,当料塞紧回到适当值时,阀头会自动打开。在 T 形管的上方还有蒸煮药液和蒸汽入口,料塞落入蒸煮管后即由于吸液和吸热而恢复原有体积,并进入 175℃ 左右的蒸煮阶段,蒸煮管中的螺旋输送器翻动并推动草料前进。经过 175℃ 15~20min 蒸煮成浆后,在中间管 7、卸料器 8 中用洗浆送来的稀黑液冷却到 100℃ 以下,喷放到喷放锅中再送至洗浆工段。

对于竹片等硬质非木材纤维原料,由于原料吸收药液的性能差,而采用压力浸渍的方法施加药液,其特点是采用双螺旋计量器计量,在预汽蒸器中对原料低压汽蒸软化,而后在立式浸渍器中进行药液的浸渍,经蒸煮喷放。对于双喷放连蒸系统,则采用双蒸煮管,由第一管喷放到第二管降压继续蒸煮,然后再喷放入喷放锅。

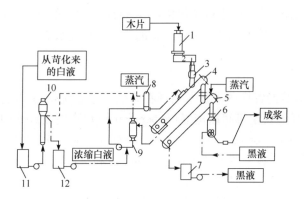

图 2-9 M&D 型斜管式连续蒸煮系统流程
1.汽蒸室给料器；2.脱气装置；3.格仓转子喂料器；4.浸渍管；5.汽相蒸煮管；6.冷喷放装置；
7.黑液槽；8.药液加热器；9.药液闪急槽；10.白液蒸发器；11.白液槽；12.浓白液槽

25min，成浆后经冷喷放送入喷放锅。

第一根管子设有药液循环系统。药液通过下部的滤网进入闪急槽，然后和补充白液混合，送入加热器达到所要求的温度后，送回浸渍管。第二根管子用于汽相蒸煮，所以没有药液循环系统。

上述流程是采用双管硫酸盐汽相蒸煮的一般情况。在生产工艺条件变化时，此种设备可以有多种排列方式。例如可用单根进行液相-汽相蒸煮，生产本色浆和半化学浆。在两根管子之间如果装设一个高压转子喂料器，则可以进行分级蒸煮等。

2.4 蒸煮技术与设备的改进和发展

蒸煮的主要目的是脱除木素，为了尽可能多脱除木素，同时使碳水化合物少受损伤，国内外的造纸工作者一直进行不懈的努力，蒸煮技术得到不断发展，特别是近二十多年，硫酸盐法蒸煮技术有了很大改进，出现了多种深度脱木素技术，并应用于实际生产。

20世纪70年代末，瑞典皇家工学院 Hartler 教授首次提出深度脱木素（extended delignification）的概念。随后，瑞典林产品研究所（STFI）和皇家工学院的研究人员在大量实验室研究的基础上，提出了进行深度脱木素并减少碳水化合物降解的四个基本原则：

（1）蒸煮过程中的碱液浓度尽量保持均匀，即在蒸煮初期碱液浓度适当低一些，接近蒸煮终了时碱液浓度适当高一些。

（2）蒸煮液中 HS^- 浓度应尽可能高，特别是蒸煮初期和大量脱木素阶段开始时，应保持较高的 HS^- 浓度。

（3）蒸煮液中的溶解木素和 Na^+ 浓度应尽量低，特别是在脱除残余木素阶段。

（4）保持较低的蒸煮温度，尤其是在蒸煮初期和后期。

在传统蒸煮过程中，蒸煮用碱（NaOH 和 Na_2S）在蒸煮开始就全部加入，因此蒸煮初期碱液浓度高，易造成碳水化合物的降解；随着蒸煮的进行，碱不断消耗，碱液浓度越来越低，而到蒸煮后期较低的碱液浓度不利于木素的溶出。提高脱木素选择性的原则：①使蒸煮过程中碱液浓度比较均匀，既在蒸煮初期保护了碳水化合物，又为蒸煮后期木素的溶出提供了有利条件；②保证较高的 HS^- 浓度，从而可提高纸浆的强度和得率，加快脱木素；③利于降解的木素从纤维中扩散出来；④能提高脱木素的选择性。

深度脱木素技术根据提高脱木素选择性的四个基本原则，对蒸煮过程中不同脱木素阶段的 OH⁻ 和 SH⁻ 的浓度以及温度进行了优化，在降低纸浆硬度的同时，保持了纸浆的强度。深度脱木素技术包括间歇式的置换蒸煮和连续式的改良硫酸盐法蒸煮，下面分别进行介绍。

2.4.1 置换蒸煮技术

20世纪80年代，节能置换蒸煮技术出现在间歇蒸煮系统中，如快速置换加热（rapid displacement heating，RDH）、超级间歇蒸煮（super-batch）和冷喷放（cold blow）蒸煮技术，最近几年又出现了DDS（displacement digester system）蒸煮技术，这些技术都属于置换蒸煮。

置换蒸煮是在间歇式蒸煮器内利用置换循环黑液和扩散洗涤的原理，用蒸煮液或洗涤水置换蒸煮废液，把蒸煮废液连同热量置换出来，并实现冷喷放。置换蒸煮是将上一次蒸煮排除的黑液回用，可在大量脱木素阶段的末期将部分已经溶出的木素、半纤维素及抽出物移除蒸煮系统，并可在补充脱木素阶段补加蒸煮液。这种操作使黑液中的热能及化学品得到回用，使整个蒸煮过程的蒸煮条件趋于均衡，有利于提高纸浆质量及生产效率。

图 2-10 描述了置换蒸煮从装料到放料的整个过程。

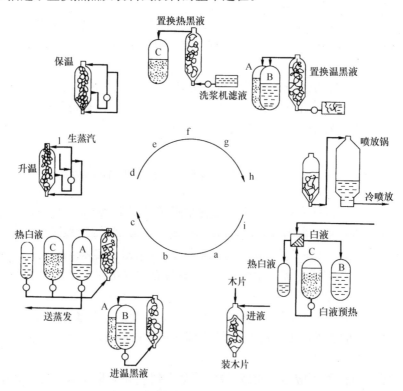

图 2-10 置换蒸煮技术（A、B、C 是不同的槽罐）

置换蒸煮具有如下特点：①在蒸煮终点以稀黑液置换热黑液是置换蒸煮技术的核心；②用温黑液加压预浸渍，再用热黑液置换，充分利用了黑液中的热能；③在蒸煮开始阶段的木片浸渍使蒸煮液成分在木片中得到均匀的渗透，有利于脱木素作用；④液比大，蒸煮全过程蒸煮器内都充满蒸煮液；⑤经过温黑液降温的纸浆用泵抽放到喷放锅，有利于提高成浆质量。同时在实践过程中也发现置换蒸煮存在的一些问题，如操作过程复杂，松节油回收率较低等。

在这几种置换蒸煮技术中，DDS 置换蒸煮系统是由美国 Cab Tec 公司在 Beloit 公司的 RDH 间歇蒸煮技术基础上研发出来的一种新制浆技术。在装料时，它采用了冷黑液加白液填充，保证 pH≥12，强化了黑液预浸渍的作用，增大了温充的作用，预浸渍的效果也更加明显，降低了成浆的卡伯值，提高了得率。另外，DDS 蒸煮采用了先进的自动化控制系统，更好地解决了偏流、槽区液位的预测、放锅过程堵塞等问题。其具体工艺流程见图 2-11。

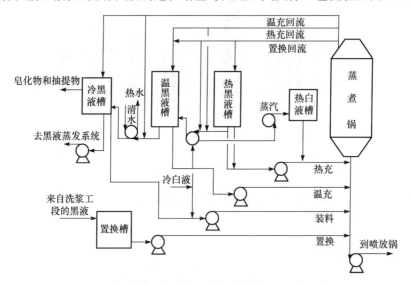

图 2-11 DDS 蒸煮系统的工艺流程图

2.4.2 改良的硫酸盐法连续蒸煮技术

立式连续蒸煮器主要有单塔和双塔两大类，料片与蒸煮液混合后，在塔内由塔顶向塔底流动，在此运动过程中完成脱木素化学反应。当蒸煮木片时，料片的滤水性能好，可以在蒸煮塔的任意部位将蒸煮液抽出来，补充新鲜的蒸煮剂并经过加热以后，再送入蒸煮塔内部。这为改变蒸煮器内不同位置的药液浓度和温度提供了条件。

蒸煮设备公司研发了不同的蒸煮技术，如改良连续蒸煮(MCC)、延伸改良的连续蒸煮(EMCC)、等温连续蒸煮(ITC)、黑液预浸渍蒸煮(BLI)、低固形物蒸煮(LSC)、紧凑蒸煮(compact cooking)等。这些技术的共同之处是根据深度脱木素提高脱木素选择性的四个基本原则，对蒸煮过程中不同脱木素阶段 OH^- 和 SH^- 的浓度以及温度进行优化，即对连续蒸煮器不同部位的 OH^- 和 SH^- 的浓度以及温度进行改变，以适应深度脱木素、提高选择性的要求，从而达到深度脱木素并保证纸浆质量的目的。下面以紧凑蒸煮为例说明。

紧凑蒸煮是 1997 年克瓦纳(Kvaerner)制浆设备公司开发的一种新的硫酸盐制浆技术。紧凑蒸煮系统主要包括紧凑型喂料系统、预浸器和蒸煮器等。图 2-12 为紧凑型连续蒸煮流程示意图。紧凑蒸煮技术的主要特点是：采用黑液预浸渍，优化的蒸煮过程药液浓度分布和低温蒸煮。此外还包括预浸和蒸煮段之间灵活的液比，最佳的蒸煮药液分布，主要体现在：较低的蒸煮温度；均匀蒸煮，卡伯值波动小；相同卡伯值时有较高的蒸煮得率；非常低的浆渣含量，约含 0.5% 的节子和细小浆渣；浆的强度高、黏度高，浆料可漂性好。

紧凑蒸煮为优化蒸煮过程中的 OH^- 和 SH^- 浓度提供了多种途径，设置了浸渍器，用黑液等含有 OH^- 和 SH^- 的液体在低温下处理木片，不但有效地预热了木片，而且黑液中的碱可以和一部分木材中的酸性物质进行中和反应，使得这些木片在进行蒸煮时需要的温度更低。此外，由于扩大了蒸煮区，所以在保证产量的情况下可降低蒸煮温度，蒸煮桉木时的最高温度为 140~150℃(ITC 为 155~160℃)。在蒸煮段药液浓度分布更理想，碱浓度的波动比 ITC 更小，蒸解的条件更温和，因此更好地保护了碳水化合物，提高了制浆的得率和黏度，同时提高了

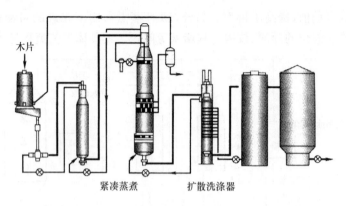

图 2-12　紧凑型连续蒸煮系统示意图

纸浆的可漂性。从卡伯值与纸浆得率的关系来看,紧凑蒸煮的脱木素选择性较其他蒸煮技术更好。

2.4.3　第二代紧凑蒸煮技术

始于1957年的冷喷放蒸煮器,经历了1997年设计出厂的紧凑蒸煮器,在2003年又开发出第二代紧凑型蒸煮器。

与紧凑蒸煮技术相比较,第二代紧凑蒸煮技术还有如下特点:更低的蒸煮温度,软木可以降到150℃,硬木可以降到140℃,减少半纤维素的溶出,提高浆料得率;预浸温度更低,预浸时间变得更长;根据需要可以实现快速地初段提取;有最佳的后续提取效果。

蒸煮工艺过程如下:

一个汽液相的蒸煮塔在顶部有一个汽相区域,在这里中压蒸汽被直接加入,用来加热木片和液体以满足蒸煮所需的温度。直接用蒸汽加热木片可以在整个蒸煮塔中获得均匀的温度。另外,中压蒸汽可以给蒸煮塔增压。当蒸煮温度低,中压蒸汽不能维持蒸煮器需要的压力时,可以通过压缩空气来提高蒸煮塔压力。

蒸煮塔顶部的分离器工作原理如图 2-13 所示:将木片从输送循环的液体中分离出来,顶部分离器中慢速向上转动的螺旋可以保持筛网的清洁,并且将木片从输送循环的液体中分离出来进入蒸汽中,然后落入蒸煮塔中的木片堆中。

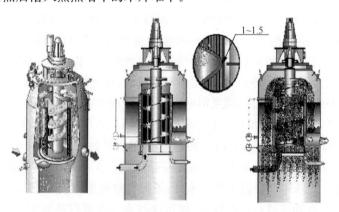

图 2-13　蒸煮塔顶部的分离器

一个排气/压力控制阀定时地将内部的气体从蒸煮塔的顶部排到预浸塔的木片预蒸区域。

在顶部分离器的下部,白液被加入蒸煮塔内。当木片在蒸煮塔内从顶部分离器下落到木片堆时,白液被送入筛框下面的环形管,通过管道末端的喷嘴成放射状地向下喷到木片上。因为有一部分木片料柱在液体上方,因此木片在蒸煮塔内被浸没的程度和下移的速度可以通过调节木片和液体之间的料位差来控制。木片的料位越高,在下部液体中浸没的木片就越多,这是控制料柱通过蒸煮系统一个非常有效的方法。蒸煮塔的顶部是料位所在的部位,该区域比较窄,料位变化反应比较灵敏。

蒸煮塔顶部区域通过设置三个不同高度的机械式木片料位测量仪 CL1000 进行测量木片原料在蒸煮器中的位置,用一个液位传感器测量蒸煮器中蒸煮液的液位。木片料位通过喷放线流量进行控制,液位通过抽提总流量进行控制,如图 2-14 所示。

木片料柱依靠自身的重量慢慢向下移动通过蒸煮塔。在下降过程中,木片通过两个有筛板的区域。蒸煮塔底部旋转的卸料刮板通过打碎木片料柱且把蒸煮后的木片引到蒸煮塔的卸料口来帮助浆料的下落。

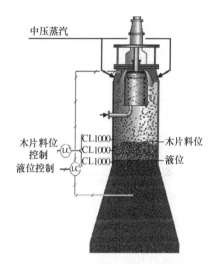

蒸煮塔是为蒸煮木片专门设计的立式压力容器,在蒸煮塔内在碱性蒸煮药液的作用下,历经 3~4h,木片被脱木素后,木片中的纤维分散在水中形成了纸浆。通常情况下蒸煮温度为 140~155℃,蒸煮塔反应压力为 0.5~0.6MPa。

如图 2-15 所示,蒸煮塔被上下两层抽提筛板分成三个区域:上蒸煮区、下蒸煮区和逆流洗涤区。上抽提筛板把两个蒸煮区分开,洗涤区在下抽提筛板下部。在紧凑蒸煮中,除了洗涤区外,整个蒸煮塔都

图 2-14 木片料位和蒸煮塔液位控制示意图

用来蒸煮。第二代紧凑蒸煮工艺倾向于采用相对较低的蒸煮温度和时间。白液根据木片种类进行控制。在上蒸煮区液比一般是 3.5~7m³/BDt。在蒸煮区采用高的液比,蒸煮条件比较温和,可以提高脱木素的选择性。通过调节白液和木片的比例可以改变蒸煮过程中的碱浓。可根据上抽提的残碱来调节白液的用量。这样蒸煮过程中的用碱量可以灵活控制,从而可以获得均匀的高强度纸浆。

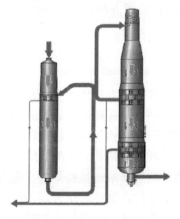

图 2-15 蒸煮塔工作原理

从上部筛板抽提出来的液体,可以作为热的液体加到预浸塔的底部,作为冷的液体加到预浸塔的顶部,也可以作为热的液体加到输送循环或送往蒸发。

下抽提筛板靠近蒸煮塔底部,从下蒸煮区来的黑液和从洗涤区来的置换滤液从这里被抽出。这个抽提流量用来控制下蒸煮区液比。

从下抽提筛板抽出的液体温度接近于蒸煮温度,并且可以通过稀释因子进行改变。因此,为了更经济地利用热量,抽提的液体用于加热进入的白液。抽出的黑液在去蒸发之前经过黑液过滤机,回收的纤维送到预浸塔的底部或筛选工段以稀释节子。

2.4.4　Kamyr 单体液相式连续 Lo-Solid 蒸煮制浆工艺

Lo-Solid 是 20 世纪 90 年代发展的一种现代连续蒸煮改良技术,主要目的是最大限度地降低整个大量脱木素阶段的有机物的浓度。

1. 工艺流程

木片→锁气喂料器→菱形木片仓→木片计量器→低压喂料器→上段木片溜槽→重物捕集器→下段木片溜槽→高压喂料器→KAMYR 连续蒸煮器→喷放锅→洗涤、筛选、漂白→抄浆→成品。

2. 主体设备及工作原理

1) 锁气喂料器

锁气喂料器是一个可转动的星形喂料器,可防止气体进入木片仓。

2) 木片仓

木片在木片仓经过从闪蒸系统回收的闪蒸汽汽蒸,温度提高到 88℃ 左右,其中的气体排出,水分均匀,从而以均匀的流量到达喂料。

3) 木片计量器和低压喂料器

木片计量器是转动的星形喂料器,用于将木片均匀地从料仓送入蒸煮器,并可计量木片体积,通过改变转速来改变蒸煮产量,转数一般为 6~15r/min。木片从计量器出来落入低压喂料器。

4) 木片溜槽及高压喂料器

木片经低压喂料器落入木片溜槽,该段木片溜槽连接低压喂料器和高压喂料器,从药液循环泵来的药液把溜槽中的木片冲入高压喂料器的转子空腔中,木片溜槽压力来源于闪蒸汽和新鲜蒸汽。溜槽内液位通过连接液位槽的管子上的调节阀调节,保持恒定液位是塔式连续蒸煮器系统运行的必要条件。木片溜槽压力应高于顶部循环管线液压,否则木片溜槽和高压喂料器会沸腾。高压喂料器把木片均匀、定量地从低压木片溜槽(压力为 0.10~0.12MPa)传送到高压的顶部循环系统。高压喂料器是一个转动塞式喂料器,被用作压力密封,有两个水平接管和两个直立接管,上部接管与溜槽相连,供木片进入料腔,下部接管与溜槽循环泵吸入管相接,从料腔中抽出药液,左边接管与顶部循环泵出口相接,将循环药液送进料腔,右边接管与上循环管线相接,供高压药液把木片送入顶部分离器。

5) 蒸煮器

木片经过高压喂料器后进入蒸煮器,经蒸煮器顶部分离器后,木片和液体分离,木片靠自重下落并在圆筒下边形成料位,部分液体通过顶部筛网回到循环管线。木片从蒸煮锅顶部下降到高压浸渍区,在 119℃ 下浸渍 20min,然后下降到 UC(逆流)蒸煮区,在此区间进行逆流蒸煮,液体被向上吸到上部抽提筛流出。从 UC 蒸煮区出来的木片柱进入 MCC(改良连续蒸煮)蒸煮区,药液被抽提筛抽出经加热器加热后,由中心分配管送回蒸煮锅内,蒸煮温度升到 165℃ 左右。在 MCC 蒸煮区停留 65min 后,热的顺流液及热的升流洗涤液经抽提筛抽出蒸煮器,由于蒸煮是放热反应,在此区间温度将继续上升 4℃ 左右。木片柱经抽提区沉入逆流洗涤区,在洗涤区进行 110min 高温逆流洗涤蒸煮。在蒸煮器底部,缓慢转动的叶片将冷却后的软化木片连续打成浆状,然后借助蒸煮器内的压力将其排入喷放锅。

3. 生产控制

1）蒸煮产能、木片料位控制

蒸煮产能受蒸煮器长度及容积和蒸煮时间所限制，蒸煮器长度及容积已选定，在蒸煮器中保持稳定的木片料位时才能有效控制蒸煮时间。产能还受限于时间和系统符合要求的卡伯值。实现产能控制有两种途径：控制木片通过蒸煮器的时间，采取改变喷放量和木片计量器互补控制木片料位。但并不能频繁地改变喷放比例和木片计量器速度，否则将会改变蒸煮器内的压实系数和木片移动速度，这样将导致料位控制不好。产能控制过程中，为保证成浆质量在控制范围内，就必须适当调整蒸煮温度、用碱量、抽提量及各循环流量等工艺。

2）液比、DF（稀释因子）控制

液比是蒸煮锅内绝干原料质量（kg 或 t）与蒸煮总液量体积（L 或 m^3）之比。液比的控制是在浆料硬度和残碱目标值的要求下，通过对木片水分的检测，蒸煮药剂的用量与绝干木片流量的计算，用进入蒸煮器的黑液的量来调节。DF 是洗涤每千克风干浆用的洗涤水中进入所提取的黑液中的那部分水量。DF 决定了上升流量和抽提量。液比和 DF 可以相辅，大的液比不一定有大的 DF，大的 DF 却一定有大的液比。在工艺控制中，不同的区域可以实现不同的 DF 和液比控制。蒸煮稀释因子可以根据喷放流量和冷喷放流量来计算。

3）用碱量控制

工艺控制一般要求用碱量为 25%，碱浓 128g/L，硫化度 27%。碱液分配：喂料线 50%，EMCC（延伸改良连续蒸煮）循环 39%，洗涤循环 11%。喂料线加入 50%的碱液是使木片与药液混合均匀，促进药液通过两条渗透途径对木片充分渗透，为蒸煮的大量脱木素创造良好的前提条件。各区残碱参考值：UC 上 5～6g/L，UC 下 5～6g/L，EXN（抽提区）13～15g/L；MCC 10～12g/L；WC（洗涤循环区）8～11g/L，喷放线 2～3g/L。残碱和碱的走向的最佳状况由总碱量及其分配情况来决定，用碱量和各区用量可以根据各区的残碱值和卡伯值适当调整。

4）浆料硬度控制

卡伯值的控制可通过调整蒸煮温度及用碱量来实现（通常是调整蒸煮温度）。各区温度控制对浆质有直接的影响，浸渍区温度控制在 120℃以下为宜，超过 120℃会引起高压喂料器和溜槽处的药液由于压力降低而沸腾，导致高压喂料器和管线振动。UC 循环抽提温度控制在 142～148℃，MCC 循环是蒸煮过程中最重要的蒸煮区域，制浆过程中的主要脱除木素反应在此完成，并伴随大量的放热反应，需要较高的温度，视产量一般控制在 160～165℃。主抽提区是进一步脱除木素区域，因脱木素是放热反应，温度比 MCC 蒸煮高 4℃左右。洗涤循环区域主要是对浆料热扩散洗涤，伴随有微弱的脱木素反应，温度一般控制 160～165℃，为防止喷放线闪蒸，喷放温度一般控制在 70℃以下。用碱量不足会造成残碱含量过低，导致卡伯值过高。根据经验 1%活性碱的变化将引起卡伯值 1.5～2.0 个单位的变化，每 0.5℃将引起卡伯值 1.5 个单位的变化，木片计量器变动 1r/min，卡伯值将变动 1～1.5 个单位，温度随之约变化 0.5℃，在转速改变前温度改变要提前一段时间。由于蒸煮器体积较大且生产过程连续，卡伯值的改变有一较长的滞后时间，产量不同滞后的时间亦不同。

2.4.5 Kamyr 双体液相式连续蒸煮制浆工艺和设备

双体液相式连续蒸煮器（以下简称蒸煮器）特别适用于马尾松类细胞壁比较厚的不易蒸煮材种，且能耗低、得率高。喷放线装有 1 台 ϕ1067 盘磨，用于浆料的疏解，后继工序不再配置除节机。浆料的洗涤由连续蒸煮器底部内置高温逆流洗涤段和1台扩散洗涤器完成,该洗涤流程具有较高的洗涤效率,封闭条件下吨浆芒硝损失在10kg以下。筛选采用两段封闭式孔形压力筛,末段渣浆经1台ϕ914渣浆盘磨处理后返回二段筛,良浆经1台浓缩机浓缩至浆浓12%,在脱水机尾槽加入稀释水至浆浓8%,通过中浓泵送至浆板抄造车间,浓缩机下来的滤液全部用于筛选浆料的稀释和扩散洗涤器的洗涤,中段无废水排放,吨浆耗清水4t。

1. 工艺流程

木片→预浸渍→蒸煮器→在线盘磨→扩散洗涤器→压力筛→浓缩机→纸机浆池→网部→压榨部→气垫干燥→切板机→打包机→称量→入库。

2. 主体设备及工作原理

主体设备及工作原理见表2-1及图2-16。

表2-1 蒸煮器主体设备

名 称	规格/(mm×mm)	材 料
高压预浸渍器	ϕ3000×22500	SIS2103
		SIS2103
蒸煮器	ϕ5600×44200	SIS2352
		SIS1312
单段常压扩散洗涤器	ϕ6000×110	SIS2333

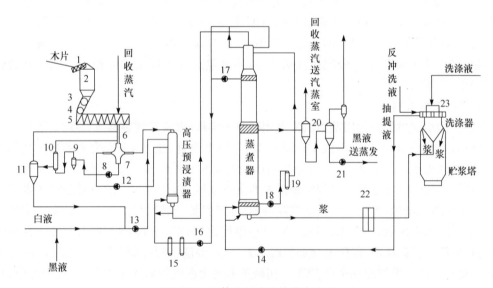

图2-16 双体液相式连续蒸煮流程

1.木片仓锁气螺旋;2.木片仓;3.木片计量器;4.低压喂料器;5.汽蒸室;6.溜槽;
7.高压喂料器;8.溜槽循环泵;9.除渣器;10.在线滤水器;11.液位槽;12.顶部循环泵;
13、14.高压泵;15.加热器;16.转送循环泵;17.调整循环泵;18.洗涤循环泵;
19.加热器;20.闪蒸系统;21.黑液泵;22.盘磨;23.扩散洗涤器

1) 高压预浸渍器

木片在木片仓和汽蒸室经过从闪蒸系统回收的低压蒸汽的预汽蒸和汽蒸后,其中的气体排出,水分均匀,温度提高到100℃以上,在高压喂料器作用下进入高压预浸渍器顶部分离器。

木片和小部分液体进入预浸渍器，大部分液体被分离出来，由顶部循环泵抽回循环使用。蒸煮所需白液的80%和一定量的黑液由高压泵送入高压预浸渍器。在高压预浸渍器内，木片在碱液浓度50g/L、温度115~128℃、压力1.1MPa作用下预浸渍约30min，保证了均匀浸渍。此时碱浓度大、器内压力高，有利于碱液的扩散与渗透，温度较低则有利于防止纤维过早遭受破坏。碱液浓度与温度需根据原料性质、产品特性要求进行控制。

2）蒸煮器

经过高压预浸渍的木片经转送循环管线进入蒸煮器，蒸煮器顶部没有木片和液体分离装置，只有固定的圆筒和筛网，木片靠自重下落并在圆筒下边形成料位，大部分液体通过顶部筛网回到转送循环管线。蒸煮器顶部的结构设计使得木片下落时间较液体向上运动时间快约10s，这样能最有效地分离木片和液体。顶部筛网抽提出的液体，由布置在转送循环管线上的两台串联加热器进行间接强制加热。达到蒸煮温度后，木片经由高压预浸渍器底部送到蒸煮器。由于不需要大流量的循环加热，节省了耗汽量，同时避免了由于木片质量差、大流量加热循环引起的种种弊端，增加了木片的适应性，减轻了操作难度。在蒸煮区的中上部装有调整循环泵，其作用是调整碱液和温度沿蒸煮器整个横断面的分布，提高蒸煮的均一性。蒸煮器内置的高温逆流洗涤是指装于蒸煮器下部的浆料洗涤系统。来自连续扩散洗涤器的滤液由高压泵送入蒸煮器底部，逆浆流而上，通过置换原理，木片内黑液被逐渐置换出来。置换出的浓黑液由洗涤区上部抽提筛网抽提，经闪蒸节能系统回收部分闪蒸蒸汽后送蒸发工段。在洗涤区底部有一组洗涤循环筛网，洗涤液由此抽提出来并经加热器加热到约140℃后由中央套管送回到洗涤循环筛网上方。较高的洗涤温度明显提高了木片中化学药品的扩散速率。加热器内高温逆流洗涤效果取决于洗涤时间和稀释因子。洗涤时间和稀释因子根据后继洗涤设备布置情况和生产要求而定。通常洗涤时间2~4h，稀释因子1.5~3。

3）连续扩散洗涤器

连续扩散洗涤器安装在贮浆塔上方。蒸煮器内高温逆流洗涤后的浆料经在线盘磨疏解后，以10%浓度喷放到连续扩散洗涤器。浆流由下而上经过环形筛网，到达洗涤器顶部，带有洗涤液分配喷嘴的刮料器将浆料刮到收集管并落入贮浆塔。浆料向上运动的同时，环形筛网由自动液压装置驱动，以稍高于浆料运行的速度向上运动，筛网冲程225mm，时间60~90s。在这段时间里，洗涤液由分配喷嘴均匀喷入，被置换出的较浓黑液由环形筛网夹层收集到滤液槽。筛网运动到上位后，约停留1s，然后在0.5~1s时间内快速下降，附着在筛网上的浆料得以刮离，同时压力平衡系统启动，用滤液以600L/s的速度反向冲洗筛网，以保持筛网的洁净。筛网运行至下位后又开始新的循环。整个操作封闭运行，没有泡沫产生。实践表明，采用蒸煮器内高温逆流洗涤配1台单段常压连续扩散洗涤器的流程，其效果相当于3~4段鼓式逆流洗浆系统。

第3章 高得率制浆设备

3.1 概 述

常用的高得率制浆设备主要包括磨石磨木机、盘磨机和搓丝机。高得率制浆设备在过去30年间已获得很大进展。1960年以前,高得率纸浆实际上都是采用磨木机生产。随着盘磨机制浆技术的发展,其优点越来越明显。例如,具有更大的生产规模,工艺改进控制相对方便,从而可获取各种纸浆性能,可利用锯材厂废料(木片和锯屑)替代木段,具有较高的纸浆强度性能,设备综合效率高。到1990年以后,50%以上的高得率纸浆是由盘磨机生产,在现代高得率制浆中已基本取代磨石磨木机。

在近年来盘磨机取得中心地位的同时,必须强调磨浆机属于刀式磨浆机。在磨浆过程中,纤维原料受到磨片刀齿较强的切、砍作用,纤维变短,浆的强度性能受到影响;随着磨片刀齿的不断磨损,浆的质量也会进一步恶化;磨片刀齿造价较高,更换成本较大;特别是能耗大,输入的大部分能量都转化为热能,能量利用率很低。

搓丝机突破了传统磨浆设备刀式磨浆机的原理和结构,实现了真正意义上的纤维轴向挤压。挤压机械制浆方法是依据木材轴向受压时产生的皱曲作用能使纤维分离,在电耗低的基础上生产出纤维长而结合力好的浆,这是磨浆技术方面的一个重大突破。

搓丝机由于其特殊的结构,除了具有良好的磨解功能外,还具有浓缩、较好的自洁性能和高效混合等功能。由于其具有磨浆质量好、能耗低、用水量少和排污少等优良特性,受到国内外学者和制浆造纸行业的高度重视,被称为是继第二代磨浆机之后的第三代磨浆机,具有广阔的应用前景。但搓丝机本身不能一次生产出合乎质量要求的纸浆,还需进一步用常压磨浆机进行精磨,使其达到质量要求。

磨石磨木机不会全部被取代。磨石磨木机制浆法仍有低能耗和高散射系数(纸页不透明度较高)的优点。带压、高温磨浆设备的发展也有可能生产出在强度和其他性能上更具竞争力的磨石磨木浆。

3.2 磨石磨木浆设备

磨石磨木机工业化生产已有100多年的历史,至今在高得率浆中仍占据重要地位。近20多年来温控磨木机、压力磨木机和超压力磨木机等新设备相继出现,使磨木工艺控制在较佳条件下,既保持电耗较低的优点,又使磨木浆质量得到进一步提高。

磨木机主要由磨石、喂料装置、加压装置、浆的移送装置和刻石装置五个部分所组成。

将木段剥皮后锯断成一定长度,压在旋转的圆筒形磨石面上,不断喷水,就得到了磨石磨木浆。木段放在与磨面旋转方向成直角、与磨石主轴相平行的位置上。磨木过程的基本步骤是从木材分离出纤维,同时在复磨中扩大纤维面积和切断纤维。

3.2.1 磨木机的类型及特点

1. 磨木机的类型

磨木机分为间歇式和连续式两大类。

间歇式磨木机由围绕在磨石机架上的料袋所组成，木段由人工装到每个料袋里去。初期加压木段的方法各不相同，后期全部使用水压缸通过活塞和压板推动。一次加压结束，人工释放压力，待压板退回，再人工装料，然后关闭料袋门，再行加压。多年来，这些基本程序没有变化，只是自动化程度提高、装备能力增大而已。

连续式磨木机是为了消除压板退回和装料时所损失的磨木时间而发展的。当石面上的木段还没有磨完，后续的木段已经做好准备，使磨木可以连续进行。

(1) 间歇式磨木机的类型主要有：①人工喂料袋式磨木机；②库式磨木机；③改良的袋式磨木机；④压力磨木机。

(2) 连续式磨木机的类型主要有：①链式磨木机；②环式磨木机；③连续袋式磨木机(卡米尔磨木机)；④连续螺杆式磨木机；⑤连续压力臂式磨木机；⑥温控磨木机；⑦木片磨木机。

2. 各种磨木机的特点

磨木机各有特点，链式磨木机电机负荷较稳定，对磨石喷水和刻石方便，由磨碎区除去浆料和木片比较容易；主要缺点是设备占地空间较大，链条翅片易损坏。卡米尔式磨木机和大北式磨木机利用水力加压，压力较为灵敏、稳定，浆料质量也容易控制。卡米尔磨木机两个料袋能独立连续工作，原木与磨石的有效接触面积也较大，因而生产能力较高，但由于其自动化程度高，构造复杂，各阀门与水压缸容易磨损漏水，维修工作量大，此外磨浆时产生的蒸汽由装料口排出，影响操作。大北式磨木机由于间歇操作，电机负荷变化大。环式磨木机结构紧凑，设备安装占地面积小；所有轴承和轴能自动润滑，并设有通风机以排除蒸汽，但刻石机位于环内，更换刻石轮与磨石不方便；需人工装木，并注意保持木库中原木量稳定，以免引起负荷与浆料质量的波动。

3.2.2 间歇式磨木机

1. 人工喂料袋式磨木机

人工喂料袋式磨木机一般有 3～5 袋安装在磨石周围机架上。图 3-1 为 3 袋式磨木机。用人工装料，通过水力活塞 1 和压板 2 加压木段于磨石 3 上，浆流入磨石下的浆坑 4，磨石一部分浸入浆内，起清洁和冷却的作用。浆的质量可通过调整水压加以控制。

2. 库式磨木机

库式磨木机不论高库或低库，都是为了降低磨木浆生产成本而发展的，相对来说它比原始手工装料袋式磨木机生产能力大而所需劳动力少。

图 3-2 为高库磨木机。这种磨木机的操作几乎是全自动的，每 3～4 台磨木机有 1 名工人负责调整袋中可能卡住或起拱的木段，并在必要时进行刻石。

3. 改良的袋式磨木机

改良的袋式磨木机是水力操纵的双袋式磨木操作。这种磨木机集中了水力式和大北式磨木机的优点设计而成,操作全部自动化,只要料斗里保持有足够的木段即可。

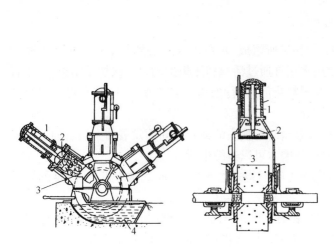 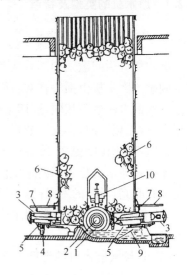

图 3-1　3 袋式磨木机
1.水力活塞；2.压板；3.磨石；4.浆坑

图 3-2　高库磨木机
1.磨石；2.轴；3.水压缸；4.活塞；5.可调板；
6.木库；7.喷水管；8.操纵阀手柄；9.挡板；
10.刻石装置

图 3-3 为芬兰坦佩雷(Tampella)公司生产的磨木机,是一种水力操纵双袋式磨木机。木段用自动装置或人工送到袋上的料斗。若用自动送料装置,所需劳力将减少到最低水平。木段自动从料斗装到磨木机袋里,装料时间 15~20s。电动机负荷可以调整水压缸压力来控制。

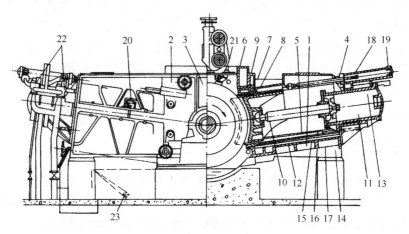

图 3-3　坦佩雷磨木机
1.基础板；2.侧板；3.中间板；4.端板；5.可调节的多孔底板；6.梳板；7.本体与料斗的中间板；8.侧板；
9.梳板固定横梁；10.加压板；11.驱动加压板的液压缸；12.喂木段闸门；13.驱动喂木段闸门的液压缸；
14.加压板的活塞；15.活塞杆；16.活塞密封套；17.填料箱；18.高效液压制动器；19.橡胶消音环；
20.压力润滑油器(供加压板和喂木段闸门滑轨上的润滑)；21.刮板；22.程序控制阀；23.可调节的浆坑堰板

4. 压力磨木机

压力磨木机是近年来发展起来的一种新型磨木机。磨木机在超出常压下磨木,可有效地防止水的沸腾,保持木材的温度,可以用接近100℃的水喷洗磨石也没有烧木之危险,而由于磨木温度较高(可达到140℃),增加了木素的软化,有利于纤维在不受损伤的情况下得到分离,使浆的长纤维比例增加,耐破度、撕裂度和抗张强度都有显著提高。在纸机上试验也证实压力磨木浆可以用于生产高质量的纸。

压力磨木机是用两袋式磨木机改装的。磨木机工作压力0.2MPa,最高设计压力0.3MPa,使用压缩空气保持机内压力,并设有安全隔膜。所有与浆接触的部分都使用不锈钢或衬以不锈钢板。在每袋料斗上方增设一块闸板和一个料斗,形成密封。磨木机装料时,使料斗处于同等压力,以保持磨木机内部压力稳定。

磨木机其余部分如轴、喷水管、刻石装置、梳板等与原两袋式磨木机没有什么不同,但所有与磨木机连接处都需进行密封。在系统压力下,浆从浆坑进入撕碎机,碎片和大木片先在这里打碎,然后通过一喷放阀喷放到旋风分离器,分离回收蒸汽。

3.2.3 连续式磨木机

这里只介绍目前应用较多的几种磨木机。

1. 链式磨木机

链式磨木机与袋式或库式磨木机的不同在于,它只有一个磨木区在磨石的顶部,磨木区上是一个大木库,木段用人工或机械自动装进木库,依靠两侧链条的运转,将木段不断压到磨石面上。这种磨木机的特点:①没有木段装袋过程的中断,有较多磨木时间;②占地面积比袋式少;③使用较少机械控制装备。

链式磨木机由机架、料箱、链条及其传动机构、磨石及浆坑等组成。图3-4为双链式磨木机。

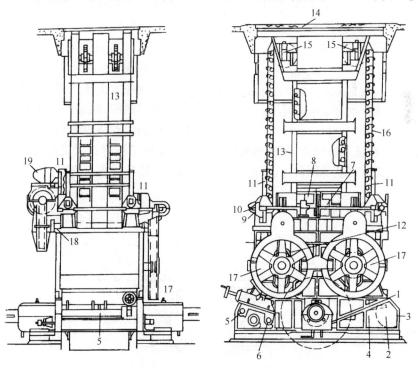

图3-4 双链式磨木机

1、2.楔形板;3.手动齿轮绞盘;4.磨石的轴;5.机架;6.升降架;7.链条下部遮板;8.门;9.斜齿轮;10.蜗杆;11.升降架;12.间隙;13.木库;14.料斗;15.张紧装置;16.喂料链;17.铸钢正齿轮;18.轴;19.铸钢小齿轮

链式磨木机顶部机械连续装料装置使用链条拉木机带动木段自动装入磨木机,装满后木段通过第一台装料口到达下一台拉木机,一台接一台往下输送,各台都装满后木段将整齐堆高3~4层备用,可以满足多台磨木机生产需要。该装置使用方便,运行可靠,可节约大量劳动力。

磨锯机运转时,链条做慢速回转,链环上的突出部分带着原木移动并用一定压力将其压在磨石上。小型的链式磨木机只有两根链条,而大型的磨木机有4~8根链条。

2. 环式磨木机

环式磨木机的结构与传统磨木机有很大区别,是利用楔形区传递木段对磨石的压力。图3-5为环式磨木机,当喂料环以与磨石相同的方向缓慢旋转时,喂料环内齿将木段带向楔形收缩区而进行磨木。浆由磨石两端环外机壳排出,两处出浆口都有堰板可调节磨石浸浆深度。

这种磨木机磨区面积较传统磨木机大,生产能力也大,占地面积较小,装备简单,开停机操作容易,费时较少,但装料较难,换磨石拆装复杂、需时较长。由于刻石器在喂料环内,拆装刻石刀不方便,而且这种加压形式使磨木区压力不够均匀,磨木浆质量偏低,白度也略低1°~2°。

3. 连续袋式磨木机

连续袋式磨木机是一种可以连续磨木的水力操纵双活塞双袋式磨木机,如图3-6所示。

磨木机两袋与水平面成35°安装在机架两侧。喂料水压缸在磨木时起着活塞作用。袋分上下两部分:下部分为梯形木库,靠上下斜面1和两侧各2个压钩将木段压向磨石;上部分为长方形料库,供装料的木段备用。当梯形木库下行磨木到终点即将开始后退时,喂料活塞及其压板2推动新木段向前,使磨木得以继续。当喂料压板将新木段推入梯形木库超过压钩位置时,压钩又压到新的木段上,梯形木库和压钩又开始新的磨木周期。

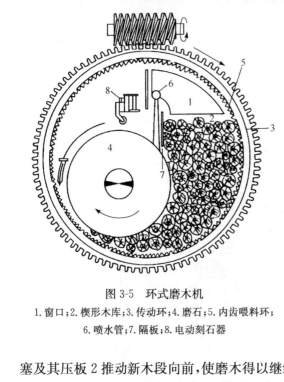

图3-5 环式磨木机
1.窗口;2.楔形木库;3.传动环;4.磨石;5.内齿喂料环;
6.喷水管;7.隔板;8.电动刻石器

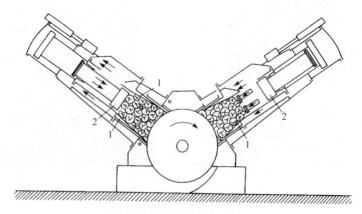

图3-6 连续袋式磨木机
1.斜面;2.压板

4. 温控磨木机

温控磨木机是利用高温磨木的机理对链式磨木机进行改造发展的,其特点是在不超过水沸点的条件下尽量提高磨碎区的温度,主要是充分利用木库内蒸汽的能量以提高磨碎区的温度,并配用稳定运转控制器,控制升温,以提高磨木浆质量,部分指标可达到压力磨木浆的下限。回水温度79℃,磨碎区浆料出口温度达90～97℃,浆坑浆料温度达85～94℃。

图3-7为温控磨木法生产简图。送磨木机的回水分为两路,一路送木库,另一路供磨碎区后喷水用和浆坑使用,原磨碎区前喷水改接冷却回水。原梳板改造为特殊密封板并在磨碎区配置浮动堰板,使木库能保持一定水位,而蒸汽则凝结为热水,从而提高了磨碎区的温度。为保证磨木机运转的稳定性,结合原有磨木机调整系统进行改造,安装稳定运转控制器,将浆坑温度和单位电耗极限值输入控制器,使其结合两者变化进行自动控制。如浆坑温度过高,将自动增加磨碎区前冷却水量,同时使电耗恢复稳定。这种方法既可用于新磨木机,也可用于已投产使用的旧磨木机,据称传统链式磨木机只要停2～3d即可改造成温控磨木机。

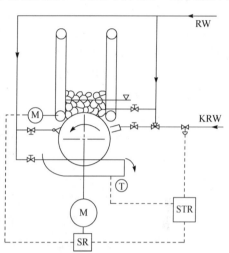

图3-7 温控磨木法生产简图
SR-磨木机调整器;STR-恒温调整器;
T-浆坑温度测定器;RW-回水;KRW-冷却回水

3.2.4 磨石

最早的磨石是用天然岩石凿成的,随着磨木浆生产的发展,天然岩石已不能适应需求,转而改用水泥磨石。现在一部分工厂仍旧制造和使用水泥磨石,但因不能适应现代磨木生产的要求正逐渐为陶瓷磨石所代替。陶瓷磨石具有耐磨性能好,刻石周期和使用寿命长,浆料质量稳定,纤维形态和脱水性能好,浆白度有所改善,含砂量少以及有利于纸机抄造等显著优点。国产的陶瓷磨石是1966年试制成功的。

1. 水泥磨石

水泥磨石多以石英砂为磨料,以水泥为固定磨料的黏结剂制造。

1) 水泥磨石规格和质量要求

根据磨木机类型和木段长度,采用不同规格的磨石。磨石外形应光滑、平直、呈圆柱形,表面不许有裂纹及其他缺陷。

工作层各部分要求粒度均匀、硬度一致。磨石制成保养6个月后方可使用。

2) 主要原材料要求

(1) 水泥。作为磨料黏结剂的水泥是水泥磨石最主要原料之一,它的质量对磨石性能有很大影响。选用水泥应注意强度、耐热、水化热、干缩性等性能。要尽量采用强度大、能承受高温的高标号水泥,同时水化热和干缩性要求尽量小,以免产生裂纹。

(2) 石英砂。石英砂是水泥磨石的磨料,决定磨木浆质量的是砂粒的大小、形状和硬度等。粒度大的产浆量大,但浆较粗;粒度小的,出浆少,但浆较细。砂粒形状不宜过于尖锐,也不宜过于圆钝,一般以多角形为最好。砂粒硬度高的耐磨性好。石英砂用水洗净、烘干和筛选后分出不同目数,存放待用,根据不同的磨木浆质量要求进行组合。由于各地选用的石英砂质量不同,使用的粒度组成也不相同。

有的工厂为了增加磨浆性能,用碳化硅或氧化铝代替一部分石英砂制造水泥磨石,在提高产量、降低电耗和稳定质量上都收到较好效果,但磨石成本较高。

磨石养生期6个月,以木板垫底在室内保存,每周淋水一次,并要防冻。制成2个月后才可翻转。磨石移动时必须以木板、麻包、毛布等软物垫好,避免磨石与地面、铁杆及钢丝绳等直接接触碰伤。

2. 陶瓷磨石

最早制造的陶瓷磨石是用大的陶瓷磨块固定在一铸铁芯上,由于大磨块烧结难度大,成品率低,很快发展为相对小的磨块精确地连接在加筋的混凝土芯上。图3-8为陶瓷磨石断面图。

我国的陶瓷磨石是由造纸厂用砂轮厂提供的磨块组装而成的。近几年砂轮厂也部分组装成整块磨石供造纸厂使用。

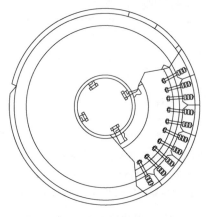

图3-8 陶瓷磨石断面图

制造磨块有三种磨料:碳化硅、氧化铝和改性氧化铝。磨料结晶从炉中出料后,经粉碎及一系列筛分,使其具有所需要的性能。

根据需要,可以用单一粒度磨料或混合粒度磨料生产磨块。60目粒度通常针对生产新闻纸用浆,而30目和较粗粒度用于生产纸板用浆,比60目更细的粒度用于生产低定量涂布纸和其他印刷纸用浆。

碳化硅磨粒较硬,有锐利的刃口、较多的棱角,另外也比较脆。氧化铝磨粒多呈块状,较圆钝,不易碎,在受冲击的情况下比较坚韧。

磨块是磨料加黏结剂制造的,两种材料经精确计量、机械混合后,置于压模内加压成坯,然后将磨块坯移入烘箱,经充分干燥后放入窑炉,在2000℃以上高温下烧结,保温一段时间后冷却至室温而成。

3. 温度变化对磨石的影响

过大的温度变化如急剧地升温或降温,都会使磨石产生应力,造成损伤,如磨石上出现裂纹,磨块破裂或整个磨块破碎。工厂的实践经验和试验结果都表明:当停机时磨石过快冷却或开机时过快升温,都会产生比正常生产时更大的应力,致使磨石受到损伤,从而导致磨石的破裂。

在运行中,由于操作经验不足和没有应用浆坑温度检测控制,可能发生磨石局部的迅速过热,出现"烧石现象"。这种局部迅速过热可能是喷水管堵塞或石块之类的杂物混入磨碎区造成的。反复迅速过热会产生累积效应,磨块的损坏和破裂可能在"烧石"后的几天或几月内发生。应定期仔细检查磨石表面,一旦发现"烧石"应立即彻底平整清除,防止产生损伤累积效应。为了防止喷水管堵塞,每班要清除堵塞的板皮并清洁喷水管。

3.3 盘磨机械浆设备

20世纪50年代初期在用盘磨机处理磨石磨木浆筛渣的基础上,发展成一种将木片在盘磨机中直接磨碎成浆的新的机械制浆设备,称为盘磨机械浆(RMP)设备,又称木片磨木浆

(CRP)设备。

20世纪60年代初,为了提高盘磨机械浆的强度,减少纤维束和碎片含量,在木片进盘磨机之前先经短时间汽蒸使之软化,发展成为预热机械浆(TMP)。

TMP越来越高的能耗引发了人们对节能TMP设备的深入研究。1984年,芬兰制浆造纸研究院进行了高速盘磨机的试验(为节能考虑),并导致安德里兹(Andritz)高速TMP过程(RTS过程)的开发。1994年,第一台高速TMP设备在瑞士的Perlen投入运行,同年,桑斯(Sunds Defibrator)在瑞典的Ortviken也安装了类似的设备。

到今天为止,根据原料性质和所要生产的产品特征,人们对化学预处理过程作了各种各样的变化,而发展成为各种新的制浆方法。例如,碱性过氧化氢化学机械浆(APMP),中性亚硫酸盐法半化学浆(NSSC),碱性亚硫酸钠法半化学浆(ASSC)等。

图3-9为盘式磨浆机高得率制浆典型生产流程图。

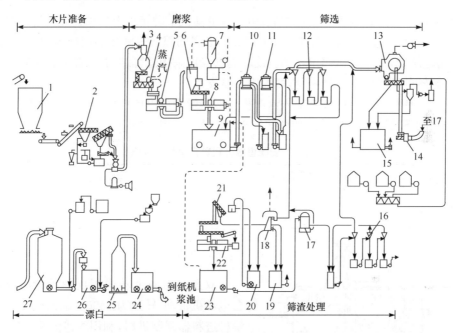

图 3-9 盘磨机械浆典型生产流程

1.木片仓;2.木片洗涤机;3.过渡贮料器;4.木片预热器;5.一段磨浆机;6.浆汽分离器;
7.冷凝器;8.二段磨浆机;9.磨后浆池;10.一段筛;11.二段筛;12.除渣器;13.浓缩机;
14.高浓浆泵;15.滤液池;16.除渣器;17.尾浆筛;18.曲筛;19.滤水池;20.磨前浆渣池;
21.浆渣脱水器;22.浆渣磨浆机;23.磨后浆渣池;24.漂后贮浆池;25.漂白塔;
26.中和池;27.高浓贮浆塔

3.3.1 盘磨机的结构与类型

盘式磨浆机主要由装有磨片的磨盘、主传(转)动轴、外壳、间隙调节机构、轴承冷却系统和保护系统、进出浆口和电机能构成。物料在盘中心进入,在高速转盘巨大离心力的作用下,从磨盘中心向圆周方向运动,穿过盘齿间隙最后流向出口。

盘磨机可分为单盘磨、双盘磨和三盘磨三种,单盘磨又可分为悬臂式结构和通轴式两种,如图3-10。

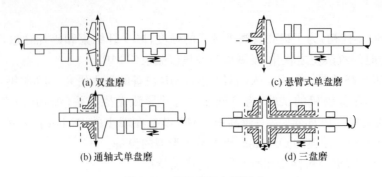

图 3-10 盘磨机的主要形式

1. 单盘磨

单盘磨由 1 个定盘和 1 个动盘组成，由 1 台电动机带动转轴上的动盘旋转进行磨浆，浆料由定盘中心孔进磨，动盘转速 1500～1800r/min，磨盘间隙通过液压系统或齿轮电动机进行调节，一个磨盘旋转，另一磨盘固定不动。旋转的磨盘可采用悬臂结构，磨盘安在主轴的末端，也有的是将旋转的磨盘装在主轴中部，两端由轴承支撑。

木片利用环绕主轴上的螺旋喂入盘磨机。喂料螺旋可以单独传动也可以随主轴转动。安德里兹公司的 SB150/170 单盘磨如图 3-11 所示，其技术规格如表 3-1。

表 3-1 安德里兹公司单盘磨技术规格

型号	磨盘直径/mm	最高转速/(r/min)	电机功率/kW
SB150	1520	1500	1000
SB170	1680	2300	1400

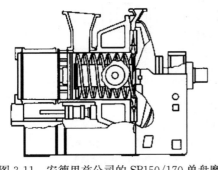

图 3-11 安德里兹公司的 SB150/170 单盘磨

2. 双盘磨

双盘磨由两个转向相反的动盘组成，各由 1 台电动机带动，转速为 2400～3000r/min。通过双螺杆进料器强制进料，利用线速传感器(LVTD)可准确控制磨盘间隙。两个磨盘都装在悬臂上，做反方向旋转。

木片通过同轴的喂料螺旋由一个转盘的中心口喂入，也有由一磨盘斜方向喂入的。图 3-12 为安德里兹公司的双盘磨，图 3-13 为桑斯公司的双盘磨。

3. 三盘磨

三盘磨由 2 个定盘和中间 1 个动盘组成，动盘两侧具有两齿面，分别与 2 个定盘组成 2 个磨浆室，即使转速很高，也不存在动盘偏斜问题。磨浆过程产生的蒸汽可由 2 个进料口和 1 个出料口排出。通过液压系统，可调整轴向联动的 2 个定盘间隙和对动盘施加负荷，这种构型的盘磨机不需使用大的推力轴承。这是由两台单盘磨结合而成的，但和单盘磨有很大不同，它的旋转磨夹在两个固定的磨盘中间，因此在同样直径下，磨浆面积提高了一倍。由于两边固定的盘磨对着中间转盘加压，不存在轴推力，磨盘也不会变形，在任何操作条件下都能保持良好平行度。

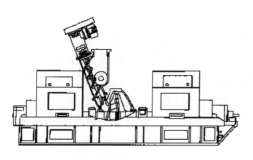

图 3-12　安德里兹公司的 SB160/190 双盘磨　　图 3-13　桑斯公司的双盘磨

图 3-14 所示为安德里兹公司的三盘磨,表 3-2 为其技术规格。

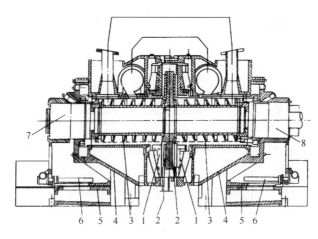

图 3-14　三盘磨结构示意图

1.磨盘底座;2.磨盘;3.带式喂料器;4.对称的盘磨机外壳;
5.底座;6.回缩机构;7.盘磨机末端轴承座;8.盘磨机传动侧轴承座

表 3-2　安德里兹公司单盘磨技术规格

型号	TWIN45-C(P)	TWIN50-C(P)
磨盘直径/mm	1143	1270
最大功率/kW	6500	10000
最高转速/(r/min)	1800	1800
质量/t	18	27

单盘磨产量较低,但其设计与制造简单,成本较低,仍有一定市场。双盘磨在 20 世纪 70 年代发展较快。由于盘磨机所做的功是在磨盘的刀缘上完成的,单位时间内刀缘与纤维接触次数越多,则纤维经受处理的程度越大,浆的强度提高越大。因此盘磨机转速越高,则运转中齿刀作用于纤维的频率越高。另一方面,提高转速与增大磨盘直径,均可提高盘磨机的单机生产能力。因此,不论单盘磨或双盘磨,都有向高速、大直径发展的趋向,迄今,已出现最大盘径 2082mm、动力 26000kW 的盘磨机。但提高转速会使盘磨机产生很大离心力,影响磨盘间浆料的正常分布,并使设备产生稳定性问题。三磨盘的开发从增加磨浆面积入手,在不提高转速及增大盘径情况下,磨浆面积增加 2 倍,既有利于提高产量,也有利于改进磨浆质量,同时便于热能回收。

4. 锥形盘磨机

为了克服大直径磨盘所带来的问题,这些年发展了"锥形区"的概念,即在磨盘的外圈有一和磨盘成75°的磨浆区。这种称为RGP 70CD的盘磨机的磨浆面积相当于普通1778mm盘磨机,而其线速度只相当于1473mm的盘磨机。

在锥形盘磨机中,中间平面磨浆部分的磨盘充分利用离心力作用使浆料进入磨浆区,而到了锥形区,这种加速的离心力降低,从而延长了浆料在磨区的停留时间。图3-15为RGP-70CD锥形盘磨机的剖面图。

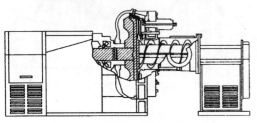

图3-15 RGP-70CD锥形盘磨机

3.3.2 盘式磨浆机的主要构件

1. 盘磨机的磨盘

1）选择磨盘的标准
（1）能磨出质量好的浆。
（2）电耗低。
（3）磨盘的吨浆成本低。

2）磨盘的设计

目前磨盘的设计是凭经验摸索出来的,无规律可循,也没有一种对各种木材和浆料都适用的磨盘。磨盘通常分破碎区、过渡区和精磨区。破碎区磨齿粗而稀,精磨区磨齿细而密。典型的磨盘如图3-16所示。

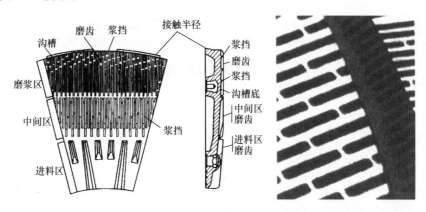

图3-16 典型的磨盘

当木片喂入盘磨机时,先经破碎区磨成火柴杆状,然后通过过渡区和精磨区。

磨齿是用以对纤维施加压力的,沟槽则用以使纤维膨胀并作为输送水和蒸汽的通道。一般磨齿和沟槽的宽度不得超过纤维的长度。有的磨盘设有浆挡,其作用是抑制浆料的流动,迫使纤维进入齿面受到磨碎作用。浆挡最好呈螺旋状排列,其高度由中心到外部逐渐增加。

磨盘有一定的锥度,通常精磨区锥度小,过渡区锥度大,而两段或多段磨浆的磨盘锥度逐渐减小,如有的公司一段磨两磨浆区的锥度分别为1∶160和1∶300,而二段磨两磨浆区的锥度为1∶100和1∶300。

磨盘和平行度对成浆质量影响很大,一般圆周上的平行度偏差不得大于0.05mm,否则纤维和蒸汽会从间隙大的地方逸出,使盘磨机产生震动,降低成浆质量。

3) 磨盘的结构

磨盘是盘磨机中的关键部件。磨盘一般由装在主轴上的或固定的盘体和直接同纸浆接触产生研磨作用的磨片构成。磨片通常可分为整体式磨片和组合式磨片两种。一般都采用组合式磨片,其磨片的数目为4～8块或更多。磨片数目的多少根据磨盘直径的大小而异。

磨片可直接装在盘体上或通过整圆的盘托与盘体结合。磨片上直接对纸浆起作用的是磨片上的磨纹。磨片是磨浆机的"心脏",其齿型设计、选择的合理与否,将直接影响纤维的质量和生产率。磨片结构参数主要包括齿宽、齿高、齿槽宽、齿角度、挡浆环的设置及齿纹排列等。

磨齿一般有直形齿和弧形齿两种,如图3-17所示。在一定长度的线段上,弧形齿较直形齿长。在刀齿齿数一定的情况下,弧形齿可以提高磨片的每秒切断长。磨齿齿纹可分为扇块分区齿和圆环分区齿两大类。扇块分区齿是在一个扇块区域内设置平行等距刀齿,刀齿角度不同,由小到大逐渐变化。若扇块分区数过少,相应的扇块区域大,则分排的部分刀齿角度将过大,超出刀齿角度的一般要求。若扇块分区过多,扇块区域小,则不同长度刀齿数过多,将给设计制造带来不必要的麻烦。不同规格磨片的扇块分区数,可以按照刀齿角度的要求通过几何计算确定。圆环分区齿是在一个圆环磨面的通盘上直接设置从内到外的直长齿或弧形齿,会出现内齿槽过于狭窄、外齿槽过于宽大(内外齿宽一致的情况下)不利于纤维流通的问题。采取由内向外划分若干圆环设置刀齿,即圆环分区设置刀齿,就能缓解这一问题。此外,圆环分区后,在保证通盘每秒切断长不变的前提下,内环区刀齿齿槽就可设宽些,外环区齿槽设置窄些,以使纤维由内向外分布流畅圆满。

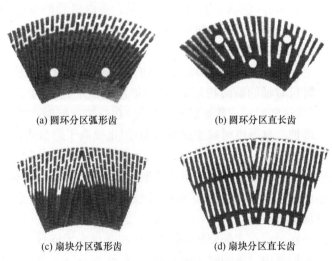

(a) 圆环分区弧形齿　　(b) 圆环分区直长齿

(c) 扇块分区弧形齿　　(d) 扇块分区直长齿

图 3-17　磨盘磨齿齿纹排列

高浓操作的磨盘磨纹在中心区域、中间区域至边缘区域各段是不相同的。中心区域对物料起破碎作用,称为破碎区;中间区域起磨浆作用,称为磨浆区或粗磨区;边缘区域起精磨作用,称为精磨区。

磨盘的磨纹布置要求及参考尺寸如下:

(1) 磨纹的分区布置应能适应物料从粗变细的规律,而且能够在磨盘正、反转运行时使物料顺畅地通过磨区。

(2) 凸起的齿纹和凹下的齿槽尺寸必须从大到小逐渐缩小。破碎区,齿纹宽度为8～

16mm,齿槽宽度为16～32mm;磨浆区,齿纹宽度为2～4mm,齿槽宽度为3～5mm;精磨区,齿纹宽度根据磨浆工艺的需要和制造技术有的可达到1～1.5mm。

（3）磨纹的梯度。磨片设计成有斜度的目的:①避免机械能量突然增加和齿面的局部磨损;②使原料容易进入并减轻喂料负载;③有利于保证成浆的质量,使磨浆变化过程是渐进式并非跳跃式。根据磨盘直径大小设置1～3个梯度,破碎区梯度6°～15°,磨浆区梯度3°～7.5°,精磨区梯度0°～0.5°。磨盘直径900mm以下的只设一个梯度,一般为6°～12°。

4）磨盘的材料

盘磨的材质决定磨片表面结构和使用寿命,齿型集合尺寸决定传递给木片和纤维的能量和机械作用。因此,要求磨片具有高可靠性和适用性,高综合机械性能,高强度和硬度,高耐磨性,足够的韧性和耐冲击性,高冶金质量及铸造性能,高尺寸精度和高动静平衡要求,从而保证其使用寿命,最大限度地降低磨片失效及故障的发生。

磨片失效大致分为齿面磨损、磨齿断裂、气蚀和腐蚀等。齿面磨损包括齿边缘磨损、齿面磨损、磨粒磨损、冲蚀磨损和齿面疲劳磨损,其中齿边缘磨损是指磨齿边缘的钝化磨圆。气蚀是磨片受蒸汽中不断形成与溃灭的气泡在瞬间产生的极大冲击力及高温的反复作用下齿面材料的特殊疲劳点蚀现象。腐蚀是金属与环境介质之间产生化学和电化学作用的结果,在磨片表面产生松脆的腐蚀物,这些腐蚀物在磨片相对运动时被磨掉。

从磨片的磨损机理可以看出,理想的磨片材质要有较高的硬度及适当的断裂韧性和较好的耐腐蚀性。目前最多的是用镍铬冷硬铸铁、高铬白口铁、不锈钢、镍铬冷硬铸铁。

2. 盘磨机的转子

转子是盘磨机的关键部分,包括主轴、磨盘和轴承。在电机和磨盘同轴安装的盘磨机内,还包括电机。设计转子时必须考虑盘磨机的动态特征和振动频率。盘磨机的主轴是承载磨盘的,还必须考虑启动时的瞬时扭矩。

磨盘以压配合固定在轴上,以克服启动和运转时的扭矩。如果磨盘位于主轴的一端,则采用锥形配合。启动盘磨机时轴的瞬时扭矩最大,当加速到额定速度的40%～45%时,达到最大值,最大扭矩可达正常运转时额定扭矩的6～8倍。在高速旋转时产生很大的离心力,使磨盘外圈向背面弯曲。增加磨盘厚度可减少这种变形,但也提高了磨盘质量,相应地就必须加大主轴直径。

磨盘的弯曲变形在一定程度上可采用带锥度磨盘的形式予以补偿,但磨盘的变形随盘磨机磨浆时负荷的大小而不同,即磨浆负荷大时需要较大的锥度,这就带来一些困难,因为盘磨机刚启动时都不能满负荷运转。

三盘磨由于转盘夹在两定盘之间旋转,因此不存在磨盘变形问题。盘磨机主轴配有径向轴承和止推轴承。径向轴承用以承载转子的质量,而止推轴承则抵消加压装置造成的轴向负荷和磨浆时产生的蒸汽的压力。除三盘磨外,其他形式的盘磨机都必须要止推轴承,在大多数情况下,止推轴承都位于轴的外侧,即远离磨盘一侧,这样比较灵活。因为在负荷作用下轴将延伸,止推轴承装在靠近磨盘一侧时,止推距离较短,在负荷作用下反应较快。对采用通轴的单盘磨,止推轴承装在轴的两端,推力均匀地分布在两个较小的止推轴承上。

盘磨机轴承一般的工作温度为65～93℃,要用低黏度油润滑。盘磨机对润滑的要求很高,新型盘磨机有集中润滑系统。润滑油经冷却至40～45℃后进入轴承。冷却过的润滑油不仅能提供保护油膜,而且能将轴承内的热量带走。为了防止润滑油中断供应而损坏轴承,盘磨机的电机和润滑油系统连锁。有些盘磨机设有备用电池,使电源故障时润滑油也不致中断。

3. 盘磨机的传动

目前盘磨机的驱动电机越来越大,这是因为安装大型但数量较少的设备要节省投资和安装一些辅助设备的费用。

所有双盘磨的电机都是和磨浆机结合成一个整体的,驱动功率小于 3675kW 平盘磨也用这种结构。但大型单盘磨的电极则用齿轮联轴器和磨浆机连接,这样可以使用标准电机。磨浆机将扭矩和推力吸收到磨浆机的机架内,电机和磨浆机结合成一个整体的磨浆机,电机已在制造厂预组装好,可以作为一台完整的设备装在厂房里,比较容易,而且由于它轴承较少,维护也比较简单。

盘磨机可用感应电机或同步电机传动。小型盘磨机通常用感应电机驱动,因为它的用电量占全厂用电量的比例很小,因此对功率因数的校正意义不大,而且 1800r/min 的感应电机比同步电机便宜。感应电机只有在满负荷下运行才有较高的效率,而在低负荷时效率和功率因数都大大降低。可以在电机或启动器上安装电容器,来修正功率因数,但功率因数不会超过 97%。同步电机则相反,在任何负载条件下效率都一样高。它可以设计出很高的功率因数,这样不仅保证盘磨机功率的有效利用,而且可改善整个工厂的功率因数(取决于工厂的配电系统),这意味着可以大大降低运转费用。

4. 盘磨机磨盘间隙的调整

1) 间隙的调整

要获得质量均匀的浆料,必须精确地控制磨盘的间隙。稳定的压力和恒定的间隙关系到磨浆的产量、质量和动力消耗,因此必须有压力和间隙的调节装置以保证设备高度平稳运行时磨盘间隙不受其他因素所影响。通常磨盘间隙控制在 0.2~0.5mm,对纤维分离程度要求特别高时,磨盘间隙要求控制在 0.15mm,对磨盘间隙的控制精度要求也比较高,一般要求的控制精度达到 0.01mm。

磨浆机磨盘间隙的调整可以用机械或液压方式来实现。

机械加压系统是利用齿轮电机使两磨盘靠近,直至达到所要求的传动电流。现在机械加压系统已很少使用。

液压加压系统可用定位式或压力式来调整磨盘间隙。采用定位式加压时,在达到一定电流后将液压系统锁住,使磨盘定位,这样磨盘间隙和机械加压系统一样是固定的。

压力式液压加压系统,液压保持恒定,由于盘磨机外壳内的压力与两磨盘之间的磨浆压力有直接关系,因此能自动控制磨浆压力。这种加压系统能随通过量的微小变化而予以补偿,在输入的功率保持一定时,能自动改变磨盘间隙。

2) 磨浆机磨盘间隙的测量与控制

磨浆机两齿盘间间隙对浆料的得率、能耗和浆料质量具有很大影响。这就使得盘磨间隙成为了所有磨浆设备以及测量和控制方案中的主要控制参数。尽管磨浆机在工作开始时都可以按照要求调整好磨盘初始间隙,但是在研磨过程中,由于磨片的齿表面受到多种形式的磨损,使研磨齿的高度连续降低,从而造成磨盘间隙不断扩大。要保持磨盘间隙的稳定,就应当对磨盘间隙进行实时精确地测量,并及时进行调整。因此,实时精确连续地测量研磨过程中盘磨实际间隙是保证磨浆机始终在最佳磨盘间隙下进行工作,保持磨盘间隙稳定的前提条件。

目前有间接和直接测量两种装置。间接测量装置通常是在磨盘定盘外壳上安装游标尺或位移传感器,当定盘在轴向移动时带动定片移动,从而使磨浆间隙得到调整,只要测量定盘轴向位移值可以间接得知磨浆间隙值。但间接测量法的缺点是在定盘轴向不动时,因磨片自然磨损带来的间隙增加,而这部分间隙增加未被测量出来。直接测量装置是直接在磨浆区内部动、定磨片表面设置测量位移传感器的系统,可直接反映磨浆面上的间距,是实时测量间隙数值的信号装置。

3.4 搓丝机

搓丝机源于塑料和食品工业使用的双螺杆挤压机,是利用塑料挤出工程原理和现代造纸制浆理论而开发的一种高得率、多功能、节能型的清洁机械制浆设备。它具有磨浆质量好,能耗低、用水量少、排污少、有利于环境保护等优点,是一种具有广泛应用前景的新一代磨浆设备。搓丝机将纤维分离、化学药品浸渍、蒸煮、洗涤、漂白和纤维的切断等多个复杂的工艺过程汇集在磨浆机内完成。

双螺杆挤压搓丝机可完成的功能:

(1) 磨解。两根相互啮合的螺杆就像一台高效率的螺杆泵将浆料强制性地定向(纤维轴向)挤压和输送,浆料在挤碾区受到较大的挤压力和揉搓作用,有利于纤维轴向产生裂纹,强化药液渗透和纤维分离作用,完成磨浆功能。

(2) 化学浸渍。利用该机可进行多种化学处理并能将药液注入壳体不同的工作区域。它是高效率的高浓混合器,浆料通过挤碾区时被强有力地揉搓。同时,温度和压力的作用可使浆料在高浓下加快化学反应。

(3) 洗涤。该机在高压区装有有效的过滤器,可对化学机械浆或半化学浆磨解的同时进行洗涤,可按工艺要求设置多段洗涤区。高的挤压力和有效的揉搓作用可实现高效率的洗涤,同时还可节约清水、降低排污量。

(4) 漂白。可作为高浓反应器完成浆料和漂液的高浓混合,具有高浓(25%~40%)、高效、快速漂白的优点,并可节约漂白剂和其他化学药品。

1975 年法国 Clextral 公司首先对双螺杆挤压机进行技术开发,力图用于制浆造纸业。1983 年 6 月 C-E Bauer 公司进行了双螺杆挤压机用于制浆的工业生产试验,处理原料为南方松和杨木木片,生产出的机械浆外观上类似 TMP 系统第一段压力磨磨出来的浆料,但纤维分离得更好,纤维束含量比传统 TMP 少 30%;经高浓磨浆机精磨后,其浆料性能类似 TMP,但节约磨浆能耗 30%。为区别于其他制浆方法而将之称为 EMP(extruder mechanical pulping)。20 世纪 90 年代初期,法国 Clextral 公司成功地将双螺杆挤压机应用于制浆工业生产,并将此设备称为 Bivis(bi-双,vis-螺杆)。

20 世纪 90 年代中期,我国天津、昆山某造纸厂曾分别引进一条生产线,用于生产棉短绒和三级棉漂白浆料,抄造证券和钞票等高级漂白纸张。80 年代末,国内学者开始关注并研究挤压机械法制浆。90 年代末期实现了挤压机械法制浆实验设备的国产化,国内搓丝机基本上是借鉴和消化国外 Bivis 机的结构而设计和开发的。目前主要有两种结构形式:一种是完全参照国外设备结构进行设计的,另一种是国产化的搓丝机,两者虽然外形差别较大,但都可以实现相同的磨浆效果和辅助功能。

3.4.1 搓丝机的工作机理与特征

搓丝机采用无刀式磨浆元件,利用动态挤压原理,通过纤维物料间相互揉搓,完成纤维分离。它的基本结构是由两个相互平行、彼此啮合、转向相同的特殊螺杆和与其配合的机壳组成的,由于搓丝机两个螺杆的几何参数相同、转向相同,所以在啮合区除中心连线之外,各点的相对速度不同,产生的剪切速度不同。又由于螺杆的纵向总是敞开的,物料能通过这些间隙从啮合区出来,流到另一根螺杆的螺槽中去,其结果是物料流的换位,在空间呈∞形向前推进。正向螺旋的主要作用是输送和压缩物料,到反向螺旋杆处,正、反向螺旋的相互作用形成挤压区,迫使物料从反向螺杆的开槽处挤出,从而被剪切揉碎成一定长度的纤维状。浆料在正向输送元件和反向输送元件作用下形成高压区,纤维物料之间产生很大摩擦力,导致纤维间的分离,进而使之分丝帚化、压溃。在此压力作用下,浆料纤维才通过反向螺棱上的开孔正向输送。磨浆压力的大小和浆料浓度、反向螺旋套结合尺寸因素有关,可以根据需要加以调节,压力最大值可达 8～10MPa。这样高的压力和剪切力相结合,会使被处理物料纤维吸收足够能量,内部产生很大应力,加之纤维的取向作用,使纤维轴向受力大,促使内部细纤维之间联结的断裂,提高了纤维的柔软性和可塑性,甚至使之帚化、分丝、压溃。在挤压过程中还可以加入药剂和蒸汽,使物料在受到机械作用的同时发生化学反应,以提高纸浆的质量。

两根螺杆式啮合型结合,两根螺杆轴线间的距离小于两根螺杆外径之和。一根螺杆的螺棱插到另一根螺杆的螺槽中。由于螺槽纵向开放,物料可以由一根螺杆流到另一根螺杆。物料在输送段有正位移输送,也有摩擦、黏性拖曳输送。由进料口进入的浆料沿着螺槽向前输送到下方楔形区,然后被另一根螺杆托起,并在机筒表面的拖曳下沿另一根螺杆向前强制输送,在螺棱间隙中产生挤压力和剪切力。在啮合区中,剪切力由不同位置各点存在的速度方向和数值上的差异所产生。

如果搓丝机的磨浆机速度、直径相同,则螺旋辊间隙中的平均剪切力比磨浆机小 2～3 倍。例如,现在已经研制成功的国产 SM76 型搓丝机和 ZDPHϕ600mm 磨浆机的生产能力相近,但两者的转速和直径相差很大。SM76 型搓丝机螺旋辊直径 ϕ76mm、转速 300r/min,ZDPHϕ600mm 磨浆机磨片直径 ϕ600mm,转速为 1480r/min。可见,搓丝机的剪切力远小于磨浆机,因此对纤维的切断作用小,可保留磨浆纤维长度。

3.4.2 搓丝机的结构组成

双螺杆挤压搓丝机由电机、特殊齿轮动力分配箱、组合式螺杆、剖分式机体、喂料器、液压系统、药液(或水)注入系统、废液回收系统、机座等组成,如图 3-18 所示。

双螺杆挤压搓丝机磨浆区域由两条组合式的螺旋辊和剖分式的机体组成。在上下机体上分别安装有多组药液加入与回收用的滤板(可另用作蒸汽入口、黑液回收出口或洗涤水出入口),机体内侧衬有高硬度耐磨层衬套,衬套利用螺钉固定在机筒上面。可以很方便地利用液压系统打开机体上盖,清理里面的浆料或维修更换工作部件。螺旋辊由一系列螺旋转子组成,在结构上采用积木式结构组成,从进料端算起,分别是输送螺旋转子、强送螺旋转子、正压螺旋转子和反压螺旋转子,其中每台设备一般有 2～4 组正压螺旋转子和反压螺旋转子组成有效磨浆区域。图 3-19 为一种搓丝机主要工作部件图。

1. 搓丝机的螺旋转子的结构

螺旋转子主要由花键主轴、输送螺旋转子、强送螺旋转子、正压螺旋转子和反压螺旋转子按一定的要求和顺序通过积木组合方式串联在一起。工作过程中,两条结构完全相同的螺旋辊相互啮合在一起,共同组成磨浆区域。这种积木组合螺旋转子可以利用有限的螺旋

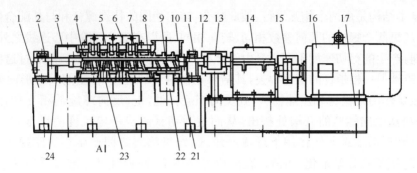

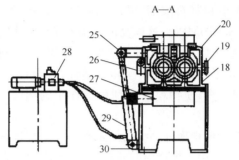

图 3-18 一种国产搓丝机结构组成简图

1.主机底座;2.尾部轴承组件;3.出料口上体;4.反压螺旋转子;5.正压螺旋转子;
6.加液槽;7.滤板组件;8.强送螺旋转子;9.输送螺旋转子;10.进料口上体;11.头部轴承组件;
12.主轴;13,15.联轴器;14.特殊同步齿轮箱;16.电动机;17.电机底座;18.机筒座;
19.紧固螺栓;20.机筒盖;21.进料口下体;22.集液槽;23.滤板组件;24.出料口下体;
25.液压打开装置;26,30.铰链;27.出液槽;28.液压站;29.液压缸

图 3-19 一种搓丝机主要工作部件图

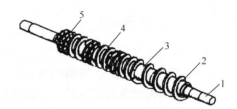

图 3-20 一种搓丝机的螺旋转子结构图

1.花键主轴;2.输送螺旋转子;3.强送螺旋转子;
4.正压螺旋转子;5.反压螺旋转子

转子元件实现多种组合,以满足不同产品的需要。在生产使用中,必须根据造纸纤维原料的不同,合理设计螺旋转子的结构和参数。如图 3-20 所示为一种搓丝机的螺旋转子结构组成图。

(1)输送螺旋转子。用于将纤维原料输送到强送螺旋转子中。根据生产能力和原料的喂料特点合理确定螺旋外径和螺距。

(2)强送螺旋转子。用于将来自输送螺旋转子的纤维原料强制性输送到磨浆区域,实现磨浆处理。其螺距一般为输送螺旋转子螺距的 1.1~1.35 倍,保证物料能够强制性快速送入磨浆区域。

(3) 正压螺旋转子。纤维原料在相互啮合的正压螺旋转子当中进行磨浆处理,同时将来自强送螺旋转子或上组反压螺旋转子的浆料强制通过下组反压螺旋转子。其螺距一般为输送螺旋转子螺距的 0.6~0.8 倍,较输送段有一定压缩比,保证物料在磨浆区域受到一定的挤压作用,形成高压区,加大物料间的相互摩擦作用,加速纤维的分丝帚化效果。

(4) 反压螺旋转子。用于对纤维浆料起到阻滞作用,当纤维浆料通过反压螺旋转子的过浆槽时实现细化和混合作用。由于反压螺旋转子对物料流动有显著的阻碍作用,因此应适当缩小转子螺距,减小螺旋升角。开槽尺寸和数量可以根据生产能力和磨浆质量确定。

各种螺旋转子的结构特征见图 3-21。

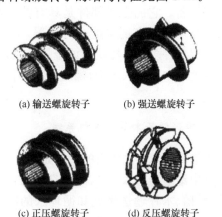

图 3-21 各种螺旋转子的结构图

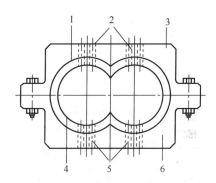

图 3-22 搓丝机的机筒和衬套的结构
1.上衬套;2.上出液口;3.机筒盖;
4.下衬套;5.下出液口;6.机筒座

2. 机筒与衬套

为了便于经常地观察物料在各个压区的形态、物料的填充程度以及螺旋转子的磨损情况,常把机筒加工成一个剖分式的机壳,在机筒盖和机筒座上分别开有若干个细小的排水孔,这些孔分布在正反向螺纹连接处,靠近正向螺纹所对应的机壳(压区)。上下机筒均采用整体铸造的形式,并且机筒两边设置了锁紧和液压装置。而衬套采用组合式,衬套通过螺钉连接的方式固定到机筒上,并且衬套和螺旋转子一样,也必须采用耐磨、耐腐蚀的材料。机筒和衬套的结构如图 3-22 所示。

3. 搓丝机传动系统

搓丝机传动系统既有减速功能,又有动力和扭矩分配功能,是一种特殊的传动系统双螺杆挤出机。传动系统由减速部分、扭矩分配部分组成,这两部分的功能虽有不同,但它们紧密联系,有时还相互制约。传动系统的传动结构布局目前大致可分为两种:两箱传动型和单箱传动型。

3.5 盘磨机械浆系统的配套设备

3.5.1 木片洗涤设备

木片洗涤机用以清除木片中的砂石、木节、金属杂物等,以利于磨浆机正常运行,延长磨盘使用寿命,提高木片含水率和使木片具有较均匀的水分。采用热水洗涤,还有助于软化木片,有利于以后磨浆工艺的进行。木片洗涤机按分离杂物的主要部件不同分为转鼓式、螺旋式和锥形转子式三种类型。

1. 转鼓式木片洗涤机

这种洗涤机的结构如图 3-23 所示。其杂物收集器及除渣器均配有自动定时排渣闸阀。在木片脱水输送螺旋下的锥形槽内设有液位控制装置,保持槽内的一定液位。

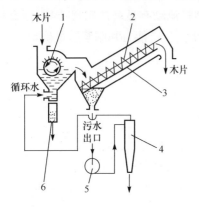

图 3-23 转鼓式木片洗涤机
1.杂物分离器;2.木片脱水输送螺旋;3.筛板;
4.除砂器;5.循环水泵;6.杂物收集器

2. 螺旋式木片洗涤机

如图 3-24 所示,这是一种具有螺旋式分离器的洗涤设备。它的主要部件是具有特殊结构的使杂物与木片分离的螺旋式分离器。这根螺旋的轴上焊有许多金属棒状物或金属板条,旋转时能有效地把木片打入水中,螺旋叶片则把木片向前推进。

3. 锥形转子木片洗涤机系统

锥形转子木片洗涤机的系统如图 3-25 所示。它主要由锥形转子木片洗涤机(杂物分离机)、脱水筛、水槽、木片输送螺旋和循环水的净化系统组成。净化系统包括除渣器、斜筛、泵等。洗涤系统中,与水接触的部件都由不锈钢制成,脱水筛机架用冷轧钢板制成并覆上环氧树脂,筛板是不锈钢的。

木片沿洗涤机壳进入洗涤机内。由于循环水切向进入洗涤机以及锥形转子的旋转运动,木片迅速地随水流的涡旋运动而流向锥形壳的底部,然后向中心升起,在离心力和激烈湍流的作用下,杂物从木片中分离出来。洗涤后的木片经中心管随水溢出而进入脱水筛脱水。各种重杂物沿壳体内壁流向底部的收集管,通过两个阀门定时交替开闭而被排出至杂物收集槽。

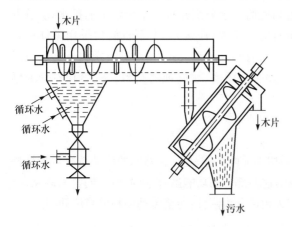

图 3-24 具有螺旋式分离器的洗涤设备

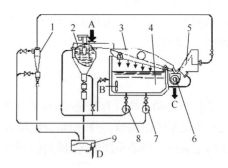

图 3-25 锥形转子木片洗涤机系统
1.除渣器;2.锥形转子木片洗涤机;3.木片脱水筛;
4.水槽;5.斜筛;6.洗后木片输送螺旋;7、8.水泵;
9.杂物收集槽;A.木片;B.补充的新鲜水;
C.洗后木片;D.杂物

3.5.2 加料器

制备盘磨机械浆生产流程中常用的加料器有螺旋加料器和格仓加料器两种,一般安装在预热器(汽蒸室)或预热浸渍器之前。

1. 螺旋加料器

图 3-26 为一种国产螺旋加料器。

螺旋压缩比:对于木片为 1.7∶1,对于草片为 (2.5~4)∶1。

进料含水率:对于木片为 40%~50%。

螺旋转速:20~70r/min(对于木片取小值)。

沿料片前进方向,开头两个螺旋为等距,且螺旋直径相同,形成螺旋圆柱段,接着 3~4 个螺距逐渐减小,且螺叶直径也逐渐减小,形成螺旋的圆锥段。

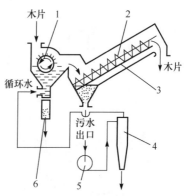

图 3-26 一种国产螺旋加料器
1.料塞外管;2.料塞内称管;3.垫圈;
4.螺旋轴头部;5.螺旋管上体泵;6.筋条;
7.螺旋叶;8.螺旋轴;9.加料口;10.联轴器;
11.减速器;12.带轮;13.调速电动机;
14.弹性支架;15.机座;16.水槽;17.螺旋管下体

2. 格仓加料器

格仓加料器分低压格仓加料器和高压格仓加料器两种。

(1) 低压格仓加料器用于将来自计量器的料片均匀而连续地送入预热器,并对预热器起密封作用。低压格仓加料器的工作压力一般低于 0.15MPa。其结构和原理如图 3-27、图 3-28 所示。它由铸钢外壳和锥形格仓转子构成。加料口的侧壁上装有底刀,有利于物料进入格仓内。外壳侧面有废气引出口,通过接管将格仓中的废气导入料斗中加热物料。

(2) 高压格仓加料器的工作压力大于 0.2MPa。它在结构上的特点是格仓多,结构刚度大,在格仓间设有压力平衡管。格仓数为 7 时,设一根平衡管;格仓数在 10 以上,设两根以上平衡管。平衡管内径为 25~30mm。

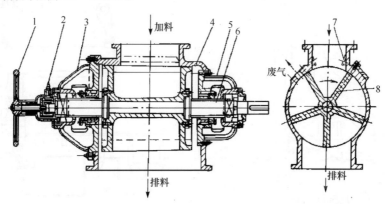

图 3-27 低压格仓加料器
1.调节手轮;2.定位螺钉;3、5.端盖;4.壳体;6.转子轴;7.底刀;
8.锥形格仓转子

3.5.3 汽蒸器

汽蒸器的作用在于使物料进入磨浆机之前进行蒸汽加热,使之软化和润湿,以节省磨浆动力和提高磨浆质量。木片的预汽蒸可以在常压下进行,也可在压力下进行。

常压预汽蒸通常是在木片仓内进行。图 3-29 为一种常压预汽蒸的木片仓。蒸汽由木片仓底部经蒸汽分配管均匀地送入木片仓内,自上而下的木片经汽蒸后从底部排出。为了防止木片搭桥,并保证排料均匀,底部有振荡器。

在压力下汽蒸时,汽蒸室的进出口都要加以密封。进出口可用柱塞螺旋喂料器或格仓喂料器密封,柱塞螺旋喂料通常以 1∶2 的压缩比率在汽蒸室的入口形成料塞。它以变速电机驱动,动力消耗大,对木片松密度的变化比较敏感。密度太大会造成堵塞,密度太小形成的料塞太松会造成反喷。

图 3-30 所示为卧式汽蒸系统,它由木片仓、喂料器、汽蒸管等组成,从木片仓 1 将木片经格仓喂料器 2 喂入带有低速螺旋的汽蒸管 3 内。由于低速螺旋会造成排料的波动,因此,木片在进盘磨机之前要经过高速螺旋以均匀进料量。

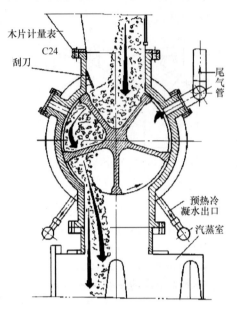

图 3-28 低压格仓加料器工作原理图

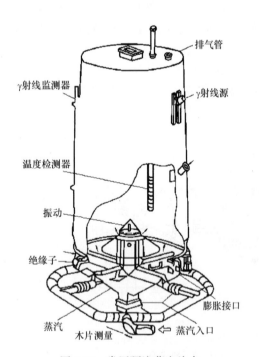

图 3-29 常压预汽蒸木片仓

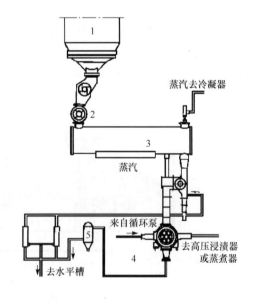

图 3-30 卧式汽蒸系统
1.木片仓;2.喂料器;3.汽蒸管;
4.高压给料器;5.汽水分离器

3.5.4 挤压疏解机

挤压疏解机是化机浆工艺中对原料进行机械处理的核心设备。在 CTMP、APMP 等化机浆生产工艺中,挤压疏解机被广泛应用于原料的预处理。原料经过挤压疏解机的变径螺旋挤压撕裂后,可除去木片中的部分水分、空气和树脂等物质,使原料更充分、均匀地吸收化学药品。

该设备工作部分如图 3-31 所示,主要由组合轴承箱、机座、滤鼓、传动轴、变径螺旋轴、出料口和背压装置组成,由带筛孔的圆筒形滤鼓和变径螺旋轴构成的压缩空间用于压缩物料,出料口处有一个气动控制的背压装置用于调整出口压力,使物料形成料塞,并防止浸渍药液倒灌。经过洗涤脱水和汽蒸后的木片均匀地输送到设备进料口,因变径螺旋的推进,出料容积逐渐变小,木片受到挤压,木片原有的结构组织被破坏,规则有序、结构疏松的木质被压溃破坏,揉搓变形成为木丝状,并被高度压缩成为一个紧密的木丝团状物料输出,在出料口部或浸渍器内向物料喷加药液,物料被推入浸渍器中充分浸渍药液,并被连续输送到后续工段。

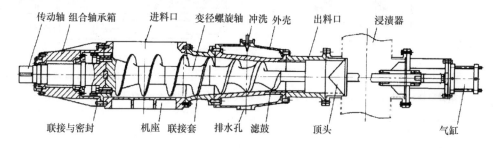

图 3-31 挤压疏解机工作部分结构图

3.5.5 浸渍器

CTMP 和 CMP 制浆设备中都要配有用药液泡浸料片的装置,称为浸渍器。浸渍器有卧管式、立管式和斜管式三个类型。

1. 卧管式浸渍器

卧管式浸渍器由两根水平安装的蒸汽管组成。最高蒸汽压力约 1MPa,蒸汽温度为 180℃。药液在 T 形管顶部加入。通过管内的输送螺旋使料片与药液均匀混合。

2. 立管压胀式浸渍器

图 3-32 为一种立管压胀式(PREX)浸渍装置。木片从加料口加入,经螺旋进料器挤压,木片中的空气被挤出后,木片变得密实。这样的木片在离开螺旋进料器、进入木片浸渍提升螺旋时就无约束地自由膨胀。随着螺旋转动向上提升的过程中,木片均匀地吸收加进去的化学药液,然后从浸渍提升螺旋的顶部落入。预热器的蒸汽加热腔中,这些经过热和化学药物综合处理的木片进入盘磨机的磨区,就更容易把纤维分离出来,对纤维的损伤可减到最低程度,提高了浆料质量,并降低了磨浆能耗。

另外一种称为挤压式浸渍器,如图 3-33 所示。木片经螺旋喂料器挤压脱水,并挤出木片中能溶于水的成分后进入立式浸渍管,膨胀吸收化学药液,再由双螺旋提升机往上提,超出液面,滤出多余药液后排到另一螺旋输送器,进入下一工序。

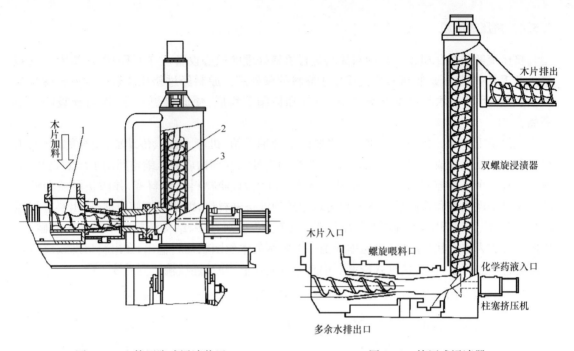

图 3-32　立管压胀式浸渍装置
1.螺旋进料器；2.浸渍提升螺旋；3.预热器

图 3-33　挤压式浸渍器
1.木片仓；2.喂料器；3.汽蒸管；4.高压给料器；5.汽水分离器

3. 斜管浸渍器

图 3-34 为斜管浸渍器。它是压力容器，内有螺旋输送器保持一定液位，使木片在压力下在化学药液中浸渍一定时间。浸渍液面上部是脱水区，可把木片中多余的药液排出。

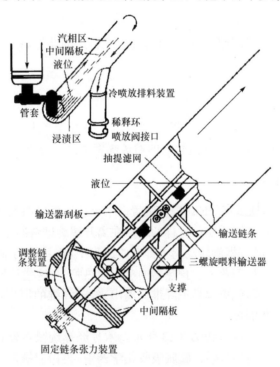

图 3-34　斜管浸渍器

3.6 盘磨机械浆的热回收设备

盘磨机械法制浆的电耗很高,而大部分电都在磨浆过程中以热能的形式散发出来,并产生蒸汽,因此能否有效地回收并充分利用这些蒸汽,关系到它们能否得到进一步发展而为人们所关注。在机械浆的生产中,主要能量消耗于磨浆过程。据研究,消耗于磨浆的能量95%以废热蒸汽的形式散发出来,因此,热能的回收具有十分重要的意义。

罗斯(Ross)TMP回收热系统回收的蒸汽用于直接与间接加热白水与清水,还用于木片加热及空气加热,热空气用于纸机通风系统和锅炉给水等处。

图3-35所示的Rossenblad TMR热回收系统是回收新鲜蒸汽用于纸机的系统。它使用降膜蒸发器蒸发纯水,再进一步压缩升压以制造抄纸用蒸汽。图3-36为另一回收新鲜蒸汽系统,用于纸机干燥的流程。该系统由于设置了2台蒸发器,进行低温低压蒸发,有较好的热回收效率。

一般TMP热回收流程只能获得低压蒸汽,即使通过热交换器也只能获得260kPa的低压蒸汽。要想应用于抄纸机上,需要压缩机升压,可获得410kPa的蒸汽。Trmden磨浆系统为两段压力磨浆,可直接获得高压蒸汽。应用这种热回收系统,1t浆可得到2.1t的410kPa新蒸汽,送于纸机干燥部,更有利于热能的回收利用。

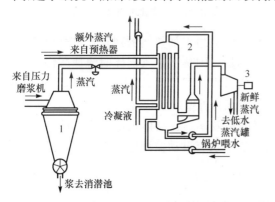

图3-35 Rossenblad TMP热回收系统
1.压力旋风分离器;2.蒸汽发生器;3.压缩器

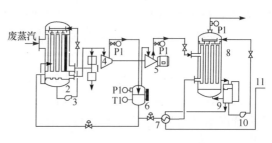

图3-36 Cyclotherm热回收系统
1.空气安全阀;2.蒸发器;3.冷凝循环泵;4.第一段压缩机;
5.第二段压缩机;6.冷凝缓冲罐;7.冷凝液预热器;8.蒸汽产生器;
9.冷凝液水平罐;10.冷凝液循环泵;11.冷凝液

压力旋风分离器和再沸器是盘磨机械浆热回收系统中两个主要的设备。

1. 压力旋风分离器

压力旋风分离器也称压力浆汽分离器,是与普通旋风分离器不同的新型旋风分离器(图3-37)。它的底部装有柱塞排料螺旋,一方面起排料作用,另一方面起密封、防止分离器内浆料喷出的作用。它的筒体下部有一根低速旋转的直立锥形螺旋,用以压紧浆料和防止筒体内壁挂浆活搭桥,使高压蒸汽顺畅地流出,并减少高压蒸汽中夹带的纤维。

2. 降膜式再沸器

再沸器用于夹带纤维的蒸汽净化,并用其热量得到洁净的蒸汽,较普遍的是降膜式再沸器(图3-38)。这种再沸器有两套热交换器,一套为主,即降膜式交换器,用于加热来自压力旋风

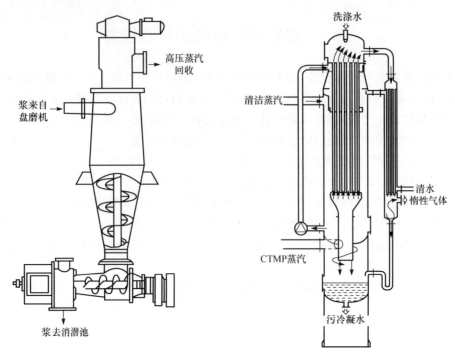

图 3-37 压力旋风分离器　　图 3-38 降膜式再沸器

器的蒸汽,使管外的水膜流到器壳底部排除;另一套为供洁净水加热用的列管式热交换器,由第一套热交换器中未凝结的蒸汽作为供热体来释放热量。因蒸汽进入器体时流速减慢,携带的纤维就分离出来。供入再沸器的洁净水经初步加热后进入器体内,被刚引入器体的蒸汽再次加热,并被循环泵压送到第一套热交换器上部,沿蒸汽管外壁成膜状流下。不凝气在该交换器下方自动排出并调节排放流量,以保持热交换器的高效率。在器体顶部有自动洗涤系统。苛性洗涤水自动喷入,不影响运行作业。对进入的洁净水有自动监测电导率系统,并间歇地排出。

3.7 高得率制浆设备的发展

3.7.1 盘式磨浆机的技术发展趋势

1. 提高磨浆质量和降低单位能耗

磨浆质量对能否有效利用各种纤维原料、提高纸产品质量具有重要作用,磨浆能耗占制浆造纸生产总能耗的比例很高。因此,提高磨浆质量、降低单位能耗是盘式磨浆机未来研究的主要目标。要实现该目标必须向大型化、高效化、高浓化磨浆方向发展,并辅之更先进的自动控制手段。单机大型化有利于提高磨浆过程微观连续性,进而可提高磨浆质量,降低能耗,提高磨浆浓度,节省成本。提高磨浆浓度可改善磨浆方式(磨浆主要发生在浆料纤维之间而不是浆料与磨片之间),进而提高磨浆质量,节能降耗。

2. 利用现代高技术手段研究磨浆区动态实况

利用现代信号检测技术直接动态精确测量磨区实际磨浆间隙,改变传统的参照工作电流直接衡量与调节间隙的方法。利用现代高技术手段对磨浆微观机理进一步深入研究,促进磨片特征设计和运行控制参数的改进。以上两方面研究可同时促使自动控制参数模式由传统表观参数控制向磨区磨浆直接参数控制的转变，进而可实现提高磨浆质量、降低能耗的目标。

3. 新型磨片材料与制造的研究

以提高磨浆性能、磨片的经济性及适用寿命为主要目标的新型磨片材料仍是今后研究的重要内容。

4. 安全可靠运行的研究

盘式磨浆机大型化、自动化、复杂化程度的提高使其运行安全可靠，对生产非常重要。研究采用智能化专家诊断系统进行在线监测与排除问题。目前研究的磨浆机在线故障诊断原理主要是将利用计算机控制的在线监测手段获得的盘式磨浆机振动、磨片加速度、磨片间隙、密封冷却水压力与流量、润滑油站等参数进行分析对比，实现综合安全监控。另外，盘间隙调节机构除了能按照工况设定点的系统功率和电流进行自动控制作进退盘外，还从安全角度安置了位置行程极限（低限和高限）开关。采用高频加速度传感器测量盘式磨浆机的振动和转速，实现对高速、高负荷运行盘式磨浆机的运行状态跟踪研究。该手段已成为磨浆机在线状态监测与故障诊断的有效技术手段。

3.7.2 搓丝机的技术发展趋势

目前，国内外对搓丝机的研究和开发取得了阶段性的成果，并投入生产应用。整体来讲，呈现以下发展趋势：

（1）针对不同造纸原料的磨浆特性和处理工艺，需要开发具有不同螺旋辊结构和辅助功能的搓丝机，进一步扩大应用范围。

（2）以搓丝机为主体设备，设计和开发相关配套设施，不断完善双螺杆制浆系统所要求的工艺与设备，重点解决电耗、水耗和环保问题。

（3）对关键技术进行科技攻关，重点解决易损件的使用寿命问题，尤其是螺旋转子的材质选择、加工精度和耐磨性处理，打破国外公司的技术垄断。

（4）努力形成系列化和标准化生产制造，开发大规格的双螺杆制浆系统，满足规模效益的要求，通过关键零部件的标准化生产降低制造成本。

（5）采用控制系统加强对整个制浆系统运行状况的实时监控，根据工艺操作要求，使该系统始终处于最优工作状态并保证系统的安全生产。

（6）采用绿色设计，提高设备制造所用材料的可循环利用率。

第4章 废纸制浆系统及设备

4.1 概　述

随着当今世界环境的恶化，人们的环保意识逐渐增强，为了节约能源、减少污染、减少森林砍伐、养息森林，废纸的回用受到重视。近几十年废纸制浆技术及设备发展很快。废纸制浆具有节省原料、成本低、节电节水、污染负荷低等特点。据美国环境保护局和其他政府部门提供的数据，每吨再生纸浆造出的纸至少能节省14棵树、84dm^3 填埋垃圾的空间和26.5m^3 的水。

我国是造纸大国，又是贫林国家，森林面积仅占国土面积的10%左右，可供开发的林地资源有限，这使得造纸原料结构中木浆比例低，而进口木浆投资大。根据我国的现状和特点，发展造纸工业必须要重视废纸回收和利用。二次纤维的利用对积极调整纤维原料结构起到了推进作用。

4.1.1 废纸制浆工艺流程

1. 非脱墨废纸制浆

一般非脱墨废纸制浆工艺流程如下：

废纸→碎浆→纤维分离→粗选→洗涤→精选→净化→调整→供抄造用

1) AOCC(American old corrugated case)生产瓦楞原纸和挂面纸板工艺流程(图4-1)

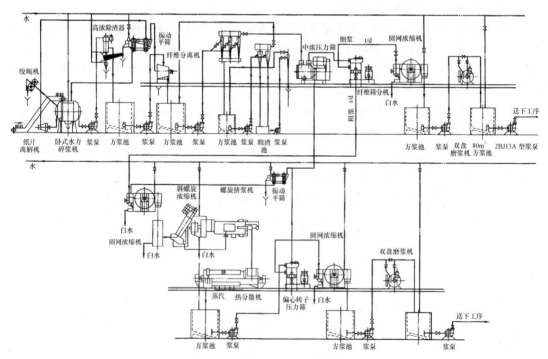

图4-1　AOCC生产瓦楞原纸和挂面纸板工艺流程

2）引进的小型 AOCC 处理线

20世纪80年代后期引进的小型 AOCC 处理线实例如图4-2所示。该套设备是采用机械分离和热分散处理相结合的方法将废纸中的杂质分离出来，处理出合格的浆料供抄造纸板用。该套设备流程较简单，电耗低，机械化自动化程度较高，劳动强度小，易操作管理，占地面积不大，其主要部分是热分散系统。该系统由预浓缩机、螺旋压榨机、转子螺旋、撕散机、预热器、喂料机、分散器组成，经水力碎浆机离解并初步净化的废纸浆料，经除砂、除轻杂质后进螺旋压榨脱水，浓度为28%~32%，再进入具有挤压、搓揉、摩擦作用的热分散器，通入蒸汽加热到100~110℃，时间3~5min。废纸中含有的黏杂物在此得到溶解，不能溶解的塑料、尼龙等高分子杂物在此经刀片分成小块，通过压力筛分离出来，从而获得净化浆料。

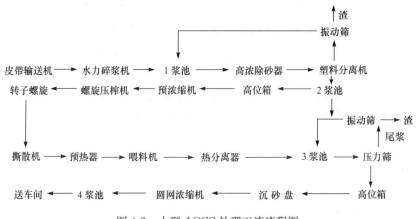

图4-2 小型 AOCC 处理工流流程图

2. 废纸脱墨制浆工艺流程

脱墨分洗涤法和浮选法。洗涤法用水量大，得率低，个别小厂在使用；而浮选法脱墨率稍低，多与洗涤法相结合。原料不同、生产纸种不同，则流程及选用设备也不同。一般废纸脱墨制浆工艺流程如图4-3。

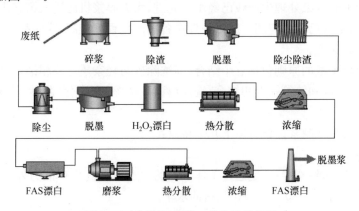

图4-3 废纸脱墨制浆工艺流程示意图

1）混合办公废纸脱墨浆生产线

美国 Northeast Recycles Associates 公司 MA 日产400t 混合办公废纸脱墨线（图4-4），日处理废纸570~630t，采用物理和生化水处理。成浆白度84%GE，尘埃度5×10^{-6}TAPPI，灰度<2%，加拿大游离度400mL，胶黏物低于20mg/kg。

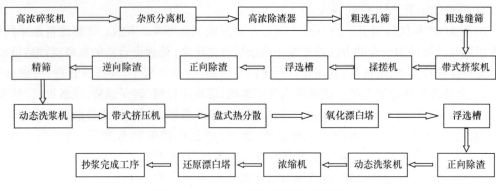

图 4-4　日产 400t 混合办公废纸脱墨线

2) 日产 100t 废纸浆脱墨生产线的工艺流程

福建某新闻纸厂从美国 Beloit 公司引进的日产 100t 废纸浆脱墨生产线的工艺流程见图 4-5。该生产线主要用从美国进口的 8 号旧报纸,脱墨浆最终白度一般可达 55%～57% ISO,最高 60%ISO,打浆度 60～65°SR,裂断长 3200m 以上,尘埃度小于 200mm/t,其中油墨尘埃小于 200mm²/t,得率 89%～92%,在新闻纸抄造中,废纸浆掺用率 35%～40%。

3. 一般废纸制浆造纸企业生产流程

一般废纸制浆造纸企业生产流程如图 4-6 所示。

4.1.2　废纸制浆的特点

机械设备处理废纸的过程原则上就是除杂质的过程。需要特别强调的是,仅仅除砂、筛选、人工拣选并不能解决废纸中的热熔物、高分子化合物、胶黏物等化学物质。进口废纸特别是 AOCC,必须采用热分散系统。国内生产的机制纸及纸板的木浆比例逐步增加,化学品广泛应用,印刷水平的提高及中高档和高档产品快速增长,废纸的内在质量也相应提高,因而处理国内废纸系统和工艺流程也应逐步完善,才能适应扩大废纸使用的要求。

目前我国引进的废纸处理生产线已经十分先进,水力碎浆机已进入第五代,除砂筛选设备配套,低温热分散系统已广泛应用。废纸处理设备国产化程度较高,这些都为造纸工业合理利用废纸浆提供可靠保证。

机械设备处理废纸的原则包括五个结合:高浓除砂与轻杂质去除相结合;粗浆筛选和细浆筛选相结合;孔筛筛选和缝筛筛选相结合;洗涤(稀释、浓缩)和净化(除砂、筛选)相结合;疏解和成浆相结合。

目前国内外的废纸制浆设备有以下几个特点:

1) 规格越来越大

除了少量设备(如除渣器)还是通过单体数量的累加来提高生产能力外,流程中的单台专业设备都已能够达到日产 800～1000t 浆料的水平。

2) 耐磨

各种废纸原料均含有废料,例如黏胶带、印刷油墨、钉和书钉、砂石、铁件、玻璃、橡胶、塑料制品等。浆料的浓度很高,在强烈的连续摩擦和能量转移的过程中,也要求接触的部件表面有很强的耐磨能力。

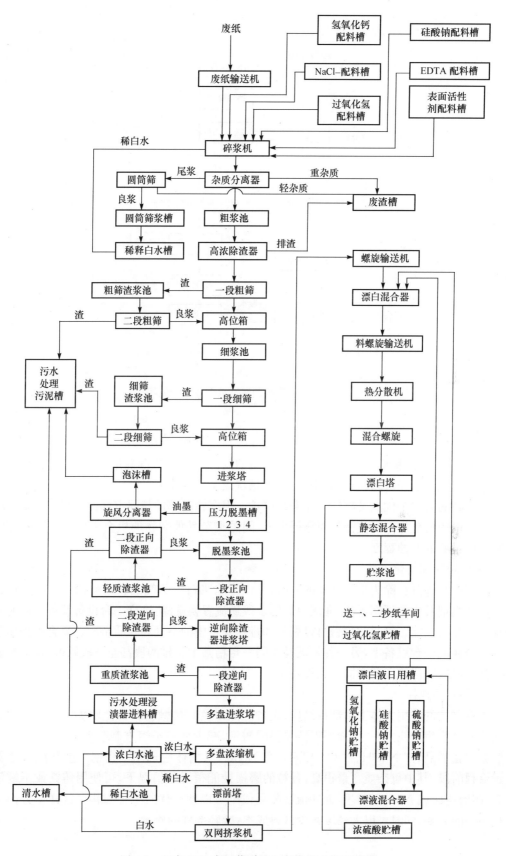

图 4-5 日产 100t 废纸浆脱墨生产线的工艺流程图

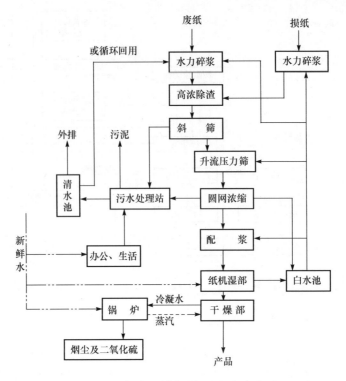

图 4-6 一般废纸制浆造纸企业生产流程

3）加工精度高

高精度的成品首先要求设备性能的大幅度改善。例如，废纸浆的疏解机、热分散机、磨浆机，由于进刀机构的精细设计和加工，刀盘之间的间隙可以非常准确地调整和控制。又如，精筛筛框的缝现在已经可以达到 0.01mm 级的精确度。

精度高的第二个优点是部件工作寿命更长。很多转动部件与固定部件之间需要安排动态密封。精确的机械加工可使密封面靠得更近，间隙夹杂其他杂物的机会更少。这样就可以大大减少密封面的磨蚀程度。

4）多功能和简化工艺

除渣器在筛分和除去重质杂质的同时，可以排除浆料中的气泡和塑料、黏胶等轻质杂质。双网压滤机把其中的下网延长，变成附加的多段逆流置换洗涤，这样一台设备就可以同时具备洗涤和浓缩的功能。筛子的顶盖可以聚集和排除浆料中的空气和轻质杂质。复合筛把粗筛和精筛结合在同一台设备上，另一种发展是在同一台精筛上安排两段甚至三段筛框，这样也就相当于把两段或三段筛子装在同一台设备中。

5）材质的选择

设备材质的选用大体上由部件结构、设备功能以及其接触物料的性质决定。当立式碎浆机用于脱墨浆生产线时，一方面要保持浆料的质量，减少铁离子溶进制浆系统；另一方面要耐受脱墨用化学品（如 $NaOH$、H_2O_2、$EDTA$ 等）的腐蚀，槽体应选用不锈钢。重杂质除渣器在靠近流程前段，其中重杂质含量很高，颗粒的磨损性能很强的情况下，可使用铸铁或不锈钢的外壳、耐磨树脂或 $NiCr$ 钢衬里，而在流程靠后段则可以使用优质工程塑料。这样一方面可以满足耐磨的需要，同时可以大幅度减少材料成本，减轻部件的质量。

4.1.3　废纸的预处理

废纸必须经过预处理,一般有两种形式:一种是人工拣选,另一种是采用机械设备处理。废纸处理的原则是:在流程中,杂物早去掉比晚去掉好;能在前道工序去掉比在后道工序去掉好;能在杂质面积大而少时去掉比到面积小而多时去掉好。

为此,人工拣选很重要。开辟专门拣选场地,进行人工分类拣选,物尽其用,确保质量。人工拣选大体上有以下几种方式:泡浸方法,用人工撕下面浆代替木浆用做挂面,小厂可以借鉴;在运输带前拆包时拣选;在运输带旁拣选;在进入水力碎浆机前拣选。大的杂物、打包带、绳、塑料薄膜、聚乙烯泡沫等尽量在进入水力碎浆机前拣出。

目前,生产能力较大的水力碎浆机都有绞绳机,其优点是效率高、劳动强度低,缺点是带去纤维多,绞绳要单独处理,不适用小型废纸处理线。如果无绞绳机,杂物会在水力碎浆机中结成团,应定时吊出。

规模小、场地又较宽松的企业,卧式低浓水力碎浆机连续出浆可经由沉砂盘,轻杂质(泡沫塑料)飘浮在上,重杂质沉淀在下。沉砂盘虽属陈旧的设备,但不失为一种经济手段。

4.1.4　废纸制浆的主要工序

(1) 离解:靠水力碎浆机旋转产生的旋涡冲击作用使废纸碎解成浆。用高浓除渣器清除粗大杂物,再用孔型或缝型筛板进行第二次筛选。在碎浆机中难于分散的小纸片在疏解机中补充碎解,保证所有纤维逐根分离。

(2) 净化:通过碎解过程,除去了部分异杂物,但对含有塑料等热熔物的废纸类,尚须进一步净化。将碎解后的纸浆泵送入热熔物处理系统,通过浓缩机将浆的浓度提高到20%~25%,用螺旋输送机将浆送进热磨机,热磨后的热熔物呈微粒状。也可用冷法除去热熔物,经过第一段、第二段、第三段逆向除渣器连续处理,主要除去比重小的杂质,如聚苯乙烯、蜡、油脂、压敏胶等。合格良浆送往浮选槽处理,排渣则送往第一段贮浆池待处理。

(3) 脱墨:浮选法脱墨是用脱墨剂或非离子表面活性剂使油墨从纸的表面松脱,再用碎浆机使纸的纤维松散开来,加入絮聚助剂沉积于油墨微粒表面上,起到疏水作用。充入空气,形成气泡时,油墨颗粒附着在气泡表面,随着气泡上浮到浆面。洗涤法脱墨是将加入脱墨剂的浆料经螺旋压榨洗涤器进行三段洗涤。第一段进浆浓度为3.5%,出浆浓度为20%~25%;第二段将浆稀释至2%,经高浓压力筛、重力浓缩机,将高浓浆存于高浓浆池;第三段将浆稀释到4%,经螺旋压榨洗涤器洗涤后浓度为20%。至此浆中的油墨颗粒大部分被排出浆外。

4.1.5　废纸制浆设备的类型

废纸制浆设备主要包括两类:碎解与净化类,包括碎浆机、纤维分离机、各种除砂器、压力筛、热分散等;脱墨类,包括浮选槽、洗涤设备等。

4.2　碎浆系统及设备

碎浆设备是废纸浆生产的第一道重要设备。设备的结构和操作条件不同,均会影响到其后各道设备的操作和废纸浆的质量。废纸间歇碎浆设备都是用水力碎浆机,低浓碎浆主要用于OCC和牛皮纸的碎解(图4-7),中高浓碎浆主要用于脱墨浆用纸的碎解,两者的区别主要在于转子结构的不同。由于间歇碎浆能耗高,对纤维有一定的损伤,且对塑料薄膜及胶黏物等杂质的撕碎作用大,因此,现在一些新建的较大型废纸制浆车间都改用转鼓型连续碎浆机(图4-8)。

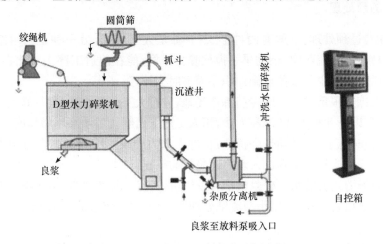

图 4-7 低浓水力碎浆机工艺流程图

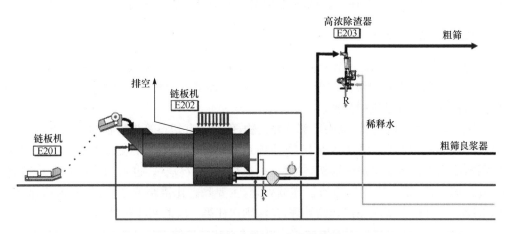

图 4-8 转鼓碎浆机工艺流程简图

废纸碎解目的:①将废纸解离成纤维;②除去杂质,包括轻杂质(绳索、破布条、玻璃纸、塑料薄膜等)和重杂质(砂、石、金属条块);③为下段工序废纸浆脱墨加入一些化学药品。

影响碎浆的因素:①温度,高温废纸软化,易吸水润胀和碎解,胶料软化,易脱出油墨,浆料黏度降低,促进循环,能耗降低,但会使胶黏物软化"分散"碎解,难于去除,目前降低碎浆温度是趋势。②pH,高 pH 纤维润胀柔软,碎浆效率提高,但会使胶黏物软化、微细化,难于去除,碱性过高会发生"碱煮黑"现象,增加漂白难度。③浓度,高浓使纤维间的摩擦作用增强,高浓是国际趋势,但对设备要求较高。

碎浆系统组成及工作原理:水力碎浆机是用来处理浆板、损纸及废纸的主要设备,是造纸制浆生产中特别是造纸的二次纤维再利用过程中广泛使用的机械设备之一。水力碎浆机的种类很多,但结构基本相同,都是由槽体、传动装置、电动机、带传动机构等几部分组成,其具体结构如图4-9 所示。

水力碎浆机的主要部件是传动装置和槽体,转子安装在传动装置上,如图4-10 所示,其主轴与电动机之间为三角皮带传动。转子是一个钢制圆盘,盘上装有叶片和刀片,转子回转形成浆流循环,与物料产生摩擦,从而达到碎解物料的目的。槽体是一个大口径的浆槽,用来盛装待处理的物料,使物料能自由地循环滚动且不至于堵塞;槽内固定有若干叶片,以加强对物料的碎解作用。水力碎浆机的碎浆作用主要是通过转子叶片的机械作用和转子回转时所引起的水力剪切作用完成的。转子回转时,一方面盘上叶片强烈地击碎与其相接触、经过湿润的浆块和纤维束;另一方面,由于转子产生强力的涡旋,在转子轮缘周围形成一个速度很高的湍流区域,接近槽体内壁的纸浆速度低于湍流区域的速度,两者之间存在速度差,使物料相互摩擦而破碎。

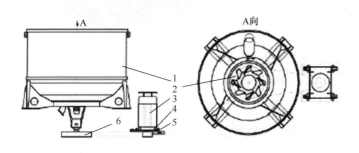

图 4-9 水力碎浆机结构示意图
1.槽体;2.转子;3.电动机;4.电机底座;5.小带轮;6.大带轮

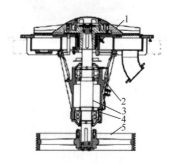

图 4-10 传动装置示意图
1.转子;2、4.轴承;3.主轴;5.大带轮

4.2.1 普通低浓水力碎浆机

1. 用途

处理浓度3%～5%,用于碎解浆板、损纸、不加药加热碎解的废纸。可以是连续的操作工艺,也可是间歇的操作。适用于中小型废纸制浆生产线,生产能力15～1000t/d 以上。

2. 分类

1) 按主轴分

(1) 立式:立式低浓水力碎浆如图 4-11 所示。

 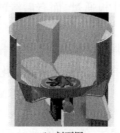 

(a) 实物图　　　　　(b) 剖面图　　　　　(c) 转子和筛板

图 4-11 立式低浓水力碎浆机

排渣绞索:很多废旧纸板混杂各种条形杂物,如铁丝、塑料绳等。如果在碎浆槽里放进一根足够粗的缆绳,如 $\Phi 50$ 的尼龙绳,浆料里面的条形杂物就会在物料的旋转中紧紧地缠绕在缆绳上。

(2) 卧式:主要工作部件槽体是一个水平放置的圆筒,顶部开落料口,如图 4-12 所示。水、化学药品和废纸原料都是从落料口进入槽体。碎浆机的飞刀和底刀垂直安装。飞刀的转速为 300～500r/min。其工作原理与高浓水力碎浆机的转子相似,通过飞刀的高速转动将大部分的动能传递给浆料。

 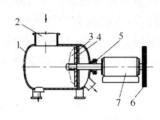 

(a) 实物图　　　　　　　(b) 示意图　　　　　　(c) 剖面图

图 4-12　卧式低浓水力碎浆机

1.槽体；2.落料口；3.飞刀；4.筛板；5.填料函；6.三 V 带轮；7.轴承副

卧式低浓水力碎浆机的优点：

(ⅰ) 可以连续排除难以碎解的非纤维杂质、绳索、铁丝等束状的物质。

(ⅱ) 电耗比间歇式低，设备利用率高。

(ⅲ) 生产能力大，浆池、浆泵等辅助设备投资费用较少。

(ⅳ) 适合于处理各种废纸。

(ⅴ) 转子的刀片磨损小，重杂质排除方便。

(ⅵ) 结构简单，维护方便，设备高度低，占地面积小。

2) 按操作分类

(1) 间歇式：特别适用于废纸脱墨、旧箱纸板、旧双挂面牛皮卡。间歇式碎浆要求纤维100%疏解并有加入化学品或加热的充裕时间，加料时应控制料重和加入水量，以保证所要求的疏解浓度，直到充分混合，疏解完毕，化学反应完成后一次性放料。直径为 0.6~6.7m，最大的一次可装料 14.5t。

(2) 连续式：主要适合产量高的工厂。它不要求纤维完全疏解，纤维疏解至一定程度即通过转子下的孔板(孔板伸转子翼片之外)被抽出，作进一步处理。转子叶片的设计能保证孔板不堵塞，扁平向下的叶片能强化浆流从孔板通过，而有后缘的叶片则能使任何残留于底板孔内未疏解的纸浆或污染物从孔内脱出。

优点：①体积小；②动力消耗低，及时排出浆渣；③设备投资小。

缺点：①碎解不充分，达到 60% 即可，再加疏解；②限制了化学药品的加入、反应，不宜脱墨。

3. 结构

普通低浓水刀碎浆机主要由转子、槽体、筛板、传动及调节机构组成。

(1) 转子：碎浆机的心脏。老式转子为装有叶片和刀片的钢制转盘，现在多为一个整体铸造刀盘，装在旋转的主轴上，转速 500~1000r/min。转子直径和刀片的数量、长度、宽度、形状、排列等是重要因素。

直径：一般为槽体直径的 1/3 左右。

旋翼式伏克斯转子：剖面为流线形，头部向前倾斜，尾部为机翼形；正负压交替作用，保证浆料通过和清理筛板。耐磨材质为铸钢。

PS 型伏克斯转子：属节能型。叶片厚度小（约为常规叶片的 2/3），节电 50%；加叶轮片以推动浆料，叶片内低外高；材质为铸钢，前沿可推焊一层耐磨材料。

间隙：刀盘和低刀或筛板的间隙很重要，约 1mm，可调。

(2) 槽体：多为钢制圆柱形浆槽，槽内装有固定叶片（挡浆块），以加强疏解。有出浆口和排渣口,大型的还有盖子及加料口。

容量:过大会沉淀;过小润胀差,摩擦作用小;适合中小型废纸制浆生产线,容积可达 $130m^3$。

形状:圆筒形,有利于循环、混合。

(3) 筛板:作用是阻挡未碎解的纸片和分离较大的渣质。筛孔直径一般为 10~14mm。用沉头螺钉固定在槽体底部。要求材质耐磨,便于更换。

(4) 排渣绞索:放入一根缆绳,通过绞绳轮将铁丝、塑料袋等条状物连续不断地拉出。

(5) 传动机构包括①传动:电机→皮带轮→主轴;②进刀调节:蜗轮、蜗杆、螺纹轴承套。

4. 工作原理

(1) 转盘的机械作用:撞击和撕碎物料。

(2) 水力剪切作用:高速涡流→速差→纤维摩擦。

(3) 碎解浆通过筛板。

5. 生产能力

(1) 与浓度、容积成正比,与碎解时间成反比。

(2) 碎解时间与物料性质、温度、筛孔大小有关。

6. 功率

一定浓度下,与转盘直径 D^5 和转速 n^3 成正比。

7. 特点

与打浆机相比:

优点:①不切断纤维;②效率高,时间短、省电;③简单易造;④占地少;⑤省力,可实现机械化和自动化;⑥可处理含有少量硬杂物的废纸。

缺点:①浆中碎纸片较多;②对湿强度较高的纸,时间长、电耗高。

4.2.2 D 型水力碎浆机

在普通碎浆过程进入到浆料比较均匀状态的时候,浆料有时会形成一个里面浆层之间不停相对运动而自身做旋转运动的"料饼"。不少碎浆机在圆柱壁内侧增设两三个挡浆块,可以有效地破坏料饼相对静止的状态,提高碎浆效率。而图 4-13 所示的 D 型水力碎浆机的碎浆槽则是挡浆块的放大形式。D 型水力碎浆机能消除同步旋转的浆饼。D 型水力碎浆机为立式,其功能是由一个带刀片的转子在碎浆机槽体中转动,槽体底部带有筛板,良浆通过筛板连续出料。转子的动力由一个直角齿轮箱或三角带传动。

1. 工作原理

D 型水力碎浆机的设计是通过改变旋流中心位置使浆料达到最佳的浸没效果,从而使转子与浆料更快、更多地接触。图 4-14 将 D 型水力碎浆机浆料的路径与传统的 O 型槽体碎浆机进行了比较,传统碎浆机产生不能被破坏的环形流,使浆料从进入点沿螺旋路径向旋涡中心移

 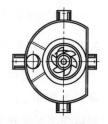

(a) 实物图　　(b) 示意图

图 4-13　D 型水力碎浆机

动,逐渐浸没并由转子碎解。而 D 型水力碎浆机的结构打破了这种流动形式,使浆料更快地到达旋涡中心与转子接触。如此同样的动力消耗和空间,减少了碎浆时间并提高了产量。

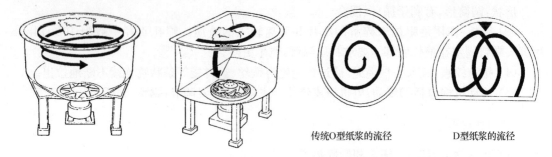

图 4-14 D 型水力碎浆机与传统 O 型槽体碎浆机的比较

2. D 型水力碎浆机组成部分

(1) 槽体。槽体是用来碎浆的容器,包括一个抽浆室,抽浆室的上面是筛板。良浆通过孔板进入抽浆室并输送到系统的下一个设备。槽体是装配结构或砖结构。

(2) 转子。转子是将动力分散到碎浆操作的部件。它与齿轮箱的传动轴之间以键连接,由一个压板和螺栓固定。一般转子配 Vokes 转子,带或不带 Power-Savr 节能翼,常规提供的是 Kadant Black Clawson 提升式转子。

(3) 传动。转子由一个直角齿轮箱或三角带传动,齿轮箱通常与电机直接相连,也可与皮带传动的中间轴相连,皮带传动由固定在碎浆机下面的直角支架支撑,齿轮箱传动安装在其本身的基础上,不与 D 型水力碎浆机连接。

(4) 槽体支撑。所需的槽体高度由槽体支架来保证,常用钢支架,也可用混凝土台座。

(5) 绞绳机。用 D 型水力碎浆机处理混合废纸时,绞绳机用来除去打包线、塑料片、湿强物、漂浮性杂物和其他由于碎浆机作用夹杂在绞绳中的杂物。绞绳机安装在碎浆机槽体的边缘,插入新绳子和拉出形成的绳子非常方便。

3. D 型连续式水力碎浆机特点

(1) 有较高的纸浆抽提浓度(4%～6%)。
(2) 浆流湍动大,废纸捆浸入速度快,减少了加工时间,与常规圆槽水力碎浆机相比,生产能力可提高 30%以上。
(3) 动力、投资费用省。
(4) 占地面积较小。

4.2.3 立式高浓水力碎浆机

高浓碎浆机的工作浓度为 10%～15%。由于碎浆浓度比较高,转子(又称飞刀)的输入能量很大部分是传送给水,通过水体非常强烈的搅动、剪切,以及纸片之间的相互摩擦、搓揉,从而快速地完成碎浆功能。高浓碎浆特别适用于需要添加化学品的脱墨浆生产线。碎浆浓度高就等于化学品浓度高,碎浆的化学过程包括油墨的皂化、纤维的润胀、木素的漂白等,其效率可成倍地提高。由于工作浓度高,在相同绝干物料处理量的情况下,设备需带动的物料总体积比低浓工艺过程要少得多,而且纸捆、纸片之间起润滑作用的水层减少,干物料通过相互紧密、强烈的搓揉而加速碎解,这些都令高浓状态下纸片的碎解效率更高,因而更节能。

1. 工作过程

高浓碎浆机大多数的工作情况是间歇方式,碎浆周期约 30min,单周期碎浆工作电流如图 4-15 所示。间歇式高浓碎浆的程序举例:①注水,5min,其间如有化学药品应在此时一齐注入;②投废纸原料,3min;③碎浆,15~18min;④稀释(第二次注水),3min,稀释至泵送的浓度(4%~5%);⑤放浆,5min,有些流程在放浆的时候继续在放浆管加水稀释;⑥冲洗槽体并排出粗渣,2min。

2. 结构

立式高浓水力碎浆机主要由槽体、转子和筛板组成,见图 4-16。

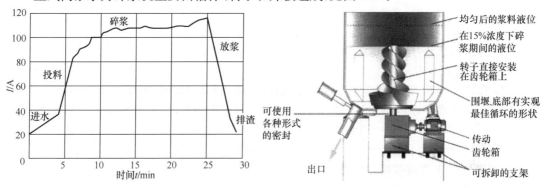

图 4-15 单周期高浓碎浆机工作电流　　图 4-16 高浓水力碎浆机结构

1) 转子

(1) 转子的作用:①将动能传给物料;②直接撕碎成捆和成片的物料;③向上推动浆料,以强化搅拌;④清理筛板。

(2) 转子的结构:现在多用图 4-17 带锥体的转子,是一个双线或三线的锥体螺旋,叶片前沿常镶衬有镍铬合金或氮化硅等耐磨材料。

2) 槽体和底刀

(1) 槽体的结构:圆柱形筒体,配有盖子、观察孔、加料口、环形喷水管(冲洗用)、壳体、排渣口、出浆口、液位计、挡浆块、轴承与密封、支架等。加料口要避开转子的正上方;液位管要不断加水才能保持畅通;上大下小的槽体有利于稀释放浆时增大容量。

图 4-17 高浓水力碎浆机转子

(2) 槽体的碎浆容积:

$$V = \frac{Qt}{1440\omega} (\text{m}^3)$$

式中,Q 为绝干产量,t/d;t 为碎浆周期,min;ω 为碎浆浓度,%(如计算上下总容积要用放浆浓度)。

(3) 底刀:作用是增强机械碎解作用,装在飞刀下的底盘或筛板上。不一定都装底刀。

(4) 挡浆块与 D 型碎浆机:内圈浆料相对运动太小,设置两三块挡浆块或用 D 型碎浆机都是为了消除同步运转的料饼,使内外浆料交换。

3) 筛板

高浓碎浆机的筛板的作用是阻挡未碎解的纸片和分离较大的渣质,是废纸制浆一系列分离杂物过程的第一道工序。筛板的作用是净化大规格杂物，同时使后续的设备如粗浆泵、高浓除渣器等得到保护，免受粗重杂物的冲击及磨损。废纸原料中常夹杂着金属、非金属废料，因此筛板材质要选用坚硬耐磨的材料。

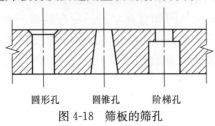

图 4-18 筛板的筛孔

筛板常常分成几片，以便于更换。筛孔直径稍大，12～18mm，有圆形孔、圆锥孔、阶梯孔（图 4-18）。筛孔一般是圆孔，有些筛板的圆孔顶部还扩展成倒锥形，有利于浆料的顺利通过。用沉头螺钉固定在槽体底部。要求材质耐磨，便于更换。筛孔按连续等边三角形排列，可令筛板在保持最大开孔率的同时具有最好的强度和刚度。

3. 优点

（1）转子与浆料接触面积大，能在12%～18%高浓度下运行。与低浓碎浆机比，用于脱墨可节约加热蒸汽60%。

（2）作用较缓和，避免了废纸中的杂质被粉碎，便于其后的净化处理。

（3）在高浓度下，纤维之间相互产生强力摩擦，可缩短碎浆时间，节约化学药品和动力。

（4）与相同能力的传统水力碎浆机相比，这种碎浆机的占地面积小。

（5）高浓碎解时纤维对纤维的剪切作用使油墨更易从纤维中分离出来。对废纸中热熔物的除去效果也优于普通低浓碎浆机。

4.2.4 转鼓碎浆机

转鼓碎浆机是近十几年来应用越来越广的一种大型高效碎浆设备，其雏形是芬兰奥斯龙（Ahlstrom）公司一位机械工程师根据滚筒式洗衣机的工作原理而研制出来的。转鼓碎浆机基本结构是平卧的长圆筒，见图 4-19。前段为碎浆段，工作浓度15%～17%；后段为筛选段，工作浓度3.5%～4.5%。适应大规格，产量 600～900t/d，ϕ4000mm×28.5m。由于转鼓碎浆机的机械作用不如立式水力碎浆机强烈，塑料薄膜类杂质倾向于保持原状而很少被撕碎，这样在筛选段的去除率更高。对于整个废纸制浆流程而言，前段分离杂物的数量越多，后段除渣设备的负担就越小，相应的效率以至最终总的除渣效果也会越高。转鼓碎浆机另一个优点是能耗低。转鼓碎浆机与水力碎浆机相比，吨浆装机容量低 30%～40%。

现在已有多家设备供应商研制出结构大致相同的转鼓碎浆机。图 4-20 是转鼓碎浆机的典型装配图。

图 4-19 转鼓碎浆机实物图

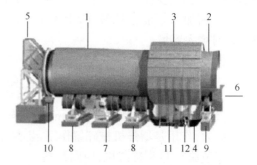

图 4-20 转鼓碎浆机整体结构图
1.碎解区；2.筛选区；3.筛选区外壳；4.底部浆槽；
5.喂料溜槽；6.渣浆出口；7.传动轮胎组；8.支撑轮胎；
9.(单个)支撑胎；10.密封条；11.搅拌器；12.浆出口

1. 结构

(1) 碎浆段。碎浆段是直径3~4m、工作长度10~20m的圆筒,内装提升板,水平倾角1°。壁厚约20mm,内壁焊提升板。转速应满足离心力＜重力。

(2) 筛选段。筛选段是同直径的圆筒形筛板,直接焊在碎浆段筒体的出口端上。同直径的圆内有螺旋排列的提升板。筛选段与碎浆段可以焊成一个整体,也可分开单独支撑和传动。这样,圆筒形筛板是悬臂在碎浆段上的。根据废纸原料种类的不同,筛孔直径6~10mm不等。由于筛选段处理的粗浆已经是均匀的物料,运转中很少冲击,筛板的厚度可以比碎浆段薄得多,而且筛选圆筒也和碎浆段一样有1°水平倾角,以利于粗浆和粗渣向前移到排渣口。

有的转鼓碎浆机基于碎浆与筛选功能的不同,将筛选段与碎浆段分离,分别传动。这样,倾角和转速甚至直径都可以造成不一样,可以更好地发挥各自的工艺特长,但结构就变得复杂了。筛选段附带一两根稀释水管,使用制浆过程的滤液或澄清水将15%浓度的浆料稀释到3.5%~4.5%。这既是浆料顺利通过筛孔所需要的浓度,也是粗浆在浆槽中搅拌和泵送到下一工序的正常浓度。稀释水管的喷淋作用同时可以起冲洗筛孔的作用。

(3) 粗浆槽:由机罩、浆槽、搅拌器、出浆口、排污口等组成,不锈钢材质。机罩用于防止喷水时飞溅和安全防护。浆槽内要浓度均匀、浆位稳定。

(4) 落料斗:联结运输机和碎浆机的溜槽。与碎浆机对接,用橡胶密封绳密封。有自己的支架,要承受纸捆的冲击载荷。

(5) 排渣口:筛选段出口焊接一块小螺距的封板,以均匀排出粗渣,封住少量粗浆。

(6) 传动和润滑。

支撑:由两对圆柱滚轮作径向支撑,另有扁锥形平面滚轮防止轴向窜动。

传动:典型传动为电机→液压联轴器→减速机→大齿圈。液压联轴器具有启动力矩大,传动稳定,可吸收冲击等特点。左边相当于一台油泵,右边相当于一台液压马达。

润滑:滚轮及其轴承用润滑脂润滑,配有自动控制的润滑系统。

2. 作用原理

转鼓碎浆机类似于滚筒式洗衣机的工作原理,如图4-21。进到筒内的废纸与连续加入碎浆段的稀释水、化学药品一起随圆筒旋转,被提升板带到顶部掉下来。通过反复摔打,绝大部分纸片碎解成单根纤维。圆筒的转速要使筒内物料的圆周速度所产生的离心力不大于重力,否则过高的转速会令物料附在筒壁上掉不下来,影响碎浆效果。碎解的单根纤维通过筛板得到良浆,而所有不能通过筛孔的废杂物从圆筒另一端排出后,不再需要做进一步的纤维回收。

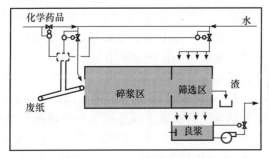

图4-21 转鼓碎浆机工作原理

3. 碎解工艺

(1) 碎解温度:提高温度可加速废纸的软化,利于碎解和脱墨,增加浆料流动性,加快回流速度,减少动力消耗。

(2) 碎解浓度:提高浆浓可相应提高化学品的浓度,强化化学反应。

(3) 碎解时间:碎解时间视设备形式、废纸种类和纸浆质量要求而定。

(4) 废纸种类:影响碎解的主要因素是废纸的吸水润胀能力和纤维的结合力。

(5) 转子结构性能:转子的规格(直径大小、刀片的数目、长度、宽度、形状等)对碎解效果有重要影响。转子直径以相当于槽体直径的1/2～1/3为宜。

(6) 转子线速度:提高转子线速度可以提高碎解能力,加快碎解速度,缩短碎浆时间,提高设备利用率。

4. 特点

废杂物虽会堵塞筛孔,但圆筒转动时,会被洗涤水重新冲回疏解机内。纸浆通过筛孔的速度很慢(小于0.05m/s),从而减少了将废杂物冲洗通过筛孔进入浆池的可能性。纸浆浓度逐步降低,使疏解过程延续至所有纤维束完全疏散为止。无需耗能于不必要的搅拌、切断纤维和杂质,能量仅消耗于圆筒的旋转上,每砘仅耗电15～20kW·h。所有不能通过筛孔的废杂物从圆另一端排出后,不再需要做进一步的纤维回收。

5. 其他类型的转鼓碎浆机

(1) 美卓公司的轮胎传动式转鼓碎浆机。

(i) 设计的系列化和模块化。美卓公司的转鼓碎浆机只有一个工作直径4000mm。按照生产能力的不同,设备在长度和相应部件上有系列性的变化。当设计产量为500t/d、1000t/d、1500t/d时,该型碎浆机的碎浆段和筛选段分别是一个模块、两个模块和三个模块的组合。

(ii) 使用轮胎代替齿轮传动。这种传动方式噪音小、吸收冲击负荷好、维护简单,但是摩擦传动的效率比齿轮传动低。该转鼓碎浆机碎浆段和筛选段的内部结构则与前述奥斯龙公司的设计相仿。

(2) 福伊特公司的分段式转鼓碎浆机:浆碎浆段和筛选段分开,一高一低排列,单独支撑和传动。

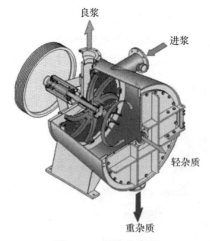

图4-22 纤维分离机

4.2.5 其他辅助碎浆设备

1. 纤维分离机

纤维分离机是补充碎浆设备。纤维分离机刀盘的转速比水力碎浆机高,工作浓度则比水力碎浆机低。纤维分离机在工作中由于良浆穿过筛板从良浆出口排出,粗渣在粗浆里的比例逐渐增加,对槽体内壁的磨蚀加大,因此纤维分离机的钢制槽体内壁要镶衬耐磨衬板。衬板可以是NiCr钢板,也可以是非金属的花岗岩石板。逐渐积累的重质粗渣通过程序控制的排渣阀定期地排出,而由于离心力作用分离出来的轻质杂质则聚集在槽体的中心区,由轻质排渣管排出。筛板的筛孔通常为8～12mm。

结构原理:见图4-22。类似于卧式碎力碎浆机的原理,所不同的是:①密闭型压力容器,需管道压力进浆;②转速高而体积小;③可除轻渣和重渣;④由于离心力大,又是间歇式排重渣,磨损严重。

特点:①动力消耗较小;②容易堵塞。

2. 疏解机

疏解机用于废纸经碎解后进一步处理未完全消失的纸片或浆团。有些疏解机结构与锥形疏解泵精浆机非常相似,只是磨浆的磨盘齿形不同,而且疏解的浓度比精浆的浓度高,为5%～6%。

疏解机的功能可以看成是碎解机的补充,而本身的装机容量要小得多,见图4-23。因此两种设备搭配使用,可以有效地缩短碎解机的工作周期,一方面可以充分发挥两种设备各自的功效,提高生产能力,另一方面又可以降低整个碎浆系统的能耗。为了保护疏解机的磨盘,流程中将疏解机安排在第一道粗筛或者高浓除渣器的后面。

齿盘式疏解机结构原理如图4-24所示,有一个定齿盘和一个动齿盘,有平面盘、锥形盘和阶梯式齿盘。特点:①动力消耗较小;②盘齿容易受损,应装在粗筛或除重渣之后。

疏解机类型:离心式疏解筛机、齿盘式高频疏解机、孔盘式高频疏解机、锥形高频疏解机、带锥度的齿盘式高频疏解机、水力疏解机。

图4-23 疏解机

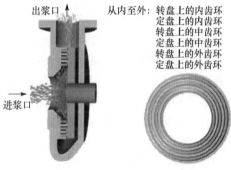

图4-24 齿盘式疏解机结构原理

3. 疏解泵

疏解泵(图4-25)用于在泵送粗浆的过程中对尚未完全碎解的纸片进一步处理,特点是一机多用、省电、简化流程。疏解泵将泵的叶轮前缘加长,并且前缘造得比较锋利。

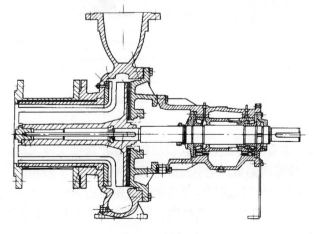

图4-25 疏解泵

4.3 浮 选 槽

浮选槽是废纸脱墨过程的核心专业设备。随着脱墨浆的广泛应用,对脱墨浮选槽的研究开发也与脱墨工艺研究齐头并进,各式实用型的浮选槽层出不穷。浮选脱墨是移植浮法选矿工艺而发展起来的一门应用技术。由于大部分的印刷油墨是油基性物质,而油墨粒子有明显的疏水性,通过表面活性剂使大小不一的油墨粒子被气泡捕集并浮托到浆面上,从而达到把油墨从浆料中分离的目的。

大部分浮选槽由一段和二段组成。随着油墨从粗浆分离出来,经过一个浮选槽后浆料白度可增加1~4个百分点,而在第一个浮选槽由于油墨分离的绝对量最大,白度增值也最大。到了第五、第六个浮选槽,由于浆中的油墨含量已经很小,浮选脱墨后的白度增值已经很小,在后面再增加槽体已经没有实际意义。因此,通常第一段浮选槽由五六个槽体串联而成。

一段浮选槽排出来的油墨浮渣带有相当数量的纤维,把这些浮渣送到第二段浮选槽再进行浮选。二段浮选槽的良浆送到一段浮选的入口与未脱墨的粗浆合并,可有效回收纤维,而二段浮选槽的油墨排渣就送往污泥脱水。浮选脱墨是一种连续的物理化学过程,一般浆料完成一次浮选需要30~40s的停留时间,这是浮选槽容积设计的基本依据。在保持足够大工作容积的同时,还要求有相应大的浆料面积,以便浮起来的油墨渣子不至于太厚。

EcoCell浮选槽的基本原理(图4-26):浮选法脱墨是利用矿业浮选法选矿的原理,根据纤维、填料和油墨等组成的可润湿性不同,用浮选机将可润湿性较差的油墨颗粒吸附于空气泡上,然后上浮到液体表面,含有油墨的泡沫由机械逆流或真空抽吸方法除去,纤维和填料仍留在纸浆中。排除泡沫渣中的灰分含量一般很高,这意味着纸浆中的填料和颜料在浮选过程中也被有效地除去。

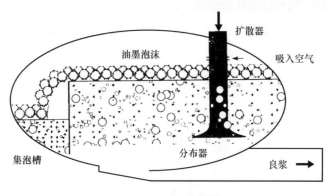

图4-26 EcoCell浮选槽

4.3.1 加气装置

实用的加气装置主要有文丘里管型、孔板型和阶梯扩散型三种,而这三种装置都源于同一工作原理:利用高速浆流形成的负压把空气吸进浆料中。通过实验和生产实践的不断改进,这些装置能令空气与浆料充分均匀地混合,并且能形成理想比例的大中小气泡。图4-27、图4-28和图4-29分别表示三种加气装置的剖面结构。利用浆流的速度引入空气具有结构简单、节约能源、容易控制等优点。

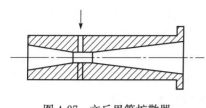

图 4-27 文丘里管扩散器

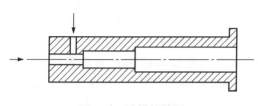

图 4-29 阶梯扩散器

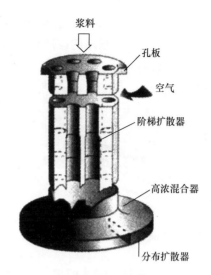

图 4-28 孔板扩散器

图 4-27 是文丘里管扩散器，是广泛应用于化工过程的一种混合器，也有不少制造商把文丘里管用在浮选槽的加气装置。不同公司根据各自研究成果，在吸入空气的文丘里管后面也会设有具体的气泡分布元件。

孔板扩散器的工作原理与孔板流量计相同。当浆料以一定速度流过孔板时，在圆孔的下游即产生明显负压。利用这一负压把空气吸入浆料中。孔板的厚度和开孔直径要依据浮选槽工作能力、浆料流速、孔板前后压力差等工艺参数进行精密计算。在孔板的后面还要安排一些分布元件，以便利用浆流的强烈冲击获取合适的气泡分布。图 4-28 是福伊特公司的孔板扩散器。单个扩散器的典型流量为 $70\sim100L/s$，装在一个浮选槽里的扩散器数量是根据生产线总流量的实际需要进行安排的。最大型的生产线甚至在一个浮选槽里安装 10 个扩散器。

图 4-29 所示阶梯扩散器是一种常见的加气装置，不少大型浮选槽制造商如 E·W 公司（Escher Wyss）、Beloit 公司的加气装置都采用这种形式。浆料在流过第一级高速管道时吸入空气，在后续的二、三级的扩散管，浆料由于流道截面的突然扩大而产生强烈的湍流。这就令抽入的空气迅速分散成数量巨大的小气泡。大部分小气泡直径在 $10\sim50\mu m$。图中的空气吸入管接到浮选槽的空气总管，而空气总管则安装流量计和控制阀，以便按照工艺需要改变吸入空气对浆料流量的比例。图中的扩散器底部是一个直角的急转弯，在上部形成的大规格气泡在撞击作用下可以破碎成更有效率的小气泡。

4.3.2 槽体

大多数浮选槽是敞开的结构，由一段和二段组成。通常第一段浮选槽是由五六个槽体串联。一段浮选槽排出来的油墨浮渣带有相当数量的纤维，把这些浮渣送到第二段浮选槽再进行浮选，二段浮选槽的良浆送到一段浮选的入口与未脱墨的粗浆合并，可以有效回收纤维。槽体结构形式很多，介绍如下几种。

1. 高空气通入量浮选槽

图 4-30 是 Black Clawson 公司和日本 Ishikawajima 工业机械有限公司合作开发出来的一种新型高空气通入量浮选槽（HAR）。纸浆以所需最低压力进入槽底，良浆出口则位于槽底的另一面。槽内设有挡板以防止进浆和出浆之间发生纸浆短路。槽底有两个蜗轮，沿槽的全长范

围内运转,将空气和纸浆充分混合。蜗轮的混合作用是由其表面一系列凸出的叶片产生,从而确保油墨颗粒与空气泡有很高的碰撞和浮到液面的机会。蜗轮有助于槽内纸浆循环。

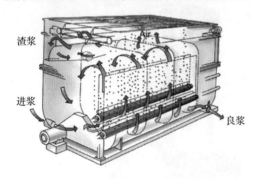

操作条件:空气对浆比为2.5和10;蜗轮转速600~1000r/min;浆料停留时间5min、10min、15min和20min;进浆浓度1.0%~1.1%;排渣率按质量比保持在4%~6%。

图4-30 高空气通入量浮选槽

2. MAC浮选槽

MAC浮选槽(图4-31)是Lamort公司近年推出的Verticel浮选槽的更新产品,据称能十分有效地去除广谱的油墨颗粒和胶黏物。一台MAC浮选槽可替代二三台串联的SA或DA Verticel浮选槽,与常规的浮选槽相比,一台可相当4~6台的脱墨能力。

MAC浮选槽空气喷射器与活化室空气的加入通过一个内部装有自清洁功能的空气喷射器的特殊容器进行,该容器与浮选槽的分离便于调节浮选槽的空气量,如图4-32所示。一个特殊的空气/纸浆混合室(活化室)使得从空气喷射器出来的空气泡能更好地和油墨颗粒相吸附。空气是循环使用的。MAC浮选槽处理的纸浆浓度为1%~2%,泡沫浓度约5%,因而易于浓缩处理,通过200目的细小纤维损失很低。

图4-31 MAC浮选槽

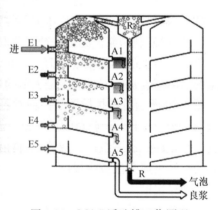

图4-32 MAC浮选槽工作原理

MAC浮选槽应用效果举例:某厂车间安装一台144m^3/h、5段MAC浮选槽,处理纸板制成的旧香烟壳。

(1) 进浆和良浆对比,白度增加值达13%。
(2) 去除脏点的效率几近100%。
(3) 粗渣中填料含量达58.6%。
(4) 纸浆得率可在90.7%的高水平。

3. 新型紧凑型浮选槽

新型紧凑型浮选槽(new compact flotationcell)是Sulzer公司于90年代推出的一种浮选槽,如图4-33。据称它有去除广谱的包括肉眼看不到的微小油墨颗粒(5~500μm)的能力,因而能用在一道浮选,也能用在热分散后的二道浮选。这种新型紧凑式浮选槽由两个单元组成。

槽外的充气元件从密闭的槽内取得空气,并使纸浆和空气在充气元件中得到充分的混合与充气,充气后的纸浆以切线方向送入圆筒形的槽内,纸浆中的油墨吸附在空气泡上并上升到槽面形成泡沫后溢流入中央的泡沫收集管,脱去油墨的纸浆则从槽底排出。

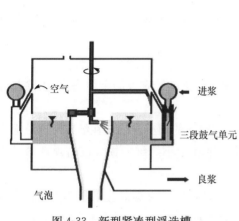

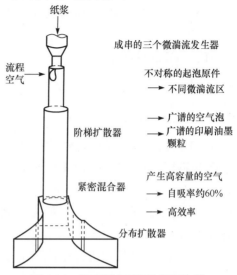

图 4-33 新型紧凑型浮选槽　　　　　图 4-34 新型紧凑型浮选槽起泡器

起泡器由三个不同的微湍流发生器组成:阶梯扩散器、紧密混合器和分布扩散器,如图 4-34。其作用是:吸入空气;产生适用的气泡;将油墨粒子吸附在空气泡上。

新型紧凑型浮选槽的应用:大部分油墨经过一道浮选被除去,由于有不同特性和不同老化程度的油墨存在于家庭废纸中,因而不是所有油墨颗粒都能被一道浮选除去;残留油墨使纸浆有不均匀、有斑点的外观,因此接下来的热分散将仍附着于纤维上的油墨粒予以分散,特别要防止那些柔软的油基油墨被揉入纤维中去。

4. EcoCell 浮选槽

EcoCell 浮选槽是 Voith 公司和 Sulzer 公司合并后推出的新型浮选槽,见图 4-35。EcoCell 广谱去除不同大小的杂质颗粒主要靠原 Sulzer 公司的新型紧凑型浮选槽的通气元件。该元件上有一个多段微湍流发生器,它由喷嘴片、阶梯扩散器、折流板混合器和分布扩散器组成,如图 4-36 所示。

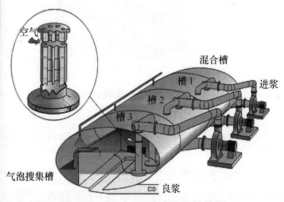

图 4-35 EcoCell 浮选设备　　　　　图 4-36 EcoCell 浮选设备结构图

在喷嘴片内,浆流首先受到高度加速所产生的真空力,吸进多达60%的空气流。通气元件浸入浆面下较浅,故载有杂质的空气泡上升到液面的行程较短,这时一些较大的油墨颗粒、NCR胶囊、胶黏物的浮选有利。多段微湍流发生装置有不同的微湍流区,可产生大小不同的空气泡,从而除去不同颗粒大小的杂质。此通气元件耗能较低,操作压力为90kPa。

EcoCell的特点如下:

(1) 能有效地去除广谱范围(5~500μm)的油墨颗粒、胶黏物、塑料、NCR胶囊、填料和其他憎水性物质。

(2) 由于浮选槽间的组合合理,液位控制简单,生产能力变幅大,运行可靠性高。

(3) 两段浮选经济效益好,可在取得高得率的前提下,获得最有效的杂质去除,去除灰分方面的高选择度也为生产带来经济效益。

EcoCell除去的泡沫中有66%~74%灰分和26%~34%的细小纤维。在纸浆浮选总损失8%中,灰分去除量占5.6%,油墨去除量1.5%,因此纤维和细小纤维的损失仅占浮选槽总浆量的0.9%。

与其他浮选装置相比,在同等杂质去除率的前提下,EcoCell可提高生产能力20%;或者在同等生产能力的前提下,可比原有浮选槽获得更高的纸浆白度,脏点、胶黏物的去除量更大,以及更少的长、短纤维的损失。

5. Ok型浮选槽

Ok型浮选槽(图4-37)转子类似离心风机的叶轮,其工作原理见图4-38。压缩空气通过转子的中空喷出,被高速转动的叶轮击碎并与浆料充分混合。气泡上浮带走油墨粒子,从边缘溢流,停留时间10min。

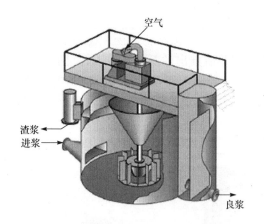 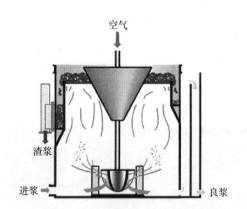

图4-37 Ok型浮选槽结构图　　　　图4-38 Ok型浮选槽工作原理

6. 其他浮选槽

Tekla浮选槽是Sunds Defibrator公司的产品;GSC气体扩散旋流器是美国犹他大学J. D. Milles博士利用浮选细煤的装置改进而成的;浮选柱(flotation column)是Kvaerner Hymac公司予以引进并研究用于废纸脱墨的浮选,1996年第一台浮选柱在北美一家废纸回收厂正式运行；意大利 Comer 公司新设计的 Spidercel 浮选槽和 Cybercel 浮选槽。

4.3.3 浮选流程

目前，在浮选脱墨过程中，一道浮选已逐步为前浮选和后浮选所取代。尤其是在欧洲，几乎所有的新闻纸厂均采用了前、后两道浮选的方法。前、后浮选是根据位于热分散的前后位置而定，而两者的作用有很大的差别。前浮选废纸浆白度的增加值通常要超过 10%，而后浮选白度增加值则要少于 2%，后浮选不加化学品，主要起着清洁作用，除去残留油墨颗粒和类似皂之类的残留化学。

图 4-39 是某公司脱墨浮选流程图。图 4-40 是某公司的中性、碱性双回路脱墨流程。图 4-41 是某公司预洗涤浮选法脱墨流程，该流程的前、后浮选重大的不同是 pH 不同，前浮选 pH 通常在 7.5~9.5，而后浮选的 pH 则是中性或酸性的。任何有机物由于 pH 从碱性到中性或酸性的变化而沉淀出胶黏性杂质时，可以通过后浮选将它们除去。

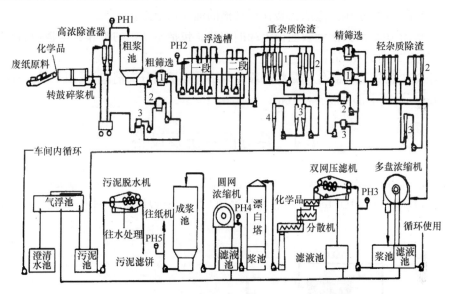

图 4-39 某公司脱墨浮选流程

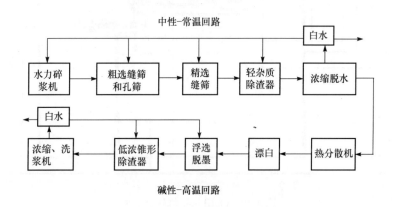

图 4-40 某公司的中性、碱性双回路脱墨流程

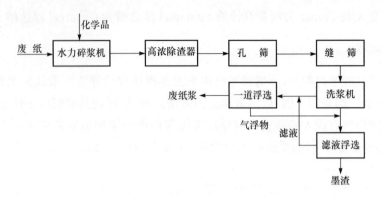

图 4-41　某公司预洗涤浮选法脱墨流程

4.3.4　附属部件

(1) 喷水管:作用是压抑泡沫。装在浮选槽的泡沫槽上方。

(2) 刮板:作用是清扫槽壁或堰板上缘的泡沫。包括不锈钢的轴和支撑板,塑料或橡胶的软型刮板,转速 2~15r/min。

(3) 消除泡沫的除渣器:作用是将一段分离出的油墨泡分离消泡,以便二段浮选。切线进入产生离心力分离,上部叶轮打碎气泡。

4.4　热分散系统及设备

热分散系统由螺旋压榨(screw press)、料塞螺旋(plugscrew)、撕碎螺旋(shredder)、加热器(preheater)、喂料螺旋(infeeder)、热分散磨机(disperser)组成。图 4-42 是 OptiFiner 热分散系统。

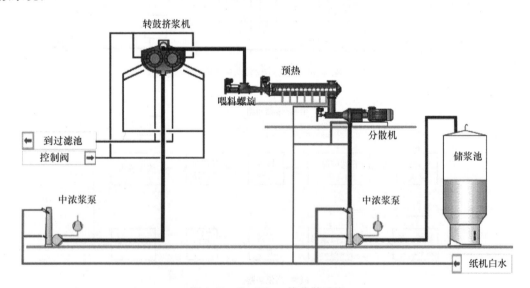

图 4-42　OptiFiner 热分散系统

浆料以 8% 左右的浓度进到螺旋压榨机内,通过螺旋转轴与筛鼓的挤压作用(从入口到出口,轴径不断变大),浆料中的水脱离并由筛孔排出。在螺旋压榨机出口处通过扭矩控制浆料在里面的停留时间以至达到所需的出浆浓度(25%)。

浆料进到预加热器内,通过蒸汽把浆料加热到90~120℃,加热时间为3~5min,使浆料中的一些热熔物加热到熔解或软化的温度,利于热分散更好地处理。

废纸制浆工艺研究的重要成果之一是发现在高浓(30%~35%)、高温(80~120℃)的条件下,用类似精浆机的设备对浆料进行强烈搓揉,可以有效地分散残存油墨粒子、热熔物和塑料类残存轻质杂质。高浓是为了消除水载体的润滑作用,保证浆料以及油墨粒子类固体可以获得强烈的摩擦剪切。高温是为了使热熔胶、塑料片、油墨粒子等残存杂质软化,更容易经受分散作用。

1) 热分散的作用

在高温高浓条件下,对浆料进行揉搓,将残存的油墨粒子、热融物、塑料片等轻杂质分散成很小的颗粒,不致影响生产过程或纸张质量;同时进行轻度精磨处理;在有后漂白时,同时起浆料与药品的混合作用。

2) 运行模式

热分散是一个能量传输过程,每吨浆功耗为60~80kW·h,有三种控制运行模式:

(1) 定功率输入:电流是给定值,调节进刀量或出浆口截面积,与进浆量大小无关。

(2) 比功率输入:以吨浆电耗为给定值,以流量、浓度与电流相互关系调节进刀量或出浆口截面积。

(3) 人工手动:放弃自控,人工调节进刀量或出浆口截面积。

3) 热分散机的分类与特征

(1) 盘式:类似盘磨,齿盘强度要求更高。浓度25%~35%,温度90~130℃,每吨浆功耗50~80kW·h,定转盘速差大。

(2) 辊式:分单辊和双辊。浓度25%~35%,温度小于100℃,每吨浆功耗30~60kW·h,定转盘速差小(是盘式的四分之一)。

4.4.1 盘式热分散机

盘式热分散机的结构与盘磨机很相似,但是由于工作浓度高,传输的功率大,主要的工作部件(定子和转子磨盘)以及磨盘的齿比普通磨浆机的磨盘强度要大得多。

1. 结构

盘式热分散机结构如图4-43和图4-44所示。

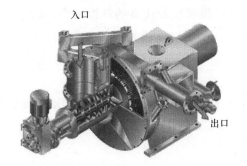

图4-43 盘式热分散机结构

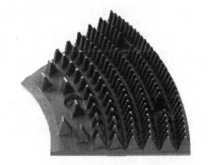

图4-44 盘式热分散机盘片

(1) 转盘和定盘。

直径：φ500～1000mm。转速：1500r/min。

材质：球墨铸铁、镍铬钢等。

齿形：螺旋排列，尺寸和间距均由大到小，类似疏解机齿形。

(2) 机壳与机座。

机壳：要求耐磨、隔音，多为铸钢。

机座：应配振动检测装置，作为正常运转的保护装置。

(3) 转盘进退系统：带蜗杆螺纹的轴套，由电机带动正反转。间隙增加，揉搓作用增强，电流增强。

(4) 喂料螺旋：有普通螺旋，也有中空螺旋。后者对叶片的强度、刚度和耐磨性能要求更高，但输送效率也高。φ250～400mm，转速350～500r/min。

(5) 稀释系统：

分散区前加水：调节分散工艺条件。

分散区后加水：加在机壳切线方向，初步稀释。

浆料从螺旋一段上方进入，由一对啮合的反向螺旋搓揉后，移向另一端下方出口。

2. 工作原理

浓度30%～35%、温度85～100℃的废纸浆由喂料螺旋喂入，进入分散区，在离心力的作用下依次从两个盘片之间通过，盘片的分散齿间隙为0.3～0.5mm，最小可达到0.15mm，在分散齿的强力剪切和搓揉作用及浆料之间的相互作用下，浆料受到均匀的机械和物理作用，通过分散齿的并在离心力作用下向外径移出，必要时可加水稀释。分散过程中摩擦发热使温度进一步上升到操作温度，多余蒸汽由中空螺旋轴内排出。在预热的温度条件下，使浆料中残存的在筛选、净化、浮选等工序中无法除去但肉眼可见的细小胶黏物、油墨、蜡等物质软化，再依靠纤维之间的摩擦作用、纤维与分散齿之间的机械作用使之细化，并将肉眼不可见的尘埃点分散到浆料里。

3. 盘式热分散机的特性

热分散机的工艺效果是依靠动静回转盘间的纤维层垫内形成的内摩擦，这种摩擦作用产生了种种分散和打浆特性。它的分散特性为：①将残存纤维上的油墨分散出来，成为肉眼不可见的微粒；②浆料在高浓条件下处理，维持纤维长度及优良的纤维结合，从而改善纸张外观质量，并减少在纸张抄造过程中的障碍；③在处理脱墨浆时能使漂白化学药品与浆料充分混合，提高漂白效果，使漂白过程更加经济有效；④细化纤维，改善成纸的物理性能。

经过分散处理的浆料，如果是处理脱墨浆，就送往高浓漂白塔进行漂白，如果是处理废纸板，则送往贮浆池。

4.4.2 辊式热分散机

辊式热分散机也称搓揉机，主要的工作部件是一对互相啮合的反向螺旋，如图4-45和图4-46所示。

图 4-45 双辊热分散机　　　　图 4-46 双辊热分散机结构示意图

1. 结构

(1) 啮齿的双辊,转速 750～900r/min。

双辊前段为喂料螺旋,大螺距,把浆料压入分散区。

双辊后段为分散区,将螺旋沿径向切割成等分的缺口,为浆料翻动搓揉、摩擦和剪切及向出口移动提供空间。

齿面渗碳处理,并做成轴套式以便更换。

(2) 调压系统:机壳可轴向移动,通过气胎压力改变机壳与螺旋相对位置,从而改变锥形出料口的截面积,控制内部浆料的密度,最终控制分散效果。

(3) 机座。

底座:因浓度高,功率大,振动剧烈,要求底座很牢固,且与基础之间设橡胶隔振块。

机壳:要求有足够的强度、耐磨损、吸收振动、厚实。

轴承副:重系列,循环润滑。

(4) 单轴热分散机:如图 4-47 所示,单螺旋,其余结构同前,转速更慢,300～400r/min。

图 4-47 单轴热分散机

2. 原理

辊式热分散机的主要工作部件是一对互相啮合反向螺旋。浆料从螺旋一段上方进入,由一对啮合反向螺旋搓揉后,移向另一端下方出口。

当这两条螺旋由减速箱出轴带动以相同的速度、相反方向旋转时,高温高浓的浆料受到强烈搓揉而完成对残余油墨的分散作用。两条螺旋在把动力传输给浆料的同时,还把浆料从落料口向出料口方向推进。

盘式热分散机操作温度在 90～130℃,而热分散机操作温度低于 100℃。盘式热分散机的功率传输较高,为 50～80(甚至 120)kW·h/t,而热分散机为 30～60(最高 80)kW·h/t。定盘和转盘之间的速差,盘式热分散机是热分散机的 4 倍。两者的工作浓度都是 25%～35%。

4.4.3 低温分散机

1. 工作原理

低温分散机也称冷处理。不用蒸汽加热浆料,而是把黏胶性物质搓成较大的絮团,用后面的筛缝除去。有时加入化学药品帮助热熔胶的聚合。

2. 结构

低分散机结构如图4-48。它装有特殊叶片,由上中下三段水平螺旋串联组成,以节约空间,降低分段装机容量,也使浆料混合更好。

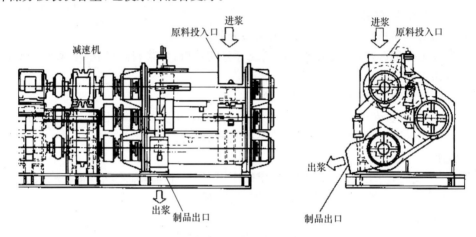

图4-48 低温分散机

4.5 废纸制浆生产实例

实例1:某厂废纸生产高档文化用纸脱墨流程(图4-49)

1. 碎浆系统

由于废纸中的杂质多(主要是胶黏物、油墨和蜡),碎浆是否得当对后续工序有很大影响。碎浆操作的效果影响后续工序的效率、脱墨过程中的浆料性能和成品浆的性能。

高浓碎浆的优点:良好的碎浆可控性;可减少对杂质的碎解,以利其后杂质更好地去除;可降低能耗;节省化学品用量;油墨的去除更完全;增加纤维与纤维的互相摩擦,有助于油墨从纤维上脱落;杂质不易变小、变细,不会影响后段的处理。

鼓式碎浆机处理的浆料便于杂质的处理,因为它碎解后的杂质较为完整。这样,可获得较高洁净度的浆料,吨浆能耗也比碎浆机低 15~20kW·h/t,在大型或超大生产线上,应用它碎解尤为合适。但用于处理脱墨废纸时,油墨的回吸易造成成浆的油墨点多、白度低、光学性能较差。

近来鼓式碎浆机用于脱墨浆碎解日益广泛。使用鼓式碎浆机还是高浓碎浆机一直是业界争论的问题。在大型脱墨浆生产线上,1台连续运行的鼓式碎浆机在投资、生产成本和易于操作等方面,成为更具吸引力的解决方案。目前高浓碎浆非常适合于废纸脱墨浆中的纤维离解和油墨分离。要生产高质量的脱墨浆,特别是生产品质要求高的文化用纸,生产能力在200t/d以下的生产线,该流程选用高浓碎浆机。

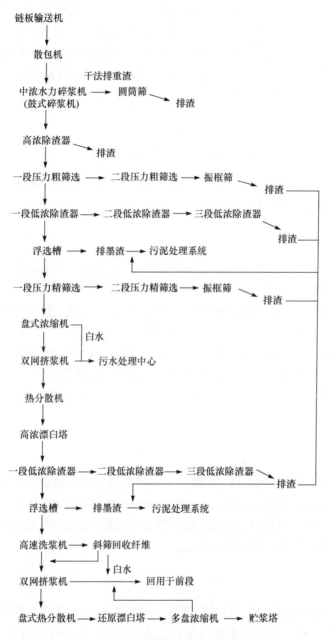

图 4-49　废纸生产高档文化用纸脱墨流程

碎解工艺:①碎解温度高,可加速废纸的软化,利于碎解和脱墨,增加浆料流动性,加快回流速度,减少动力消耗。但碎解温度必须适当,温度太高会使胶黏物软化,造成挤过压力筛的孔、缝而难以去除。②碎解浓度高,可相应提高化学品的浓度,加速化学反应,亦可提高设备的效率。③碎解时间视设备形式、废纸种类和纸浆质量要求而定。品质好的高浓碎浆机,疏解度高,碎解时间短,放浆速度快、生产能力大。高浓碎浆机每锅碎解时间为 15~20min。

2. 筛选系统

实践证明,脱墨浆在筛选过程中采用 0.12~0.15mm 筛缝,0.8%~1.0% 进浆浓度,能保证整个筛选系统胶黏物去除率达到88%。

该流程中压力筛的配置是:粗筛采用升流外流型,采用无缠绕撞击式转子,筛框为波纹孔筛。升流式压力筛解决了粗杂质在筛区停留时间长和重新混入进料之中的缺点;减少了转子和筛框损坏的可能;消除了造成筛体振动、摇动和应力的涡流;减小增浓现象。精筛采用降流外流型,采用分段多翼片式转子、棒式缝筛筛框。这种形式的精筛脉冲频率高,不易堵塞;通过能力大,能耗低;稀释因子低。

3. 净化系统

除渣器在筛分和除去重杂质的同时,可以排除浆料中的气泡和塑料、黏胶等轻杂质。在一些质量要求高的制浆流程中,配置两级低浓除渣器(一级采用重质低浓除渣器,另一级采用逆向轻渣质低浓除渣器)效果较好。

4. 浮选脱墨(flotation deinking)

浮选工艺:进浆压力、流量、流速、气泡的大小及运行速度是关键参数。因为利用文丘里原理的射流器是有规格的,其高分子聚乙烯板上的开孔也是一定的,其截面积也就是固定的。如果需要通过更大的产量就需要增加射流器来满足。浆流速过快,则与空气接触后产生的气泡流速也会随之加快,过快的流动使前面产生的气泡在上升过程中来不及向堰板方向溢流,致使前面已经吸附油墨的气泡与后面产生的气泡相互碰撞,造成气泡破裂或组成一个更大的气泡,因此气泡的表面积变小,使原先吸附在气泡上的油墨再次回到浆料中,即射流器出来的浆流速和气泡运行速度要与在浮选槽内部已吸附油墨的气泡上升速度一致。因此,选择合适的浆泵扬程、流量、进浆压力,射流器数量,空气进入量是相当重要的。

5. 热分散系统

整个盘式热分散系统由脱水区、加热区、盘式热分散机和配套液压系统、位移传感装置、电气系统控制组成。ZDR系列热分散机属于机电液压一体化产品,其间隙控制是控制系统的核心,带有自动补偿功能。采用液压控制的优点是盘的间隙自动控制,系统相互作用自动补偿盘齿间隙的误差,精度高于蜗轮蜗杆传动方式。

6. 漂白

对于高白度要求的纸种,在一段漂白达不到白度要求时,通常会在流程中增加一段还原漂白来提高浆的白度。其主要技术参数为浆料处理温度65℃,浆料停留时间30min,浆料浓度10%。添加药品主要是漂白剂FAS(甲脒亚磺酸)和NaOH。

7. 污泥及废水处理系统

污泥系统主要是将筛选、净化、浮选等工艺过程产生的尾渣和油墨浓缩。处理后污泥浓度可达30%以上,浓缩后的污泥可填埋、焚烧,或作环保砖填料及其他用途。目前我国正研发采用新型的浓缩设备,将污泥浓缩至50%浓度后,用于制建筑用砖(添入量要求达到30%以上),生产焚烧砖。

废水处理系统的主要处理设备为多圆盘清滤液或DAF浅层气浮机,在阴阳离子型助剂的共同作用下,将白水中的纤维和固体杂质除去,以得到较纯净的白水。

实例 2:特种纸板废纸脱墨浆

该系统主要设备:高浓水力碎浆机、升流式多级孔筛和缝筛、封闭式浮选脱墨机、盘式热分散机等。各设备的进浆浓度:杂质分离机 3%~5%;高浓双锥体除渣器 0.8%~4%;升流式多级孔筛 0.1%~6%;升流式多级缝筛 0.1%~3%;浮选脱墨机 0.8%~1.2%;锥形除渣器 0.6%~1.0%;高速洗浆机 0.5%~1.5%;双螺旋挤浆机 7%~12%;斜螺旋预热器 20%~30%;盘式热分散机 20%~30%。流程图如图 4-50 所示。

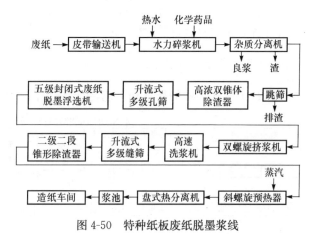

图 4-50 特种纸板废纸脱墨浆线

1. 废纸碎解设备

废纸碎解设备为 $12m^3$ 的 ZGS 高浓水力碎浆机。该机采用多头螺旋叶片转子结构,具有强大的碎解作用,运转时能产生强大的自上而下的浆流和沿槽体旋转的浆流。除把废纸碎解为纸浆外,还能使纸浆纤维在转子转动中产生激烈的摩擦力,使油墨粒子易于从纸浆纤维的表面脱离。拣选后的废纸由皮带输送机送入水力碎浆机,同时加入热水和脱墨剂、Na_2SiO_3、NaOH、H_2O_2 等化学药品,使废纸在水力碎浆的同时进行脱墨反应。

碎解工艺:浓度 14%~16%;热水温度 60~80℃;碎解时间 20~40min;pH 10~11.5。

化学药品加入量:脱墨剂 0.02%~0.04%,NaOH 0.1%~0.4%,Na_2SiO_3 0.2%~0.4%,H_2O_2 0~0.3%。

2. 筛选净化设备

一条完整的脱墨生产线包含多层搭配的筛选和净化设备。整个工艺流程中,筛选及净化过程的主要设备有杂质分离机、跳筛、高浓双锥体除渣器、升流式多级压力孔筛、缝筛等。杂质分离机、跳筛的作用是除去废纸中的大规格杂物,高浓双锥体除渣器的作用是除去纸浆中的砂子、石子、碎玻璃、金属钉等杂质。升流式多级压力孔筛、缝筛分别位于浮选脱墨前后,浆料首先通过孔筛,经过浮选脱墨后,再经过缝筛。每台压力筛内均可实现三级筛选,既提高了筛选效率,减少了良浆损失,又大大简化了制浆流程,减少了浆池、浆泵和管道设备,降低了投资费用和电力消耗。

3. 浮选脱墨设备

浮选脱墨设备是浮选脱墨生产线的核心,脱墨效率的高低直接影响产品浆料的质量。脱墨设备为FT3200型封闭式五级废纸浮选脱墨机,该设备为全封闭结构,主要由浮选槽体、各级特殊形状的除气室、压力调节系统、级间分离机构、无堵塞射流分配器、油墨暂时贮存槽、油墨排出装置、液位调节装置、槽内压力调节机构组成。

4. 去除胶黏物的设备

如何经济有效地去除废纸中的胶黏物是提高脱墨浆质量的难点之一。为满足高档产品的需要,进一步提高脱墨浆的质量,特添加了一台 ZPEⅡ-90 型盘式热分散机。它能高效率地分散细化密度接近于纤维又没有固定形状的软性胶黏性杂质和大的油墨点等。此分散机的分散效果好,对纤维的切断少,可省去盘磨打浆,操作费用低。

实例3:400t(风干)/d 的漂白废纸脱墨浆生产线

该项目采用了日本相川铁工株式会社的技术和工艺,生产线见图4-51。

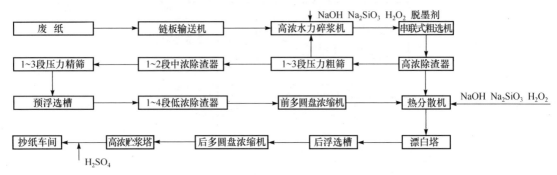

图 4-51　400t(风干)/d 的漂白废纸脱墨浆生产线

1. HDP-70 型高浓水力碎浆机

HDP-70 型高浓水力碎浆机由日本相川公司开发,它的转子在产生强烈搅拌运动的同时,给予原料强有力的离解作用。该装置能够在高浓度条件下迅速碎解废纸,加入化学药品尽量不降低废纸所具有的浆料性质。当加入化学品时,可使油墨粒子和杂质与纤维分离,从而生产出较高白度的浆料。

2. YEA-1800N 型串联式粗选机

PEA-1800N 型串联式粗选机是1台粗选机与1台压力筛的组合。通过双重筛选作用,在得到高效除渣的同时,也防止了杂质的破碎,有利于后续工序处理,并能大幅度节能。浆浓控制在4%。

3. 高浓除渣器

高浓除渣器(包括二段中浓除渣器)可除去纸浆中的各种重杂物,为间隙自动排渣,排渣周期根据每次杂物排出量确定。高浓除渣器运行条件:进浆浓度3%,进浆压力350～400kPa;良浆浓度2.9%～3.0%,良浆压力200～250kPa;淘洗水压450～600kPa;间隙排渣周期8～15min。

4. 筛选

压力筛用于废纸浆的筛选,采用高转速、多旋翼、厚筛鼓结构,能除去大的油墨颗粒。一段压力粗筛:进浆 2.9%~3.0%,良浆 2.7%~2.8%;二段压力粗筛:进浆 2.2%,良浆 2.0%;三段压力粗筛:进浆 1.5%,良浆 1.3%~1.4%;一段压力精筛:进浆 1.6%,良浆 1.5%;二段压力精筛:进浆 1.5%,良浆 1.4%;三段压力精筛:进浆 1.0%,良浆 0.9%。应间隔一段时间检查筛框是否完全好,三段精筛间歇排渣时间是否合适。

5. Maccell 浮选脱墨槽

Maccell 浮选脱墨槽能有效地去除浆料中较宽尺寸范围内的黑色尘埃、部分胶黏物和填料,获得良好的浆料洁净度,排渣量可调,并可控制尾渣泡沫中不带有纤维。纤维流失和浆料质量均可达到最佳程度。

预浮选脱墨槽:浆浓 12%,温度 400℃,预脱墨出浆 1.1%~1.2%。
后浮选脱墨槽:浆浓 1.2%,温度 400℃,脱墨浆出浆 1.1%~1.2%。

6. 热分散

热分散机对废纸浆中的胶黏性杂质、油脂、石蜡、塑料、橡胶等杂质进行分离,分散效果好,能改善脱墨浆的质量,是废纸处理系统中的关键设备。

热分散机:浓度 30%,温度 90~95℃。在生产中应注意,热分散的温度一定要达到工艺要求,如果温度低,则热分散效率低,会产生大量大块油墨颗粒等杂质。

此处脱墨化学品主要工艺参数为:NaOH 0.4%~0.6%,Na_2SiO_3 2.0%~3.0%,H_2O_2 2.0%~3.0%。

第 5 章 洗涤与浓缩设备

5.1 概　　述

1. 洗涤与浓缩设备的分类

由于洗涤与浓缩设备的类型比较多,分类的方法也比较多,有按设备的工作原理和工作特性分类,也有按设备在过滤中产生压力差大小和生产方法分类的。为了方便,本书按设备出口浓度大小和洗涤原理进行分类。

1) 低浓洗涤浓缩设备

这类设备主要包括圆网浓缩机、落差式浓缩机和网式浓缩机等。这类设备的共同点是利用液体的重力,即滤网内外液体的液位差进行过滤脱水,适应进浆浓度在 1% 以下、出浆浓度在 10% 以下的纸浆浓缩脱水,脱水量大,要求滤网阻力小。这类设备主要用于纸浆的浓缩,由于其进出浆浓度比较低,洗涤效果差,很少用于纸浆洗涤。

2) 中浓洗涤浓缩设备

中浓洗涤浓缩设备如真空洗涤浓缩机、压力洗涤浓缩机、水平带式真空洗浆机等。这类设备的特点是利用真空或压缩空气在滤网内外所产生的压力差进行浆料的洗涤和过滤脱水浓缩。其进浆浓度 1%～4%,出浆浓度 10%～17%,可用于纸浆的洗涤和纸浆的浓缩,被广泛采用。

3) 高浓洗涤浓缩设备

高浓洗涤浓缩设备如螺旋、双辊、环式双筒、双网挤浆机等。这类设备主要是利用机械挤压作用在滤网两侧产生比较高的压力差进行洗涤浓缩脱水的。其进浆浓度在 3% 以上,出浆浓度在 35% 左右。由于近年来要求蒸煮的废液提取率不断提高及高浓漂白、高浓打浆等技术的发展,高浓洗涤浓缩设备得到了迅速发展。

4) 置换洗涤设备

这类设备主要包括常压和压力置换洗涤塔,双辊、KMW 型置换压榨洗浆机及鼓式置换洗浆机等。这类设备主要特点是浆料经受洗涤时间长,同时受到洗涤的浆料比较多,洗涤过程中扩散作用进行得比较彻底,洗涤效果好。这类设备主要用于浆料的洗涤作用。

2. 洗涤指标及洗涤效果评定

1) 洗涤指标

洗涤的目的一是把浆料洗净,二是提高废液的提取率,为药品回收创造条件,所以洗涤指标有以下两点。

(1) 洗净度表示纸浆的洗净程度,一般由以下几种表示方法:

(i) 以洗涤后浆所带废液中所含残碱量或残酸量(Na_2O g/L 或 H_2SO_4 g/L)表示。对硫酸盐木浆,一般要求洗后浆中废液残碱量小于 0.05g/L,残酸量小于 0.01g/L,硫酸盐荻苇浆中废液残碱为 0.25g/L,其他草浆中废液的含碱量在 0.25～0.5g/L 以下。

(ii) 以洗涤后每吨风干浆所带走的残碱量(Na_2O kg/t)表示。一般木浆洗涤后纸浆残碱量在 1kg/t 以下。

(2) 提取率指洗涤后每吨绝干浆所提取的送回收系统的废液中固形物含量(t)与蒸煮后每吨绝干浆所带废液中固形物含量(t)之比,即

$$提取率 = \frac{每吨绝干粗浆洗出液中固形物含量}{每吨绝干粗浆所带废液中固形物含量} \times 100\%$$

一般黑液提取率为木浆 90%~98%,草浆 85%~95%。

2) 洗涤效果评定

在理想条件下,洗涤液应完全置换纸浆中的废液,洗涤后纸浆所含废液的浓度等于洗涤液的浓度,这时置换比为1。而实际上纸浆中残留的废液浓度总是高于理想值,因而残留液体的浓度可看作一定量的洗涤液和一定量原始废液的混合浓度。

评定一台洗涤设备或一个洗涤系统的洗涤效果好坏的指标除了浆料洗净度,还有从浆料中分离出来送去药品回收的废液浓度和数量,为此可用下列指标表示。

(1) 洗涤效率(η)指在洗涤过程中从浆料中除去的固形物量与洗前浆料废液中所含固形物量之比。η 越高,则浆料洗涤越干净,废液跑、冒、滴、漏越少,则提取率越高。

(2) 相对浓度(w')表示洗涤过程中废液中固形物浓度的变化率。w' 越大越有利于药品的回收。

(3) 相对体积(V')表示洗涤过程中废液体积的变化率

$$V' = V/V_0$$

式中,V_0 为洗涤前浆料中废液体积;V 为洗涤后提取废液的体积。

5.2 低浓洗涤浓缩设备

5.2.1 圆网浓缩机

普通圆网浓缩机又称圆网脱水机,主要是供净化后的浆料、抄纸车间的损纸浆料和纸机的浓白水等脱水浓缩之用,其进浆浓度 0.2%~1.0%,出浆浓度 3%~6%,适宜线速度 25~30m/min。

圆网浓缩机的脱水机理主要是靠网笼内外液位差进行的,其次是压辊与网笼之间的挤压力脱水的,其结构如图 5-1 所示。

网笼是圆网浓缩机的主要部件。在一根主轴上平行装上若干个辐轮,辐轮的周边上有均匀分布的凹口,在凹口上平行主轴方向装上一系列的黄铜棒,然后在黄铜棒上绕上直径为 3~5mm 的黄铜线,构成网笼。在网笼上铺上 8~12 目的内网,再铺上 40~80 目的外网作为滤网。这种网笼结构较复杂,但滤水性能好。由于网笼经常与浆料接触,易被腐蚀,过去多用铜合金制造,为节约有色金属,现多用塑料等材料作衬里防腐。

在圆网浓缩机上还装有压辊和刮刀,压辊支承在网的侧板上,由网笼带动。压辊由钢板卷制表面包胶而成,辊面硬度为 60~65°(肖

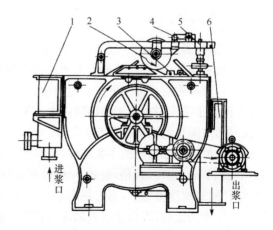

图 5-1 圆网浓缩机的基本结构
1.进浆箱;2.压辊;3.喷水管;4.刮刀;5.调压装置;6.出浆箱

氏)。压辊直径为网笼直径的1/3～1/4。压辊的压力可以用手轮调节,线压力一般为8～23N/cm。压辊配有刮刀,刀刃紧贴辊面,以剥落浆层。

圆网浓缩机在操作时主要注意两点:①保持浆位稳定,防止溢浆和糊网;②注意密封带的紧固以防止浆料流失。

普通圆网浓缩机受本身结构的局限,其进出浆料浓度均较低,只能用于低浓浆料的浓缩。为扩大其使用范围,对其结构进行一些改进:

(1) 最新设计的圆网浓缩机网笼质量更轻,用变速电机调节最佳线速,网槽改为改良逆流式,便于调节内外液位差,生产能力提高。

(2) 侧压浓缩机在转鼓进浆侧形成高浆位的浆槽,在出浆槽的低位处设一压辊,这个压辊即起挤压浆料和卸料作用,又起封闭浆槽作用,这就形成了通常所说的侧压浓缩机。由于网内外液位差大,则脱水推动力大,进出浆浓度大,生产能力高。除了可用于浓缩外,还可用于软的化学浆和漂白浆的洗涤设备。

(3) 双圆网挤浆机:在圆网浓缩机的基础上发展起来的双圆网挤浆机是一种节能和高效的洗涤设备,可用于洗涤和浓缩纸浆。其机械结构如图5-2所示。

双圆网挤浆机特点是:①脱水速率高,由于在浆槽内水的过滤脱水和两个圆网接触部分的挤压脱水作用,出浆浓度可达30%,属于高浓洗涤设备;②滤水面积大,设备结构紧凑,建造成本低;③滤液中纤维含量少。

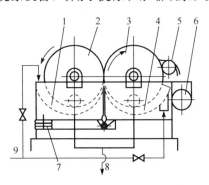

图5-2 双圆网挤浆机的结构
1、4.浆槽;2、3.圆网;5.剥浆辊;6.螺旋输送机;
7.膜式空气弹簧;8.排液;9.进浆管

5.2.2 网式浓缩设备

网式浓缩设备是国外近年来竞相开发的一种高效、节能的脱水浓缩设备。它具有结构简单、造价低、维修工作量少、脱水浓缩效率高等优点,已被广泛用于造纸工业的纸浆浓缩、废纸脱墨浆的洗涤、白水纤维回收等。从结构上可分为弧网形和圆筒形,操作条件是:弧网形进浆浓度0.1%～1.0%,出浆浓度4%～5%,进浆压力不大于0.07MPa;圆筒形进浆浓度0.05%～1.5%,出浆浓度1.5%～5.0%。

1. 弧网形浓缩设备

工作原理:弧网形浓缩设备利用泵送流体切向喷入弧形网面,依靠离心力、重力和抽吸力分离固形物和液体,并借助分离出来的固形物的滚动和液体的水力冲刷作用来清洗网面,起到自净作用。流体在沿网面向下流动过程中,固形物与滤网接触面的不断改变,既有利于水分流出,又可使较小杂质脱离固形物而随白水流失。

弧网形浓缩机的结构如图5-3所示。

滤网是弧网形浓缩机的主要部件,它是用不锈钢板压成波形长缝,断面呈楔形,网缝宽度有0.05～0.25mm多种规格,缝长50mm,可根据浆料浓度和纤维长短来选择,一般浆料浓度高、纤维长网缝宽度易宽些,反之易窄些。网缝为横向交错排列,这样可使浆料过滤的白水在网缝处产生横向流动,不仅滤水效果好,且楔形缝的网缝不宜堵塞,保持自净,不需要外冲洗装置。在滤网背面用几十根φ5mm的弧形拉杆托住以加固滤网。

滤网上部用压板固定在喷浆口的唇板上,两侧用螺栓固定在角铁上,箱体用不锈钢板焊接。

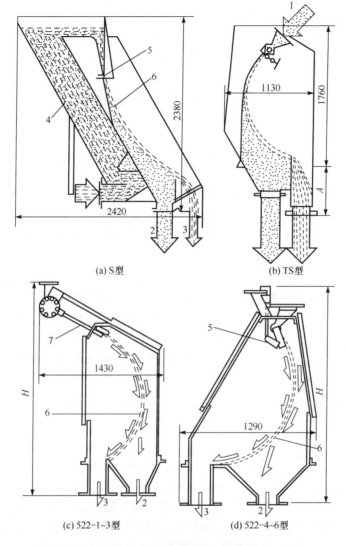

图 5-3 弧网形浓缩机的结构
1.进浆；2.滤液出口；3.出浆；4.流浆箱；5.喷浆唇口；6.条缝过滤面；7.上浆喷管

2. 圆筒形浓缩设备

圆筒形浓缩设备的工作原理：需要脱水浓缩的浆料以一定压力进入过滤圆筒内时，在压力作用下，浆料沿着过滤圆筒由上而下过滤脱水，直至达到要求浓度后汇集于低部送出，整个过程排出的浓浆料及滤液是带压的。

圆筒形浓缩机(图 5-4)由带有圆孔的圆筒形过滤装置和外圆筒壳体组成的，由于带压浆料的移动，滤孔得到冲刷而不会堵塞。其脱水过程主要受进浆和出液间压力差的影响，还受浆料种类、滤孔表面的清洁情况、温度等影响。

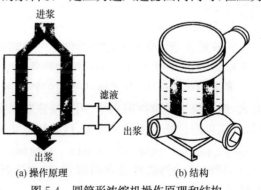

图 5-4 圆筒形浓缩机操作原理和结构

这种浓缩设备的特点:①在相同的过滤面积下,其脱水量是常规鼓式浓缩机的十倍;②能耗低、占地面积小;③过程封闭,无泡沫产生;④浓缩后的纸浆和滤液均是带压的,不需另设池子和泵类设备便可送往下一处理设备或工序。圆筒形浓缩机可用于除渣器与网前箱或者是双网压滤机前纸浆的浓缩。

5.3 中浓洗涤浓缩设备

5.3.1 真空洗涤浓缩机

真空洗涤浓缩机(真空洗浆机)目前仍然是国内大中型纸厂普遍使用的洗涤设备,用于洗涤硫酸盐法木浆、竹浆、苇浆等已积累了很多经验,是一种具有较好效果、成熟可靠的设备。用于洗浆的工艺条件为:进浆浓度木浆 0.8%~1.5%,草浆 1.0%~3.5%,出浆浓度 10%~15%,水腿内黑液流速 1~3m/s,木浆和漂后浆洗涤取高值,草类浆取低值,真空度 26.7~40.0kPa。

1. 真空洗浆机的工作原理

真空洗浆机的鼓体由辐射方向的隔板分成若干个互不相通的小室。随着转鼓的转动,小室通过分配阀分别依次接通自然过滤区(Ⅳ)、真空过滤区(Ⅰ)、真空洗涤区(Ⅱ)和剥浆区(Ⅲ),从而完成过滤上网、抽吸、洗涤、吸干和卸料等过程,其工作原理如图 5-5 所示。

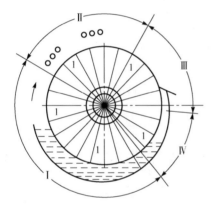

图 5-5 真空洗浆机工作原理图

当小室1下旋进入稀释的纸料中时,恰与大气相同的自然过滤区(Ⅳ)相通,这时靠浆液的静压使部分滤液滤入小室,排除小室内部分空气,并在网面形成浆层。小室1继续转动,深入到液面下方,同时与真空过滤区(Ⅰ)相通,在高压差下强制吸滤,增加浆层厚度,并在转出液面后继续将网面上的浆层吸干,完成稀释脱水过程。小室继续向上转,与真空洗涤区(Ⅱ)相通,将喷淋液管喷在浆层表面的洗涤液吸入鼓内,完成置换洗涤操作。小室继续转动,向下与剥浆区(Ⅲ)相通,使小室内真空度消失,以便于剥下浆料,这样周而复始便完成了洗涤操作。

2. 真空洗浆机的结构

真空洗浆机由转鼓、分配阀、槽体、压辊、洗涤液喷淋装置、卸料装置、水腿及其真窄系统等组成,如图 5-6 所示。

1) 转鼓

转鼓是真空洗浆机的重要部件之一。转鼓的加工制造目前主要有两种方法,一种为袋式铸造结构,另一种为焊接的袋式结构和管式结构,见图 5-7。

多年的实践证明,袋式铸造结构的转鼓的小室通往分配阀的腔道比较宽大,每个小室的空间大,滤液流动的摩擦阻力小,用来洗涤浆料是合适的。但是,随着工厂生产规模大型化的发展,洗浆机的过滤面积越来越大,这种铸造式转鼓由于受铸造工艺的限制,不便于铸造大型转鼓,从而无法生产大规格的洗浆机。目前国内用铸造法生产转鼓式洗浆机的最大规格限制在 27m²,同时这种铸造转鼓也很笨重,动力消耗大,小室容积大,滤液流速慢真空度低,洗涤效率低。

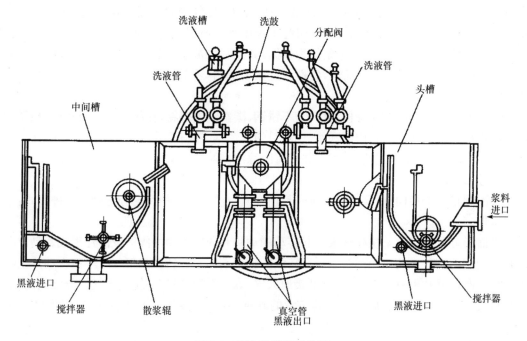

图 5-6 真空洗浆机结构图

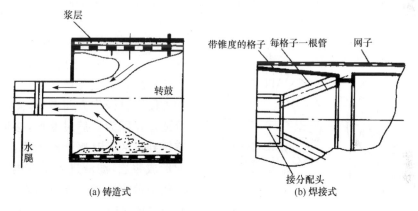

图 5-7 真空洗浆机转鼓结构

焊接袋式结构的转鼓与铸造的相似,但小室的体积可根据需要制作,以满足不同的要求。而管式转鼓鼓面是用不锈钢板焊接成带锥度的小室,避免由于滤液逐步增加而超过正常流速,发生湍流作用使阻力增大;每个小室长度中段配一薄壁不锈钢管,不锈钢吸滤管另一端与分配阀体相连通,每个小室只有一根管子,采用这种结构的转鼓小室容积小,流道容积小,管道上无任何弯头等,可以减少管道阻力,同时空气不易渗入,可以获得较大滤液流速,形成较高的真空度,从而提高洗涤效率。另外,还可灵活设计小室的容积和吸管直径,以适应各种浆料在不同工艺条件下的洗涤。

转鼓结构的合理性与否对上浆、脱水和洗涤效果影响很大。鼓面上小室数目一般在20～40个为佳。小室和通往分配阀的腔道的大小和形状对转鼓内滤液和气体的排除有直接的影响,在设计制造时应注意以下几点:①小室的容积应与滤液量相适应,小室在旋转时进入真空区以前,在自然过滤区内靠自然液位差过滤的滤液量应能完全充满小室,以排出其中的全部气体,再进入真空区。这样可以避免小室内的气体进入真空系统而降低真空度,影响洗涤效果。

②小室的腔道是排液、抽气的通道,大小要合适,排液、排气的阻力损失要小,并且要有一个比较适宜的流体流速,不因转鼓的转动而引起排液困难。所以小室的容积和腔道的截面不宜过小,在设计制造时要以洗浆的工艺条件为依据,如浆料的滤水性、上网浆层厚度、转速、上浆浓度等。③小室与腔道形状力求简单,各部分过渡要圆滑,不易造成沉积堵塞,施工方便。当转鼓宽度大时,可以两端排液。

转鼓表面铺有一层多孔滤板,材料为不锈钢、碳素钢或塑料,孔的形状多为圆形,孔径10～12mm,而后再铺上5～12目内网和40～60目的不锈钢、塑料等外网。由于圆形孔的开孔率受到很大的限制,现在多采用波形面板,并设有防滤液倒灌的小室。

2) 分配阀

分配阀是一个换向阀,又称分配头。目前在真空洗浆机上使用的分配阀有两种形式:平面形和锥形。

平面形分配阀是由一块随转鼓一起转动的动片和固定不动的阀体及静片组成。动片和静片是分配阀的阀片。阀体用弹簧紧压在转鼓的轴颈端面上。转鼓的每一个小室在动片上有一个出口。阀体静片上有几个接口,分别接通大气、真空系统、吸气系统或大气。分配阀的动片、静片材质为铸铁、不锈钢、胶木等。其二者的硬度不同,且接触面要经过研磨,以保证腔道之间、腔道与外界的良好密封。

图5-8所示为目前在国内真空洗浆机上常用的一种较好的平面形分配阀。其主要特点是:阀体宽大、直径610mm、宽度300mm,阀内腔道大而畅通,能满足排液要求。分配阀动片有24个接口,静片有4个接口。

阀体上的Ⅲ区为卸料区,接通大气或吹气系统。Ⅲ区占圆心角18°～20°。卸料区位置的高低主要是从增加Ⅰ、Ⅱ区长度和方便卸料操作方面考虑,图示位置比较合适。Ⅳ区为自然过滤区,接通大气。小室转到Ⅳ区段时逐渐浸入浆位以下,在网面形成浆层,滤液进入小室内,排除空气,以便不带或少带空气进入真空区,为提高真空区的真空度创造条件。Ⅳ区段的大小主要从进入并充满小室的滤液量所需的时间来考虑,所以对于不同的浆料、浓度、浆

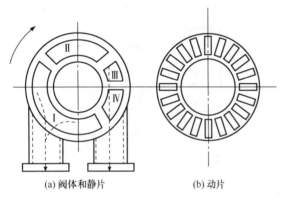

图 5-8 真空洗浆机平面形分配阀

层厚度、转速等,所要求的自然过滤区段的长度是不同的。一般情况下该区段占圆心角30°左右,对于滤水性好的木浆可以小一些,对于滤水性差的草浆应适当大一些。

Ⅰ区为真空抽吸区,接真空系统。Ⅰ区有两个作用,位于液面以下一段起吸滤作用的称为吸滤区,该区标志着从自然过滤过渡到真空吸滤。若加大洗滤区必然缩小自然过滤区,本应自行排至大气的小室中的空气只能由真空抽吸排出,从而增加了真空系统的负荷,但可在短时间内形成较厚浆层,减少纤维流失,浆料上网容易,并可降低上网浆位。位于液面以上的一段起倾倒滤液的作用,称为倾液区,该区尚有把浆层吸干的作用。Ⅰ区与Ⅱ区在何处分界由下列几点决定:①要使Ⅰ区的浆层被抽吸至适当干度后再过渡到洗涤区;②从分配阀的排液腔道大小和形状来比较其两个腔道排液能力和滤液量与洗涤液量的比例来分配Ⅰ区和Ⅱ区的比例;③过滤液和洗涤液是否要分开及Ⅰ区和Ⅱ区的真空度是否一致等,所以Ⅰ区与Ⅱ区的变化范围是很大的,也有把Ⅰ、Ⅱ区合为一个真空区的。

Ⅱ区为洗涤区,也接真空系统。该区的真空度可等于或高于Ⅰ区的真空度,适当提高Ⅱ区的长度,可提高置换作用时间,从而提高洗涤效率。

锥形分配阀的结构如图5-9所示。阀体在转鼓的一端与转鼓连成一体,工作时阀体随转鼓一起旋转,相当于平面形分配阀的动片,转鼓上每个小室在阀体上有一个出口。阀芯是锥体的且固定不动,相当于平面形分配阀的静片,由于将自然过滤区和真空过滤区合并为一个过滤区,所以有三个接口。

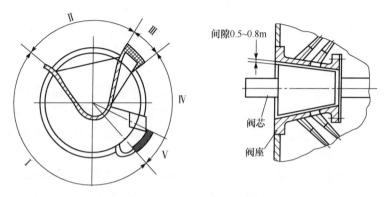

图5-9 真空洗浆机锥形分配阀
Ⅰ.过滤区;Ⅱ.洗涤区;Ⅲ、Ⅴ.死区;Ⅳ.剥浆区

对于锥形分配头真空洗浆机来说,制造时必须保证锥形分配头与鼓体锥形座之间的同心度,偏心过大,往往会造成真空度的不稳定,甚至形不成真空。在安装时要保证阀芯与阀座之间有0.5~0.8mm的间隙,以弥补一定的偏心量。

与平面分配阀相比,锥形分配阀锥面展开面积约为相同直径平面分配阀表面积的3.2倍,滤液管在锥形阀体表面便于布置,吸滤管与阀体结合处的管径可适当扩大,使滤液通过分配阀排液比较畅通。

3)浆槽

在多台串联的真空洗浆机组中,浆槽也是一个重要部件,其结构对浆料与洗涤液的混合影响很大,从而对洗涤效果有很大影响。浆槽有头槽、鼓槽、中间槽和尾槽。槽体的材料要根据介质的情况来选择,以避免过度腐蚀的问题。真空洗浆机进浆槽见图5-10。

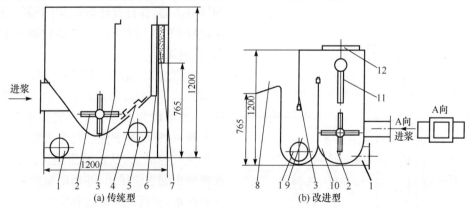

图5-10 真空洗浆机进浆槽
1.清扫口;2.搅拌辊;3.隔板;4.逆止门;5.加黑液管;6.排气管;7.堰板;8.整流区;
9.沉降区;10.搅拌区;11.树枝状加液管;12.密封式观察盖

4) 剥浆装置

真空洗浆机通常采用剥浆辊剥浆。剥浆辊是一根钢管包胶辊,辊面呈锯齿形,硬度 80～94°(肖氏),直径 140mm,与转鼓同向转动,辊线速度比网面的线速度快 7%～20%,太慢来不及剥浆,太快会撕裂浆层。剥浆辊要有自己的传动装置。采用空气刮刀的剥浆装置也比较普遍。空气刮刀的剥浆装置主要由风机、进风管、刮刀体、刀片以及密封件组成,安装于转鼓的剥浆区。刀片与鼓面保持约 6mm 的间距。其工作原理:风机鼓出的低压空气由空气进口管进入刮刀体腔内,从腔内排出口排出,进入由浆面、刀体面、鼓面等构成的压力区,空气的一部分通过鼓面进入分配阀的剥浆区,使转鼓格室真空被破坏并在浆面上形成气垫,一部分被迫从刀片和鼓面的夹缝喷出将浆层托起,被刀片剥离,然后卸入出浆槽中。

5) 洗涤液喷淋装置

根据洗涤原理,良好的洗涤液喷淋装置淋下的洗涤液应成均匀的带状,既不溅坏浆层又不带入大量的空气。一台洗浆机一般配 3～5 组喷淋装置。喷淋装置布置的原则是:第一组喷淋装置应布置在洗涤区刚开始的位置上,第二组应布置在第一组淋下的洗涤液刚好被吸干的位置上,依次布置以下几组。

每组喷淋装置都设有一个调节洗涤液流量的阀门,以调节洗涤液的喷淋量。淋液过多会降低出浆浓度;淋液不足,会因空气的进入而降低鼓内真空度,造成洗涤液不能充分置换浆层中的废液,降低洗涤效果。

常用的喷淋装置有 K 形槽和鸽尾形喷嘴两种形式。

6) 水腿管及真空系统

真空洗浆机主要依靠水腿产生真空,有时辅以真空泵,所用真空度一般不超过 53.3kPa。水腿内滤液的流速和阻力对生产能力和效率影响很大,为获得必要的真空度,水腿管需要满足以下几点:①洗浆机需高位安装,一般应安装标高为 12m 以上,使水腿管的有效长度在 9m 以上;②滤液在管内要具有足够的流速,水腿管之所以能抽真空是因为滤液在水腿管中的流动达到一定速度后能把气体吸进去,以气液混合体迅速流动的形式抽走气体,推荐滤液在水腿管内的流速为 3～5m/s,草浆可低一些,木浆和漂后浆可高一些;③水腿管应尽量垂直安装,避免采用水平段,减少弯头数量,以减少阻力。若确因场地限制不能垂直安装时,则水平段始端与分配阀之间的距离应保持在 3m 以上一段垂直段。另外为了减少阻力损失,可以在黑液槽内设一个旋风分离器,如图 5-11 所示,水腿管在高出黑液槽液面 200～300mm 处,以切线方向进入旋风分离器,并做旋转运动,由于离心力的作用,使空气上升排出,这样不仅减少排液阻力,且泡沫少。

真空洗浆机洗浆时有真空过滤区和真空洗涤区,这两个区的滤液可用两个水腿分别排出,也可以合并为一个水腿排液。若用两个水腿,过滤区的滤液经过主水腿排出,可以减少空气的进入,从而减少泡沫,真空度高;洗涤液由副水腿排出,并用以加速泵,向副水腿中注水,提高洗涤区的真空度和出浆浓度,从而提高洗涤效率,若采用一个水腿,应使过滤区水腿呈直立的,而洗涤区水腿为斜的布置最为合理。采用水腿管抽真空具有设备简

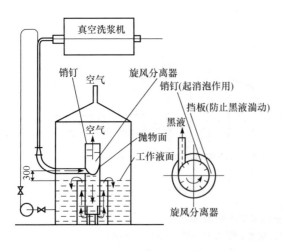

图 5-11 黑液槽内设旋风分离器的结构图

单、电耗低、便于维护管理等优点。对于滤水性能好的木浆和漂后浆等,可利用滤液通过水腿产生的自然真空液湍动来洗涤。对于滤水性差的草浆,其滤出的废液量不足以满足水腿管对起流量的要求,不能产生足够高的真空度,必须人为提高其真空度,方法是:①用一台加液泵向水腿内注射本段的滤出废液,利用加大流量来提高真空度,操作维修方便,动耗少,不需要复杂的真空系统;②用真空泵在水腿管上部抽真空。

5.3.2 压力洗涤浓缩机

压力洗涤浓缩机(压力洗浆机)是一种较新型洗浆设备。其主要特点是:在密封和正压下操作,对进浆量与浓度适应性大,不易掉网、堆浆;可采用80~85℃的较高洗涤温度,可减少热损失,提高黑液温度;不易产生滤液汽化和泡沫,酸法浆也不会逸出SO_2污染大气。设备可布置在较低的二楼楼面上,可以采用先洗后筛流程,提高提取率。但这种设备也存在动耗大等缺点。目前这种设备用于洗涤木浆效果较好,也可用于洗涤芦苇、芒杆浆。洗涤的主要工艺条件:进鼓槽浆料浓度第一台为0.9%~1.1%,第二台以后为1.0%~1.4%,鼓槽内风压为5~11kPa,鼓内风压0~0.3kPa,洗涤水温度80~85℃,黑液提取率95%~98%,出浆浓度12%~18%。

1. 压力洗浆机的工作原理

压力洗浆机风压加压在密封于大气中的浆层,使洗鼓内外形成压差,使浆料在洗鼓滤网上压滤脱液。图5-12为压力洗浆机的工作原理。

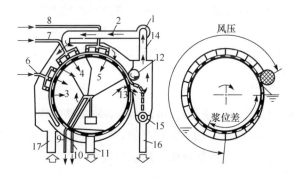

图5-12 压力洗浆机的工作原理
1.风机;2.风管;3~5.三个洗涤区的滤液槽;6~8.洗涤液;9~11.滤液排出管;
12.密封辊;13.剥浆口;14.回风管;15.碎浆螺旋;16.出浆管;17.进浆管

风机产生的压力气流经风管进入鼓槽内,产生正压,进入浆槽内的浆料在气压和液位差的作用下脱液并在网上形成浆层,随转鼓进入到洗涤区后,喷液管将不同浓度的洗涤液喷淋在洗鼓的浆层上,由于鼓内外的压差,浆料中的废液得到置换,浆层脱出废液。废液经不同浓度的滤液槽通过排液管送到滤液槽中。密封辊用于将压力区与出浆区分隔开,防止压力气流从密封辊一侧逸出,使洗浆区保持正压,满足洗浆的要求。从废液中分离出来的气流在剥浆口处将洗后浆层剥落,再进入风机入口循环使用。剥离的浆层经破碎机破碎后输出。

2. 压力洗浆机的结构

压力洗浆机的结构如图5-13所示,它是由转鼓以及把转鼓密封起来的鼓槽、密封辊和外壳组成的。转鼓是由不锈钢板焊接的辐轮结构,转鼓的外周铺有孔径为8mm的多孔不锈钢板,并再覆盖滤网。在转鼓两侧的外圆周处有精加工的不锈钢圈凸缘和浆槽两侧相对应的两个不锈钢圈凸缘相配合,用一根长约25mm的方形尼龙密封带作密封介质形成密封,将洗鼓内腔和浆槽隔开。转鼓内有装在主轴滑动轴承壳体上的两个废液盘。根据操作需要,废液盘可借拉杆调节黑液的接受量。喷液管分为两组,每组四根喷液管,第一组的淋液来自本段洗浆机的废液盘,第二组的喷淋液则来自下一段洗浆机。

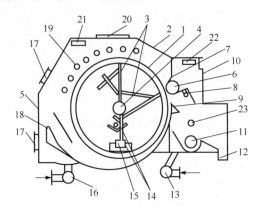

图5-13 压力洗浆机的结构

1.洗鼓;2、5.上、下半壳体;3.黑液盘和调节拉杆;4.主轴;6.密封辊;7.密封胶布;
8.密封辊用刮刀;9.刮刀;10.挂板;11.碎浆螺旋;12、16.出、进浆口;13、14.黑液进、出口;
15.平衡锤;17.人孔;18.溜浆板;19.喷浆管;20V检修盖;21、22.进、出风口;23.喷水管

为了使卸料区与带压区隔开,在转鼓的卸料侧有一个密封辊,它用气动装置升降,装置上有限制压辊升降位置的螺母,以防辊子压坏滤网。在密封辊的上部有一块橡皮布,用于密封高压气流,密封辊是由转鼓主轴减速箱驱动的中间轴通过链轮传动,其线速度与鼓面浆层的线速度一致。洗浆机的鼓槽和外壳一般是用不锈钢板焊接而成。

5.3.3 水平带式真空洗浆机

水平带式真空洗浆机(简称带式洗浆机)可以用于各种纸浆的废液提取和漂后洗涤。操作工艺条件为:进浆浓度2.0%~4.0%(一般木浆取高值,草浆取低值),出浆浓度12%~17%,稀释因子1.5~2.6,提取率95%以上(草浆较低),热水温度70~80℃,过滤压差9.8~29.4kPa。

1. 工作原理

水平带式真空洗浆机是利用逆流置换洗涤原理进行纸浆洗涤的,即喷放锅内的浆料用浓废液稀释成3%左右的浓度进入网前箱,保持唇口横向均匀的流量进入网部,浆料首先在成形部借助于重力和真空抽吸力作用进行脱水,浓缩到浓度10%~12%,而后顺着网子运行的方向依次经过1~5段进行逆流洗涤。第五段采用70℃以上的热水作为洗涤液,从其真空箱出来的稀废液泵送第四段作喷洗液,第四段真空箱出来的稀废液泵送第三段作喷洗液,依此往前递推至第一段止。在此过程中纸浆中的废液经过置换过程中的扩散作用和过滤作用而被清洁的热水所洗净。浆料离开第五段时的浓度达12%~17%,由第一段出来的废液送往回收工段,形成段的废液送往喷放锅作为稀释浆料。喷淋液通过浆层的推动力是真空箱内和气罩空间的压力差,真空箱内的真空度是由排液水腿和真空设备共同产生的。

2. 结构

水平带式真空洗浆机的结构类似于一台长网纸板机的网部,脱水元件全部为湿真空箱,过滤面由一无端的紧贴真空吸水箱板面移动的橡胶履带和一无端滤网组成,由履带牵引。履带和滤网在其下方回程中借助于导网辊分开。此外还有与其配套的网前箱、洗涤液喷淋装置、废液收集装置、传动系统、真空系统及传动辊和尾辊(张紧辊)等,采用 C 型悬臂机构更换履带和滤网,如图 5-14 所示。根据浆种不同,可以将履带加滤网的结构改成无履带结构或者采用钢带结构,过滤效率更高。

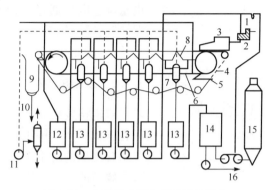

图 5-14 水平带式真空洗浆机的结构
1.调浆箱;2.振动平筛;3.流浆箱;4.滤网;5.喷水管;6.履带;7.气液分离罐;8.真空箱;
9.出液槽;10.去贮浆槽;11.真空泵;12.清热水槽;13.黑液槽;
14.浓黑液贮槽;15.喷放锅;16.送蒸发

5.4 高浓洗涤浓缩设备

5.4.1 螺旋挤浆机

螺旋挤浆机又称螺旋压榨机,国内 20 世纪 60 年代研制,并在中、小型纸厂推广应用作废液提取设备,最初为单螺旋形,现在发展成双螺旋形。由于单螺旋挤浆机用于碱法草浆时产生打滑、堵塞、跑稀等问题,无法正常生产,所以目前只能用于小型木浆厂和亚铵法草浆厂,从而限制了其发展和应用。这里只讨论双螺旋挤浆机。

双螺旋挤浆机是国内 20 世纪 90 年代后研制成功的新型废液提取设备,其结构简单,占地面积小,安装、使用、维修方便,节水、节电,一次性投资小,是浆料废液提取的设备之一,适应各种化学木浆和草浆的废液提取。进浆浓度 8%~12%,出浆浓度 35%~45%,三台串联废液提取率达 85%~95%。

1. 工作原理

浆料进入挤浆机后,通过左右螺旋的旋转,浆料由一端推向另一端,由于左右螺旋的螺距由宽变窄,浆槽由深变浅,浆料在运动中不断受到纵横向递增的挤压力作用,废液通过滤鼓排出,浆料从出料口排出。

2. 结构

双螺旋挤浆机的主要特点是采用了左、右螺旋轴并列,其螺旋叶片相互叠合,沿左、右螺旋轴的外圆套有对开式结构的滤水鼓,如图 5-15 所示。螺旋轴由轴体和叶片焊接而成。采用螺旋轴为导程不等距,叶片不等深结构,其外径不变,即叶片沿着带有锥度的辊轴表面形成连续的螺旋曲面,两根螺旋轴分别为左、右螺旋成对组合,且转速相等,方向相反。这就使纸浆在运行时可能形成的周向力相互得到制约,以避免堵塞而引起纸料在机体内打滑,从结构上保证了

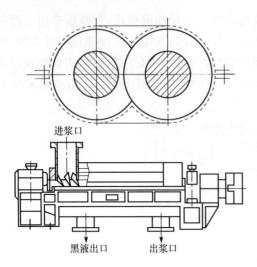

图 5-15 双螺旋挤浆机的结构

操作的可靠性。滤水鼓是用不锈钢板卷制的,制成对开式结构,钻有2～2.8mm的圆孔,孔距4～5mm,用点焊方式固定在网架座和网架盖上,网架是铸钢骨架结构,用以支撑挤压过程中滤鼓正常脱水。叶片外径与滤鼓间距为1.5～2mm。以电磁调速电机通过三角带传动至减速机和联轴器,带动螺旋轴动,而右螺旋则通过左辊齿轮啮合从动,保证其转速相等、方向相反。

5.4.2 双辊挤浆机

双辊挤浆机是利用一对带有排液孔槽的辊子在机械压力下挤压浆料,使浆料被压缩而脱去其所含废液的洗浆设备,是中小型纸浆厂提取纸浆中废液的一种常用设备。其主要特点是:适应性强、操作简便、动耗小,但结构复杂,压辊易被硬物损坏,纤维流失大。进浆浓度8%～12%,出浆浓度20%～30%。单台废液提取率55%～65%,三台串联提取率75%～85%。

1. 工作原理

浆料进入螺旋喂料器后,在螺旋喂料器的推进力作用下,以一定的压力进入到密封的浆槽内,在这个进浆压力的推动下随着旋转的压辊带进挤压区,被两个同步反向旋转而辊面布满沟纹或小孔的压辊挤压脱水,脱出的废液经过沟纹或小孔,通过贯穿于辊体的轴向排液孔从双辊的两端排出,而脱水后的浆层由前后刮刀刮到浆池中。

2. 设备结构

双辊挤浆机是由一对压辊、浆槽、螺旋喂料机、刮刀、梳刀及传动装置组成,结构如图5-16所示。

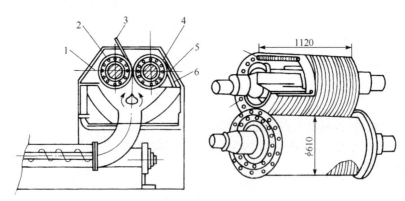

图 5-16 双辊挤浆机的结构
1.浆槽;2、4.压辊;3.刮刀;5.纸浆排出;6.梳刀

(1) 挤压辊:国产双辊挤浆机的挤压辊的规格为 $\phi 610mm \times 1120mm$,辊面有沟纹形和小孔形两种。沟纹形辊辊面车有沟宽1.1mm、沟距5mm的沟纹。沟纹用于挤压时盛装废液,为了从沟纹中引出废液,在辊体圆周上开有与轴向平行的60个圆孔,并与沟纹相贯穿,孔径20

~32mm,孔中心距辊面23mm。小孔形辊是在沟纹辊的基础上改进而成的,即将上述的沟纹辊的沟纹加宽成8mm,外包1mm厚的钻有ϕ1.2mm孔眼的不锈钢滤板。小孔双辊挤浆机的优点:可以省去易磨损的刮刀,避免排液孔被堵,纤维流失少,制造方便,寿命长。挤浆辊的辊体是整体铸造的,材料为强度高、耐磨、耐腐蚀的HT300铸铁。两辊辊面间距可根据工艺要求在0~22mm调整。为防止浆料从两辊之间的端部溢出,在压辊两端装上法兰凸缘。

(2) 刮刀和梳刀:刮刀用于从挤浆辊上剥浆,一般用不锈钢板做成;梳刀用于疏通和清除沟纹内的纤维杂质,用不锈钢刀片组装成,安装在机架的两端。

5.4.3 双网挤浆机

双网挤浆机(图5-17)又称双网压滤机、夹网式压滤机。它是在1960年前后由奥地利的安德里兹等公司研制出的一种用于造纸工业的纸浆和废纸脱墨污泥等脱水的设备。由于其具有脱水性能好、效率高、能耗低、占地面积小,尤其适应于中高浓制浆新工艺的需要等优点,国外许多厂家都在制造这类设备,我国是从1985年开始研制双网挤浆机,现在已有近十家工厂可以生产。双网挤浆机最初主要用于粗浆筛选后浆料的浓缩和补充洗涤,高浓漂白前、打浆前和粗渣再磨前浆料脱水,现在经过改进也可用于蒸煮后浆料的洗涤。国产双网挤浆机的进浆浓度为1.5%~4%,出浆浓度15%~30%,产量15~120t/d。国外的双网挤浆机进浆浓度为3%~12%,出浆浓度35%左右。

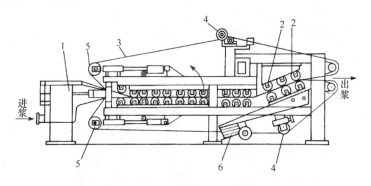

图5-17 双网挤浆机结构
1.流浆箱;2.压榨辊;3.无端网;4.校正辊;5.张紧辊;6.加压装置

5.4.4 鼓式置换洗浆机

鼓式置换洗浆机简称为DD洗浆机,是芬兰奥斯龙公司推出的新型洗浆设备。它是在一个转鼓上分成多段进行洗浆,一台洗浆机即可完成全部的洗涤工作,具有真空洗浆机、水平带式真空洗浆机和压力洗浆机的特性和优点。DD洗浆机有低浓(进浆浓度为3%~6%)和中浓(进浆浓度为8%~11%)两种类型:低浓通常采用3~4段洗涤,主要应用在本色浆洗涤过程中;中浓应用比较广泛,可用在蒸煮喷放后本色浆洗涤、氧脱木素后洗涤及漂白各段间的洗涤。国内一些纸厂引进该设备洗涤硫酸盐化学木浆,黑液提取率达96%以上,吨浆碱的损失在7kg(以Na_2SO_4计)左右,达到国内先进水平。洗浆的主要工艺条件:进浆压力10~50kPa,稀释因子2.5m³/t,黑液浓度15%~18%,低浓型出浆浓度≥8%,中浓型出浆浓度≥12%。

1. 工作原理

经除节后的未洗浆以适当的浓度和压力泵送入浆层成形区,在无空气干扰和进浆压力作用下,浆料在成形区大量浓缩脱水,并快速而均匀地形成浆层,滤液通过滤板后,经转鼓两端的分配阀流至区间的管路中进入黑液槽。当成形区的腔室全部被纸浆充满至隔板顶端时,浆层被挤压至一定厚度的过滤层,当这个腔室转过第一块密封挡板时,过量的纸浆被挡回。在运行时,由于进浆压力和流量基本稳定,因而从成形区进入洗浆段的浆层厚度和紧密程度基本一致,在浓度10%~12%时进入洗浆段。

在置换洗浆段利用逆洗法,第一段的滤液进入黑液槽。每一段的洗涤液都是用增压泵增压到一定压力送入的,热水的温度≥65℃,泵送压力可达 0.15MPa。浆层在上述各段逆流洗涤中,浓度仍保持在10%~12%的范围;经过热水泵和增压泵后各段洗液具有一定压力,保证了浆层洗涤所需的压差,又可防止空气进入浆层而产生泡沫。

洗浆段之后是真空吸滤区,浆层在真空度约0.05MPa的吸滤下增浓至浓度15%~16%。浆层成为滤饼状,进入卸料段后受到压缩空气脉冲压力作用被吹落至下方的碎浆式螺旋输送机。吸滤段的滤液也泵送至第三洗浆段作为洗涤液。

2. 鼓式置换洗浆机的主要结构

鼓式置换洗浆机主要由一个转鼓和封闭罩构成,此外还有增压泵、热水泵、封闭挡板、压缩空气和真空系统及各种输液管等,结构如图 5-18 所示。

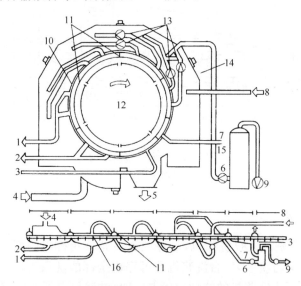

图 5-18 鼓式置换洗浆机结构

1.从第一洗浆段排出的滤液;2.从成形区排出的滤液;3.加压空气入口;4.进浆;5.出浆口;
6.从真空箱回流的滤液;7.从第四洗浆段流入真空箱的滤液;8.洗涤水入口;9.空气出口;
10.密封挡板;11.隔板;12.转鼓;13.增压泵;14.密封罩;15.气水分离器;16.滤板

转鼓是鼓式置换洗浆机的核心部件。转鼓的外表面由不锈钢隔板分隔成若干部分,在相邻的两个隔板之间装有3mm厚、孔径为1mm、孔距为2mm的不锈钢过滤板,它们构成了洗浆机的过滤室。固定的密封板附在外壳上,它与转鼓表面的隔板相接触,以进行密封。使用密封板将转鼓表面分成成形段、置换洗涤段、真空吸滤段及卸料段。

3. 鼓式置换洗浆机的特点

（1）良好的置换洗涤。目前国际上洗涤设备正向着高浓洗浆方向发展，同时强化设备的置换洗涤作用。鼓式置换洗浆机应用置换洗涤理论进行鼓式多段逆流置换洗涤。由于各洗浆段具有良好的完整均匀的浆层和可调节的置换速率，所以其置换洗涤效率高。黑液提取率在96%以上，浓度在 $9.0°Bé'$ 以上，碱损在 10kg/t 以下（以 Na_2SO_4 计）。

（2）洗涤液加压下洗涤。大部分洗浆机是靠浆层底侧产生的真空而达到置换的。当浆料温度接近沸点时，因真空作用而产生闪急蒸发，会造成洗浆困难。而鼓式置换洗浆机的各段置换洗涤液是经增压泵加压后进入置换洗涤段的，置换洗涤液是在压力作用下将浆层中的滤液置换出来，因无真空作用，不会产生闪急蒸发作用，因此可提高洗浆时的浆料温度，洗浆效果好，单位面积产量大。

（3）全封闭无空气洗浆。大部分开放式洗浆机在洗浆过程中因有大量的空气进入纸浆中而产生大量泡沫，从而极大地影响洗浆机洗浆性能。在鼓式置换洗浆机中，洗浆滤液具有一定压力，以致在洗浆过程中不可能有空气混入浆中。此外，由于用中浓浆泵和鼓式置换洗浆机配合，中浓泵具有除去纸浆中空气的能力，故纸浆中的空气在纸浆进入洗浆机之前就已被大部分消除，所以可以不用消泡剂和相应的附属设备。

（4）操作简便。全部洗浆设备为单台鼓式，运转性能好。单台机进行操作，控制反馈速度快，开机后几分钟便可达到稳定的操作状态。对洗涤的条件要求不苛刻，只要浆料的硬度适宜即可进行洗涤。

（5）维修量小，设备利用率高。这种洗浆机是全封闭的，密封材料是特制的橡胶密封带，寿命较长，不必要经常更换。洗浆机滤网是由 3mm 厚的不锈钢板制成、固定在骨架上的永久性滤网，不需要更换。传动设备简单，维修量极小，动力消耗低，设备利用率高。

（6）投资省，占地面积小。由于四个逆流洗涤段都在一个洗鼓内完成，且各段之间的滤液是由循环增压泵输送的，因此只需一个黑液槽，而省去其他中间槽、泵、管路和阀门等，占地面积非常小，且不受安装高度限制，厂房建筑和设备投资都很少。

第6章 纸浆的筛选与净化设备

6.1 概　　述

1. 筛选净化的目的

制浆工序制备的化学浆或机械浆中往往含有大量纤维束、节子、泥沙、金属颗粒以及油墨等杂质,这些杂质如在抄纸前不除去,就会产生严重的纸病,甚至损坏设备、影响生产。例如粗大纤维束、节子等杂物若不除去,抄纸后就会造成纸页的压花或孔洞等纸病,同时会降低纸张白度。

筛选净化设备的作用就是最大限度地减少纸浆悬浮液中不符合工艺要求的杂质数量,以便提高纸浆质量,获得洁净的良浆,同时减少漂白药品的消耗,保护机械设备免受损坏。

2. 筛选净化的原理

筛选是利用粗浆中杂质与纤维的尺寸大小和形状不同,通过带有孔缝的筛板,在一定压力下使细浆通过筛板而杂质被截留在进浆侧,从而实现纤维与杂质分离的过程,其去除的杂质主要是化学浆中未蒸解的纤维束以及磨木浆中的粗木条、粗大纤维束等。

净化是利用杂质和纤维的密度不同从而实现纤维与杂质分离的过程,其去除的杂质主要是砂石、金属杂质、橡胶、塑料等。

3. 筛选净化过程中的常用指标术语

筛选(净化)效率:指浆料中含有的杂质被去除的百分率。

排渣率:指筛选净化后排出的浆渣占进浆的百分率。习惯上将排渣率较高时(如10%以上)排出的浆渣称为尾浆;将排渣率较低时(如低于5%)排出的浆渣称为粗渣。

浆渣中好纤维率:浆渣中能通过40目网的好纤维量占浆渣总量的百分率。

由于浆渣中往往含有部分好纤维,所以用排渣率不能全面地评价除渣效果,应将排渣率、筛选(净化)效率以及浆渣中好纤维率等指标综合起来进行评价。

6.2　筛 选 设 备

6.2.1　筛浆机工作原理及分类

纤维悬浮体在压力作用下以不同方式通过筛板,在此过程中几何尺寸超过纤维悬浮体容许值的杂质被筛板阻隔而从纤维悬浮液中分离出来。

理想状态的筛选应将进入筛浆机的浆料分成两部分:一部分是不包含任何杂质的细浆,另一部分是不包含任何好纤维的浆渣,但在实际生产中,这是不可能实现的。实际生产中的情况是:一部分杂质以概率 a 进入细浆;同时,一部分好纤维以概率 b 随浆渣排出。实际生产中概率 a 和 b 都不等于零,因而只能使 a 和 b 尽可能地减小,对此,Steenberg 和 Garelin 先后提出了筛选的7条原则:

(1) 多级筛选可降低 a,但增加排渣量,因此不能同时降低 b。

(2) 净化程度相差悬殊的两浆流不宜混合。

(3) 提高筛选浓度,避免多余白水,从而可节省动力和用水,而且可减少脱水时纤维的流失,但不能超过临界浓度,以避免塞孔。

(4) 进浆越脏,细浆就越脏,因此要加强备料和蒸煮时的相关操作。

(5) 应充分使用系统中所有的筛选能力,使部分细浆得到再筛的机会,以提高净化程度。

(6) 无粗渣就无筛选效果。

(7) 系统粗渣量的变化不可避免,因此必须考虑这种变化,使之不致破坏筛浆机的正常运转。

在筛孔畅通时,一定方向排列的纤维能顺利地通过筛板,但随着时间的增加,在筛孔上方会发生絮浆(纤维凝聚作用),形成浆层。这个浆层有两种作用:一方面,它使通过筛孔的纤维量减少,降低了筛选的生产能力,增加了纤维的流失,甚至最后纤维完全不能通过筛孔;另一方面,形成浆层等于形成了另一层筛板,能够提高筛选的质量。因此应该使筛孔上方的浆层保持一定的厚度,既能阻止粗大纤维束通过筛孔,又不妨碍合格纤维通过筛孔。

常用的筛选设备主要有振动式筛浆机、离心式筛浆机和压力式筛浆机。这三种筛浆机干扰或破坏筛孔上方的纤维形成浆层的方法不同,振动式筛浆机是利用筛板或其他零件振动产生的干扰力;离心式筛浆机是利用转子转动产生的干扰力;而压力式筛浆机一般是利用旋翼转动产生的干扰力。

另外,对于特定种类的纤维悬浮液及特定的筛选质量要求,都有一个最优的悬浮液浓度与产生的干扰力频率(或振幅)相适应,这个最优浓度称为临界浓度。

6.2.2 振动式筛浆机

振动式筛浆机简称振动筛,其筛选原理是将筛板两边的压力差作为推动力,使良浆通过筛孔。同时机械振动使筛孔两边产生压力脉冲,产生的瞬间负压使已通过筛孔的少部分良浆返回,冲掉筛孔上的浆料,从而防止筛孔堵塞。同时,振动还破坏了纤维的絮聚,使筛孔周围的较长纤维通过筛孔。

按筛板的形状不同,振动筛可分为平筛和圆筛;按振动频率的不同,又可分为高频振动筛(频率大于 1000 次/min)和低频振动筛(频率 200~600 次/min)。目前国内使用较多的是高频振框式平筛(俗称詹生筛)。

高频振框式平筛结构如图 6-1 所示。筛框中心主轴由绕行联轴器与电机直接相连,筛框的底板是曲面的筛板,筛框的振动是通过安装在同一根主轴上的偏重式振动块产生的,当主轴带动偏重块转动时,由于偏重块重心的离心力方向不断变化,从而带动筛框振动。振幅可以通过改变偏重块的偏心距来调节。

未筛选的浆料从进浆箱流入筛框内,在压力差和筛板振动作用下,纤维通过筛孔进入混凝土槽。槽内设有浆位调节板,控制良浆浆位略淹没筛板,使其既作为阻力使筛框振幅保持稳定,又起到淘洗筛板上黏附于粗渣上的好纤维的作用。未通过筛板的浆渣逐步向前移动,最后移动到筛板的末端落入粗渣槽内。在浆渣出口上方设有高压喷水管,冲洗筛板上的粗渣,以防止浆渣带走合格纤维。

高频振框式平筛的特点是除节能力强、动能消耗低、占地面积小、对浆料适应能力强、生产能力大、操作简单、维护容易,但是喷水压力要求较大,而且由于不封闭,操作环境较差。

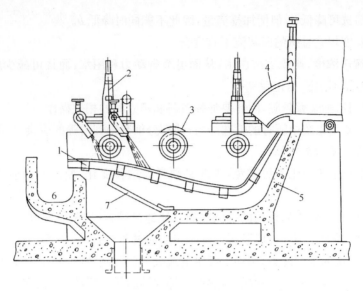

图 6-1 高频振框式平筛结构示意图
1.筛框;2.喷水管;3.振动器;4.进浆口;5.浆槽;6.粗渣槽;7.浆位调节板

国产定型的高频振框式平筛的技术特征见表 6-1。

表 6-1 ZSK 型高频振框平筛的技术特征

型 号	ZSK_1	ZSK_2	ZSK_3	ZSK_5
筛选面积/m²	0.24	0.9	1.8	1.0
筛框尺寸(长×宽)/mm	800×300	1800×500	1800×1000	2000×500
振动频率/Hz	24	24	24	11.8
振幅/mm	2.44	3～4	4～5	10～12
生产能力/(t/d)	5～10	15～30	30～90	2～25
电机功率/kW	1.1	3	4～4.5	2.2
电动机转速/(r/min)	1420	1420	1440	710

6.2.3 离心式筛浆机

离心式筛浆机(离心筛)作为粗浆筛选的主要设备已得到广泛应用,根据不同工作原理及生产实践可把离心筛分为 A 型、B 型、C 型,以及在 C 型离心筛基础上改进的 CX 型、KX 型,还有我国对 CX 筛的结构进行改进并已定型的 ZSL 型离心筛。由于 A 型筛、B 型筛已很少使用,就不作讨论。

C 型离心筛的种类很多,如印普可筛、华德鲁筛、柜劳筛等属老式离心筛,往往作为二道筛使用。良浆和粗渣都从筛的下方流出,具有尾浆量小及外壳无需密封的优点。稀释水管由排渣端墙板上伸入筛鼓内,且稀释水区只占整个筛区 1/2～1/3,因而被稀释的浆料往往仅局限于排渣口的粗浆。这样的结构易使大量粗纤维通过筛孔而降低筛选效率。

寇文筛(图 6-2)的研制克服了老式离心筛的稀释水管无法深入到筛鼓内部,结构复杂笨重等缺点。它是由筛鼓、带有多叶片的转子以及在转子的 2/3～1/2 处的一块圆盘形挡板组成,稀释水管经转轴中心向外喷射。早期使用的寇文筛多为 A 型寇文筛,随后又发展了 K 型筛及 KX 型寇文筛,此外还有为适应热磨浆筛选的 PS 型寇文筛及离心式与压力式相结合的

PSV型筛,它们的结构特征及使用性能可参考有关的书籍。我国CX型离心筛(图6-3)及ZSL型离心筛(图6-4)是在KX型寇文筛的基础上设计制造的,并在稀释水进入、转子及排渣等结构方面作了改进,是目前广泛使用的离心筛浆机。

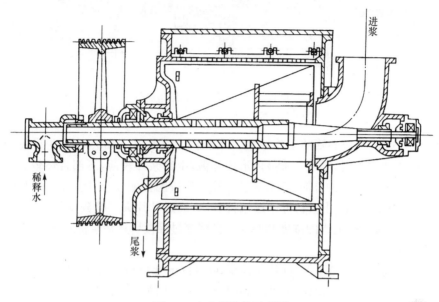

图6-2 寇文筛结构示意图

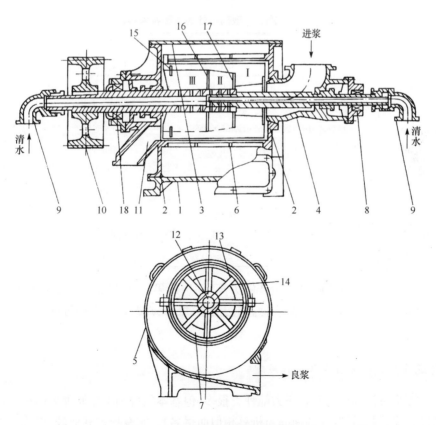

图6-3 CX型离心筛浆机结构简图

1.底座；2.墙板；3.盖板；4.进浆弯管；5.外壳；6.筛鼓；7.转子；8、18.轴承；9.进水弯管；10.角皮带轮；11.粗渣出口；12.空心轴；13.叶片 14.隔板；15.挡浆环；16.第二圆盘形挡板；17.第一圆盘形挡板

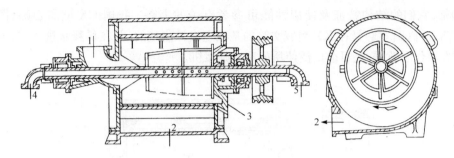

图 6-4 ZSL$_{1\sim4}$型离心筛结构简图
1.进浆口；2.良浆出口；3.粗渣出口；4.Ⅱ区稀释水进口；5.Ⅲ区稀释水进口

CX 型和 ZSL$_{1\sim4}$型离心筛的工作原理基本相同。纸浆进入离心筛后在筛板内做旋转运动。当离心力大于重力时，纸浆在筛鼓内形成环流，上部浆环较薄，下部浆环较厚。好纤维由于密度较大迅速靠近浆环的外圈，随水穿过筛孔。粗渣因密度较小、尺寸较大，悬浮于浆环的内侧。从空心轴的两头向Ⅱ区和Ⅲ区送入稀释水，通过叶片夹层喷到筛板上，对筛板进行冲洗，并使鼓内的浆层保持适当的浓度和厚度。良浆穿过筛板后从筛浆机底部侧管流出，粗渣则从另一端流出。

由于 CX 型离心筛排渣不畅，叶片易挂浆，叶片间的死角易存浆，使叶片产生偏重而损坏，因此改进的 ZSL$_{1\sim4}$型离心筛取消了第二和第三筛区的挡浆板，并封住了两个叶片间的死角，从而解决了挂浆和存浆的问题。ZSL$_{1\sim4}$型离心筛现有四种规格，主要技术参数见表 6-2。

表 6-2　ZSL$_{1\sim4}$型离心筛的主要技术参数

型号/旧型号 参数	ZSL$_1$ CX-0.5	ZSL$_2$ CX-0.9	ZSL$_3$ CX-1.6	ZSL$_4$ CX-2.4
筛选面积/m^2	0.5	0.9	1.6	2.4
筛鼓规格/mm	φ340×470	φ475×600	φ635×800	φ743×1065
转子规格/mm	φ324×510	φ455×655	φ610×865	φ718×1130
转子转速/(r/min)	750	575	485	450
叶片数	6	8	8	10
进浆浓度/%	0.8～3.0	0.8～3.0	0.8～3.0	0.8～3.0
出浆浓度/%	0.6～1.5	0.6～1.5	0.6～1.5	0.6～1.5
电机功率/kW	11	22	40	75
设计产量/[t(风干)/d]	10～15	20～40	40～80	100～150

CX 型和 ZSL$_{1\sim4}$型离心筛具有生产能力高、筛选效果好、电耗低、占地少、设备质量轻、筛选浓度高、尾渣量少、浆渣中好纤维率低、结构简单、维修方便、运行平稳等优点。

6.2.4 压力式筛浆机

1. 传统压力式筛浆机及其工作原理

压力式筛浆机简称压力筛。压力筛种类很多，但基本结构和工作原理大体相同，我国使用较多的是旋翼筛(因旋转叶片的断面与机翼相似而得名)。它有单鼓和双鼓、内流和外流、旋翼在鼓内和旋翼在鼓外之分。压力筛是全封闭的，未筛选的浆料在一定压力下切向进浆，良浆在压力作用下通过筛板，粗渣被阻留在筛板表面，并向下移动、排出。筛板的清洗是靠压力脉冲来实现的,当旋翼旋转时,其前端与筛板的间隙很小(一般为0.75~1.0mm),将浆料压向筛板外;而旋翼的后端与筛板的间隙逐渐增大,在较高速度下会出现局部负压,使筛板外侧的浆液反冲回来,从而将黏附于筛孔上的浆团和粗大纤维冲离筛板(原理见图6-5)。旋翼通过后恢复正压,良浆又依靠压力差及另一个旋翼的推动,再次向外流动,开始下一个循环。

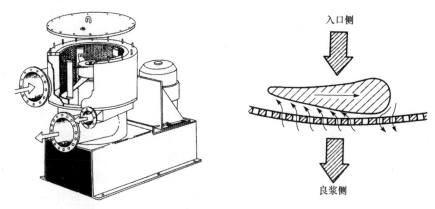

图6-5　压力筛外形图及其工作原理图

压力筛的优点是进浆浓度大,运转可靠;密封性好,不产生泡沫;筛孔较小,筛选效率高;结构紧凑,占地面积小。其缺点是连续排渣时浆渣量大;带走的好纤维较多;间歇排渣时则排渣阀门易堵塞;筛鼓和叶片加工精度要求高。

压力筛经常用于纸机前的浆料精选。由于压力筛是封闭的,可进行热浆的筛选,这对碱回收和操作环境非常有利,所以目前压力筛代替振筛除节已成为趋势。另外,压力筛用于制浆车间的浆料精选也较多。目前,现代化造纸厂尤其是新建的纸厂,压力筛已成为标准配置的筛选设备。

2. 压力筛的改进与发展

1) 早期压力筛存在的问题

早期使用的压力筛一方面由于水比良浆更易通过筛孔(缝),另一方面筛板表面的几何形状(光滑平面)不能使浆料在筛板表面形成足够强度的湍流。因此,浆料在沿筛鼓轴向流动的过程中很快就在筛板上积聚(图6-6),使得筛鼓内侧从上到下逐步增浓,形成逐渐增厚的纤维层,使浆料通过筛孔的阻力增大,流速减慢,良浆浓度下降,从而导致筛选能力下降,纤维随浆渣带出,纤维损失大;而且筛选效率下降,动力消耗增加。

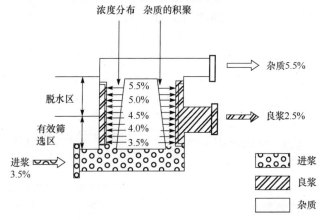

图6-6　传统压力筛在进浆浓度较高时的浆料浓度变化

早期压力筛的这种增浓现象使其只适用于低浓浆料的筛选过程。例如,在其他条件一定的情况下,当进浆浓度为1%时,末端排渣浓度可能为1.3%,此时纤维网络强度变化不是很大;然而如果进浆浓度为3%,则排渣浓度可能达到5%~7%,这时的纤维网络强度成指数性增加,那么筛板表面的浆料要成为流体所需的能量就相当大,将超出筛选设备所能提供的能量值,导致筛板堵塞。

2) 压力筛的改进

近年来由于对筛选机理有新的认识,发展研制了许多高浓、高效、低能耗和水耗的新型压力筛。工程上把纸浆筛选浓度达到2%~5%的压力筛称为高浓压力筛。相比于传统的低浓压力筛,高浓压力筛具有筛选效率高、能耗水耗低的优点。

与普通低浓压力筛一样,高浓压力筛的基本构件也是筛板和转子。为了适应高浓筛选,高浓压力筛在设计时必须考虑以下两个方面的改进:①改变筛板的表面形状,增强筛板表面的湍流强度,创造良浆与粗渣分离的条件;②改变转子(旋翼)的结构,给浆料提供一个较长真空负压区,加强对筛板的净化效能。另外,在筛板的加工制造过程中,孔(缝)应采用精加工技术使其不易堵塞,而且应加大筛板厚度使其刚性增强,以适应转速高、动力大的高浓筛浆。

(1) 筛板的改进。

筛板表面几何形状对筛选效果有重要影响。对于表面光滑的平面筛板,由于筛板表面和开口附近没有微湍流或扰动的发生,筛浆时浆料在面上的流线基本上是和筛板平行的,纤维网或絮片没有散开的现象,因此筛选的浆浓较低、纸浆通过量少、粗渣较多。由于近年来对筛板的优化设计取得了重大突破,新型波形筛板的出现使高浓筛选成为可能,它的波形进浆开口使筛孔上方的一定范围内产生微湍流,可以起到散絮作用(图6-7)。

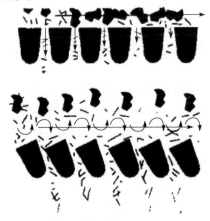

图6-7 两种不同筛板表面纸浆悬浮液的流动状况

图6-8为不同筛板的相对生产能力及其最大工作浓度与筛板波形程度的关系,图6-9为不同筛板的相对生产能力与筛浆机进浆与良浆压降的关系。从图中可以看出,在相同的进浆浓度或压降条件下,波形筛的生产能力有大幅提高;在相同的生产能力下,波形筛的压降可大幅降低。三种筛板相比较,在同一相对生产能力下,重波形筛板的压降最小,而在相同压降条件下,重波形筛板的生产能力最大。

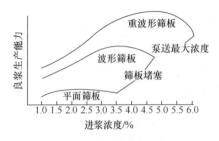

图6-8 不同筛板在不同筛选浓度下的良浆生产能力

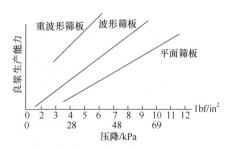

图6-9 不同筛板、不同压降和良浆生产能力的关系

20世纪80年代中期,在波形筛板的基础上开发了棒状筛鼓(bar screen)。这种棒状筛鼓的筛选表面由一根根像条栅一样排列的波形棒组成。这些波形棒靠一系列的支撑箍将其固定到位,有的还有加强筋以保证整个筛鼓的稳定性和坚固性。这种筛鼓的筛缝长度几乎可以达到整个筛鼓的长度,而缝宽可小到0.1mm甚至更细,缝宽误差很小。由于开口面积很大,因此显著提高了筛浆机的生产能力。图6-10为Voith公司的C型棒状筛鼓工作原理和结构示意图。

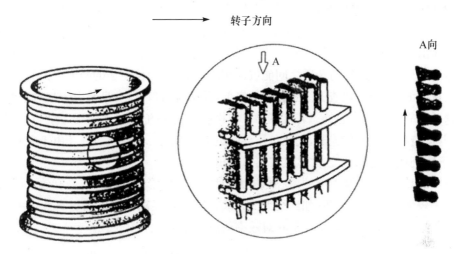

图6-10　Voith公司的C型棒状筛鼓工作原理和结构示意图

(2) 旋翼的改进。

目前,转子旋翼的改进主要有如下四个方面:

(i) 增大旋翼作用面的宽度以增加真空抽吸长度,使在正压时通过筛孔的水在负脉冲时大量返回,这样使进浆、良浆、粗渣浓度基本一致,避免了筛板表面的增浓现象。

(ii) 采用鼓泡形旋翼,即在转子的表面加工有鼓泡形突块(半球形或楔形),使整个筛选区域产生的脉动均匀及整个区域纸浆流体化,既而提高筛选浓度。对于化学浆来说,浓度增到5%也可有效操作,其生产能力可比普通旋翼提高50%。一般应该根据纸浆的处理量、浓度和杂质含量等条件来确定鼓泡的数量、排列方式和形状。

(iii) 采用多叶片旋翼,也就是将旋翼叶片的数量增加并相互错开,使筛板四周产生许多均匀的局部小脉冲。这样可以减少纸浆上网前流送中的脉动,降低上网定量的周期性波动。

(iv) 采用齿形旋翼。这种旋翼的叶片为齿条形,且旋翼的宽度较小,使压力筛在整个筛选过程中具有破碎浆团、分离絮聚的作用,适于各种纸浆粗浆的筛选,特别是杂质较多的粗浆。

6.3 净化设备

6.3.1 离心净化器工作原理

纸浆的净化是根据纸浆与杂质的相对密度不同来除去较重或较轻的杂质。

最原始、最简单的方法是重力沉降法。重力沉降法使用的设备是沉砂盘(沟),这种设备结构简单,但占地面积大、除砂效率低、纤维流失多,因此已基本淘汰。目前普遍使用的是离心分离法,其典型的设备是涡旋除渣器,又称为离心净化器。其中应用较多的是锥形除渣器,其工作原理见图 6-11。

浆料沿切线进入除渣器,由于压差的作用,流体产生涡旋运动。整个浆料(水、纤维、杂质)在向下的涡旋运动中产生很大的离心力

$$F = \frac{Gv^2}{gR}$$

式中,F 为离心力;G 为流体重力;v 为切线速度;g 为重力加速度;R 为涡旋半径。

由上式可知,在涡旋场中,相对密度大的杂质所受离心力比纤维和水大,将从絮聚团的核心中被剥离出来而移向外周器壁;同时,不同的旋转半径的浆层间的速度差引起的剪切力也会破坏流体的絮聚,使得纤维与杂质之间能彼此相对移动,从而使更多的密度较大的杂质甩向容器壁。在重力的作用下,粗渣下沉到除渣器底部,并由排渣口排出;良浆由于相对密度小,越向下运动越被迫靠近容器中心处。若良浆出口与排渣口同大气隔绝,则中心会产生一个真空负压气芯;若排渣口是与大气连通,则此负压会吸进空气形成一个空气芯柱。由于中心负压的作用,良浆下旋到底部后又上旋,并从良浆出口排出。

除渣器的直径越小,则形成的离心力越大,对除去不同形式的小尘粒最有效。如果除渣器主要是除去较大的低密度杂质(如纤维束或浆块),则大直径离心除渣器更有效。关于两种不同直径离心除渣器,其粒子规格和形状对效率的影响比较示于图 6-12。

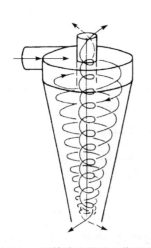

图 6-11 涡旋除渣器的工作原理

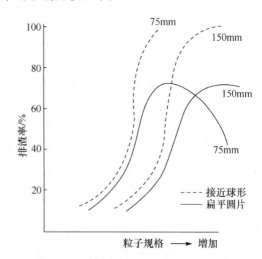

图 6-12 粒子规格和形状对排渣率的影响(涡旋净化器规格 75mm 和 150mm)

6.3.2 涡旋除渣器的分类

根据浆流方向可把涡旋除渣器分为正向式、逆向式、全通式,如图 6-13 所示。正向式涡旋除渣器用以除去相对密度大于 1 的重杂质,是目前使用最多的净化装置;逆向除渣器和全通式除渣器主要用于废纸制浆中除去相对密度小于 1 的轻杂质。逆向除渣器在 20 世纪 70 年代晚期得到普遍应用,但自 20 世纪 80 年代以来,由于要求减少压力降和降低水力排渣率,因此被全通式除渣器取代。

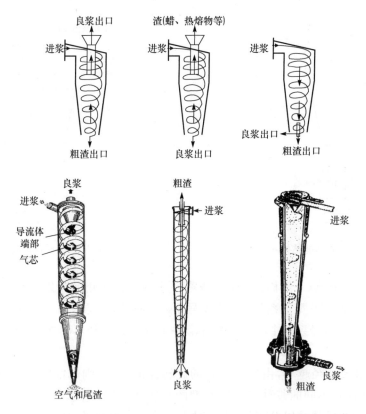

图 6-13　正向式、逆向式和全通式涡旋除渣器工作原理及结构示意图

此外还有一种轻、重杂质除渣器,它是正向除渣器和逆向除渣器的混合产物(图 6-14)。这种除渣器的顶部装有两个同心圆的涡旋定向管,重杂质从除渣器的底部排出,良浆和轻杂质从外涡旋转入内涡旋,升至除渣器顶部后,轻杂质从中心管排出,良浆从两同心套管的环状空间排出。

6.3.3　低压差除渣器与高压差除渣器

按照进浆压力的不同,除渣器又可分为低压差除渣器与高压差除渣器。

低压差除渣器进浆压力小,一般为 20~25kPa,由压力能转化成旋转的速度低,只能除去密度大的杂质,故常串联在锥形除渣器或压力筛等筛选设备之前,以保护后者的排渣口或筛板免受粗大杂质颗粒的

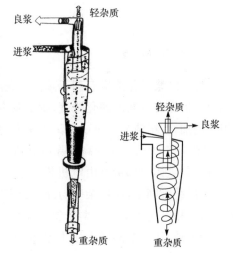

图 6-14　轻、重杂质除渣器工作原理及结构示意图

损伤和堵塞。低压差除渣器的结构特点是上柱体直径较大,高度较长,下锥体较短而锥角较大,其结构如图 6-15 所示。

高压差除渣器与低压差除渣器结构形状相反,其结构如图 6-16 所示。高压差除渣器的进浆压力较高,为 300~350kPa,出口压力约为 30kPa。

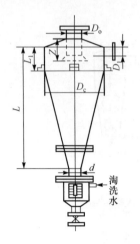
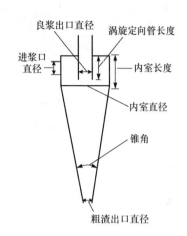

图 6-15 低压差除渣器的结构示意图　　图 6-16 高压差涡旋锥形除渣器结构示意图

高压差涡旋除渣器(一般称为锥形除渣器)是目前广泛应用的净化设备。我国最常用的主要有 600 型、606 型、620 型等系列。每种型号系列又有几种规格,如 600 型系列有 600D、600E 及 600EX 等。有的型号系列中的各种规格,除进口及出口直径不同外,其他尺寸基本相同,因此部件可以互换。

除渣器的旋转直径越小,由压差转化的旋转速度越大,则越能除去与良浆密度相差较小的粗渣,因此针对不同的浆种与不同类型的杂质和尘埃,应选用不同型号和规格的除渣器。细浆料中的杂质是难以分离的,产品对小尘埃要求严格的,应选用小型号除渣器;净化粗浆料,只要求除掉大尘埃,可选用大型号的除渣器;一般浆料的净化选用中等型号的除渣器。

6.3.4　高浓除渣器

提高纸浆净化浓度有利于减少输送液体的负荷,节省动力消耗,在相同条件下可提高生产能力。但提高纸浆的净化浓度,则纸浆中的纤维密度增大,粗渣与纤维间结合形成的网络强度相应增加,使粗渣从纤维中分离出来变得相对困难。

图 6-17 所示为几种高浓除渣器结构示意图,其中(a)是早期的高浓涡旋除渣器,其结构上的特点是主体上部带有由电机带动的旋转叶轮,借以增强浓度为 2%~4% 的纸浆的旋流作用,分散纤维网络,使粗杂质与纤维分离,粗渣从下部排出,净化效率低。(b)是双锥形高浓除渣器,其特点是主体具有两个锥形旋流管以及锥管下方带沉渣罐,处理浆料浓度可达 3%~4%。另外,从下锥部通入压力水可减少纤维沉降,并进一步稀释粗渣,使纤维与杂质分离。(c)是济宁轻机厂研制的用于除去废纸浆中的各类重杂质的高浓涡旋除渣器,该设备也是利用涡流离心原理高效净化浆料。浆料以一定的压力沿切线进入除渣器,形成涡流旋转进入内锥管,高压平稳水从内锥管下部进入,上升至玻璃锥管中部,与上面下来的浆料相遇并达到平衡状态。此时浆料被稀释,浓度开始下降,由于平衡水在中心处受到离心力的作用形成低压带,从而使良浆从中心逆流上升,由螺旋室出口流出。涡流产生的离心力使杂质集中在锥管内侧,与浆料分离后下降,落入沉渣罐,定期排出。而且该设备与浆料接触的部分采用不锈钢或陶瓷材料制造,耐酸、耐磨、耐腐蚀。其特殊的结构形式使其具有适用浓度高、除渣效果好、无需动力配置、使用方便可靠的优点。

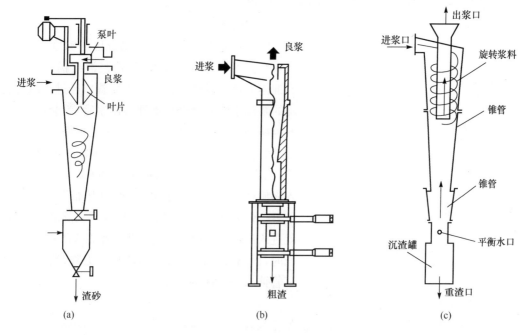

图 6-17 几种高浓除渣器示意图

6.3.5 除渣器的设计

1. 除渣器的形状及尺寸设计

1) 顶端直径

浆料在除渣器中做涡旋运动时产生的离心力大小与涡旋半径成反比。因此,从理论上来说,除渣器直径越小,其效率就越高。但直径小于一定范围也会产生一些实际问题,例如进浆口、良浆出口、粗渣排放口的开口也会相应变小,从而易于产生堵塞;较高的离心力也会使粗渣浓缩并增加堵塞的危险。同时较小的除渣器其单个通过量较小,压力降较大,因而需要配置较多的除渣器,动力消耗增大。为了节约投资和运行费用,纸厂更多倾向于采用直径稍大的除渣器。通常可根据实际情况,采用不同的除渣器规格、筒体尺寸。

2) 进浆口尺寸

浆料在除渣器中做涡旋运动时产生的离心力大小与回转速度成正比。因此进浆口的设计应保证在尽量减小湍动和压力降损失的前提下使回转速度达到最大值。通常将进浆口设计成矩形以使整个浆流紧贴除渣器内壁进入。较大规格的除渣器相应有较大的进浆口。

3) 筒体长度

必须有足够的筒体长度,以保证纸浆在进入分离区前有足够的停留时间,从而形成稳定的涡旋。筒体长度过长和过短都会使涡流流动变得不稳定而影响除渣效率。

4) 锥体角度

假定筒体锥形壁上有一个尘埃粒子,如图 6-18 剖视示意图。这样一个尘埃粒子环绕除渣器轴线旋转而产生一个作用于锥形壁水平方向的离心力 F,而离心力 F 有一个沿壁面向上的分力 F_w,阻止粒子沿内壁往锥体的下部沉降。所以锥角增大,锥壁对粒子向上托的力也越大;反之,如锥角减小,粒子下沉的可能性就越大,相应浆料排渣就越大。但考虑到锥体内壁的摩擦阻力,在实际设计中,对锥体角度必须做一定的修正。

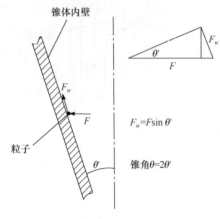

图6-18 尘埃粒子在锥体中所受离心力示意图

5) 出浆管

出浆管的直径及其伸入涡旋区的深度也影响除渣效率。出浆管口径过大时,良浆涌出畅通,浆料进入锥体下部的量相应减少。出浆管口径过小时,内涡旋的浆流不能完全畅通地通过出浆管,就会产生大量的再循环,影响生产能力。但少量的再循环还是必要的,因为它可避免和减少进浆浆流对良浆浆流的影响,相应进、出浆管口径的协调也很重要。出浆管伸入涡旋区的深度决定着浆料向"低压带"集中的开始位置。伸入太浅时,一部分浆料在进入除渣器后很快就进入出浆口,这样对杂质的分离是不利的。伸入太长时,因增加管内表面积而增加压力降,所以注意出浆管伸入涡旋区的深度。

6) 锥体长度

浆料在除渣器内做内涡旋运动时,要使尘埃粒子与纤维尽可能分离完善,必须使距锥筒内壁最远的尘埃粒子(靠近中心)沉降至锥筒的内壁面上,则需要一定的停留时间,因此要使尘埃得到良好的分离(除渣率高),需要一定的锥体长度。但锥体过长,超过分离杂质所需要的长度也无必要,甚至会产生相反的效果,因为浆料在旋涡运动的停留时间增加,这样会造成水力能量的损失,造成涡旋中心较低的速度,致使除渣效率下降;反之,锥体过短,浆料做内涡旋运动的停留时间不足,除渣率低。

7) 除渣器出口

除渣器出口直径的大小也影响除渣效率。出口直径太小,导致出口堵塞,会使粗渣被良浆浆流带走;出口直径太大,则除渣率太高,造成纤维流失。

2. 除渣器锥体材质的选择

除渣器材质选择一直是个重要课题。几十年来,在解决除渣器材质耐磨性能上,已取得了很大进展。但也必须指出,材质的耐磨性能至今仍未获得满意的解决,无论是国内还是国外,除渣器材质耐磨性能尚不能使用户满意。以我国某纸厂为例,一个装有数百支由国外进口的重杂质除渣器的浆料净化系统,在磨损严重的段位上,除渣器只能使用3~6个月就得更换下锥体,不仅使费用大量增加,也给生产、维护带来很大不便。可见,除渣器材质耐磨性能至关重要。

锥体是除渣设备的核心,也是最易受磨损的部位,其尺寸稳定性和寿命直接影响纸张质量和产量。从国内各纸厂使用的锥形除渣器锥体材质看,主要有三类:聚合物及其复合材料(硬橡胶、尼龙和聚氨酯等工程塑料)、金属及其合金(灰铸铁、不锈钢)和无机材料(玻璃、精细陶瓷)。实践表明,前两类材料都因耐磨性差其锥体寿命很难超过6个月,玻璃锥体寿命也不到1年,不仅影响除渣效果、造成纸浆流失,还需经常维修或更换,减少纸机作业时间。精细陶瓷的高硬度、高强度、抗腐蚀和耐磨等优良品质可使这类材质的锥体寿命高出前者12倍以上。因此,精细陶瓷锥形除渣器已在欧、美、日等地区的纸浆净化设备上得到广泛应用。

当前,用于制造除渣器的主要材料有微晶氧化铝陶瓷、氧化锆增韧氧化铝耐磨陶瓷(ZTA)、微晶氧化锆耐磨陶瓷(TZP)、不锈钢、聚氨酯、聚酰胺(PA12)、玻璃纤维加强聚丙烯(PP)、尼龙等。对于重杂质除渣器,要求制造除渣器的材料具有高耐磨性能是最重要的,因此多选用陶瓷制造全陶瓷除渣器,至少是用陶瓷制造下锥体和排渣口。对于轻杂质除渣器并不像重杂质除渣器那样要求材料具有高耐磨性能,只是具有一定的耐磨性能即可,因此,轻杂质除渣器还没有用陶瓷材料制造的,都是用高分子复合材料如聚氨酯、尼龙等制造。

最近 Fiedler 公司针对除渣器材质对胶黏物分离效率的影响做了研究。该公司采用塑料、不锈钢和陶瓷三种材料,对去除胶黏物效率进行了对比。结果表明,陶瓷去除胶黏物效率为 66.5%,不锈钢为 44.6%,塑料为 39.6%。研究指出,除渣器内壁的光滑程度直接影响浆流涡旋流动的稳定性。如果内壁表面太粗糙,对涡旋流动就会产生扰动,出现紊流,降低分离效率。这样就要求内壁表面越光滑越好。陶瓷表面可以做到很光滑,并且也可以做到无接缝。所以该公司认为陶瓷是制造除渣器的理想材料。为此,Fiedler 公司应用自己制造的 pfuhl 全陶瓷除渣器配置了一个四段净化系统,结果去除浆料中胶黏物总效率高达 85%。

精细陶瓷是目前制造除渣器锥体的最佳材质,因为陶瓷锥体不仅正常使用寿命长,而且高效节能、除渣设备结构紧凑、占地面积小、工作环境清洁,同时在改善纸张质量和提高产量方面也有良好效果。当然,目前我国只有大型龙头纸厂在引进国外成套纸浆净化设备时使用到这类材质的除渣器,中小型纸业公司则大多通过引进消化后才开始使用国产陶瓷锥形除渣器。但国产陶瓷锥形除渣器在尺寸精度、耐磨性和质量稳定性方面与国外同类产品相比仍存在诸多问题。

6.3.6 涡旋除渣器的安装与使用

1. 净化器的布置

除渣器与筛浆机一样通常是串联使用的,因为采用多段式除渣可减小纤维的流失。生产中多采用三段式除渣,即一段除渣后的良浆送入纸机,一段的渣浆送到二段除渣器的入口,二段除渣器的良浆回到一段除渣器的入口,渣浆进入三段除渣器的入口,三段除渣器的良浆回到二段入口,渣浆排入地沟。经过这样的循环除渣,能使良浆中的渣浆降到最少,而使渣浆中的良浆损失最小。由实践经验得出,一、二、三段除渣器的数量比采用 40∶5∶1 较好,其净化的流程见图 6-19 和图 6-20。

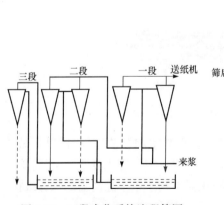

图 6-19 三段净化系统流程简图

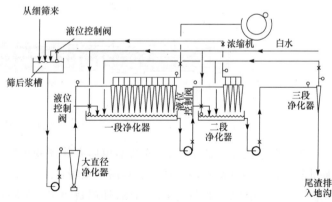

图 6-20 三段离心净化系统流程图

2. 净化器的安装

净化器安装的原则是:节省空间,缩短管路,便于操作。早期的净化器安装采用大量敞式垂直排列,以橡胶软管连接到进浆总管和良浆总管上,并敞开排入尾浆槽,有圆形布置和长列形布置。图 6-21 示出了一列改进后的敞式垂直布置的净化器组。

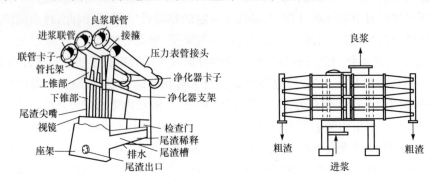

图 6-21 列式净化器的安装图

小直径的涡旋锥形除渣器的通过量小,生产能力低,但能去除细小的尘粒。因此,如使用小直径的除渣器,必须配置大量的这种除渣器单体才能满足生产要求。外罩封闭式安装净化器组出现在 20 世纪 60 年代,如图 6-22 所示。图 6-23 是小直径除渣器单体。

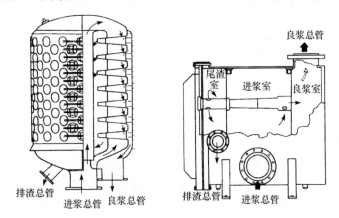

图 6-22 外罩封闭式安装净化器

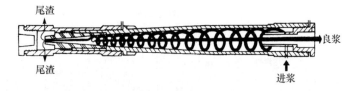

图 6-23 小直径除渣器单体

在这种净化器装置中,每个除渣器单体有共同的进浆室、良浆室和粗渣室,相比以上敞式排列净化器安装更紧凑,占地面积小,通常采用封闭式排渣,能阻止空气进入良浆中,尽管除渣器磨损也不会有浆料泄漏出来。当然,外罩封闭式安装净化器不利于单个除渣器的保养维护,况且单个除渣流量的调整不是很方便。

3. 节浆器的使用

为了减少纤维流失,提高除渣器净化效率,有一种称为节浆器的辅助装置(图 6-24),它连接在锥形除渣器下端的排渣口。节浆器有圆筒形及锥形两种,圆筒形节浆器安装在除渣器本体上下两节圆锥体之间;锥形节浆器则套在除渣器底部。在节浆器侧面切线送入压力为200kPa的清水,向除渣器内的涡旋补充能量。由于进入除渣器的清水降低了渣浆的浓度,从而可使纤维与尘埃更好地分离,这样既保证了净化效率,又使尾渣量从7%～10%下降至2.5%～3.0%。

4. 排渣方式的确定

除渣器的排渣有间断排渣和连续排渣两种方式。为了减少排渣量,低压差除渣器和多段排渣的最后一段常采用间断排渣方式,但除渣效率较低;高压差涡旋除渣器多采用连续排渣,连续排渣又可分为敞开式(排向大气)、密封式和半密封式,密封式排渣是为了防止空气进入良浆中。国内大多采用直接向大气排渣,正常情况下粗渣呈伞状旋转喷射出去,但如果操作条件改变或排渣口堵塞,则排渣呈直线下流甚至断续下滴,除渣效率只有伞状排渣的一半。

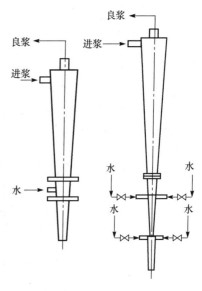

图 6-24 两种节浆器的安装方式

6.4 浆渣的处理

浆渣是指浆料经过筛选净化后与良浆分离后的部分,其中的节子、生片、粗大纤维束等都含有纤维,经过一定程度处理之后还可以再用。随着制浆方法、纸浆品种、产品质量的不同,浆渣的数量也不同。例如生产一般文化用纸时的浆渣量:草浆约为5%,化学木浆约为10%,磨木浆、化学机械浆、半化学浆的浆渣较多为20%～30%。从节约原料、降低成本及解决浆渣存放问题等方面考虑,应合理利用这些浆渣。常见的处理利用方法主要有如下四种。

(1) 抄造低档纸产品。由于浆渣中一般都含有少部分泥沙、碎石等,浆的质量较差,所以经再磨、筛选净化后可配抄或单独抄造低档的包装纸、瓦楞原纸、纸板和用作白纸板的芯浆。

(2) 木浆粗渣回煮或再磨。在化学木浆系统中,粗选分离出来的粗大木节、木片等可直接送回蒸煮锅回煮;磨木浆的粗渣则可送回磨木机再磨。

(3) 精选后浆渣再磨。用单独的再磨机(一般为盘磨机)处理这部分浆渣,并送回筛选净化系统。

(4) 磨木浆粗渣的磺化处理。粗选后的浆渣先经水力碎浆机破碎,然后和精选出来的浆渣一起送入磺化罐进行磺化预处理,再送入盘磨机磨解成浆,然后送回精选系统。这种方法的优点是粗渣处理效果好,与未经磺化处理的相比,纸浆质量得到改善,并能稳定磨木机负荷,提高生产能力,降低能耗。

6.5 废纸制浆的筛选净化设备

废纸制浆过程中的筛选净化设备处理对象是制浆造纸工艺过程靠前段的粗糙物料,这些筛选净化设备与传统造纸过程的筛选与净化设备略有不同。例如,与物料接触的部分更耐磨,筛孔筛缝的规格尺寸更大等。

废纸筛选净化设备的特点：

(1) 废纸中含有多种不同性质的杂质，有的轻，有的重，有片状的、条状的、胶黏性的、热熔性的，因此筛选设备的选用更具针对性，流程更复杂。

(2) 硬杂质多，要求与浆料接触部分更加耐磨。

(3) 大中型筛多用压力筛，并且孔缝结合，并向多段、多功能、高浓(3.5%～4%)发展。

(4) 除用普通锥形除渣器，还用高浓、轻质以及多种形式的除渣器。

废纸浆除渣系统如图 6-25 所示。废纸浆精筛系统如图 6-26 所示。

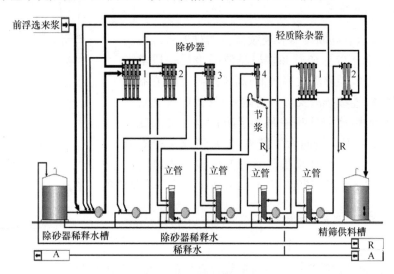

图 6-25　废纸浆除渣系统

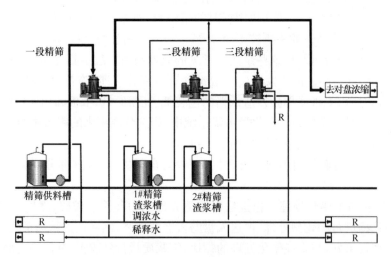

图 6-26　废纸浆精筛系统

6.5.1　除渣器

除渣器位于废纸碎浆后的第一道工序，重点除去夹带在废纸原料中 4mm 粒径以下的重质杂质。这些重质杂质典型种类有碎石、砂石、砂子、碎玻璃、书钉、小铁片等。这些杂质的相对密度为 7.5～8.0，在浆料浓度甚高(3.5%～4%)的环境中仍能由于离心力很大的缘故穿越浆层而得以有效分离。因此废纸制浆过程中常用的是高浓除渣器，如前文所述的双锥形高浓除渣器。

6.5.2 筛浆机

通常孔筛位于废纸制浆流程的前端,又称为粗筛;而缝筛位于流程的中段或末段,又称为精筛。压力筛无论是孔式或是缝式都具有相似的结构:①筛体,包括出、入口,上盖,支座;②筛框;③转子;④轴承副和机械密封。

为了使大规格的杂质有效地从粗浆中分离出去,需要把浆料稀释到合适的较低的浓度。浓度越低,筛分的效果越好。但是浓度过低,筛前的泵送和筛子本体的功率消耗都会增大。近代的筛子特别是孔式粗筛都尽量往较高的工作浓度发展。现在用于处理二次纤维的粗筛能在 3.5%～4% 的浓度下正常工作,高浓筛工作原理如图 6-27 所示。

1. 孔类压力筛

1) 外流式压力筛

外流式压力筛结构如图 6-28 所示。浆料从进浆口切线方向进入筛体,先经过分布室,粗重杂质停留在分布室,然后粗浆进入筛分区。浆料在筛框穿过筛孔的动力既来自进浆压力,也来自高速旋转的旋翼前缘的挤压。由于单根纤维的尺寸比筛孔小得多,大多数良浆得以穿过筛孔,沿着筛框外侧流到良浆出口。被截留下来的粗渣随同部分好的浆料在筛框内侧向下移动并从排渣口排出。在浆料打浆度很低、疏水性很强的情况下,留在筛框内侧的浆料和粗渣浓度会很快提高。为了维持筛选过程的正常进行,帮助粗渣顺利排出,需要从稀释水入口补充足够的水。开有筛孔或筛缝的筛框是压力筛最重要的功能部件。筛孔和筛缝的几何尺寸既要保证良浆顺利通过,又要能有效地截留住不同段落的粗大杂质。用于废纸浆生产的孔类筛框筛孔一般为 $\phi 1.2 \sim 2.0 mm$,筛缝的缝宽为 $0.1 \sim 0.3 mm$。往往要让相当一部分好纤维留在粗渣中,这就是筛子排渣率的选用问题。通常压力筛排渣率为 15%～25%。

一般浆料通过筛孔的速度选 $0.1 \sim 0.5 m/s$,开孔面积便决定该筛的生产能力。开孔率大,也就是孔或缝更密集。在保持足够的机械强度和耐磨蚀量的前提下,开孔率直接关系到该筛的工作效率。

图 6-27 高浓筛工作原理

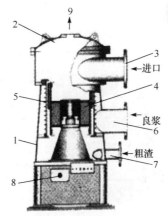

图 6-28 外流式压力筛
1.外壳;2.上盖子;3.进浆口;4.转子;5.筛框;
6.良浆出口;7.排渣口;8.稀释水入口;9.排气口

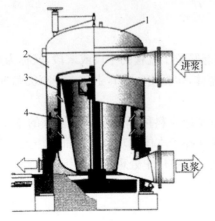

图 6-29 内流式压力筛
1.盖子；2.筛体；3.转子；4.筛框

2）内流式压力筛

内流式压力筛的工作原理和基本结构都与外流式压力筛相似，在废纸制浆过程中偶有应用。这里只列出如图 6-29 所示的奥斯龙公司产品，其结构和原理与通用的内流式压力筛一样。

2. 缝类压力筛

缝类压力筛与孔类压力筛一样常用于废纸制浆过程。

1）普通缝筛

缝筛少有内流式的构型。对于缝筛要考虑纤维分级问题，特别是在处理游离度较高的浆时尤其要注意。筛缝的几何尺寸越来越小，长纤维往往来不及穿过筛缝而滞留在筛框内，一方面会影响筛选效率，增加粗渣比例，另一方面会令粗渣区的浓度迅速上升，由于堵塞而影响生产正常运转。处理这类浆料的时候，一个办法是加大稀释水加入量，另一个办法是选择有较大脉冲压力的转子。

2）多级筛

基于全新的可持续发展工艺概念，一种多级筛已经研制成功并投入使用。把 2~3 级筛的转子和筛框都装在一个筛体里，粗浆进入筛体里的第一段筛选段后，良浆从良浆口引出，而粗渣则在筛体内直接导向第二段筛选段，如此延续，如图 6-30 所示。把几段筛造成一体，对部件的材质、装拆设计、轴的支承、段间流量控制等都有更高的要求，但是节约了大量的能耗。

3）复合筛

与多段筛相似的设计思路，供应商开发了另一种复合筛。如图 6-31 所示，粗浆导入筛体后，首先在底部转动的筛板上进行筛选。良浆穿过筛板从良浆出口排出，留下来的粗渣拐弯向上进行第二次筛选。这样的组合同样有节约能耗和设备空间的优点。

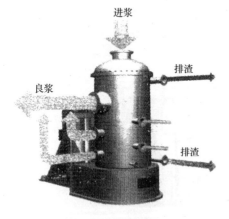

图 6-30 多级筛

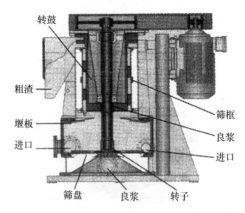

图 6-31 复合筛

第7章 漂白设备

7.1 概述

漂白过程是向纸浆中加入漂白剂，使纸浆中的纤维在发生化学反应后脱去带有发色物质的木素或改变木素发色基团的过程，从而获得具有一定白度和适当物理及化学性能的纸浆。纸浆漂白的方法可分为两大类：一类是使用漂白剂，通过氧化作用使木素溶出以实现漂白的目的，常用的漂白剂有漂白粉、氯、次氯酸盐、二氧化氯、氧、臭氧、过氧化氢等，当对纸浆白度要求较高时，通常采取这种方法；另一类漂白是保留而不是溶出木素，仅使发色基团脱色，这种方法漂白的损失很小，并保持了纸浆的特性，一般用于高得率浆的漂白，常用的漂白剂有过氧化氢、连二亚硫酸盐等，其中过氧化氢既能改变木素的发色基团而作为"表面漂白剂"，也能脱木素而作为氧化漂白剂。

7.1.1 漂白过程的段与序

纸浆漂白的过程因制浆原料、制浆方法、采用的漂白剂和对纸浆白度的要求不同而有不同的流程和漂白段顺序。

图 7-1 是典型的五段漂白的流程，图 7-2 是具有氧脱木素段的短序漂白流程。图中的代号见表 7-1，这些符号是在造纸工业中国际通用的纸浆漂白代号。

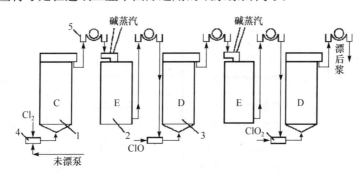

图 7-1 五段漂白流程
1.升流漂白塔（氯化段 C）；2.降流漂白塔（碱处理段 E）；
3.升流漂白塔（二氧化氯漂白段 D）；4.混合器；5.洗浆机

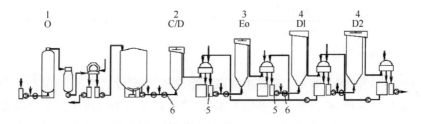

图 7-2 具有氧脱木素段的短序漂白流程
1.氧脱木素段（O）；2.氯化段（C/D）；3.碱处理段（Eo）；
4.二氧化氯漂白段（D1、D2）；5.中浓浆泵；6.中浓混合器

表 7-1 漂白段代号

代号	名称	代号	名称
C	氯化段	P	过氧化氢漂白段
E	碱处理段	R	连二亚硫酸盐漂白段
H	次氯酸盐漂白段	C/D	带有二氧化氯的氯化段
D	二氧化氯漂白段	Eo	在碱处理段加氧
O	氧脱木素段	EP	在碱处理段加过氧化氢
Q	螯合剂处理段	EH	在碱处理段加次氯酸盐
Z	臭氧漂白段		

目前工业中常用的漂白段顺序组合的漂白系统如表 7-2 所示。对于特定的纸浆漂白，采用哪种漂序，要根据工艺条件及要求进行认真选择。此外，采用低浓漂白还是中浓或高浓漂白，也要根据工艺条件、设备情况、漂白段的适用范围等来确定。

表 7-2 漂白顺序与适用的纸浆种类

漂白顺序	适用纸浆种类	漂白顺序	适用纸浆种类
H, HH	亚硫酸盐针叶浆 碱法稻麦草浆 碱法苇浆	CEHH	硫酸盐竹浆 碱法蔗渣浆 碱法苇浆
HP	中性亚硫酸盐半化学浆 亚硫酸盐针叶木浆	CED CEHED	硫酸盐针叶木浆 碱法稻麦草浆 硫酸盐竹浆
P, PR	云杉磨木浆 废纸脱墨浆 马尾松热磨机械浆	OD/CEOD ODEOD OD/CEOPD	硫酸盐针叶木浆 硫酸盐竹浆 硫酸盐阔叶木浆
CED CEHED	亚硫酸盐针叶木浆 亚硫酸盐阔叶木浆 中性亚硫酸盐化学浆 中性亚硫酸盐半化学浆 硫酸盐竹浆 硫酸盐针叶木浆 碱法蔗渣浆 碱法稻麦草浆	ODEOPDD ODEoPDED O(Do)DED OZ(Eo)D CEDED	硫酸盐针叶木浆 硫酸盐阔叶木浆

7.1.2 漂白段的基本配备

上述各种漂白段的配备基本上都是由洗涤浓缩设备、纸浆输送设备、纸浆与漂白剂及助剂的混合设备、漂白反应塔、漂白剂制备系统等组成，这些设备同漂白段中的纸浆浓度有关。就某段漂白或整条漂白生产线来说，漂白可以在低、中、高三种不同的纸浆浓度下进行。从目前工程实例看，通常认为纸浆浓度 3.5%～6% 时为低浓漂白，7%～15% 时为中浓漂白，而在 25%～30% 时为高浓漂白。

对于不同浓度的一些漂白段流程放在下面各节中详细讨论,不同浓度的各种漂白段所配用的漂白塔用升流式还是降流式或升-降结合式如表 7-3 所示。

表 7-3　不同浓度下的升、降流式漂白塔的使用

浓度范围	漂白塔中纸浆流向	采用的漂白段	备　注
低浓	升流	C、E、R	—
	升-降流	C	设有升流预反应塔
中浓	升流	任何漂白段	o 段一般用升流式漂白塔
	降流	E、H、D P、R、Eo	
	升-降流	D、P	
高浓	降流	P、O、Z	目前高浓氧脱木素已很少应用

7.1.3　纸浆漂白技术的发展

传统的低浓纸浆氯漂白,漂白剂为元素氯或含氯化合物,所以排放的废液对环境产生严重污染。目前漂白的废液虽然可通过逆流洗涤循环使用而减少废液量,但漂白污染负荷没有减少,因此纸浆氯漂白所产生的废液始终是制浆造纸厂的严重污染源。纸浆在低浓条件下 CEH 三段漂白,排出废水中含有大量可吸附有机卤化物(AOX)。一些国家对生产 1t 风干漂白纸浆允许排放的 AOX 已实行严格限制,我国也在 2001 年 1 月 1 日起执行的造纸工业废水污染物排放标准中把 AOX 限量排放作为参考指标,在 2009 年 5 月 1 日起执行的最新标准中将 AOX 调整为控制指标。

因此,现代漂白技术尽量取消低浓条件下漂白,实现中浓或高浓纸浆漂白,实现少氯或无氯漂白,工业界称为 ECF 或 TCF 漂白,这样可减少用水量,减少漂白剂和助剂的消耗,简化流程,节能降污,大幅度减少 AOX 的排放量。

纸浆在中高浓条件下进行少氯漂白,就是无元素氯漂白,如表 7-2 中的 ODEoD、ODEoPDD 等漂白顺序均属于无元素氯漂白;纸浆在中高浓条件下进行无氯漂白,就是采用不污染环境的漂白剂漂白纸浆,如表 7-3 所示的为 O、P、Z 等漂白段以及由它们组成的漂白顺序均属于无氯漂白。

有资料报道,传统 CEH 三段漂白生产每吨风干浆将排放 4.5~8kg 的 AOX,对用氯量较多的制浆厂,其排放的 AOX 量会更高。因此,如果不进行改造或重建,实行中高浓纸浆少氯或无氯漂白,我国造纸工业的严重污染问题就不可能解决。可以看出,推广中高浓纸浆少氯或无氯漂白是今后我国造纸工业的重要措施。但作为必须掌握的知识,本章也同时介绍传统 CEH 三段漂白设备。

7.2　传统 CEH 三段漂白设备

由氯化(C)、碱处理(E)、次氯酸盐漂白(H),即 CEH 三段组成的漂白,可用于多种化学浆,如表 7-2 所示。这种 CEH 三段漂白程序对于易漂纸浆,在保证纸浆强度及其他品质条件下,白度可达 80% 以上。为了取得更高的白度或针对特殊的浆种,也有多至 4~7 段的多段漂白,如表 7-2 所列的 CEHH、CEHED、CEHEDH 等漂白顺序,均属多段含氯漂白。

7.2.1 漂白流程及所需设备

1. 漂白流程

CEH 三段漂白的典型流程在多本教材中都有介绍。低浓纸浆与氯气经浆氯混合器混合后,进入氯化塔进行氯化,氯化塔为升流塔;氯化后纸浆用水洗涤,除去部分盐酸及少量溶出的氯化木素,然后加入碱液调节 pH,经单辊或双辊混合机混合,送入碱处理塔进行碱处理;由于该流程的碱处理段仍保持在低浓条件下,故碱处理塔仍为升流塔;纸浆经 E 段洗涤机洗涤后除去溶出的全部氯化木素,再经双辊混合机与次氯酸盐混合,并加入蒸汽,提高纸浆温度,再送入半漂塔和漂白塔漂白至工艺要求的白度,最后经洗涤送贮浆池备用。由于 H 段仍为低浓,故漂白塔仍采用升流塔。

目前,通过改进上述低浓流程中的碱处理和次氯酸盐漂白可采用在中浓条件下进行,这样整个多段漂白流程及设备就有所变化。这时,碱处理塔及漂白塔均采用降流塔,纸浆经碱处理和漂白后,在碱处理塔和漂白塔底部要加液体稀释,并增设搅拌器,混合均匀后由低浓浆泵抽出。

2. 所需漂白设备

从上述流程中可以看出,CEH 多段漂白所需设备为浆泵、混合器、氯化塔、碱处理塔(低浓或中浓)、次氯酸盐漂白塔(低浓或中浓)、推进器(作搅拌器用)、针形阀和洗涤浓缩设备。

7.2.2 氯化段及氯化塔

1. 氯化段

氯化漂白塔常采用低浓升流式,其低浓升流氯化段流程如图 7-3 所示。

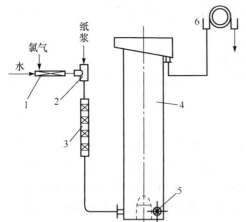

图 7-3 低浓升流氯化段流程
1.氯水分散器;2.三通管;3.浆氯静态混合器;
4.低浓升流氯化塔;5.搅拌器;6.洗浆机

已经和氯水混合均匀的纸浆沿切线方向被泵送入氯化塔,并借助进浆压力而上升,安装于塔底的循环推进器将纸浆流作一步混合,同时使纸浆回旋上升。纸浆在氯化塔内停留工艺所要求的时间并完成化学反应之后,经塔顶溢流而出。低浓升流氯化塔必须满塔操作,由于浓度低,操作起来较稳定。

2. 氯化塔

氯化塔结构如图 7-4 所示,是纸浆氯化反应的容器,氯化塔采用升流式有一个优点,即氯气一进入塔内即受到静压作用,有利于氯化反应。氯化塔的塔体为直立筒体,材质可用钢板衬胶或衬耐酸砖、混凝土衬耐酸砖或衬涂环氧树脂。塔底中心有一顶端为圆锥形的锥柱体,构成环形沟槽,内装有一两个搅拌推进器,并在其上方装有导流板。也有在整个塔体高度上安装两三个循环推进器的设计,但其氯化反应速度很快,会造成局部过漂。

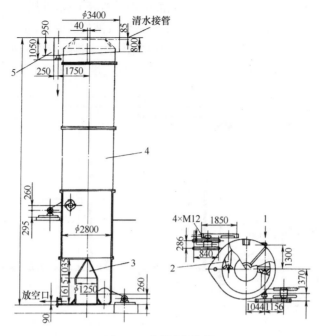

图 7-4 升流式氯化塔
1.进浆口；2.循环推进器；3.锥柱体；4.塔体；5.排浆口

国产低浓升流 ZPT 型氯化塔基本结构由塔底、塔身、塔顶、循环推进器、针形阀等组成，并用法兰通过螺栓连接而成，在塔顶上设有排气孔，可接排风机，将废气排到室外大气中。在塔的上部还设置有针形阀进行喷水稀释，纸浆经稀释后上升，并且流入塔顶出浆口。在塔底设有排空口，用于必要时排出塔内纸浆，所有与纸浆接触的金属表面均衬耐酸硬橡胶，以防腐蚀。ZPT 型氯化塔根据排列形式分 Y 型和 Z 型两种，根据日产量的大小分为Ⅰ、Ⅱ、Ⅲ、Ⅳ的 2～4 种不同的高度，选用时可根据工艺要求进行选定。

7.2.3 碱处理段及碱处理塔

1. 碱处理段

碱处理段流程如图 7-5 所示，碱处理采用降流式，纸浆常在中浓条件下进行碱处理，一般为 10%；纸浆经过混合机与药液及蒸汽混合后，从塔顶投入，由塔底部抽出；通过针形阀注入稀释水，在推进器的搅动下，稀释到一定低浓度后泵送至洗浆机进行洗涤。

2. 碱处理塔

我国有降流式碱处理塔的定型产品，图 7-6 表示 ZPT 系列的碱处理塔结构，其主要技术参数如表 7-4 所示。ZPT 系列降流式碱处理塔结构为钢制敞开式直立

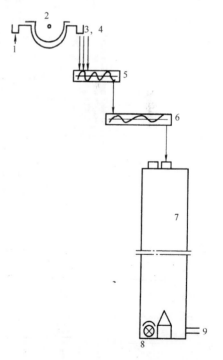

图 7-5 碱处理段流程
1.纸浆进口；2.洗浆机；3.蒸汽；4.药液；
5.双辊混合器；6.螺旋输送机；7.碱处理塔；
8.推进器；9.排出纸浆

容器,由塔底、塔体、塔顶、循环推进器、针形阀、液位指示器等组成,并用法兰通过螺栓连接而成。塔顶内衬有如304型号的不锈钢板,可防止塔内碱液纸浆液位的变动,使部分金属表面经常与空气接触,产生锈迹从而影响纸浆质量。塔顶设有排气孔,用来排除游离出来的废气。ZPT系列碱处理塔分Y和Z两种形式,根据日产量大小分三种不同高度,以适应不同工艺要求。

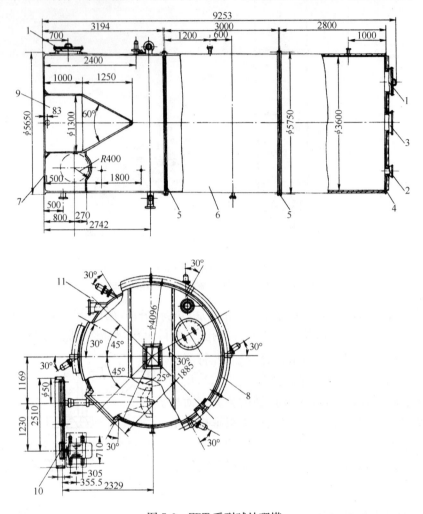

图 7-6 ZPT系列碱处理塔

1.人孔;2.排气孔;3.进浆口;4.塔顶;5.连接法兰;6.塔体;7.塔底;8.稀释水管;9.锥柱体;10.推进器;11.排浆口

表 7-4 ZPT系列碱处理塔主要技术参数

技术参数	ZPT11			ZPT12			ZPT14	ZPT19
生产能力/(t/d)	20~30			40~60			100~120	80
纸浆浓度/%	8~10			8~10			8~10	8
电机功率/kW	18.5			18.5			11	22
塔体直径/mm	2200			2800			3500	4800
塔体高度/mm	Ⅰ	Ⅱ	Ⅲ	Ⅰ	Ⅱ	Ⅲ	Ⅰ	Ⅰ
	9000	10000	11000	9000	10000	11000	11000	9210
容积/m³	28	32	26	35	40	45	70~85	63
推进器/mm	φ600			φ600			φ750(2台)	φ750

7.2.4 次氯酸盐漂白段及漂白塔

中浓纸浆次氯酸盐漂白段流程与碱处理段类似,可参阅图 7-5。纸浆经与次氯酸盐漂液混合后从塔顶投入塔内进行漂白,塔内纸浆浓度为 8%～15%(一般为 10%),漂白后纸浆在塔底部经稀释后由泵抽送去洗浆机洗涤。

用于 CEH 多段漂白的次氯酸盐漂白段流程也可应用于单段次氯酸盐漂白。

次氯酸盐漂白塔常采用降流式,用于经碱处理并洗涤后的纸浆进行次氯酸盐补充漂白,也可用于单段次氯酸盐漂白,或作中浓贮浆塔。

塔体为钢筋混凝土结构,内衬瓷砖或内涂两层环氧树脂,也为敞开式直立容器,其塔的容积和高度可根据工艺要求和条件决定。与药液充分混合后的纸浆从塔顶中心进入塔内进行漂白反应,塔的下部装有环形水管及针形阀,可进行喷水稀释纸浆,稀释后纸浆在推进器推动下循环流动,并于塔底出浆口由浆泵抽送至洗浆机洗涤。我国有次氯酸盐漂白塔定型产品。

图 7-7 所示为 ZPT 系列降流式次氯酸盐漂白塔结构图,主要技术参数见表 7-5。ZPT 系列有左、右两种形式。

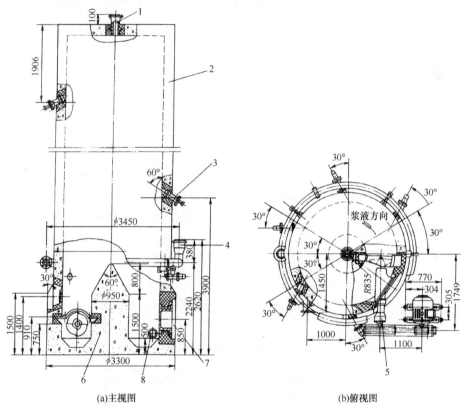

(a)主视图   (b)俯视图

图 7-7 ZPT 系列降流式次氯酸盐漂白塔
1.浆进口;2.塔体;3.测温点接口;4.稀释水管;
5.推进器;6.锥柱体;7.人孔;8.出浆口

表 7-5 ZPT 系列降流式漂白塔主要技术参数

技术参数	ZPT21	ZPT22	ZPT23	ZPT24	ZPT24A
生产能力/(t/d)	20～30	40～60	70～90	100～120	100～120
纸浆浓度/%	7～8	7～8	7～8	10～12	10～12

续表

技术参数	ZPT21	ZPT22	ZPT23	ZPT24	ZPT24A
底部直径/mm	2500	2800	3200	5000	3800
塔体高度/mm	9000～15000	按工艺要求定	按工艺要求定	11000	按工艺要求定
材质	水泥	水泥涂树脂	水泥衬砖涂树脂	水泥衬砖涂树脂	水泥衬砖涂树脂
循环推进器/mm	$\phi600$	$\phi600$	$\phi750$	$\phi750$(2台)	$\phi750$
电机功率/kW	18.5	18.5	11	每台11	11

7.2.5 混合设备

混合设备是 CEH 三段漂白的关键设备，漂白剂与纸浆混合得均匀与否，将直接影响纸浆的漂白质量。特别是氯化反应速率很快，因此要求混合强度高，必须在短时间内迅速完成纸浆与漂白剂的均匀混合。目前的 CEH 三段漂白中，除了氯化段是在低浓条件下进行之外，E 段及 H 段也有的是在 8%～15% 的中浓度下进行漂白的，即使是 4～6 段的多段漂白，除氯化段之外均可以采用中浓处理或漂白，因此其纸浆与漂白剂及其他化学药剂的混合除采用单辊或双辊混合器外，还可采用现代混合设备，即中浓浆泵配用中浓高剪切混合器，这将在下一节讨论。

1. 传统浆氯混合器

传统氯化都是在 3%～4% 的浆浓下进行的，早期的浆氯混合器大都采用机械搅拌式，其电耗、造价、占地面积及维修工作量均较大，目前多选用静态浆氯混合器。

典型的螺旋板式静态浆氯混合器如图 7-8 所示，它是由管子内的若干节螺旋板混合元件组成的。螺旋板混合元件是一块长边的两端扭曲 180° 的螺旋板，有右旋板和左旋板之分，如图 7-9 所示。在管子中一节右旋板和一节左旋板交替布置，前一螺旋板的末端和后一螺旋板的前端互成 90° 交叉连接，如图 7-9(c) 所示。整个静态浆氯混合器安装于纸浆流动管道中。

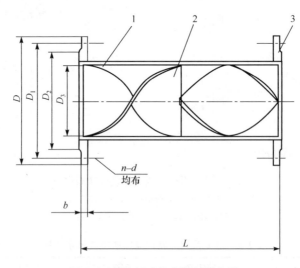

图 7-8 螺旋板式静态浆氯混合器
1. 管子；2. 螺旋板混合元件；3. 法兰

氯气用氯水分散器制成氯水后,与低浓纸浆流汇合进入静态浆氯混合器内,纸浆浓度一般为3‰～4‰。当浆氯混合流通过混合器时,每节螺旋板混合元件就对流体进行分割和导向,使浆氯混合流被剪切、分流、旋转和汇合,达到均匀混合的目的。

螺旋板式静态浆氯混合器对浆氯流体的切割作用的次数为2^n,n为螺旋板混合元件的数量,如设混合元件的数量为10～14,则浆氯混合流被切割的次数为1000～16000次。

氯水分散器如图7-10所示,由水力喷射器和静态混合器两部分组成。氯气经高压水流的喷射冲击被破碎分散成微细气泡,混合在水中,然后再经静态混合器进一步混合,就得到了基本匀质的氯水混合物。氯水混合物与纸浆一起通过静态浆氯混合器,可促进氯化反应和提高反应的均匀度。

(a) 右旋板正视及左视图

(b) 左旋板正视及左视图

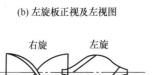

(c) 一节右旋板和一节左旋板连接

图7-9 螺旋板式静态浆氯混合器的混合元件

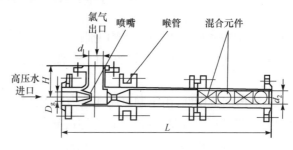

图7-10 氯水分散器示意图

2. 双辊混合器和单辊混合器

双辊混合器如图7-11所示,可用于碱处理段和次氯酸盐漂白段的化学药液与纸浆的混合。混合器内装有两根水平搅拌器,两端分别装在轴头并支撑在轴承上,纸浆和漂液从混合器传动件的一端上方加入,经混合后从另一端下方排出。凡与纸浆和化学药液相接触的表面视化学药液的性质而采取防腐措施。双辊混合器外壳上还装有蒸汽加热管,在运作过程中同时通汽加热,以提高纸浆的温度,使之符合漂白工艺的要求。

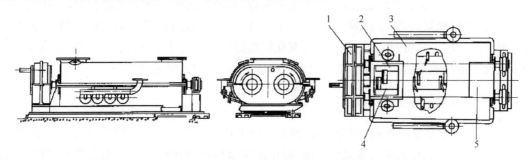

图7-11 双辊混合器
1.传动件;2.搅拌辊;3.外壳;4.进料口;5.排浆口

除双辊混合器外,还有单辊混合器,在结构上除把两根搅拌辊改为一根搅拌辊外,其他没有区别。单辊混合器能力较小,混合效果也不如双辊混合器。我国山东济宁轻机厂及福建轻机厂均有双辊混合器和单辊混合器的定型产品。表7-6为国产双辊、单辊混合器技术参数。

表 7-6 国产双辊、单辊混合器技术参数

型 号	ZPT21	ZPT22	ZPT23	ZPT24
形式	单辊	双辊	双辊	双辊
生产能力/(t/d)	50～80	30～50	60～100	100～150
搅拌辊转速/(r/min)	200	315/350	280/288	(ϕ600/ϕ750)×2400
进浆口规格/mm	ϕ300	250×345	400×400	400×500
出浆口规格/mm	ϕ300	250×345	350×500	400×500
功率/kW	15	11	15	40
蒸汽进口规格/mm	ϕ90(2个)	ϕ80	ϕ100	—

7.3 中高浓纸浆氧漂白设备

纸浆在中浓条件下用氧作为漂白剂进行漂白,具有如下的优点:

(1) 由于氧作为对环境友好的漂白剂,漂白后所产生的废液污染小,氧漂白也称为无(少)污染漂白。

(2) 漂白剂费用低,由于制氧所耗电力比制造次氯酸盐和二氧化氯所耗电力要低得多,特别对电费昂贵的国家和地区,以氧作为漂白剂就显得更为经济。

(3) 漂白后纸浆返色少,强度也与传统多段漂白浆相同。

由于氧漂白的基本原理是利用分子氧的强氧化剂作用,并在碱性介质中对纸浆中木素进行氧化降解而溶出木素,因此,在工程上常称为氧脱木素,设置在蒸煮工段之后。氧脱木素技术已经成为生产高白度漂白化学浆的必需工序。

目前,多数国家使用氧漂白的目的在于降低漂白的废液对环境污染负荷。经氧漂白(或氧脱木素)后的纸浆,再用其他漂白剂进行漂白,与传统 CEH 多段漂白比较,其废液中 BOD 可减少 30%～40%,COD 可减少 40%～50%,色度降低 60%～75%,而且废液不含毒性物质,AOX 大幅度减少,符合国家环保要求。

纸浆可以在低浓、中浓或高浓条件下进行氧漂白,但在低浓下进行氧漂白时,占用的设备容积较大,且用氧量较大,漂白效率低;在高浓条件下进行氧漂白,存在氧与纸浆的混合问题,进行搅拌混合动力耗费过大,也存在容易氧化燃烧的隐患。近些年来,在工程实际中纸浆均在中浓条件下进行氧漂白。中高浓纸浆氧漂白段同样标记为 O,属无氯漂白。

7.3.1 中浓纸浆氧漂白的流程及所需设备

图 7-12 所示是中浓纸浆氧漂白段流程的一种形式。纸浆经洗涤浓缩后已达到中浓,进入蒸汽混合器加温后,投入中浓浆泵的立管,经中浓浆泵输送到中浓高剪切混合器,与氧气混合后,从氧漂白塔底部进浆口升入氧漂白塔,最终达到塔顶漂白完毕。由于氧漂白是带压漂白,故纸浆可从塔顶喷放排出后进入喷放塔,或在塔顶经稀释水稀释成为低浓度后喷放入贮浆塔,再泵送去洗涤。

这一流程所需的设备有洗涤浓缩机、蒸汽混合器、中浓浆泵、中浓高剪切混合器、氧漂白塔、喷放塔。

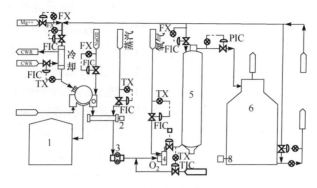

图 7-12 中浓纸浆氧漂白段流程
1.水封槽;2.蒸汽混合器;3.中浓浆泵;
4.中浓高剪切混合器;5.氧漂白塔;6.喷放塔

7.3.2 氧漂白塔

中浓氧漂白塔为带压的升流式漂白塔,其外形如图 7-13 所示。同时,图 7-13 显示了用于氧漂白的升流塔内部结构情况。从图中可以看出,氧漂白塔除塔体以外,还在塔底安装有纸浆分散器,在塔顶安装卸料器(图 7-14)以及喷浆管。

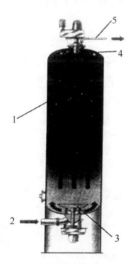

图 7-13 升流式氧漂白塔外形
1.塔体;2.进浆口;3.纸浆分散器;4.卸料器;5.喷浆管

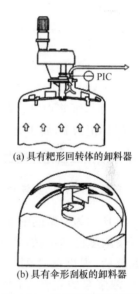

(a) 具有耙形回转体的卸料器

(b) 具有伞形刮板的卸料器

图 7-14 塔顶带压的卸料器

7.3.3 高浓纸浆氧漂白

纸浆在高浓度条件下用不含氯漂白剂如氧、过氧化氢及臭氧进行漂白,就分别为高浓纸浆氧漂白、高浓纸浆过氧化氢漂白及高浓纸浆臭氧漂白。目前工程上应用较多的是高浓纸浆过氧化氢漂白及高浓纸浆臭氧漂白。对高浓纸浆氧漂白,虽已逐步被中浓纸浆氧漂白替代,但在国际上还有些制浆厂仍采用高浓氧漂白技术。

由于氧漂白是带压漂白,漂白塔顶部的压力常在 0.4～0.6MPa 范围,因此高浓纸浆氧漂白流程及设备与其他两种高浓漂白设备相比,具有一定的特点。

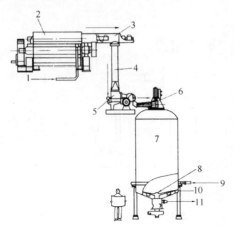

图 7-15 高浓纸浆氧漂白的流程
1.纸浆进口(浓度 4%);2.双压辊挤浆机;3.螺旋送料器;
4.单转子高浓浆泵立管;5.单转子高浓浆泵;6.旋转叶轮松散器;
7.氧漂白塔;8.稀释区;9.稀释液进口;10.卸料器;11.排料口

图 7-15 表示高浓纸浆氧漂白流程。纸浆以 4%的浓度进入双压辊挤浆机,使纸浆浓度达到高浓,用输送螺旋将纸浆送到单转子高浓浆泵的纸浆立管中,纸浆被泵送出来后进入螺旋送浆器并形成料塞,由于料塞的作用,已完全封闭塔内氧气,保持漂白塔内反应压力。纸浆料塞被安装于塔顶的旋转叶轮松散器疏解分散,送入降流式漂白塔,纸浆从塔顶向塔底下落。氧漂白塔的另一特点是塔下部有稀释区,氧气从该区上方送入塔内并逆纸浆运行方向而朝上流动,与纸浆充分混合并进行漂白反应。在高浓漂白塔内,高浓纸浆在漂白塔位置越朝下,就越会被其上层纸浆的重力所压实而渐失其松散状态,这会影响纸浆与氧气的完全反应。塔下部的稀释区还起着封闭氧气、保持塔内反应压力的作用。也就是说,带压漂白的高浓纸浆氧漂白塔的塔内压力上靠料塞、下靠稀释区的密封来保持。

7.4 中浓纸浆二氧化氯漂白设备

鉴于传统 CEH 三段或多段漂白所产生的废液对环境产生污染,为了降低纸浆漂白废液中有机卤化物含量,现代制浆造纸厂已普遍应用中浓纸浆二氧化氯漂白技术。特别在 ClO_2 用于补充漂白时,纸浆白度、强度及白度稳定性好,在多段漂白中得到广泛应用。中浓纸浆 ClO_2 漂白段标记为 D,属于无元素氯漂白或少氯漂白。

7.4.1 中浓纸浆二氧化氯漂白段流程及所需设备

1. 中浓纸浆二氧化氯漂白段流程

图 7-16 所示为典型的中浓纸浆 ClO_2 漂白段流程,纸浆在低浓状态下输入洗涤浓缩机,经浓缩后纸浆浓度已达中浓,送入蒸汽混合器,经与蒸汽混合后,温度已达到工艺要求的漂白温度,投入中浓浆泵的立管,由中浓浆泵送到中浓高剪切混合器,与 ClO_2 混合。混合后的纸浆送入升-降流漂白塔的升流管(也称预反应管),在升-降流漂白塔内,纸浆与 ClO_2 得到充分反应,最终在降流塔底部经稀释后由低浓浆泵抽出,并送去下一台洗涤浓缩机。

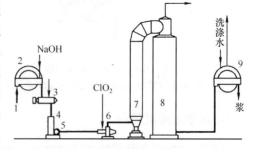

图 7-16 中浓纸浆二氧化氯漂白段流程
1.纸浆;2.洗涤浓缩机;3.蒸汽混合器;
4.中浓浆泵立管;5.中浓浆泵;6.中浓高剪切混合器;
7.升流漂白管;8.降流漂白塔;9.洗涤浓缩机

2. 纸浆二氧化氯漂白段所需设备

从流程中可以看出,该段流程所需主要设备有中浓浆泵、中浓高剪切混合器、蒸汽混合器、升-降流漂白塔、洗涤浓缩机等。

7.4.2 中浓纸浆二氧化氯漂白塔

中浓纸浆二氧化氯漂白塔常用两种形式：一种为升-降流式，即由升流式预反应塔与降流塔组合(图 7-16)；另一种为直接用降流塔，如图 7-17 所示，此时升流管就成为一般纸浆输送管道。

升-降流式漂白塔也称为具有预反应室降流塔。一般升流塔部分的直径较降流塔小得多，故普遍称这种升流塔为升流管。与 ClO_2 混合后的纸浆从升流管的底部中央进入并上升，开始进行漂白反应，到达顶部后转入降流塔顶部，并从塔中央投入，在降流塔内继续进行反应，直至降流塔底部，完成漂白后的纸浆经水稀释后由低浓浆泵抽送入洗浆机。因此，升-降流式漂白塔基本由升流管和降流塔两部分组成。

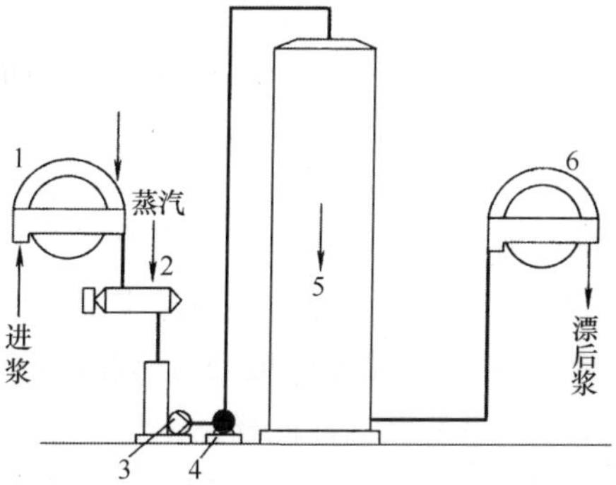

图 7-17 二氧化氯降流式漂白流程
1. 洗浆机；2. 蒸汽混合器；3. 中浓浆泵；
4. 中浓混合器；5. 降流漂白塔；6. 洗浆机

1. 升流管

升流管的进浆口与排浆口均为圆锥体，排浆口与环形管连接，升流管筒体部分的直径一般应小于降流塔直径的一半。由于升流管直径不大，故管底可不设导流片，管顶也不设卸料器。

2. 降流塔

二氧化氯漂白的降流塔可以采用上节所述的 ZPT 系列降流塔形式及结构(参看图 7-7)，但所使用的塔壁材料或内壁衬里材料必须具有能抗拒二氧化氯腐蚀的性能。

7.4.3 对中浓纸浆二氧化氯漂白的评价

中浓纸浆二氧化氯漂白属于无元素氯漂白，与低浓氯漂白相比，大幅度降低了漂白废液 AOX 含量及废水量，加上 ClO_2 在对纸浆中木素有强烈溶解作用，很少损伤碳水化合物和纸浆的强度，对纸浆的降解很少，因此中浓二氧化氯漂白已广泛应用于纸浆漂白中。但由于 ClO_2 本身的特殊品质，中浓纸浆二氧化氯漂白中仍存在一些问题。

1. ClO_2 对设备的腐蚀问题

由于 ClO_2 具有很强的腐蚀性和剧毒性，在漂白纸浆时，ClO_2 的浓度大于标准态，漂白温度又高，这就加速了 ClO_2 对设备的腐蚀。对中浓二氧化氯漂白，如解决不好设备的耐腐蚀性问题，必然会使设备使用寿命缩短，并增加维修量，增加设备投资。

从国外进口的设备常用钛钢制造，特别是中浓高剪切混合器、漂白塔、洗浆机等关键设备，价格相当昂贵，这是阻碍中浓二氧化氯漂白发展的原因之一。国内制造二氧化氯漂白塔应用高强度的非金属材料衬里，但对其他设备及管道、阀门等都必须用钛钢制造。

2. 关于 ClO_2 制备

由于 ClO_2 容易分解，浓度越高分解速率越快，且具有爆炸性，这就决定了 ClO_2 需要现场生产。目前生产 ClO_2 的设备需从国外引进,还没有完全国产化,价格昂贵,企业难以承受,这也是阻碍中浓二氧化氯漂白技术在我国发展的另一个主要原因。

我国要发展中浓纸浆二氧化氯漂白,就必须实现漂白系统及 ClO_2 制备系统的关键设备国产化,并尽量采用高强度非金属材料替代或部分替代钛钢,有效地大幅度减少投资,降低成本。

7.5 中高浓过氧化氢漂白设备

在工程实际中,过氧化氢作为漂白剂应用于中高浓纸浆的漂白,只有在研制出中浓浆泵、中浓高剪切混合器以及高浓混合器等关键设备以后,才有条件实现。在多数情况下,中高浓纸浆 H_2O_2 漂白作为独立漂白段应用于多段漂白系统,并常作为末段漂白以提高纸浆白度及白度稳定性,保护纸浆强度,并达到降低有效氯的用量、减少漂白废水对环境污染的目的。中高浓纸浆 H_2O_2 漂白段同样标记为 P,P 段与 D 段或 H 段组成 ECF、(少氯漂白)漂白顺序,与 O 段、Z 段组成 TCF(无氯漂白)漂白顺序。在高浓漂白中,高浓过氧化氢漂白在纸浆漂白工程上是最常见的。

中高浓纸浆过氧化氢漂白一般情况下属常压漂白,因此本节只讨论常压条件下的过氧化氢漂白设备,至于特殊情况,如加入部分氧的带压漂白设备,本节不进行讨论,可参阅相关资料。

7.5.1 中浓纸浆过氧化氢漂白段流程

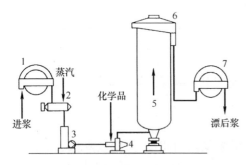

图 7-18 中浓过氧化氢漂白段的升流式流程
1. 洗涤浓缩机;2. 蒸汽混合器;3. 中浓浆泵;
4. 中浓高剪切混合器;5. 漂白塔;
6. 塔顶排料装置;7. 下一段洗涤浓缩机

中浓纸浆过氧化氢漂白段流程可采用的形式有几种,如图 7-16、图 7-17 及图 7-18 所示。前两种流程形式就是中浓二氧化氯漂白段流程,因此中浓过氧化氢漂白段可以采用中浓二氧化氯漂白同样的流程。由于过氧化氢作为漂白剂时要有多种化学药品作为漂白助剂,如 $MgSO_4$、EDTA 等,而按工艺要求,漂白助剂应比 H_2O_2 先加入纸浆中,因此中浓高剪切混合器的进浆管上应有两个化学药品进口。

对于图 7-18 所示的升流式流程,纸浆在中浓高剪切混合器与漂白剂及漂白助剂充分混合后,就靠本身所具有的压力进入漂白塔底部,由底部按设计流速上升,纸浆在塔内升流的时间就是工艺要求的漂白时间,到塔顶后,溢流排出,送去下一段的洗涤浓缩机。

1. 中浓过氧化氢漂白段所需设备

中浓过氧化氢漂白段不管采用哪种形式的流程,都需要如下设备:洗涤浓缩机、蒸汽混合器、中浓浆泵、中浓高剪切混合器、漂白塔(升流塔或降流塔)。对升-降流式流程,还需升流管。

2. 升流漂白塔

虽然中浓过氧化氢漂白与中浓氧漂白都采用升流漂白塔,但由于中浓氧漂白是带压漂白,中浓过氧化氢漂白是常压漂白,因此其塔的内部结构及内件不完全一样,特别是塔顶排浆装置。两种排浆装置如图 7-19 所示。其中图(a)为适用浓度小于 12% 纸浆的排浆装置,漂白后纸浆到达塔顶就被臂式刮浆器逐渐刮入稀释槽,稀释到低浓后排出。图(b)为适用于浓度小于 18% 纸浆的排料装置,这种排浆装置不设稀释槽,纸浆直接由臂式刮板刮入排浆口。这样,相对于塔体中心轴线,排浆装置是偏心安装的。

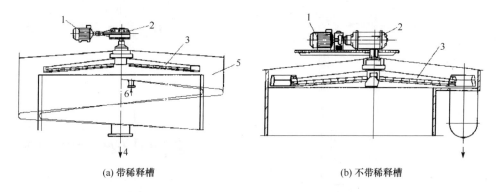

(a) 带稀释槽　　　　　　　　(b) 不带稀释槽

图 7-19　升流漂白塔的排浆装置
1.电机;2.传动系统;3.臂式刮板;4.排浆口;5.稀释槽;6.稀释液进口

7.5.2　高浓纸浆过氧化氢漂白流程及设备

高浓纸浆过氧化氢漂白流程如下:

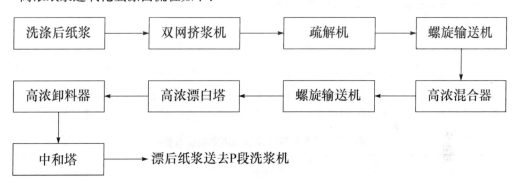

最早用于 TMP、CTMP 的高浓纸浆过氧化氢漂白段流程示意图如图 7-20 所示。目前,这一流程也用于化学木浆及废纸脱墨浆的过氧化氢漂白。

可以看出,高浓过氧化氢漂白段所需关键设备有高浓洗涤浓缩设备(双网挤浆机)、高浓混合器、降流式漂白塔、高浓卸浆机。

作为能通用的高浓纸浆浓缩设备已在 5.4 节讨论,但目前常用于漂白工程的有双网挤浆机及置换压榨洗浆机。对于螺旋挤浆机、双辊挤浆机、压力挤浆机等,由于在挤浆过程中纤维过多流失而必须设置滤液纤维回收机,或使滤液回用,以减少纤维流失所造成的损失。高浓混合器见 7.6 节。

1. 高浓漂白塔

高浓过氧化氢漂白常用降流式高浓漂白塔,因为是常压漂白,与高浓氧漂白比较其结构就要简单得多。

用于 P 段的降流漂白塔的特点是纸浆同漂白液混合后自塔顶进入,在塔内下降过程中进行反应。如使反应时间均匀一致且反应充分,需塔底均匀地出浆。塔内的操作浆位可以根据需要决定。

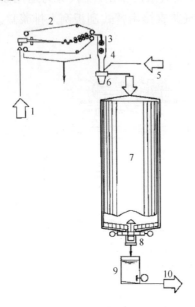

图 7-20 TMP 及 CTMP 的高浓过氧化氢漂白流程图
1.进浆;2.双网挤浆机;3.疏解机;4.螺旋输送机;5.漂白剂及漂白助剂;6.高浓混合器;7.降流式漂白塔;8.高浓卸浆机;9.纸浆中和塔;10.漂后纸浆送去 P 段洗涤机

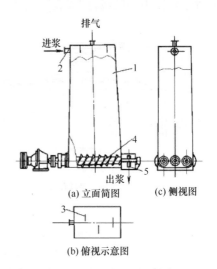

图 7-21 矩锥台形高浓降流漂白塔
1.塔体;2.进浆喷口;3.挡浆板;4.出浆螺旋;5.出浆口

图 7-21 所示为国产高浓降流塔,其主要技术参数如表 7-7 所示。由于从高浓混合器排出的纸浆具有一定动能,就在高浓降流塔的进浆喷口前方设有如图示三块挡板,把喷出的浓度为 25%~30%的纸浆分三股挡住,形成三处自然落浆的纸浆堆,而塔底的三台水平并列的变直径芯轴螺旋送浆器把纸浆均匀送到出浆口,进入塔内的空气与少量蒸汽自塔顶排出。

表 7-7 国产高浓降流漂白塔主要技术参数

主要技术参数 \ 型号	H2459	H2460
公称容积/m³	20	40
生产能力/(t/d)	20~40	40~80
纸浆浓度/%	28~32	28~32
漂白温度/℃	60	60
漂白时间/h	2	2

矩锥台形高浓降流塔不适于大生产能力的 P 段。目前,大型 P 段高浓降流塔常采用圆柱形塔,如图 7-22 所示,其直径大小不同,最大的直径可达 6m。在其塔顶的进浆喷口前也有挡板,使塔内形成均匀松散的自然浆料端;塔底有旋转的刮板卸料器,将使反应后的纸浆由塔内周刮向中心而排出。

2. 高浓卸料器

高浓卸料器装于高浓过氧化氢漂白塔的底部,可以不经过稀释把反应后高浓纸浆送出漂白塔,其结构如图 7-23 所示。

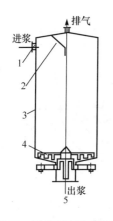

图 7-22　圆柱形高浓降流塔
1.进浆口；2.挡板；3.塔体；
4.刮板卸料器；5.排浆口

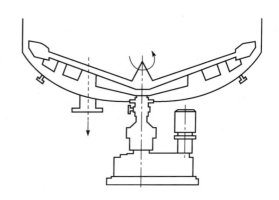

图 7-23　高浓卸料器

高浓卸料器通常由二三根耙臂和若干条螺旋组成。耙臂实际上是压在整个漂白塔的纸浆底下，转速很慢，一般每分钟数转。缓慢旋转的耙臂把漂白塔底部的高浓纸浆推向落浆口，同时令纸浆在小范围内得到翻动。由落料口跌落到送螺旋的纸浆被送往稀释槽。由于纸浆浓度高，耙臂所承受的压力很大，因此耙臂的根部很粗，从而具有足够的抗弯强度。

7.6　中高浓混合设备

7.6.1　中浓高剪切混合设备

20世纪70年代后期，中浓制浆漂白技术已开始推广，到80年代初，人们成功地研究了中浓纸浆在高剪切作用下具有"流体化"状态的原理，从而成功设计了中浓浆泵和各种形式的混合器，称为中浓高剪切混合器，在中浓纸浆过氧化氢漂白段、中浓纸浆氧脱木素段、中浓纸浆过氧化氢漂白段等作为纸浆通二氧化氯、氧、过氧化氢等漂白剂的混合设备。有些制浆造纸厂也把中浓浆泵和中浓高剪切混合器应用于中浓碱处理和中浓次氯酸盐漂白段，如采用中浓氯化，则在CED三段漂白中可全部采用中浓浆泵及中浓高剪切混合器。

1. 中浓高剪切混合器的混合原理

从中浓浆泵输送来的纸浆，由于中浓浆泵的特殊结构，仍处于"流体化"状态，在进入中浓高剪切混合器时，高强脉动的纸浆与漂白药剂汇合，产生对流混合；由于动盘（转子）和定盘（定子）的相对运动，形成高剪切区域，对纸浆产生高剪切作用，从而将纸浆进一步疏解分散，达到纤维级的更高强的脉动，表面积迅速增加，创造了纤维与漂白剂微细液滴（气泡）直接接触的条件，使其完成充分混合。

2. 混合器

Kamyr中浓高剪切混合器的结构如图7-24所示，由进浆管、壳体、湍流发生器、动盘和静盘组成。湍流发生器上有4块叶片，进浆管内壁上也有4条凸筋，其作用是提高纸浆所受到的剪切力，提高进入纸浆的"流体化"程度。为了进一步激发纸浆的高强脉动，动盘上设有4块筋板，静盘上也有相应的筋板。

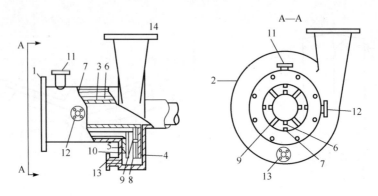

图 7-24 Kamyr 中浓剪切混合器

1.进浆管;2.壳体;3.湍流发生器;4.动盘;5.静盘;6.叶片;
7.凸筋;8、9、10.筋板;11、12、13.漂白剂及其他助剂加入口;14.排出口

Kamyr 中浓混合器可用于纸浆同氯气、二氧化氯、氧气、过氧化氢及次氯酸盐等混合,也可以在加入漂白剂的同时加入蒸汽进行加热,或直接作为蒸汽混合器。不过用于不同环境要考虑其材质的适应性。

Kamyr 中浓混合器主要技术参数如表 7-8 所示。

表 7-8　Kamyr 中浓混合器主要技术参数

型 号	MXS-30/20	MXH-30/20	MXT-30/20	MXS-40/25	MXH-40/25	MXT-40/25
生产能力/(t/d)	600～800			1000～1200		
转速/(r/min)	980			800		
配用电机功率/kW	110			200		

3. SM 型、ST 型、SMB 型中浓混合器

SM 型和 ST 型中浓混合器是瑞士 Sunds 公司研制的,其结构如图 7-25 所示。氯气或其他漂白剂从入口通入并喷到转子的中心处,与从进浆口进入的纸浆汇合,并在转子离心力的作用下向外甩出,然后,该混合流被强制通过转子与静环之间的环向间隙,受到高强剪切力,产生激烈湍动,获得充分混合。

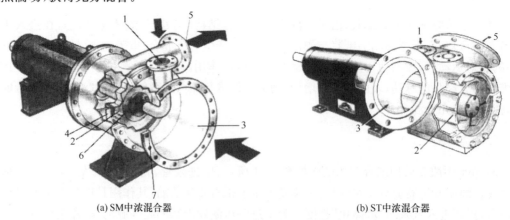

(a) SM 中浓混合器　　　　　　　　(b) ST 中浓混合器

图 7-25　SM 中浓混合器及 ST 中浓混合器

1.漂白剂入口;2.转子;3.进浆口;4.静环;5.出浆口;6.转子中心;7.环向间隙

SMB 型中浓混合器有 6 种型号两种规格，其主要技术参数如表 7-9 所列。

表 7-9　SMB 型中浓混合器主要技术参数

型　号	$SMB_{50}B$	$SMB_{50}H$	$SMB_{50}T$	$SMB_{25}B$	$SMB_{25}H$	$SMB_{25}T$
材料	316	镍基合金	钛	316	镍基合金	钛
生产能力/(t/d)	1000			500		
转速/(r/min)	735			1500		
配用电动功率/kW	75～200			37～75		

4. Rauma-Repola 中浓混合器

Rauma-Repola 中浓混合器有三种，分别应用于纸浆与 O_2、Cl_2、ClO_2 漂白剂混合，目前每种形式分别有 600 型和 1200 型两种，最大产量可达 1200t/d。根据混合漂白剂的不同，其材料分别用 316 不锈钢（用于 O_2、H_2O_2 漂白剂）、镍基合金（用于 Cl_2 漂白剂）和钛（用于 ClO_2 漂白剂）。

Rauma-Repola 中浓混合器的结构如图 7-26 所示，其混合元件是固定有许多锥形铆钉或锯齿形板条的转盘和若干固定在壳体上的筋条。纸浆从中心进浆管送入，漂白剂从进浆管侧面喷入浆中。纸浆和漂白剂在混合器内受到高剪切力作用，产生激烈湍动，实现纤维的高强脉动，使漂白剂能充分附在每根纤维上，促进纤维与漂白剂的反应。混合后的纸浆从壳体的径向排出。这种中浓混合器的特点是不容易堵塞。

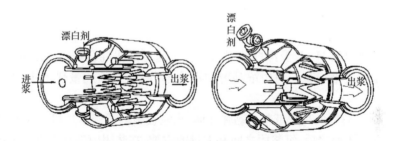

图 7-26　Rauma-Repola 中浓混合器

Rauma-Repola 中浓混合器主要技术参数列于表 7-10 中。

表 7-10　Rauma-Repola 中浓混合器主要技术参数

系列规格	转子转速/(r/min)	配用电动功率/kW	最大工作质量/t
600 型	530	110	2.6
1200 型	660	160	2.8

5. 环流型中浓混合器

这种中浓混合器特别适合于 Cl_2 和 ClO_2 同时加入与纸浆混合的漂白段。它有一个圆柱-圆锥形壳体和装于壳体内的高速旋转的 4 个径向叶轮。按叶轮的转向，纸浆的进出可在壳体圆柱的切线方向或壳体圆锥顶部，氯气则从壳体外周沿法向引入，如图 7-27 所示。

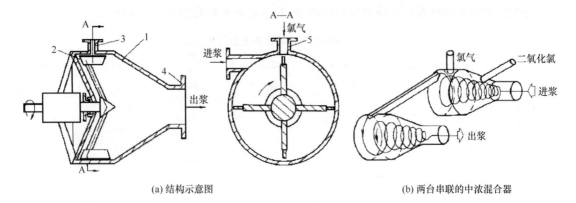

(a) 结构示意图　　　　　　　　　　　　(b) 两台串联的中浓混合器

图 7-27　环流型中浓混合器
1.壳体；2.叶轮；3、5.氯气或二氧化氯进口；4.出浆口

氯气在纸浆环流速度最大处的外环处垂直于纸浆环流方向进入,使氯气迅速、均匀地分散到流态化的纸浆中。据报道,在混合后的 35s 内,就使 95％的氯气及二氧化氯混合入纸浆中,而把全部氯气混合好仅需 2min。用于 C/D 段时,通常把两台混合器串接使用,第一台混合器由轴向进浆,由圆柱形壳体的切向送入第二台混合器的切向进浆管,再从轴向排出;在第一台混合器的椎体部分先加入 ClO_2,然后在其圆柱形壳体上加入 Cl_2。

中浓高剪切混合器还有其他形式,在应用时可根据工艺条件、混合器的技术指标及使用范围进行选择。当然还要顾及另一个重要因素——价格,由于基于相同的混合原理,各种中浓高剪切混合器的混合效果基本相同,因此没有必要购买价格过于昂贵的混合器。

7.6.2　高浓混合设备

高浓纸浆与漂白剂 H_2O_2 及漂白助剂的混合是通过高浓混合器来实现的,这是高浓过氧化氢漂白段的专用关键设备。与中浓高剪切混合器一样,它的质量优劣决定了纸浆漂白的效果。

浓度为 30％～35％的高浓纸浆属黏弹性体,当它被破碎螺旋输送机及高浓纸浆浓缩设备的疏解机破碎成小团块之后,纸浆团之间有大量的空隙,在浆团内部纤维之间也存在大量微小间隙,纸浆显得松懈,具有很强的吸湿性。在直接加入漂白液时可能形成局部过湿现象,即一部分吸入过量漂白液,而另一部分只吸入少量漂白液、甚至接触不到漂白液。这就与中浓纸浆与漂白混合剂混合时一样,要求在加入漂白液的混合过程中把纸浆团完全疏解、打散,并使漂白液能均匀地分散到纸浆中,迅速浸入纤维之间的空隙,实现漂白液与纤维的均匀分布。另外,还需要求高浓混合器运行时流量稳定,具有一定充满系数。

因此,高浓混合器需满足下列基本条件:①纸浆经过混合器后其质量特性不变,对纸浆不起切断作用;②纸浆在高浓条件下能与漂白液充分均匀混合;③电耗低;④运行稳定。

目前在生产上使用的高浓混合器有盘式高浓混合器和转子高浓混合器,其中盘式高浓混合器还分为立式和卧式两种形式。

1) 立式盘式高浓混合器

立式盘式高浓混合器的基本结构如图 7-28 所示。它有一个动盘和静盘,动盘中心部分有若干叶片用于进一步疏解、打散纸浆和分散漂白液,漂白液与纸浆从中心上方的进料管加入。

当漂白液落到动盘中心部位时,被叶片均匀地向四周甩出,分散到连续降落的纸浆中,然后进入动盘与静盘之间的间隙进行混合。动盘和静盘上有许多齿形磨纹,其排列形式类似于盘磨的磨纹排列,而其间隙内大外小,沿径向逐渐缩小,且是可调节的,其结构如图 7-29 所示。齿形磨纹是开放型的。

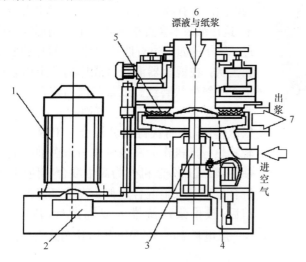

图 7-28　立式盘式高浓混合器
1.电机;2.皮带轮;3.主轴;4.动盘;5.静盘;
6.漂白液与纸浆进口;7.出浆口

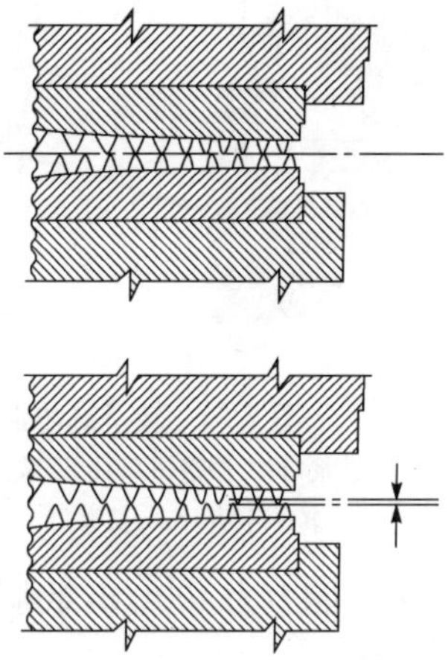

图 7-29　动盘与静盘间的齿纹间隙

在动盘的外围装有若干刮浆用叶片,随着动盘转动,把混合后的纸浆送进出浆口,排出高浓混合器。

表 7-11 列出了两种生产中常用的立式盘式高浓混合器参数。

表 7-11　两种型号的高浓混合器技术参数

型号 技术参数	MCM_2	MCM_3	型号 技术参数	MCM_2	MCM_3
生产能力/(t/d)	160～250	250～350	电耗/(kW·h/t)	18～20	18～20
功率/kW	160～250	250～350			

我国山东济宁轻机厂和华南理工大学造纸与污染控制国家工程研究中心生产的立式盘式高浓混合器具有混合效果好,便于保养维修,操作使用方便等特点。其中山东济宁轻机厂的 H 型高浓混合器的主要技术参数如表 7-12 所列。

表 7-12　H 型立式盘式高浓混合器技术参数

型　号	H2435	H2436	型　号	H2435	H2436
转盘直径/mm	$\Phi 450$	$\Phi 550$	出浆口/mm	100×140	130×200
生产能力/(t/d)	30	50	主轴转速/(r/min)	1460	1460
纸浆浓度/%	28～32	28～32	电机功率/kW	30	55
进浆口/mm	$\Phi 225$	$\Phi 225$			

2) 卧式盘式高浓混合器

卧式盘式高浓混合器的原理、结构与立式基本相同,但由于是立式送浆改为卧式送浆,就必须在进浆口加设螺旋进浆器,把纸浆和漂白液"强迫"送入动盘中心部位处。卧式盘式高浓混合器在国内较少应用。

3) 转子高浓混合器

目前工程生产上还应用一种转子高浓混合器,结构形式如图 7-30 所示。对这种单转子高浓

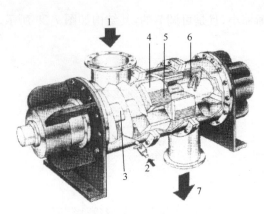

混合器的水平轴靠进料口的一端有一段推浆用的螺旋,靠出浆口一侧的轴上有四个拨浆叶片,轴的中间部分有两个互成45°、相位角错开装置的转子,这样纸浆不会直接从转子上的扇形缺口处通过。转子的四周边有四块磨片,其磨片的磨纹为斜齿状。在混合器混合区壳体的整个内表面上也布满斜齿状磨纹。纸浆与漂白液在转子外壳之间的混合区内受到交替的挤压、搓揉和减压松散作用,从而获得充分混合。工程上还常把辊式热分散机作为高浓纸浆与漂白剂的混合机使用,辊式热分散机作为高浓混合机使用时,其混合原理与双辊混合近似。高浓纸浆掉入进浆口后,被推浆螺旋推入双辊齿盘,转速750r/

图 7-30 转子高浓混合器
1.进浆口;2.漂液进口;3.送浆螺旋;4.转子;
5.转子上磨片;6.拨浆叶片;7.出浆口

min,生产能力为400t/d,纸浆浓度20%~45%,一般电耗20~30kW·h/t,比盘式高浓混合器的要大些。

7.7 中高浓多段漂白流程与设备

上面各节讨论了纸浆各类中高浓漂白段的流程及关键设备,但就漂白工艺来说,仅应用某一漂白段是很难达到纸浆的白度要求,纸浆只有通过由不同段数组合的多段漂白系统的漂白,才能达到工艺上所要求的白度和强度。本节就通过工程实例,讨论常用的多段漂白流程及设备。

7.7.1 OC/DEoD 短序漂白流程及设备

OC/DEoD短序漂白生产线由O段、C/D段、Eo段及D段组成,有资料报道这一短序漂白生产线能有效去除纸浆中50%的残留木素,降低40%的污染,能获得高白度纸浆,从而得到较普遍的应用和推广。我国已引进多套该漂白生产线并应用于硫酸盐浆的漂白。硫酸盐浆OC/DEoD短序漂白是所有短序漂白中最成熟的,尤其在能耗、占地面积、投资、成本、减少污染等方面都具有一定的优越性。

1. 流程

OC/DEoD短序标准流程如图7-31所示,全线纸浆浓度均为中浓。

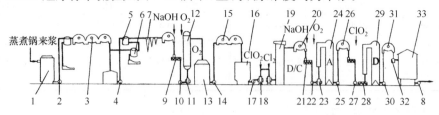

图 7-31 OC/DEoD 短序漂白流程
1.贮浆塔;2.浆泵;3.洗涤机;4.浆泵;5.一级压力筛;6.二级压力筛;7.除渣器;8.纸浆送去抄纸车间或抄浆板车间;
9.蒸汽混合器;10.中浓浆泵;11.中浓高剪切混合器;12.氧漂白塔(升流);13.喷放锅;14.浆泵;15.洗涤浓缩机;
16.贮浆塔;17.中浓浆泵;18.中浓高剪切混合器(与ClO_2混合);19.C/D漂白塔(升流);20.洗涤浓缩机;21.蒸汽混合器;
22.中浓浆泵;23.中浓高剪切混合器;24.降流碱处理塔(带升流管);25.浆泵;26.洗涤浓缩机;27.中浓浆泵;
28.中浓混合器;29.降流漂白塔(带升流管);30.浆泵;31.洗涤浓缩机;32.中浓浆泵;33.漂白后纸浆贮塔

2. 关键设备

(1) 洗浆机。全生产线的每段漂白段漂后纸浆均采用真空洗浆机洗涤并浓缩,共 9 台。真空洗浆机喂料浓度 1%,出浆浓度 14%,稀释因子 2.5,主传动电机为变频调速电机。

(2) 中浓浆泵。由于全生产线由中浓漂白段组合,因此进入各段漂白塔的纸浆必须由中浓浆泵输送,共 5 台,出浆浓度≥14%,并具有一定的扬程。

(3) 中浓高剪切混合器。共 5 台,其中 2 台用于 C/D 段,纸浆与 ClO_2 及 Cl_2 分开混合,因此需 2 台中浓高剪切混合器,进浆浓度≥14%,使中浓纸浆与化学药品通过高强湍动达到完全的混合,处理能力由漂白生产线产量决定。

(4) 氧反应塔。升流式,带压,塔顶部压力为 0.4~0.6MPa,材质为 SS316L,纸浆漂白后在塔顶喷放排出,塔的容积由工艺条件决定。

(5) C/D 漂白塔。升流式,常压,材质可用碳钢衬防腐砖,或用钛钢与碳钢的复合钢板,纸浆漂白后在塔顶溢流稀释排出,塔的容积由工艺条件决定。

(6) Eo 碱处理塔。升-降流式,可采用中浓二氧化氯漂白塔或中浓过氧化氢漂白塔的形式。由于加入部分氧也是带压,一般为 0.2~0.3MPa,材质为 SS316L,由工艺条件确定塔的容积。

(7) D 漂白塔。升-降流式,升流管材质为玻璃钢或钛-碳钢复合钢板,降流塔材质为碳钢内衬防腐砖或钛-碳钢复合钢板,同样由工艺条件确定塔的容积。

7.7.2 无元素氯漂白流程及设备

随着各国环保政策越来越严格,对漂白废液中 AOX 的排放量均实行了限制。20 世纪 90 年代以来,国外很多少氯漂程序纷纷改为无元素氯(ECF)漂白程序,上节讨论的 OC/DEoD 短流程及 OC/DEoDD(参看图 7-2)等改为 ODEoD 及 $ODEoD_1D_2$。除了这两种漂白程序外,无元素氯漂白程序还有 ODoDED、ODEoDED 及 OZEoD 等(参看表 7-2)。

1. 流程

下面以 ODEoDD 漂白程序为例,讨论无元素氯漂白生产线的流程及关键设备。

ODEoDD 漂白生产线由 O 段、D 段、Eo 段、D_1 段及 D_2 段组合而成,其流程由图 7-32 所示。经氧脱木素后的纸浆贮于高浓塔中,用热水稀释后由中浓浆泵送至中浓混合器,与二氧化氯发生器来的 ClO_2 混合后进入 D 段漂白塔(原 C/D 段漂白塔)进行"氯化"反应,纸浆漂后经塔顶排出,并经洗浆机洗涤,排去酸性废液,洗涤后纸浆又与适量 NaOH 混合,然后用中浓浆

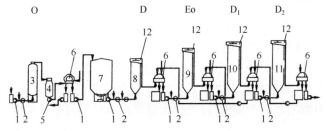

图 7-32 ODEoDD 多段漂白生产线

1.中浓浆泵;2.中浓高剪切混合器;3.O 漂白塔(升流式);4.喷放塔;5.浆泵;6.洗浆机;7.中浓贮浆塔;8.D 段漂白塔(升流式);9.Eo 段碱处理塔;10.Do 段漂白塔(升流式);11.D_2 段漂白塔(升流式);12.塔顶稀释槽的排浆装置

泵输送至中浓高剪切混合器,通氧混合后送至强化碱处理塔(Eo塔)。经碱处理后,Eo段废液经贮槽送至ClO_2预热器回收热能,碱性废液从预热器排出,纸浆在塔顶用热白液或热水(来自Eo段洗涤水加热器)洗涤后与ClO_2混合,然后进入D_1漂白塔漂白。纸浆在D_1漂白塔漂白后,在D_1漂白塔顶添加NaOH液喷淋,滤液经D_1滤液槽送到D段漂白塔作洗涤用水,在D_1塔顶洗涤后纸浆经中浓浆泵与ClO_2混合后送D_2漂白塔。在D_2漂白段顶部用热水洗涤,滤液经D_2滤液槽后送D_1段塔顶部作洗涤水用。D_2段漂白后纸浆送贮槽备用。

2. 关键设备配置

$ODEoD_1D_2$无元素氯漂白流程与OC/DEoD短流程相比,在设备配置上基本上相似。只不过C/D段改为D段,另外增加D_2段。因此D段漂白塔可由升流式改为升-降流式,与其他D段的结构形式及尺寸一样,并可减少一台中浓高剪切混合器,D_2段的漂白塔也可取与D_1段完全一样的结构形式及尺寸。由于各关键设备已在各章节中另有详述,这里不再重复讨论。如果控制得好,可使化学木浆白度达到85%ISO以上,如果经O段后纸浆脱木素程度能达45%以上,经后面4段漂白后,化学木浆白度还可达到90%ISO,白度比较稳定。

7.7.3 全无氯漂白程序的组合及关键设备

生产上已应用的全无氯(TCF)高白度漂白的漂白剂基本上是氧(O)、臭氧(Z)和过氧化氢(P)。O段、Z段及P段如何组合,将会影响到漂白结果。几组常用的组合方案如下。

(1) OQP和OQPZ漂白系统。组合程序中Q为螯合剂处理段,利用OQP漂白系统,针叶木硫酸盐浆漂后白度可达70%～75%,如果增加Z段,纸浆白度可达80%以上。OQPZ漂白系统如图7-33所示。

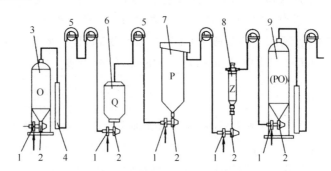

图7-33 OQPZ全无氯漂白生产线
1.中浓浆泵;2.中浓高剪切混合器;3.氧漂白塔(升流式);4.喷放塔;5.洗涤浓缩机;
6.螯合剂处理塔;7.过氧化氢漂白塔(升流);8.臭氧漂白塔;9.在氧压下过氧化氢漂白塔

(2) OQ(PO)漂白系统。与OQP比较,只不过用(PO)代替P,(PO)是在氧压下进行过氧化氢漂白,因此(PO)漂白塔是带压的。

(3) OQ(EOP)(ZQ)(PO)漂白系统。该系统是目前用来进行全无氯漂白浆的典型流程,经这一漂白系统漂白后,可取得高白度纸浆。其他全无氯漂白程序的组合不一一列举。现就OQ(EoP)(ZQ)(PO)漂白系统为实例,讨论全无氯漂白系统的流程及关键设备。

1. 流程

OQ(EoP)(ZQ)(PO)漂白系统的流程如图7-34所示。

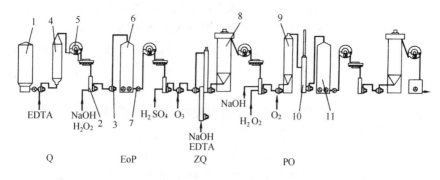

图 7-34　OQ(EoP)(ZQ)(PO)全无氯漂白生产线
1.中浓贮浆塔；2.中浓浆泵；3.中浓混合器；4.螯合剂处理塔；5.洗涤浓缩机；6.EoP 处理塔；
7.浆泵；8.臭氧漂白塔；9.在氧压下过氧化氢漂白塔；10.喷放塔；11.贮浆塔（图中氧漂白段没有标注出来）

纸浆经过氧脱木素后(O 段)送入中浓贮浆塔，由塔底的中浓浆泵抽出并与螯合剂 EDTA 混合，然后被送入 Q 段升流处理塔进行螯合处理；经洗涤浓缩后掉入 EoP 段中浓浆泵立管，经碱性调节后在氧压条件下进行碱处理；纸浆在洗涤浓缩后进入 ZQ 段，即进行臭氧漂白，臭氧漂白同样是在中浓条件下采用升流方式；最后，纸浆在氧压条件下进行过氧化氢漂白。

2. 关键设备

OQ(EoP)(ZQ)(PO)漂白系统的关键设备主要有中浓氧漂白塔、中浓臭氧漂白塔、真空洗浆机或压力洗浆机、中浓过氧化氢漂白塔、中浓整合剂处理塔，以上均为升流塔；碱处理塔（降流式）、中浓浆泵、中浓高剪切混合器等。

7.8　中高浓纸浆漂白系统的辅助设备

7.8.1　洗浆机

在多段漂白系统中，每经过一段漂白后，都需要经过一次彻底洗涤，以除去反应产物及参与漂白剂。常用的洗涤浓缩机已在第 5 章中作了讨论，但应用于漂白系统时，还需注意洗浆机种类的选择及安装的位置。

真空洗浆机通常需安装在 10m 以上高度的楼面上，所以大多数应用于采用降流塔的漂白段，在纸浆进塔前的洗浆机多选用真空洗浆机；对于采用升流塔的漂白段，进塔前的洗浆机可选用对安装位置无特殊要求的洗浆机，对低浓升流漂白塔，可采用落差式浓缩机；对中浓升流漂白塔，可选用压力洗涤浓缩机、鼓式置换洗浆机等。用于置换洗涤的多环式洗浆机通常装设在升流塔的塔顶，它可简化流程，减少建筑费用，降低水耗和电耗。对高浓降流漂白塔，必须在塔顶楼面上安装双网挤浆机、压力挤浆机、双辊挤浆机等洗涤设备。

7.8.2　疏解机

疏解机是用于分散成片状或团状的中高浓纸浆，其结构如图 7-35 所示。通过双网挤浆机或其他浓缩设备的成片状（团状）纸浆进入定刀与动刀所组成的间隙，受

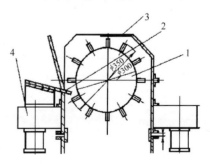

图 7-35　疏解机
1.动刀；2.定刀；3.外壳；4.支撑架

到高速回转的动力剪切作用而被疏解分散,成为松散状纤维悬浮体,有利于输送。

疏解机的动刀有多种形式,在回转辊表面上焊有规则排列的棒条或钉子,也可以在回转辊表面上焊上螺旋刀片。动刀设计的关键是棒条的排列规则,以及动刀与定刀的相互间隙。

7.8.3 针形阀

稀释环上的针形阀是各种降流塔的一个主要配件,用于塔底部的稀释注水,有时也用于升流漂白塔顶的稀释环上。它由一个单向阀与注水喷嘴组成,如图7-36所示。当阀体内的水压低于某一范围时,阀头借弹簧之力紧压在喷嘴上,活塞被推退后,喷水口被打开,针阀开始往塔内注水。注水压力和流量可通过弹簧的压力调节,特别是用于带压力的漂白塔,弹簧的压力调节就更为重要。

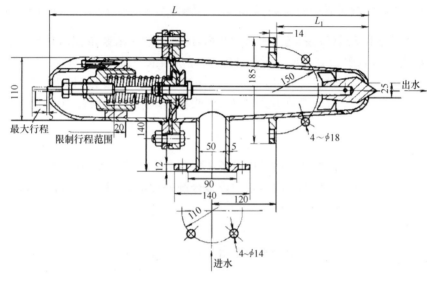

图 7-36 针形阀

7.8.4 循环推进器

用于降流塔底的循环推进器也是漂白塔的辅助设备,常用的国产循环推进器 ZPF 型螺旋桨式推进器和 ZPF 型轴流式推进器将放在后面章节详细讨论。在使用中应注意轴流式推进器的叶轮圆盘面较大的特点,虽然效率较高,可以加剧纸浆的循环和混合,但往往会加剧纤维的絮聚,不适应混合长纤维的纸浆。对长纤维的纸浆漂白塔,只能应用螺旋桨式推进器。

第8章 碱回收设备

8.1 碱回收概述

蒸煮废液中的固形物有两个来源,一是作为蒸煮液加进去的无机物,二是蒸煮过程中从原料里溶解出来的木素、糖类等有机物。碱回收就是从硫酸盐法和烧碱法(统称碱法)制浆废液(黑液)中回收化学药品。经过比较和实践检验,目前最为成熟和有效的方法仍是传统的燃烧法。其主要过程为:先将浆料中分离出来的黑液浓缩到燃烧所需要的浓度,一般为 60% 以上(制浆原料不同,浓度要求不同);随后把黑液送入碱回收炉燃烧,将有机物烧去,并以蒸汽、电能的形式回收能量,剩下钠和硫的无机物被还原成碳酸钠和硫化钠(草浆黑液还有硅酸钠);最后将它们和石灰液反应,使碳酸钠(包括硅酸钠)苛化成氢氧化钠,从氢氧化钠和硫化钠的混合液(统称白液)中分离出碳酸钙和硅酸钙(白泥)。把苛化生成的碳酸钙煅烧成生石灰称为白泥回收。

硫酸盐法制浆和碱回收循环圈如图 8-1 所示。这个循环圈包括 6 个主要工艺工序:蒸煮、洗涤、蒸发、燃烧、苛化、石灰煅烧。碱回收工艺过程包括:稀黑液蒸发、浓黑液燃烧、绿液苛化和白泥回收。

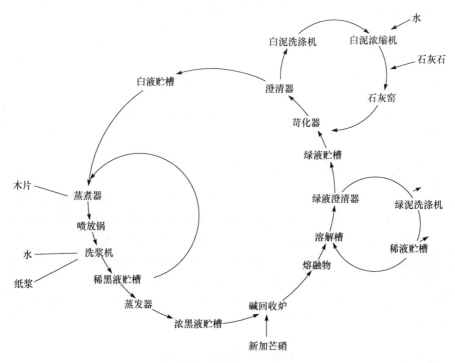

图 8-1 硫酸盐法制浆和碱回收过程循环圈示意图

8.2 黑液的蒸发与浓缩设备

黑液蒸发器按其液流情况,以及加热面的设计、蒸发器结构、目的用途等不同,可以分成许多类型,而这些不同类型又交错组合,形成了各种各样的蒸发器,因此难以对蒸发器的类型进行界线清晰的划分。

黑液蒸发是通过热传递来实现的,而流动的液体经过传热面有三种运动方式:升膜式、降膜式和强制循环式,故按黑液运动方式可分为升膜式蒸发器、降膜式蒸发和强制循环蒸发器三类。黑液运动方式相同的蒸发器其加热面的设计也有较大的差别:若按加热部件结构的不同,可分为管式和板式蒸发器两大类;因管式加热部件又有短管和长管之别,故有短管和长管蒸发器之分,而长管蒸发器又根据分离器的结构位置不同分为分离器在外和分离器在上的两种;根据液室是否隔成几个部分,又分为单程、双程或多程管式蒸发器。再有,根据蒸发器的用途等不同分为蒸发器、增浓器、结晶蒸发器等。

由多个蒸发器组成的蒸发站已被视为一个整体设备,也是蒸发工段中最主要的设备。

多个蒸发器串联使用,使黑液能逐渐蒸发增浓。这个系统的每个蒸发器称为"体",蒸发站中的蒸发器按蒸汽流经的顺序称为"效",即新蒸汽首先进入第一效蒸发器,再依顺序进入以后各效。而每一效蒸发器可以有一个以上的体。另外,蒸发站还配置有必要的辅助装备,如各种分离器、冷凝器、热交换器、预热器、泵和生产控制系统的仪表与执行机构、阀门等。

黑液蒸发站应根据黑液的特性、燃烧工段要求的黑液浓度进行设计。蒸发站可以在压力下工作,也可以在真空下操作。但由于压力下操作的蒸发站的黑液容易过热和分解,形成管垢,并且腐蚀严重,耗汽量大,设备费用高,因此很少采用。绝大部分的蒸发站都是采用真空蒸发。

蒸发站的效数选择除了要考虑有效温差外,更要从设备投资费用、蒸汽成本和技术的合理性几方面综合考虑。采用效数多的蒸发站,意味着蒸汽的多次重复利用,故多效蒸发器的最大优点是节汽效率高。例如,七效蒸发站每使用1kg蒸汽可蒸发掉高达5.5kg的水,而六效只能蒸发掉5kg的水。但效数越多分配到每一效的温差就越小,温度损失也越多,总的有效温差就越小,这些对传热来说是不利的,同时设备投资费用也随之增大,当设备投资大于节约的蒸汽和因此增加的运行成本时,蒸发站效数的选择将是不合理的。国内蒸发站通常采用的是4~6效蒸发站。

8.2.1 短管蒸发器

短管蒸发器是一种比较古老的蒸发器,用来蒸发黑液已经有较长的历史。把循环管布置在加热室内部的称为内循环蒸发器;把循环管布置在加热室外面的称为外循环蒸发器。

图8-2是国内用于蒸发蔗渣浆黑液的外循环短管蒸发器,由分离室、加热室和外循环管组成。短管蒸发器的优点是结构简单,操作稳定,管结垢易洗刷;缺点是管内流速低,传热系数小,蒸发强度不高。

8.2.2 长管升膜蒸发器

长管蒸发器是国内应用较广泛的一种蒸发器,效率高,运行可靠。长管蒸发器按黑液在管内的流动方向不同,可分为升膜式、降膜式、升膜和降膜组合式三种。长管升膜蒸发器按其结构不同,又可分为分离器在外的升膜蒸发器、分离器在上的单程升膜蒸发器、分离器在上的双程升膜蒸发器三种形式。

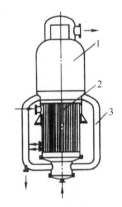

图 8-2 短管蒸发器
1.分离室;2.加热室;3.外循环管

图8-3为分离器在外的长管升膜蒸发器,由加热室和分离器两部分组成,两者之间用方形接管连接。

图8-4为分离器在上的单程升膜蒸发器。这种蒸发器的分离器设置在加热室的上方,简化了接管,结构紧凑,可减少占地面积,节省建筑费用,减轻二次蒸汽阻力。为了提高黑液在管子内的流速,把加热室的管子分成两组或两组以上串联起来,这种蒸发器称为双程或多程蒸发器。

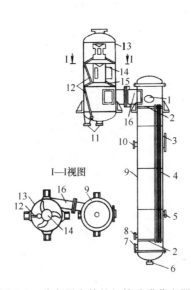 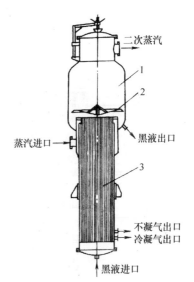

图8-3 分离器在外的长管升膜蒸发器
1.人孔;2.管板;3、10.加热蒸汽进口;4.加热管;5.不凝性气体出口;
6.排污口;7.黑液进口;8.冷凝水出口;9.加热室外壳;11.黑液出口;
12.排液管;13.分离器外壳;14.中央管及径向管;15.隔板;16.方形接管

图8-4 分离器在上的单程升膜蒸发器(单程加热器)
1.分离室;2.分离板;3.加热室

8.2.3 管式降膜蒸发器

降膜蒸发器一般具有液流分布系统、传热单元、二次蒸汽室和汽液分离装置。一般装有黑液循环泵把一部分黑液从蒸发器的底部送到顶部,以利于调整蒸发能力和控制传热速度。

管式降膜蒸发器是在升膜式蒸发器基础上发展起来的一种蒸发器,也可以把它看成一个倒装的升膜蒸发器。管式降膜式蒸发器的加热室在上,分离器在下。黑液泵从二次蒸汽室的底部把黑液送入加热室上部,经过分配器均匀分布在各加热管上,在加热管内流下成膜。管外用蒸汽经管壁加热,使黑液膜沸腾。由于二次蒸汽在管内流速很大,将黑液拉成薄膜下降。液膜流至加热管底部,滴入分离器,二次蒸汽由分离器上部排出,浓缩黑液由下部排出。

黑液循环管可以设在蒸发器体外(图8-5),或设在蒸发器体内(图8-6)。内循环管式蒸发器的循环管是设在蒸发器内部的中心管,黑液从进液口进入,上升到分配器流出。这种布置比顶上进料或侧面进料的外循环管式蒸发器有更多的优点,如循环管不需保温,可以降低造价,且更利于均匀布液。

降膜蒸发器与升膜蒸发器不同之处在于:降膜蒸发器的二次蒸汽和黑液流向与重力同向,而升膜蒸发器的二次蒸汽和黑液流向与重力反向。升膜蒸发器将黑液拉拽成上升的液膜,必须克服重力及料液与管壁的摩擦力,因此黏度较大的黑液就不易上升成膜。而降膜蒸发器不必克服液体上升的重力,反而可以借助重力拉拽成膜,所以一般作为蒸发系统的高浓效和增浓效使用,可把黑液蒸浓至含固形物60%~70%。

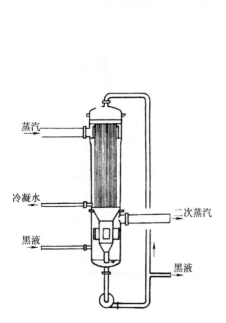

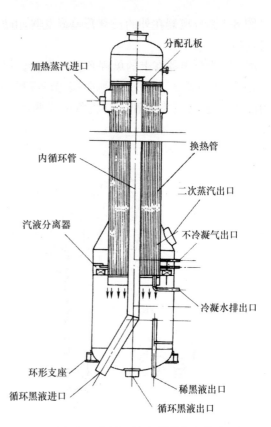

图 8-5　外循环管式降膜蒸发器　　　　图 8-6　内循环管式降膜蒸发器

8.2.4　板式降膜蒸发器

板式降膜蒸发器是我国 20 世纪 80 年代运用的高效节能蒸发设备,由于其具有传热效率高、不易结垢、容易清洗、运行周期长、耗电量低、出液浓度高(木浆黑液浓度可达 70%,草浆黑液浓度 43%~48%)、操作弹性大等优点,广泛用于造纸的废液回收、化工、食品、酒精等行业。

板式降膜蒸发器与管式降膜蒸发器除了加热元件不同外,液膜和二次蒸汽的流动方式也不同:管式的黑液是在管内流动,产生的二次蒸汽与黑液一起全部从管底排出;而板式的下降液膜是在加热板面布膜,二次蒸汽向上升流动,通过雾沫分离器后引入下效,二次蒸汽与液膜之间没有干扰。如图 8-7 所示,板式降膜蒸发器是由壳体、加热元件组、分配箱、除雾器等构成。

蒸发是碱回收三段中的能源消耗大户,要节能降耗,最关键是保持传热面的清洁,提高热传动的传导,解决蒸发板式降膜蒸发器板片结垢的问题。要提高蒸发效率,就要在蒸发上进行以下工艺、设备优化。目前优化的方法有:①改变原料结构,增加木浆黑液量;②提高黑液浓度和温度;③将原蒸发器的稀黑液由锥底出液改为槽体锥体底上沿 200mm 处溢流出黑液,锥底出液口改为定期排泥沙和沉淀物口,这样整个锥底就成了

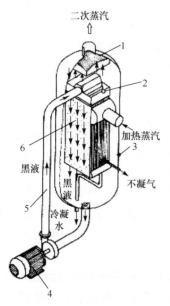

图 8-7　板式降膜蒸发器
1.除雾器;2.分配箱;3.壳体;
4.循环泵;5.循环管;6.加热元件组

一个泥沙沉淀区,定期排放,改善稀黑液的质量。

8.2.5 黑液增浓蒸发器

目前碱回收的趋势是取消直接接触蒸发器。对木浆而言,管式升膜蒸发站只能生产浓度不超过45%～50%的浓黑液,而燃烧要求将固形物含量增加到65%～70%。这种特别设计以提高浓度为目的的单段或多段间接加热式蒸发器,称为增浓器。由于在高固形物浓度时黑液黏度太高,且无机钠盐会沉析出来,发生严重的结垢现象,必须泵入相当大量的黑液以减少管壁沉淀。带循环的降膜式增浓器是最常用的形式。该增浓器设计中,最关键的是黑液能均匀地分布在加热元件表面上,促使蒸发作用发生在黑液表面而不是在加热元件表面。许多增浓器均设置有两个以上的加热室,在多效蒸发器系统将流程中的低固形物效与增浓器相结合,以使增浓器的每个室能定期被低固形物黑液所"清洗",有的也采用其他降黏、防垢技术。总之,增浓器设计的主要目的仍是将堵塞和结垢降到最低。

常用作增浓的蒸发器类型有三四个加热单元组合件和配独立循环泵的多室板式降膜蒸发器、强制循环蒸发器、结晶增浓蒸发器。

结晶黑液的浓度根据制浆原料、蒸煮条件和工厂化学药品的平衡等因素而变化很大,一般结晶开始产生是在黑液浓度45%～62%的范围。在蒸发器加热面上形成结晶会降低蒸发能力。

结晶增浓蒸发器的关键在于控制碳酸钠的过饱和度,防止在加热面上形成干斑。图8-8是一种结晶增浓蒸发器的典型结构,这种蒸发器的使用已相当成熟。它有两个卧式(也可以是立式)加热器。这种增浓蒸发器的原理是:黑液中的无机物盐类超过其溶解度时会结晶析出沉淀,产生一种泥浆状的黑液。碱回收炉和静电除尘器的碱灰已被证实是较为理想的晶种物质,可以加入黑液中作为晶体生长必需的晶种。此外,增浓器需要有160～170℃的操作温度,以降低黑液黏度。也由于剪力作用,同样降低了黏度,提高了传热系数。抑制在加热管内发生沸腾的另一个方法是在加热器的顶部保持一定的黑液静压,这样加热蒸汽与黑液之间的传热温差较小,不会沸腾。

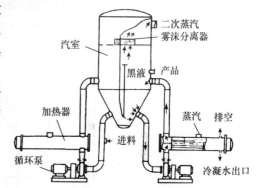

图8-8 结晶增浓蒸发器

除此之外,近年来世界碱回收先进技术装备有了很大的发展,出现了采用结晶蒸发技术增浓的蒸发站、6效8体板式蒸发器、9体7效板式降膜蒸发站及9体6效管式降膜蒸发站等。

8.3 黑液的燃烧设备

8.3.1 黑液燃烧炉

燃烧炉是碱回收车间的心脏,其功能是回收热能,通过黑液中有机物的燃烧产生工艺所需要的蒸汽,回收黑液中的碱,以供蒸煮使用,同时消除黑液的污染。在安全生产的前提下,性能良好的燃烧炉应具有高的碱回收率、芒硝还原率、热利用率、硫保留率,并尽可能减少对大气的污染。

目前使用的燃烧炉大致可分为回转炉和喷射炉两大类,此外还有一些处于试验阶段的设备,如涡流燃烧室燃烧炉及沸腾燃烧炉等。

回转炉是一种老式的碱回收设备,主要由回转炉、熔炉、余热锅炉、熔融物溶解槽以及烟气排出系统等组成。该设备结构较为简单,生产较为稳定,但碱回收率、芒硝还原率以及热回收率等较低,所以除了一些老式的工厂尚保留有该设备外,新建项目不选用这种设备。

喷射炉又可分为简易喷射炉、移动式圆形夹套熔炉半水冷(或半风冷)壁喷射炉、全水冷壁喷射炉等。

简易喷射炉是砖砌结构,一般没有余热回收锅炉,具有结构简单、投资费用低、运行安全、基本无爆炸危险的优点,但回收效率低,二次污染较为严重,所以一般不采用。

移动式圆形夹套熔炉半水冷(或半风冷)壁喷射炉又称为圆形喷射炉,是由可移动的、外有水冷(或风冷)夹套的熔炉和余热锅炉组成,具有结构较简单,操作、检修较为方便,以及运行稳定等特点。但采用水冷式,其夹套腐蚀严重,因而维修工作量较大,且回收效率较低。将夹套改为风冷,提高了燃炉温度,节约了生产用水,对草浆黑液的碱回收有一定的应用价值。

全水冷壁喷射炉又称为方形喷射炉,其燃烧炉部分的炉壁、炉底、炉顶均采用水冷壁设计,且配有余热回收锅炉,生产过程的自动化程度较高,所以,碱及热的回收效率都达到了较高的水平;缺点是结构较为复杂,一次性投资费用高。图8-9是较为典型的方形喷射炉的结构剖面图。

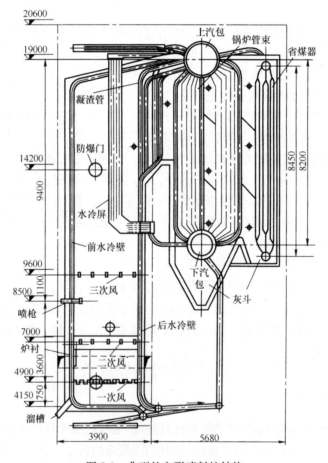

图 8-9 典型的方形喷射炉结构

现代喷射炉主要由炉膛和锅炉两部分组成。

在炉膛内，黑液的燃烧过程可大致分为三个不可分割的过程：靠炉内的热量干燥喷入炉内的黑液；有机固形物热分解和可燃气体的完全燃烧；垫层黑灰充分燃烧和无机物的熔融、芒硝的还原。所以也据此将碱炉划分为干燥区、燃烧区（氧化区）、熔融区（还原区）。由于黑液含水分较大，黑液中固形物的发热量低，存在烧成物碱尘的飞扬、钠的升华、灰分大的问题，容易在碱炉的各部分造成严重的积灰，碱性黑液和高温的熔融物对炉膛和其他部分有较强的腐蚀作用。因此，熔炉及燃烧室的燃烧条件、结构设计、材质都必须满足上述要求。

炉膛是由炉底、四面炉壁、炉顶组成的方形密封空腔。炉底、炉壁、炉顶均为由水冷壁管组成的碱炉，称为全水冷壁碱炉。膛壁上适当标高处设有一、二、三次风孔，黑液喷液枪孔和观火孔等，还在适当部位设有防爆孔。在前水冷壁接近炉底处设有熔融物出口，也称为溜子口。熔融物顺着溜子口流入熔融物溶解槽溶解。

锅炉是碱回收炉的关键组成部分，可以看作蒸汽发生器，燃烧黑液时放出的热量通过锅炉产生蒸汽加以回收。碱回收炉配置的锅炉基本上与动力炉相似，但结构较复杂，运行条件比较恶劣，发生爆炸的危险性较大。它由上下汽包、锅炉对流管束、水冷壁管、水冷屏或凝渣管、过热器、省煤器、吹灰器等组成。

碱回收炉一般设有启动燃烧器，可以根据所用燃料的不同分为燃油燃烧器和燃气燃烧器。燃油燃烧器主要用重油或柴油作为燃料，是目前应用最广泛的一种。由于受地域资源的限制，燃气燃烧器的工业化相对于燃油燃烧器发展较慢，技术也不是很成熟，但具有很好的发展前景。

同时，碱回收炉也在向大型化发展，赤天化纸业 1500tds/d 碱回收炉的建成与使用标志着碱炉大型化战略取得新进展。而且，锅炉的制作工艺也有了新的进展，用复合钢管制作的水冷壁代替传统的碳钢管水冷壁，通过提高对复合管维护和焊接工艺提高碱回收锅炉的抗腐蚀性。单汽包碱回收锅炉已全面取代双汽包碱回收锅炉。

8.3.2 黑液燃烧炉主要辅助设备

1. 黑液喷枪

喷枪是把黑液喷到炉内的装置。它应满足下面几点工艺要求：①流量稳定：黑液的流量是炉子运行的一个主要参数，稳定流量是稳定生产的一个前提，根据工艺要求，喷枪的流量应能在一定的范围内调节；②分布均匀：喷出的黑液在悬浮状态或挂壁干燥时分布要均匀，达到同样的干燥程度，黑灰落到熔炉内所形成的垫层也应分布均一；③粒度均整：喷出的黑液粒度要均整，分散度要适当，这样的黑液容易蒸发水分，减少碱尘的机械飞失，一般认为喷枪喷出的液滴直径大部分在 4~5mm 为宜。

黑液喷枪有多种形式，如图 8-10 所示。目前国内使用较多的黑液喷枪有反射板式（也称折流板式）和旋流式两种。反射板式、扁平式喷枪对黑液的温度、压力和黏度不很敏感，喷液较稳定，粒度较粗，有利于合理形成垫层和减少细小黑液粒子的飞失，多用于射壁干燥，也可以用于悬浮干燥。旋流式用于悬浮干燥。麦草浆碱炉一般采用悬浮干燥形式，配置旋流式黑液喷枪。

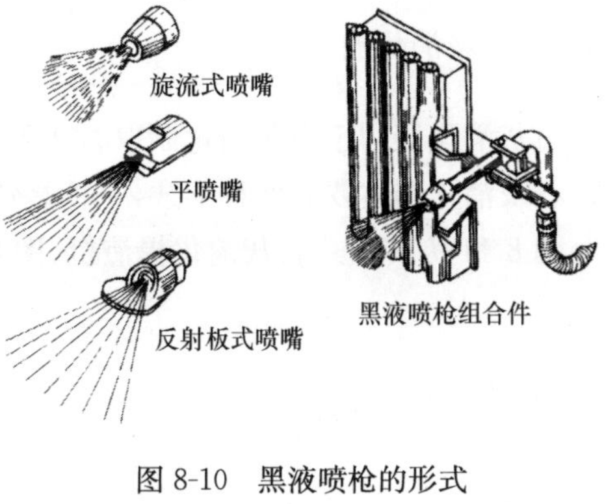

图 8-10 黑液喷枪的形式

2. 熔融物溜槽

熔融物通常具有900℃左右的高温,且含有腐蚀性很强的硫化物,所以要求溜槽具有耐高温、耐腐蚀以及耐机械冲刷的性能。为此,与熔融物接触的上部一般采用耐腐蚀材料(如不锈钢)制造,而下部则采用普通钢制造。为了便于溜槽的降温,溜槽一般设计成水冷却夹套式,冷却水从溜槽下部进入,从上部排出,排出冷却水温一般应保持在60℃以下。溜槽在使用过程中不能漏水,以免引起水与熔融物的接触爆炸事故。

3. 溶解槽

溶解槽的作用是溶解从燃烧炉出来的熔融物,制成一定浓度的绿液。溶解槽一般采用钢板焊成,包括搅拌器、消音装置等。溶解槽的消音通常采用循环绿液喷射熔融物消音法和蒸汽喷射熔融物消音法。其中,蒸汽法效果较好,但蒸汽消耗量大,且造成空气中充满刺激性的碱汽。

溶解槽用于溶解熔融物,当熔融物流入溶解槽与水(或稀白液)接触时,如果操作不当或设备故障,易发生爆炸事故,造成人员伤亡和经济损失,因此使用过程中除了要定期做好设备维护外,还应对设备进行一些改进,如增设报警装置、安装可视装置等。

8.4 绿液的苛化设备

黑液在碱回收炉燃烧后所得绿液的主要成分为碳酸钠和硫化钠(硫酸盐法)或碳酸钠(烧碱法)。苛化的目的在于将石灰加入绿液中,使碳酸钠转化为氢氧化钠,沉淀物碳酸钙或白泥从苛化液中分离。所得澄清液称为白液,即蒸煮药液。蒸煮药液送往蒸煮车间,白泥则送到白泥回收设备煅烧、回收。

绿液的苛化和所得白液的澄清,是将绿液、石灰同时连续不断地加入消化器中,通过在一系列设备中反应和加工,最后连续得到供蒸煮用的白液。连续苛化的主要设备有石灰消化器、苛化器、白液和绿液的澄清过滤设备等。

在目前的生产过程中,为了取得更好的环保和经济效益,一些工厂进行了以下设备及工艺的优化:①调整工艺,石灰加入量控制在理论用量的110%,绿液贮槽内增加加热器,调控绿液温度,延长苛化时间等;②用石灰电磁振动给料器代替绿液消化石灰给料的计量螺旋输送机;③提高预挂式白泥过滤机的抽气功率。

8.4.1 石灰消化器

石灰消化器用于石灰消化制取石灰乳用。带有分离石灰渣子装置的消化器称为消化提渣机。石灰消化器主要有两种形式,一种是转鼓式,另一种是搅拌槽式,两者皆可配备提渣机。

图 8-11 为转鼓式石灰消化提渣机,图 8-12 为搅拌槽式石灰消化提渣机。

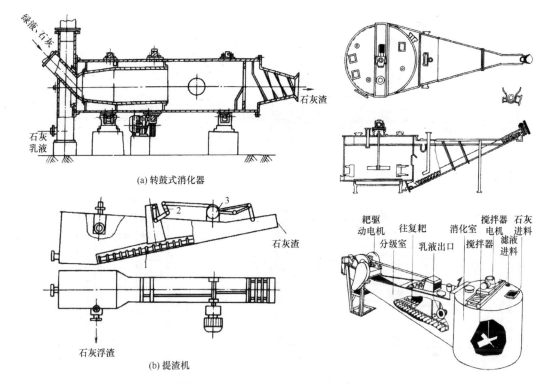

图 8-11 转鼓式石灰消化提渣机结构示意图　　图 8-12 搅拌槽式石灰消化提渣机结构示意图

8.4.2 苛化器

苛化反应实际上从石灰消化就已经开始,苛化器的作用是为苛化提供进一步反应的空间和时间。连续苛化过程一般由多台苛化器串联使用,每台苛化器都是直立圆筒形结构,内有立式搅拌器和蒸汽加热装置,外包有保温层。加热装置通常为蛇管式间接加热器,也有采用直接蒸汽加热的情况。在多台苛化器串联的流程中,苛化液主要靠溢流作用通过各台苛化器之间的安装高度差进行输送。图 8-13 为典型的连续苛化器结构示意图,图 8-14 为三室连续苛化器结构示意图。

8.4.3 澄清过滤设备

从碱炉、溶解槽送来的绿液中含有很多杂质(绿泥),在苛化前要澄清并分离出清液。绿泥再经洗涤,尽量洗除残留的碳酸钠后排掉。绿液经苛化后生成的乳液也要经澄清或过滤分离出白液、白泥。白液送去蒸煮纤维原料,白泥也要再经洗涤过滤,溶解出残碱并提高干度后送石灰回收工段燃烧。上述各个过程均应采用澄清或过滤设备来完成。

澄清器按圆筒内部分隔的层次分为多层澄清器和单层澄清器。由于多层澄清器生产能力大,占地面积小,所以生产上实用价值较大。图 8-15 为多层澄清器的结构示意图。

在多层澄清器中,悬浮液由分配箱同时进入各层,澄清液由各层的共同溢流箱中排出,而沉淀泥则沿中心大径套管由上一层流到下一层,最后汇集到底层锥口部由泵送出。

白泥经澄清洗涤处理后尚含有一定的残碱有效成分,可通过过滤或离心分离设备加以回收。白泥过滤机有鼓式真空过滤机和带式过滤机。此外,还可采用离心机分离出白泥中的残碱液。图 8-16 为白泥真空过滤机装置流程。

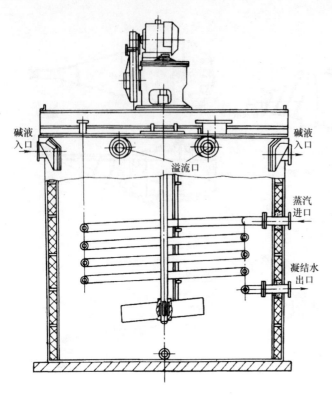

图 8-13 连续苛化器

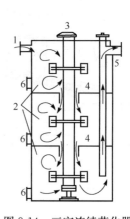

图 8-14 三室连续苛化器

1.入口;2.反应室;3.搅拌器;4.隔板;5.出口;6.人孔

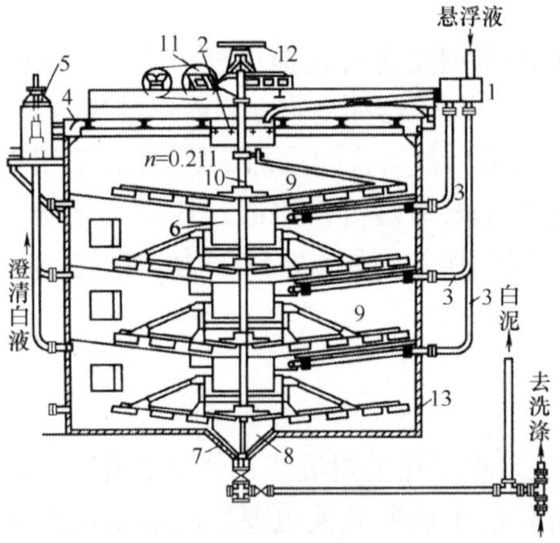

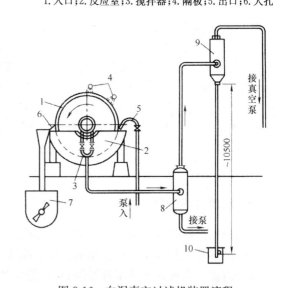

图 8-15 多层澄清器

1.悬浮液分配箱;2.悬浮液接受器;3.悬浮液输送管;
4.澄清液收集管;5.澄清液收集器;6.沉淀泥渣流套管;
7.下锥口;8.刮板;9.搅拌耙齿;10.轴;
11.传动器;12.提升装置;13.衬里

图 8-16 白泥真空过滤机装置流程

1.转鼓;2.白泥槽;3.滤液管;4.喷水嘴子;5.白泥输送管;6.刮刀;
7.白泥搅拌器;8.收集器;9.冷凝器;10.水封槽

8.5 白泥回收设备

苛化工序消耗生石灰（CaO）生产蒸煮用的白液，同时产生的副产品是白泥（主要是 $CaCO_3$）。

石灰回收是在1100～1250℃的高温下把苛化工段产生的白泥又转化成为CaO,以便重新使用于苛化过程。这个反应称为煅烧。

白泥的煅烧方法有回转窑法、流化床沸腾炉法以及闪急炉法等。

8.5.1 回转窑法

典型的石灰窑焙烧工序包含三个阶段：①干燥白泥；②将白泥温度提高到焙烧反应所需的水平(约800℃)；③维持足够的高温时间以完成吸热反应。

回转窑法是传统的生产方法,主体设备是石灰煅烧转窑。近年来在技术和装备上有较多的改进,故被广泛采用。整个石灰窑系统如图8-17所示。

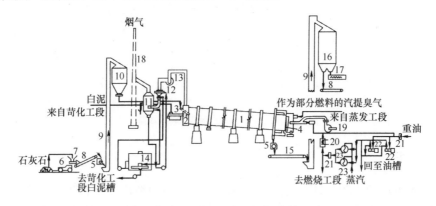

图8-17 回转窑法石灰回收系统

1.转窑；2.沉降室；3.白泥螺旋给料器；4.燃烧器；5.粉碎机；6.石灰石铲车；7.加料斗；8.带式输送机；9.斗式提升机；10.石灰石仓；11.分离器；12.文丘里装置；13.引风机；14.粉尘增浓器；15.耐热带式输送机；16.石灰仓；17.螺旋输送机；18.烟囱；19.一次风机；20.电加热器；21.滤油器；22.螺杆油泵；23.重油加热器

来自苛化系统的白泥要求其干度在60%～80%,白泥中残碱含量在0.5%左右,经白泥螺旋给料器3送入转窑1的窑尾。进入转窑的补充石灰石量约占石灰总量的15%。石灰石在沉降室2顶部溜入窑尾与白泥相混合。白泥与石灰石在窑内经干燥、预热和煅烧,最后生成球状石灰,其粒度在30mm左右。

8.5.2 流化床沸腾炉法

流化床沸腾炉法是一种较新的白泥煅烧方法(图8-18)。在该流程中,白泥在真空过滤机上脱水至干度65%～70%后,进入螺旋混合器；在螺旋混合器中同时补加部分干石灰粉和用于消化的少量水,然后将含水分8%～10%的混合物送入粉碎机中,在其中同来自沸腾炉的高温烟气进行混合。将粉碎机中形成的细小粉尘和烟气一起送入旋风分离器。将旋风分离器捕集的粉尘(主要是$CaCO_3$)部分返回到螺旋混合器,部分送到进料仓。将从旋风分离器出来的烟气通过文丘里气体洗涤系统后排空。从进料仓来的绝干粉状白泥送到流化床上后,在850～900℃的高温下发生分解反应,生成CaO,由于白泥中含有一定的残碱量,在反应温度下成熔融状态,细小的粉尘颗粒互相黏结,边黏结边燃烧,在流动状态下结成石灰小球。煅烧形成的石灰颗粒由出料器排入冷却室,冷却后排出炉外。在沸腾炉中白泥煅烧是否成功完全取决于石灰的造粒过程,即要求细小的$CaCO_3$粉尘在流化床上煅烧时形成直径为5～6mm的石灰颗粒。另外,如果入炉白泥中的残碱量过高,会使颗粒表面硬化,从而影响造粒过程,一般要求白泥残碱含量为0.5%左右。

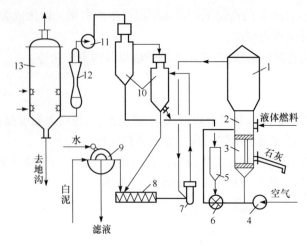

图 8-18　流化床沸腾炉法白泥煅烧装置流程
1.沸腾炉；2.煅烧室；3.炉底小室；4.空气风机；5.进料仓；6.干白泥入炉风机；
7.粉碎机；8.螺旋混合器；9.白泥真空过滤机；10.旋风分离器；11.排烟机；
12.文丘里管；13.涡流式气体洗涤器

8.5.3　闪急炉法

与前两种方法相比较，采用闪急炉法煅烧白泥时，白泥煅烧产生石灰的反应速率快，石灰颗粒小，基本呈粉状，所以对设备的密闭程度要求较高。闪急炉法白泥煅烧工艺流程如图 8-19 所示。

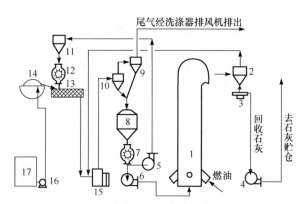

图 8-19　闪急炉法白泥煅烧流程
1.闪急炉；2.旋风分离器；3.圆盘给料器；4.石灰风送机；5.干白泥风送机；6.送泥风机；
7、12.星形给料器；8.干白泥贮仓；9～11.一、二级旋风分离器；13.螺旋输送机；
14.白泥真空过滤机；15.笼形磨；16.泥浆泵；17.白泥贮槽

在闪急炉法白泥煅烧系统中，苛化来的白泥在真空过滤机中脱水增浓，与部分干白泥混合后，再与高温烟气在笼形磨中进行接触式干燥，干燥后的白泥经二级旋风分离器后进入干白泥贮仓。干白泥通过星形给料器和送泥风机送入闪急炉炉底，炉底旋风分布器将白泥吸入闪急炉内，与高温火焰接触进行闪急煅烧，此时炉内煅烧温度可达 1100℃，干白泥在 0.5～1.0s 内即可分解成 CaO 和 CO_2。从闪急炉顶部排出的高温烟气和 CaO 粉末等经过旋风分离器分离，CaO 经圆盘给料器等设备后到达石灰贮仓，而高温烟气则循环回笼形磨。

第 9 章 打浆与疏解设备

9.1 概 述

打浆是通过打浆设备来实现,是纸张(尤其是高档纸或纸板)生产过程中必不可少的工序。打浆设备的结构性能直接影响打浆后纤维的性质,进而影响纸张的抄造和成纸的质量。

9.1.1 打浆设备的基本作用

打浆设备的作用是使要处理的纤维原料在通过相对运动着的机械部件间隙时,由于受到复杂的机械作用而发生纤维形态的变化,纤维初生壁和次生壁产生位移并接着破裂,然后纤维吸水润胀、被切断,最后是细纤维化,即纤维表面分丝、起毛等。

打浆使纤维细纤维化,纤维因此而具有良好的柔软性和可塑性,在纸页成形过程中更容易相互紧密地交织在一起,而且打浆的机械作用增加了纤维的比表面积并使其游离出更多的羟基,经过压榨之后,在干燥时由于氢键的作用而大大增强了纤维的结合力,使纤维之间结合得更为坚实,提高了纸的强度。

因此,从打浆的目的和结果来看,打浆设备的功用就是使纸浆经打浆处理后,纤维具有良好的柔软性、可塑性和尺寸的合理性,并大大提高细纤维间氢键结合机会和结合力。打浆过程包括疏解、切断、帚化、压溃、水化、混合等。

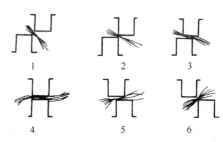

图 9-1 金属齿牙的相对状态及打浆作用
1.纤维挂入;2.边缘对边缘;3.边缘对表面;
4.表面对表面;5.表面对边缘;6.磨浆结束

理论上讲,打浆是一个非常复杂的过程,不同的打浆设备打浆原理也不尽相同。在常见的打浆设备中,利用金属齿牙的水力碾压作用进行打浆是最常用的方法。打浆过程中两个金属齿牙的相对运动状态及打浆作用如图 9-1 所示。

金属齿牙水力碾压打浆过程主要包括纤维挂入、冲击压缩、摩擦碾压几个循环过程。首先,纤维束被导向齿牙的边缘,即纤维的挂入,此时浓度一般在 3%～5%。当转子齿牙的边缘接近定子齿牙时,纤维束受到压缩并获得强烈的冲击作用,导致纤维内大部分水被快速挤压出,黏结强度较弱的短纤维也被剥裂并随挤出的水流入齿沟间。随后,主齿牙边缘沿着另一齿牙的齿面相对运动,残留下来的纤维束纤维受到齿牙边缘的压力并继续接受碾磨,即主齿牙边缘既顺着纤维束滑移,又对纤维进行碾压,纤维之间的摩擦使纤维束的内部产生纤维对纤维的处理。通常,这是打浆的主要阶段,这个阶段延续到主导齿牙的边缘到达被动齿牙的尾端边缘。此后纤维束继续在两齿牙表面之间受碾压,直至转子磨牙末端移出定子的边缘。最后,当转子齿牙转过定子齿牙时,在齿间沟槽里产生强烈的漩涡而使纤维易被拉入齿牙边缘,从而为纤维能够受到打浆作用做好准备。如果沟槽太窄,纤维或纤维束不能在沟中翻转而不能挂到磨牙表面也就得不到磨浆。

9.1.2 对打浆设备的基本要求

打浆设备的结构性能直接影响打浆后纤维的性质,进而影响纸张的抄造和成纸的质量。打浆设备需要满足如下基本要求:

(1) 磨浆作用状态良好,浆料纤维形态经机械整理后符合纸张结合需要。
(2) 磨齿、齿沟形态随打浆工艺的不同要求而有区别,磨齿间隙可调节。
(3) 磨浆机构、磨浆腔体耐磨。
(4) 磨浆机构、磨浆腔体结构对称,有利于高速运行状态下的受力均匀,确保机构稳定。
(5) 节能,体积小,结构简单,维修操作容易。

9.1.3 打浆设备的分类

打浆设备已有近300年的历史,从槽式打浆机、圆柱磨浆机、锥形磨浆机到盘磨机,发展了各种类型。根据打浆设备的工作性质、结构原理和打浆浓度,可分类如下:

1) 按工作的连续性分
(1) 间隙式打浆机:荷兰式打浆机、伏特式打浆机。
(2) 连续式打浆机:圆柱磨浆机、锥形磨浆机、盘磨机。

2) 按转子结构形式分
(1) 鼓式打浆机:打浆机、圆柱磨浆机。
(2) 圆锥式打浆机:锥形磨浆机,根据转轴支承方式又分为通轴式锥形磨浆机和悬臂式锥形磨浆机。
(3) 盘式打浆机:按转动盘片数分为单动盘式磨浆机、双动盘式磨浆机;按总盘片数分为双盘磨、三盘磨、多盘磨。

3) 按打浆浓度分类
(1) 低浓打浆机(2%~6%):各类打浆机。
(2) 中浓打浆机(8%~20%):单盘式高浓磨浆机、圆柱形高浓磨浆机。
(3) 高浓打浆机(20%~35%):单盘式高浓磨浆机、圆柱形高浓磨浆机。

9.1.4 打浆设备的发展趋势

自18世纪第一台荷兰式槽式打浆机发明以来,打浆设备的发展经历了从间歇式到连续式,从低浓发展到高浓,从单台打浆到多台联合,从人工操作到多台集中自动控制的过程。为了满足造纸工艺的不断发展,进一步提高设备的效能并降低消耗,进一步提高设备及生产管理水平,打浆设备将在以下几个方向继续发展:

(1) 提高设备效率,降低动力消耗。
(2) 由低浓向中、高浓方向发展。
(3) 功能形式的多样化,包括打浆设备多功能化和专用打浆设备的发展。
(4) 打浆设备的大型化,以简化生产管理和提高经济效益。
(5) 提高打浆设备的多台集中自动(智能)控制水平。
(6) 磨齿齿纹的进一步系列化、专用化,以便满足不同原料、不同品种、不同条件下对磨纹的不同要求,进而使齿纹(牙)系列化、专用化。

9.2 打 浆 机

槽式打浆机又称打浆机,发明于18世纪,经过不断地改进和完善,在实验室和某些领域一直使用至今。槽式打浆机作为打浆设备的起源,是其他各种打浆设备的基础,虽然经历了上百年的发展,但其基本结构变化不大,主要由浆槽(包括山形部)、底刀、飞刀辊、洗鼓以及间隙和压力调节装置等结构组成。槽式打浆机根据其结构,主要有荷兰式和伏特式两种形式,打浆机的结构原理如图9-2所示。

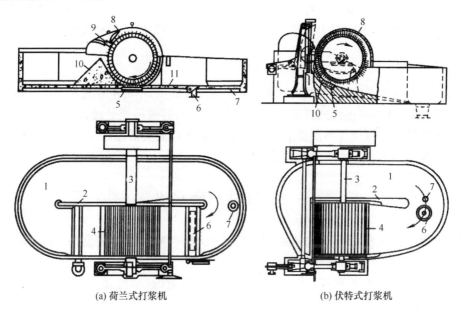

(a) 荷兰式打浆机　　　(b) 伏特式打浆机

图 9-2　打浆机结构原理示意图
1.浆槽;2.隔墙;3.主轴;4.飞刀辊;5.底刀;6.放料口;
7.排污口;8.罩盖;9.挡浆板;10.山形部;11.沉砂槽

1. 原理及结构

打浆机的工作原理:由于飞刀辊不停地转动且浆槽本身具有一定的坡度,被处理的浆料在浆槽内循环运动(如图9-2中箭头所示)。当浆料经过飞刀辊和底刀这一对相对运动部件之间的间隙时,由于飞刀辊与底刀的机械作用(飞刀和底刀构成了打浆所需要的金属齿牙的水力碾压作用),逐渐处理成符合抄纸要求的纸浆,并经放料口由浆泵送走。根据需要,飞刀辊和底刀之间的间隙和压力可以进行调节,沉积的砂粒等杂质由排污口排走,浆料需要洗涤时还可放下专门设置于浆槽的洗鼓通过喷水进行洗涤。

打浆机的结构主要包括:浆槽、飞刀辊、飞刀、底刀以及调节机构。各种形式的打浆机的不同之处主要反映在:浆槽的形状及隔墙两边循环沟槽的宽度;浆槽底的坡度;山形部在浆槽中的位置和形状;底刀的位置及飞刀辊的调节机构等。为了使打浆更均匀、节省动力以及使质量、产量容易控制等,打浆机的改进大多从这些结构方面着手。在打浆机的使用过程中,为了满足不同的打浆工艺需要,也常通过部分结构及参数的改变来实现,如改变刀片的厚度、改变飞刀辊与底刀的间隙和比压以满足游离打浆或黏状打浆的需要,如表9-1所示。

表 9-1　打浆机飞刀和底刀厚度

打浆方式	飞刀厚度/mm	底刀厚度/mm	纸浆用途
高度游离打浆	1～3	～3	滤纸
游离打浆	6～7	3～4	吸墨纸
普通打浆	8	5～6	书写纸
黏状打浆	9～10	6～7	卷烟纸
高度黏状打浆	11～15	8～12	牛皮纸

按打浆作用,打浆机通常还可以分成半浆机和成浆机两大类。前者主要用于纤维的切断,如荷兰式打浆机;后者主要用于纤维的分丝和帚化,如传统的伏特式打浆机。

2. 特点

打浆机具有功率消耗高、占地面积大及间歇作业等缺点,不适应现代化大生产和节约型生产的需要,目前已基本被连续式打浆设备所取代。然而,打浆机能处理各种不同性质的纸浆,通过运行条件的改变可获得不同要求的纸浆,适应范围广而灵活性好,因此在处理棉、麻、硬布及半化学浆等专用工艺生产线上仍有使用。

9.3　圆柱形磨浆机

圆柱形磨浆机又称圆柱磨浆机或圆柱精浆机,是一种连续打浆设备,可以多台串联或多台并联使用,可用于打高黏状浆、黏状浆或者游离浆。相比槽式打浆机,圆柱磨浆机底刀数量多且包围的有效弧长更长,结构更紧凑,动力消耗更低(单位动力消耗仅为普通打浆机的 1/3～1/2)。

根据纸浆在磨浆机磨区的流动方向,可将圆柱磨浆机分为单向流式圆柱磨浆机和双向流式圆柱磨浆机。单向流式是指纸浆从圆柱磨浆机体一端进入磨浆区,然后从另一端流出,传统的圆柱磨浆机多属于这一类。

9.3.1　单向流式圆柱磨浆机

1. 工作原理

单向流式圆柱磨浆机是由一个圆柱形刀辊(也称转子)和沿刀辊圆柱分布的四组扇形底刀(也称定子)所组成。它的基本原理如图 9-3 所示。待处理的纸浆在进出浆通道之间的压差和

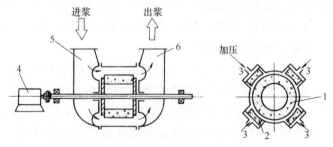

图 9-3　单向流式圆柱磨浆机工作原理示意图
1. 刀辊;2. 定子;3. 加压流体;4. 电机;5. 浆料进口;6. 浆料出口

进浆通道的推浆叶轮作用下进入刀辊和底刀之间的间隙(磨浆区),圆柱形转子刀辊的高速旋转使得待处理的纸浆受离心力作用,从而产生周向运动和径向离心运动,处理以后的纸浆在进出通道压差和出浆通道推浆叶轮的作用下进入出浆通道排走。传动电动机与刀辊直接连接,带动刀辊高速转动。加压流体通过入口对四组底刀进行加压,根据工艺要求使待处理的纸浆在一定的压力下进行磨浆。

2. 主要结构特征

单向流式圆柱磨浆的结构如图9-4所示。

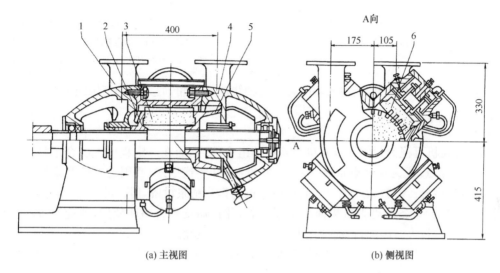

(a) 主视图　　　　　　(b) 侧视图

图9-4　单向流式圆柱磨浆机结构视图
1.进浆口;2.进浆叶轮;3.刀辊;4.出浆口;5.出浆叶轮;6.底刀

1) 进出浆流道

单向流式圆柱磨浆机的进口端有导流流道(或称为进口泵壳)及进浆叶轮,使进来的纸浆连续均匀地分布到刀辊四周进行磨浆;出口端有出浆叶轮及排出流道(或称为出口泵壳),将从磨浆区出来的纸浆送到下一台圆柱磨浆机或浆池。

2) 飞刀辊和底刀

飞刀辊的结构如图9-5所示。

圆柱形刀辊通过两端面处的进出浆叶轮盘与主轴连接在一起,通过轴套或四个双头螺栓拉紧。

单向流式圆柱磨浆机飞刀辊四周分布有四把底刀,其作用是与飞刀辊之间构成必要的间隙并向刀辊表面施加压力而处理纸浆。底刀装在长方形孔中,根据工艺要求,底刀可进可退,并可根据磨损情况进行更换。常用的底刀加压装置有膜片式、膜片活塞式和简单膜片式,图9-6是膜片式底刀加压装置。

圆柱磨浆机的刀辊和底刀的刀片材料有石刀和钢刀两种。石刀材料包括玄武岩、小麻石和砂轮片等,钢刀材料有优质碳素钢、合金钢和不锈钢等。与其他打浆设备类似,刀片材质对打浆设备的打浆效率和纸浆质量有较大的影响。石刀因表面多孔,对纤维的压溃、分丝和帚化作用较大,而切断作用较小,对草类或其他短纤维纸浆的打浆有利。钢刀没有气孔(除非人工钻孔),切断作用较石刀强。一般钢刀的寿命较石刀长,为了提高石刀的寿命,可采用人造砂轮石刀。

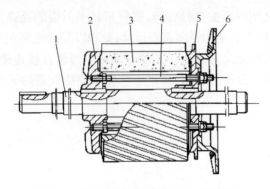
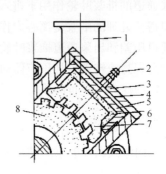

图 9-5 单向流式圆柱磨浆机飞刀辊结构
1.主轴；2.进浆叶轮；3.石刀辊；4.螺杆；5.连接盘；6.出浆叶轮

图 9-6 膜片式底刀加压装置
1.主轴；2.加压管路接头；3.压盖；4.膜片；
5.底刀壳；6.黏固层；7.底刀；8.刀辊

为避免产生咬刀现象，一般刀辊的刀片与轴线成 8°倾角，底刀片则与轴线平行。

3. 主要性能特征

圆柱磨浆机可视为封闭式打浆机与浆泵的组合体，从而在一定程度上综合了打浆机与浆泵结构上的优点，成为精浆设备之一。自 20 世纪 60 年代以来，我国的圆柱磨浆机不断地改进，已有多种型号。多数纸厂把它安装在造纸机前作为精浆设备，但也可作为一般的打浆设备使用。由于单台设备的处理效果尚不是很显著，往往需要多台串联使用，致使设备的电机容量、维修量都比较大。因此，目前使用上也有一定的局限性。

目前，我国通用的单向流式圆柱磨浆机有 ZDY1、ZDY2 和 ZDY3 三种型号，主要技术特征如表 9-2 所示。

表 9-2 我国通用圆柱磨浆机的主要技术特征

型 号	ZDY1	ZDY2	ZDY3
生产能力/(t/d)	2～10	10～50	50～100
刀辊尺寸/mm	φ280×210	φ400×300	φ560×440
刀辊转速(r/min)	1470 或 970	975	735
底刀数/组	4	4	4
进、出口直径/mm	80	125	180
进浆压力/kPa	20～30	20～30	30～50
打浆压力/kPa	0.2～0.4	0.2～0.4	0.2～0.5
进浆浓度/%	3～6	3～6	3～6
刀质	玄武岩刀、砂轮刀或钢刀	玄武岩刀、砂轮刀或钢刀	玄武岩刀
外形尺寸(长×宽×高)/mm	2050×795×760	2520×910×760	3310×1270×1550
质量/kg	915	1200	5700
电动机功率/kW	45	95	210
配套的空气压缩机	压力 1MPa，容量(1 台) 300L/min	压力 1MPa，容量(1 台) 300L/min	压力 1MPa，容量(1 台) 300L/min

9.3.2 双向流式圆柱磨浆机

由于单向流式圆柱磨浆机必须依靠进出口的压差和飞刀辊两端的推浆叶轮使纸浆进出磨

浆区,因此单向流式圆柱磨浆机主轴受力较大。针对这一问题,近年来国内研发出了一种新型圆柱磨浆机——双向流式圆柱磨浆机,结构如图 9-7 所示。

1. 基本结构及工作原理

双向流式圆柱磨浆机内部结构如图 9-8 所示。由图可知,双向流式圆柱磨浆机主要包括主轴、进浆口、出浆口、定子、转子、间隙调节装置等。主轴的一半为空心,提供进浆通道。借助于进浆压力,纸浆从主轴空心段进入转子中部的孔盘区,在离心力和进浆压力作用下通过转子中部的磨盘出浆口孔后均匀地输送到磨浆区(两个反向流动的磨浆区),在圆柱磨浆区进行充分研磨,最后从两个出浆口流出成浆并进入后续加工。

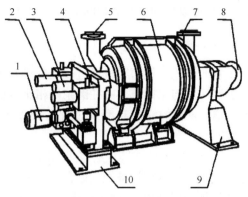

图 9-7 双向流式圆柱磨浆机外形结构示意图
1.调节电机;2、4.磨盘间隙调节装置;3.主轴;5、7.出浆口;6.磨浆区;8.进浆口;9、10.机架

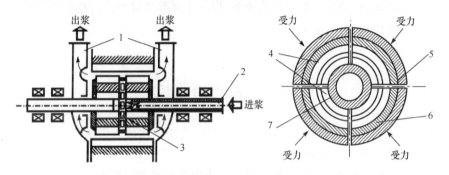

图 9-8 双向流式圆柱磨浆机内部结构示意图
1.出浆口;2.进浆口;3.磨盘出浆孔;4.定子、转子磨齿;5.磨盘间隙调节装置;6.定子;7.转子

为了根据工艺要求能够对磨浆区间隙和比压进行调整,双向流式圆柱磨浆机通过径向调节定子来控制磨片间隙,定子径向位置的调节通过两斜面的相互作用来实现,调节装置的上半部沿轴向运动,利用斜面的相互作用带动与定子相连的调节装置下半部沿径向运动,从而调节磨片的间隙,如图 9-9 所示。

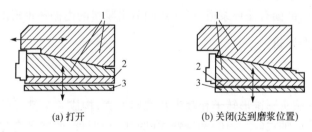

图 9-9 双向流式圆柱磨浆机磨浆区间隙调节示意图
1.调节装置;2.定子;3.转子

磨浆区间隙调节变化关系为

$$\Delta y = \Delta x \cdot \mathrm{tg}\beta$$

式中,Δy 为间隙调节径向变化量;Δx 为调节装置轴向移动量;β 为斜面角。

由上式可知,调节装置上半部的轴向移动量与装置下半部的径向变化量成一定的比例关系,从而可以精确控制磨片间隙。

2. 主要特点

双向流式圆柱磨浆机通过改变进浆方式和进浆通道,使研磨的浆料沿相反的两个方向通过磨浆区。与单向流式圆柱磨浆机相比,双向流式圆柱磨浆机具有如下特点:

(1) 浆料的输送和磨浆过程在操作上彼此独立,互不影响,实现了真正意义上的连续磨浆。

(2) 在双向流式圆柱磨浆机的磨浆区中,离心力方向与浆料流动的方向垂直,浆料通过磨浆区时受离心力作用被抛到磨盘定子上,并逐渐增厚。由于纤维层数较多,磨浆过程中产生明显的纤维分层现象,增强了纤维之间的相互作用,在磨齿面积不变的情况下,增大磨浆的有效作用面积。根据浆料的不同,磨浆单位负荷可提高 10%~20%。

(3) 磨浆区具有纤维的分层现象,纤维分离程度高,浆料的强度提高。

(4) 克服了单向流式圆柱磨浆机轴向力较大的弱点,且不需要进出浆叶轮的推动,因此动力消耗较低。同时,其空载动力消耗也大幅度降低。

(5) 磨盘间隙均匀一致,且易于精确控制,提高了磨浆质量的均匀性和稳定性。

(6) 提高了设备的效率,扩大了浆料适应范围。

(7) 设备可操作性好,易于维护。

9.4 锥形磨浆机

锥形磨浆机通常是由圆锥形转子和截头圆锥形的外壳构成一个锥形的磨浆区域。目前,已发展了多种形式的锥形磨浆机,一般可按如下三种方式分类:

(1) 根据圆锥形磨腔数量分类,包括单磨腔锥形磨浆机和双磨腔锥形磨浆机,前者只有浆流通道,后者有两个磨腔浆流通道。

(2) 根据转子主轴的支撑方式分类,包括通轴式锥形磨浆机和悬臂式锥形磨浆机,前者转子的支撑轴承分布在转子两端,结构较复杂,体积大,拆卸麻烦;后者转子的支撑轴承分布在转子的同一侧,支撑距离明显缩短,浆流从中心轴向进入,周向分布均匀、直接,应用较广。

(3) 根据转子锥度大小分类,可分成大锥度(锥度 60°~70°)、中锥度(锥度 20°~30°)和小锥度(锥度约 10°)锥形磨浆机。

此外,还有一种内部固有循环浆道、可任意调节出浆量的内循环锥形磨浆机。

9.4.1 单磨腔锥形磨浆机

1. 工作原理

锥形磨浆机具有截头圆锥形转子和截头圆锥形外壳,构成一个锥形的磨浆区域。根据主轴支撑方式又可分成通轴式(图 9-10)和悬臂式(图 9-11)两种,两者具有相同的工作原理。下面以通轴式为例介绍单磨腔锥形磨浆机的工作原理。

同其他磨浆机一样,锥形磨浆机的磨浆过程包括浆料在磨区内的流动和研磨过程。

1) 纸浆在锥形磨腔内移动

纸浆在高速旋转的转子带动下产生周向线速度和径向离心力。圆锥形的转子使得大端的周向线速度和离心力比小端的周向线速度和离心力大,从而导致大端的静压比小端小(产生静压差),在锥形外壳上轴向定齿纹的"束缚"和导引下,进入圆锥形转子与圆锥形外壳之间的纸

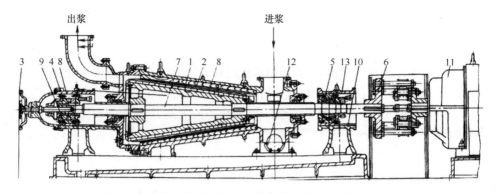

图 9-10 通轴式锥形磨浆机结构图
1.转子刀辊；2.底刀；3.间隙调节机构；4.操作侧轴承；5.传动侧轴承；6.联轴器；
7.主轴；8.外壳机体；9.前支座；10.后支座；11.电动机；12.盖板；13.前支座盖

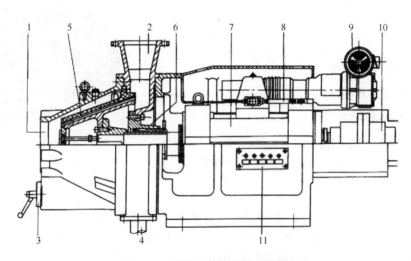

图 9-11 悬臂式锥形磨浆机结构图
1.纸浆入口；2.纸浆出口；3.异物杂质清理口；4.清洗孔；5.磨浆刀；6.轴封；
7.轴承座；8.限位开关；9.进退刀减速器；10.齿轮联轴器；11.润滑机构

浆具有由小端向大端流动的趋势。因此，圆锥形磨浆机的纸浆一般从外壳的小端送入，由大端排出。

锥形磨浆机工作时纸浆移动的动力源包括：进出口浆管的外来压差和锥形磨腔内的静压差。

当然，在锥形磨浆区产生静压差推动浆料流动的同时，根据反作用力原理，锥形转子也受到相应的轴向力作用，从机械的角度看这是不利的。

2) 纸浆在磨腔内受到研磨

浆料一旦进入锥形磨腔，在离心力、涡卷力、背压力以及外压力和静压差的复合作用下，在流过磨腔时，受转子表面飞刀和固定锥形磨套内表面底刀之间复杂的机械作用（如摩擦、扭转、切断、拉伸、弯曲等），产生打浆作用。

打浆性能与齿纹的形态等具体因素有关。一般，锥形磨浆机的长纤维切断作用较强，打浆均匀性较盘磨机好。

2. 锥形磨浆机的结构

1) 转子

锥形磨浆机的转子又称刀辊,通常采用铸铁结构。飞刀片平行于锥形转子锥体母线,安装于相应的槽中。飞刀片有长飞刀片和短飞刀片两种,长飞刀片和锥面长度相同,短飞刀片长度仅为长飞刀片长度的1/2~1/3,通常安装于锥形转子的大端,以使转子辊面飞刀片分布较均匀。刀片的厚度为6~10mm,刀片厚度的选择与打浆性质有关,打游离浆时,选用较薄的刀片;反之,打黏状浆时,选用较厚的刀片。转子的结构形式如图9-12所示。

由于转子工作时回转速度较高,制造时需要进行静平衡和动平衡试验。

随着现代加工技术的发展,锥形磨浆机的转子刀和底刀都被加工成整体式合金钢磨套,提高了转子刀和底刀之间的配合,同时便于维修更换。悬臂式锥形磨浆机磨套如图9-13所示。

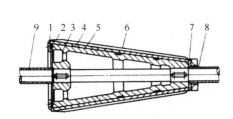

图9-12 锥形磨浆机转子结构图

1.盖;2.盖板;3.辊体;4、6.垫木;5.刀片;7.叶盖;8、9.轴套

图9-13 悬臂式锥形磨浆机磨套

2) 底刀与外壳

为与锥形转子配合,锥形磨浆机的外壳也呈锥形,可以是整体结构,也可以呈上下两部分构成。底刀安装于外壳上,为了便于拆卸,先在外壳内安装一个锥形的衬套,底刀则安装于衬套上,维修时可不移动底刀座,只需把衬套取出。

3) 纸浆进出口

通轴式锥形磨浆机的进口通常在小端轴向的上部,悬臂式直接位于小端轴向。为了使纸浆能够顺利进入磨腔,入口端纸浆需要具有30~60kPa的压力。浓度特别高时,需在进口段设置专门的螺旋推进叶片进行强制进浆。纸浆进口段上部设有排气筒,排除纸浆流动带入的空气。

出浆口一般设置在锥体的大端,根据打浆工艺的不同要求,具体出浆口可设置在大端的上部、中部或下部。出口在上部时,纸浆在设备内的停留时间长,可提高打浆度;出口在下部时,停留时间相对较短,可提高打浆能力。

4) 间隙调节机构

当锥形磨浆机飞刀和底刀磨损导致打浆间隙增大,需要在同一台锥形磨浆机上对不同的纸浆或采用不同的打浆工艺进行打浆时,通常需要改变磨腔内飞刀与底刀之间的间隙和打浆比压,从而需要相应的间隙比压调节机构来进行调节。在锥形磨浆机上可通过轴向移动转子或底刀座来实现。

此外,锥形磨浆机还具有轴承、传动及润滑系统等结构。

9.4.2 双磨腔锥形磨浆机

锥形磨浆机具有较好的切断、分丝能力且结构紧凑,特别适合处理长纤维原料。为进一步提高磨浆有效面积和克服传统单磨腔锥形磨浆机磨浆过程转子轴向力问题,国内外已研制了双磨腔锥形磨浆机。

双磨腔锥形磨浆机具有两个磨浆浆流通道。构成双磨腔的方式一般有两种:一种是在一个具有内外磨齿的空心锥形转子的内部和外部分别套一个锥形磨套定子(图 9-14);另一种是锥形磨浆机的双磨腔由两对定子磨套和与之配套的两对内嵌锥形转子构成(图 9-15)。

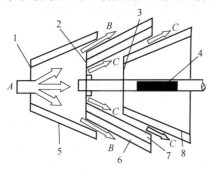
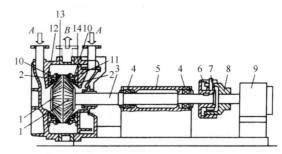

图 9-14 三锥式双磨腔锥形磨浆机原理示意图
1.外磨套定子;2.转子;3.内锥头定子;4.转子轴;
5.外磨套定子内表面齿;6.转子外表面齿;
7.转子内表面齿;8.内锥头定子外表面齿;
A.进浆;B.外磨腔浆流;C.内磨腔浆流

图 9-15 四锥式双磨腔锥形磨浆机原理示意图
1.圆锥形转子;2.圆锥形定子;3.转子轴;4.转子轴支承轴承;5.轴承座;
6~8.联轴器和可移动接头;9.电机;10.转子轴滑动盘支撑器;
11.转子轴滑动盘;12~14.机壳(磨室护套);
A.纸浆进口;B.纸浆出口

图 9-14 是 20 世纪 90 年代巴西 S. A. Pilao 发明的三锥式双磨腔锥形磨浆机原理图。其基本原理是:浆料从小端进入磨浆室后,在压力作用下进入两个磨腔的磨浆区进行研磨。这类磨浆机相比于磨浆机的并联,降低了单位能耗和设备费,占地面积也相应减少。

图 9-15 是为了克服单磨腔锥形磨浆机转子的轴向受力问题,由日本专家于 20 世纪初设计的。浆料从上部的两个进浆口分别由两个锥形转子的小端进入左右两个锥形磨浆区,磨浆完成后在大端外周汇合,并经出浆口排出。这类双磨腔锥形磨浆机克服了传统单磨腔锥形磨浆机存在较大轴向反力的问题,提高了单位体积内有效磨浆面积,降低了能耗,同时操作维护也比较容易。

内循环锥形磨浆机是一种内部固有循环浆道、可任意调节出浆量的锥形磨浆机,可单台或多台串联作为连续打浆设备使用,也可作为精浆设备。这类磨浆机对纤维的切断作用较小,水化性能较好,对原料和纸种的适用范围较广。由于其应用较少,这里不再介绍。

9.5 盘 磨 机

9.5.1 盘磨机概述

1. 打浆设备的挑战与发展

打浆设备的结构性能直接影响到打浆后纤维的性质,进而影响到纸张的抄造和成纸的质量,对打浆设备的一个基本要求是:磨齿和齿沟形态应随打浆工艺的不同要求而有区别。然而,打浆机、圆柱磨浆机和锥形磨浆机作为打浆设备,它们在结构上具有共同的特点:飞刀和底刀均分布在曲面上,刀片的形状和布置在加工上很难有大的突破,因而限制了打浆工艺的发展,突破这一结构的局限性是现代打浆设备发展必须要解决的关键问题。

1933 年盘磨机问世,其主要用于木浆粗渣的再磨,设备简单,但精度不高。盘磨机磨盘的平面结构使得磨齿(对应于前面的飞刀和底刀)结构、形状及布置形式可以更加灵活,为打浆设备的发展带来希望。近 20 多年来,人们对盘磨机的结构和磨盘齿纹作了大量的研究,使得齿纹的形状、分区布置及结构更加合理，型号系列化、专用化，其用途也越来越广，能适应各种打浆工艺，特别是用它来实现高浓打浆工艺，显著提高了打浆的质量。目前，盘磨机的发展非常迅速，已发展到连续化、自动化、大能力、高效能、专用化以及工业化大生产普遍使用的水平。

2. 盘磨机的主要特点

(1) 盘磨机是一种连续打浆设备，具有较好的质量均一性和稳定性，自动化程度高。
(2) 盘磨机占地少，效率高，电耗低。
(3) 盘磨机的结构和磨纹不断改进与完善，磨纹分区布置的灵活性和其专用化的发展方向，使得盘磨机能适应各种浆种和一些特殊纸浆的打浆。
(4) 相对于其他打浆设备，盘磨机一个突出的优点是可以实现高浓（20%～30%以上浓度）连续打浆，能有效地提高磨浆的质量。
(5) 盘磨机不但可以用作打浆设备，还可用作制浆设备。

3. 主要规格及用途

我国设计、研制和使用过的盘磨机已达20多种，主要盘径规格有ϕ300、ϕ330、ϕ350、ϕ380、ϕ400、ϕ450、ϕ500、ϕ550、ϕ600、ϕ650、ϕ700、ϕ750、ϕ800、ϕ915、ϕ1250等。

盘磨机打浆对纤维的切断作用较小，因此对处理短纤维原料（包括阔叶木和草类原料等）比较有利。现在国内使用盘磨机处理的纸浆已扩展到除了破布浆、麻浆以外各种植物纤维纸浆，生产出各种工业用纸、文化用纸、生活用纸、包装用纸、特种用纸等。

在盘磨机的三大类[单(动)盘磨、双(动)盘磨、多盘磨]中，从现代化生产使用情况来看，单盘磨机几乎只用于高浓打浆（因为单盘磨机用于低浓打浆时效率不高），多盘磨机具有精良的磨盘形态，对于低浓打浆效率高，适合现代机械浆的后处理。

9.5.2 盘磨机的类型

1. 按主轴安装形式分类

1) 卧式盘磨机

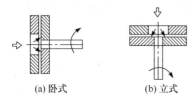

图 9-16 盘磨机主轴布置形式

这类盘磨机的主轴成水平布置[图 9-16(a)]。这一类型的盘磨机目前使用最广泛。

2) 立式盘磨机

主轴直立布置的称立式盘磨机[图 9-16(b)]。它的特点是纸浆沿重力方向由磨盘中心进入两盘面间隙，容易均匀分布于高速回转的盘面上。

2. 按磨盘的数量分类

一般按照动盘数量分比较恰当，但实际生产中常按总盘数量分类。

1) 双盘单动盘磨浆机

这类磨盘机有一对磨盘，其中一个为主动盘，由主轴带动回转，是一种单盘回转的双盘磨浆机，简称单盘磨机。它是各类盘磨机中应用最多的一种。卧式单盘磨机的外形似浆泵，浆料由盘磨中心进入，被转子上的叶片抛向两盘面间的间隙中，处理后的纸浆沿外壳切线方向进入排料口排出。

2) 双盘双动盘磨浆机

这类磨盘机的磨室里有一对磨盘，两个磨盘各由一台电动机通过主轴带动，使盘面相对而反向回转,简称双盘磨机。可用手轮调节盘间间隙,用油压保持定压、螺旋进料。

这种盘磨机的优点是:由于两磨盘反向回转,相对速度是两磨盘线速度之和,纸浆纤维受到的扭转力相应增大,纸浆旋转消耗的动力减少因而有利于纸浆的磨碎,提高对纤维撕裂和帚化方面的能力。主要缺点是:纸浆由设在转盘中心圆周上若干个孔口进入两盘面的间隙,因此容易搭桥堵塞,对于草类浆和小型设备将产生加料困难。

3) 三盘单动盘磨机

这类盘磨机的磨室内一般装有三个圆盘。中间圆盘由主轴带动回转,它的两个表面均装有磨片,与两边的定盘形成两对磨浆面,有时也称为"双盘磨机"。为了避免与双动盘磨机混淆,常称它为三盘磨机(两对磨片安装在三个圆盘上)。三盘磨机的典型结构如图 9-17 所示。

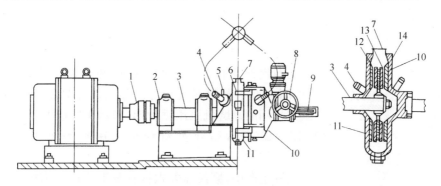

图 9-17 三盘单动盘磨机结构图

1.联轴器;2.滑动轴承;3.转轴;4.进浆管;5.水压密封圈;6.磨盘室;7.出浆口;8.手轮;
9.限位装置;10.可移动机座;11.机壳;12.机壳固定磨盘;13.转动磨盘;14.机座固定磨盘

根据纸浆流动的方式不同,三盘磨有单流式[图 9-18(a)]和双流式[图 9-18(b)]。单流式即纸浆从磨室的一侧入口进入,由磨室的另一侧出口排出。这相当于两台双盘单动盘磨机串联,但又有其独特之处,即纸浆经过第二对磨面时,是逆着离心力,方向由盘的外缘向中心流动的,这一流动过程所需的动力由纸浆经第一对磨面后所具有的压头来供给。双流式即纸浆从磨室两侧的两个口进入,由一个出口排出。这相当于两台单盘磨机并联,设备生产能力高,是单盘磨机的两倍。由于三盘磨机相当于两台单盘磨机联合,生产能力大、单位电耗低、设备费用降低、结构紧凑、占地少,因而得到广泛使用。

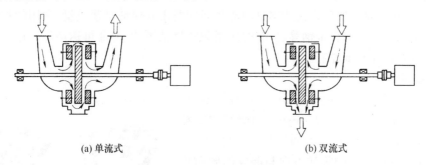

(a) 单流式　　　　　　　　(b) 双流式

图 9-18 三盘磨浆机结构示意图

4) 多盘磨浆机

为了提高低浓(2%~6%)打浆的效率,已发展出总盘数为 5、动盘数为 2 的多盘磨浆机,即五盘双动盘磨机。

9.5.3 磨盘及磨浆特性

盘磨机打浆是一个非常复杂的机械和水力作用过程。磨盘高速旋转产生巨大的离心力，使纸浆从磨盘中心向外周运动，在这个过程中，纤维受到摩擦力、扭力、剪切力和水力等多种作用，磨浆后纤维的撕裂、分丝、帚化、弯曲、压溃和搓揉作用显著，而切断较少。这种特点在高浓磨浆时更为明显。因此，盘磨机对短纤维原料（包括阔叶木和草类原料等）的打浆更为有利。

盘磨机磨盘的平面结构使得磨纹设计制造和布置形式可以更加灵活，盘磨机能满足更复杂和更灵活的打浆工艺要求。磨盘是盘磨机的主要结构，磨盘上磨纹的形状及分布，磨纹的材质，磨盘的直径及转速，磨盘间隙及压力调节机构等是影响盘磨机磨浆特性的关键因素。

1. 磨纹结构及磨浆特征

1) 齿形

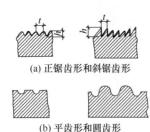

(a) 正锯齿形和斜锯齿形

(b) 平齿形和圆齿形

图 9-19　盘磨机的齿形

磨盘磨纹直接关系到磨浆操作和磨浆效果。根据打浆作用的不同，盘磨机磨盘齿形可以分成疏解型和帚化型两类。通常疏解作用的盘磨机采用锯齿形（包括正锯齿形和斜锯齿形）磨纹[图 9-19(a)]，帚化型盘磨机采用平齿形或圆齿形磨纹[图 9-19(b)]。

实际生产中，磨纹需要根据打浆工艺进行选择。例如，浓度较高的纸浆打浆时，磨纹宜采用窄的刀纹和浅的沟槽，以减少纸浆在沟槽中沉积与堵塞，有助于纸浆的运动；对于多数已单纤维化的浆料打浆，为了提高打浆度，磨纹的沟槽须窄而浅（齿顶的有效面积较大），以增加磨浆面积，沟槽浅有利于沟槽内的纸浆进入磨纹表面，以获得充分的磨浆机会。而当较粗的纸浆在通过盘磨机磨盘要获得由粗到细的疏解和精磨过程时，则可在同一个磨盘面上分段设计出不同的磨纹。

在磨纹选择时，根据产量和质量的不同要求选择齿形结构参数。齿形凸出高度（沟槽的深度）h 为 2～8mm，凸出部分的间距（沟槽的宽度）t 与齿的形态和大小有关，可取 4～10mm。

除了齿形，磨纹材质直接影响磨片的寿命，进而影响到磨浆质量。耐磨性差的材质不但增加维修工作量，而且使纸浆质量波动，因而直接影响盘磨机打浆的产量和质量，也直接影响造纸成本，所以，选用材质要考虑盘片本身的寿命周期费用并保证打浆质量，常用的材质有白口铁、堆焊碳化钨、不锈钢、合金钢等，也有的使用陶瓷烧结磨片，寿命可达两年。还有少数厂使用砂轮磨盘，寿命在 60d 左右。

2) 磨纹的倾向

磨纹对磨浆效果和产量也有影响。这种影响主要反映在两个方面：

(1) 产生"拉入"和"泵出"作用。当磨纹的旋转方向与磨纹的倾向一致时，磨纹对纸浆具有"拉入"作用[图 9-20(a)]；当磨纹的旋转方向与磨纹的倾向相反时，磨纹对纸浆具有"泵出"作用[图 9-20(b)]。前者有利于增加纸浆在磨盘间的停留时间和磨浆机会，但会降低产量；后者有利于增加产量，但纸浆在磨盘间的停留时间减小，会影响磨浆质量。"拉入"和"泵出"作用的大小与磨纹的倾角大小有关。

(a)"拉入"作用　　(b)"泵出"作用

图 9-20　磨纹倾向对纸浆的作用

(2) 产生不同的切断和精整效果。当转盘和定盘的磨纹互相平行,磨纹刀缘啮合时的剪切作用最大,对纤维的切断效果较好;当转盘和定盘磨纹互相垂直,刀缘啮合时几乎没有构成剪切作用,主要是纸浆纤维相互摩擦而产生精整作用,对纤维的撕裂和帚化作用大,而生产能力随之降低。因此,可根据浆种特性及打浆要求选择合适的倾斜角,以控制剪切作用和精整作用的相对大小。

3) 挡坝

研究表明,在盘磨机的工作过程中,磨盘高速圆周运动所产生的离心力有使纸浆从沟槽中"泵出"的作用。由于盘磨机的磨齿为发散状,部分沟槽内的纤维未经研磨被直接甩出磨盘,导致打浆不均匀。当打浆浓度不高时,这种现象更明显。因此,在磨纹结构设计上引入了挡坝。

挡坝也称挡浆坝或封闭圈,设置在磨片上,其作用是使纸浆(尤其是沟槽内的纸浆)不会在离心力的作用下直通出去。盘磨机上挡坝的基本形式如图 9-21 所示。

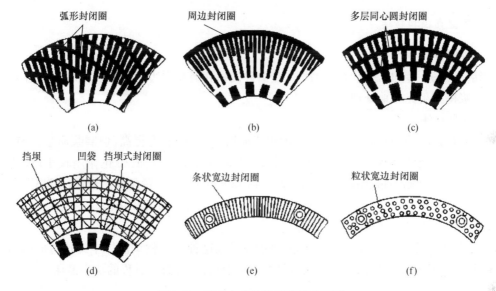

图 9-21 磨盘上几种常见挡坝示意图

图 9-22 是 17 种典型磨纹形式。

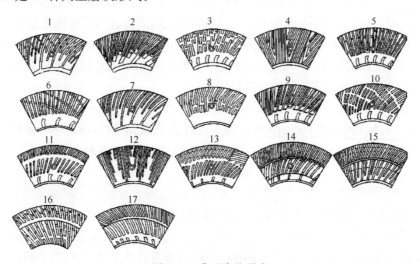

图 9-22 典型磨纹形式

4) 磨盘梯度

两个磨盘组合安装而构成磨区后,由于磨盘内区的直径小、线速度低,纸浆在此区域的离心力小,必须有一定的配合锥度以形成足够的进浆通道使纸浆迅速进入磨区,使纸浆流动畅通,防止堵塞的现象。所以,在设计磨盘的磨纹时,除了考虑磨纹的形状大小、磨纹的倾向及倾斜角、封闭圈或挡坝的分布、转盘与定盘上磨纹的相对位置等因素之外,还要考虑磨盘横切面上磨纹的梯度(图 9-23),对于处理较硬较浓的纸浆时适宜的梯度尤为重要。此外,磨盘梯度的存在有利于纸浆在离心力和进出压差作用下迅速疏解,并在从逐渐变小的间隙到达精磨区的过程中实现类似于打浆机的从落轻刀到落重刀的打浆过程。

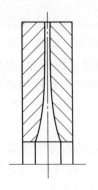

图 9-23　磨盘梯度示意图

2. 磨盘直径和转速

1) 磨盘直径

当磨盘转速一定时,磨盘直径的增大使磨碎面积和磨盘周边线速度增大,进而使生产能力提高,纸浆得到更充分地处理。

2) 磨盘转速

当磨盘直径相同而提高转速时,磨盘线速度增大,生产能力提高,但磨浆质量会有变化。在一定条件下,当线速度约 1200m/min 时,纤维受切断作用较强,帚化作用较小;线速度约 1500m/min 时,切断与帚化作用相当;线速度约 1800m/min 时,帚化作用较强,切断作用较小;线速度在 2100m/min 以上时,对纤维或纸片具有良好的疏解帚化作用。

3) 磨盘直径和转速影响功率消耗

盘磨机的整个功率消耗包括三部分:磨盘在纸浆这种非牛顿型流体中旋转造成的功率消耗;轴承摩擦、填料函摩擦以及纸浆输送等的功率消耗;有效磨浆过程的功率消耗。

3. 磨盘间隙调节机构

根据打浆设备的基本要求,磨齿间隙要能进行调节。这是因为打浆过程中磨盘表面的磨损会导致磨盘间隙增大,而盘面间隙大小直接影响打浆的质量、产量、能耗和安全。

一般盘磨机工作时,精磨的盘磨机两盘面间的间隙必须保持与小纤维的直径相当,故盘面间隙的调节精度必须达到 1/1000mm,这就要求盘磨机有良好的结构精度以及精确的间隙调节机构,以保证磨盘具有一定的间隙和打浆压力。

盘磨机盘间间隙的调节主要根据盘间间隙值、打浆电流、打浆压力、打浆流量等。间隙调节手段主要有:机械调节(如手动蜗杆蜗轮调节);电动-机械调节(以电机驱动蜗杆蜗轮机构);液压调节。目前,国内外新设计的盘磨机大多采用液压控制的调节机构。

9.5.4　盘磨机的选用

我国目前使用的盘磨机由于结构形式和规格大小的差异,可分成许多不同型号,其中有通用的,也有专用的。常见的单盘磨机、双盘磨机以及三盘磨机三类盘磨机由于结构上的差异,其性能及使用领域有所不同,应根据不同盘磨机的特性及打浆工艺要求进行选择。

1. 单盘磨机（双盘单动盘磨机）

单盘磨机结构较为简单，检修较为方便。由于只有一对磨片组成磨区，调整其中一个磨盘的位置即可改变磨区的间隙大小，而且间隙大小可以在较大范围内灵敏调节。上述优点使得单盘磨机对纤维原料种类和纸浆浓度的适应性较宽，既可以处理比较柔软的化学浆，也可以处理比较粗硬的半化学浆；可以处理一般浓度（3%～5%）的纸浆，也可处理较高浓度（5%～7%）的纸浆。

随着盘磨机进料结构、磨盘结构、磨室结构以及相关结构的改变，还可以用它处理中高浓度（10%～13%）的化学浆、半化学浆，以及经过一定预处理的各种纤维原料，制取化学机械浆或机械浆。它的用途之广是目前三盘磨机无法比拟的。

2. 双盘磨机（双盘双动盘磨浆机）

双盘磨浆机与同样磨盘规格的单盘磨机相比，相对速度增加一倍，施加于纸浆纤维上的扭转、弯曲和摩擦力相应加大，有利于纤维的分离和帚化。由于作用于纸浆纤维上的切向速度相互抵消，径向离心速度加大，因而有利于提高磨浆质量和产量。这是双盘磨机发展的主要依据。

双盘磨机两个磨盘都装配在主轴上，因此纸浆进入磨区不能像单盘磨机一样轴向进入，而必须通过设在其中一个转盘上绕转轴作圆周分布的若干个孔口进入盘磨机的磨区。对于小型的盘磨机，由于磨盘直径小，不宜开这些进浆孔口，否则进料困难，易于搭桥堵塞。因此，双盘磨机通常是适用于磨盘规格比较大的打浆操作单元。

3. 三盘磨机（双磨区单动盘磨机）

三盘磨机由于在磨室里装有两对磨片而组成两个磨区，其磨浆的力相当于两台单盘磨的磨浆能力之和。它的生产能力大，且转盘的两个面都是磨浆工作面，而单盘磨机的转盘有一个侧面是非工作面。此外，三盘磨机的两对磨片装在一个磨室内磨浆，只有一根转轴（盘磨机主轴），轴承装置和密封装置相应也只有一套；如果采用对应生产能力的两台单盘磨机，则轴承装置和密封装置就要多出一套。因此，相比单盘磨机，三盘磨机的无用功率消耗大幅降低，这是其单位动力消耗较低的主要原因。

另外，由于双磨区磨浆时的轴向压力相互抵消，主轴上轴承的负荷大幅减少，因此轴承的寿命提高，设备的维修量减少。

9.5.5 盘磨机的主要技术特征

盘磨机磨浆特性如表 9-3 所示。

表 9-3 盘磨机磨浆特性

指 标	针叶木	阔叶木
打浆浓度/%	3.4～4.5	4.5～5.5
打浆线速度/(m/s)	15～25	15～25
磨齿宽度/mm	3.5～4.8	2.4～3.5
磨沟宽度/mm	3.5～5.0	1.5～3.0
磨沟深度/mm	7.0	5.0
磨浆强度/(J/m)	1.7～4.5	0.5～1.5
磨浆强度/(J/m^2)	370～720	180～360

目前,盘磨机发展迅速,国外生产和使用的低浓度双盘磨机单机处理能力已达350t/d以上,盘面直径已达18～58in(467～1473mm),配置动力为200～850kW。

国内通常使用的盘磨机型号有ZDP系列。其中,ZDP1、ZDP2、ZDP3、ZDP4、ZDP8和ZDP9为单动盘磨机;ZDP11、ZDP12、ZDP13、ZDP15为三盘磨机;ZDP21为ϕ915双动盘磨机。常用的盘磨机技术特征如表9-4和表9-5所示。

表9-4 我国通用的典型三盘(单动盘)磨机主要技术特征

型　号	ZDP11	ZDP12	ZDP13	ZDP15
盘径/mm	450	350	500/550/600	650/700/750
磨浆量/(t/d)	8～60	4～20	15～130	35～350
磨浆浓度/%	2～5	2.4～4.5	3～5	2～5
类别	双圆盘磨	双圆盘磨	双圆盘磨	双圆盘磨
盘转速/(r/min)	960	1470	960	750
进浆口尺寸/mm	ϕ65(2)	ϕ50(2)	ϕ90～ϕ125(2)	ϕ125(2)
出浆口尺寸/mm	ϕ70(1)	ϕ65	ϕ110	ϕ150
进浆压力/MPa	0.1～0.2	0.15～0.20	0.15～0.20	0.15～0.20
主机功率/kW	90,110	55～75	132～280	315～630

表9-5 国产单动和双动盘磨机主要技术特征

型　号	单动ZDP1	单动ZDP2	单动ZDP3	单动ZDP8	单动ZDP9	双盘双动盘磨机ZDP21
盘径/mm	400	500	600	330	1250	915
磨浆量/(t/d)	2～12	3～15	10～30	8.4～16.8	—	7～10
磨浆浓度/%	3～5	3～5	3～5	3～4	3～5	3～5
盘转速/(r/min)	1470	1470	1470	1470	1470	960
进浆口尺寸/mm	ϕ100	150×200	250×190	ϕ100	100×100	300×185
出浆口尺寸/mm	ϕ100	ϕ100	ϕ100	ϕ100	ϕ150	640×290
主机功率/kW	45～55	55～75	55～110	30	40	2×130

9.6　中高浓打浆设备

中高浓打浆技术的研究成功及其生产应用,是现代打浆技术发展的重大突破,不但能对半料浆或成浆进行打浆,还能对纤维原料起到高浓磨制和打浆的双重作用。

按照工程习惯,打浆浓度在10%以下时称为低浓打浆,浓度在10%～20%为中浓打浆,浓度在20%以上时才称为高浓打浆。但在实际生产中,由于大部分生产一直沿用低浓打浆,故常把打浆浓度在5%～8%时称为中浓打浆或高浓打浆。

发展中高浓打浆,最大的特点是明显提高打浆质量的同时大幅降低能耗。打浆质量的提高主要是由高浓打浆时浆料纤维在齿缘和齿上形成垫层,纤维之间的摩擦增加而切断作用减少,细纤维化增加;打浆能耗的降低主要是由于高浓打浆时浆料纤维之间摩擦作用增加,减少了磨盘相互间接触的可能性,从而打浆的比能耗(单位打浆电耗)降低。15%浓度打浆的能耗要比9%打浆时低40%左右。

中高浓打浆工艺是在中高浓盘磨机或其他中高浓打浆设备上实现的。

9.6.1　中高浓盘磨机

中高浓度盘磨机由普通盘磨机发展而来,主要有卧式单盘磨机和双(动)磨机,也有立式单盘磨机,如图9-24所示。其中,应用最广的是卧式中浓度盘磨机,其中卧式单盘磨机使用尤为普遍。

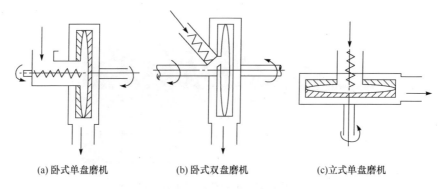

(a)卧式单盘磨机　　(b)卧式双盘磨机　　(c)立式单盘磨机

图9-24　三类中浓盘磨机示意图

根据中高浓打浆的需要,中高浓盘磨机结构较普通盘磨机有所区别。具体结构要求如下:

(1)中高浓盘磨机与普通盘磨机比较,要求整体结构强固、刚性大。因为高浓磨浆的轴向力很大,达几吨到十几吨,在这样大的轴向力作用下,要保持磨盘之间良好的平行度,机械结构必须有足够的刚度。

(2)要求几何形状匀称,热影响小。因为中高浓磨浆时要产生大量的热,为避免壳体和机座受热变形而影响磨盘的平行度,要求相关结构的几何形状必须对称。当然,大型高浓盘磨机的机座可以采用恒温装置。

(3)中高浓盘磨机要求盘径大。由于中高浓条件下打浆和进浆相对困难,进料口喂料螺旋的存在使盘中心区域的打浆作用减少,势必要求磨盘直径较大才能达到打浆效果。一般盘径在 $\phi600$ 以上。

(4)磨盘的齿纹面需有较大的梯度。用于中高浓打浆的磨盘齿纹面必须有比低浓打浆的磨盘有较大的梯度,对于不同的纤维原料或不同的浆料,梯度值也应有所不同。合适的梯度值通常由试验测定。

(5)中高浓度盘磨机盘齿纹的结构及材质。由于磨盘的磨浆面的内区、中区和外区的线速度不同,内区和中区的磨损较慢,外区的磨损较快,且中高浓磨浆时摩擦作用较普通盘磨机强。因此,中高浓磨浆时,内区、中区和外区的磨片最好可以更换,可节省费用,同时采用更加耐磨的材料。

(6)转盘轴头的锁紧螺母。转动磨片的底盘(或称托盘)常与主轴一端以一定的锥度配合,然后用一个螺母锁紧。这个螺母称为转盘轴头锁紧螺母。它一方面是用来把转盘与主轴紧固,另一方面是把纸浆沿磨盘的径向送进磨区。因此只有锁紧螺母上的旋翼与浆泵的泵翼相似,才能起到有效的甩浆作用;否则,高浓度纸浆就会在这个区域堵塞。

(7)中高浓打浆的加料器和喂料螺旋。连续、均匀、定量的进浆是中高浓度打浆的前提,以保证磨区连续、均匀、定量地进行操作,磨浆负荷始终保持稳定。从浓缩设备(如螺旋压榨机或双辊浓缩机等)来的中高浓度纸浆在高浓度定量加料器里缓冲和贮存,同时又在此连续、均匀、定量地送入盘磨机喂料螺旋,如图9-25所示。螺旋的直径应尽可能大,以使高浓纸浆一到达磨区就获得较高的离心加速度,从而顺利导入磨区。

(8)中高浓盘磨机磨室的排料口。低浓打浆的盘磨机的纸浆出口有一定的压头,因而排料不成问题。而中高浓打浆的盘磨机热磨时可靠蒸汽压力排放;非压力排放的则在磨室下方设有足够大的排料口(对于小型的非压力排放的中高浓度盘磨机,则可以在磨室下方设全开式垂直排料口),以使纸浆排出时畅通无阻。排放口与磨室弧形连接的地方必须圆滑过渡,以避免任何阻浆现象。

图 9-25　中高浓盘磨机喂料螺旋及盘腔结构图

9.6.2　圆柱高浓打浆机

图 9-26 表示圆柱高浓打浆机的结构及工作原理。当水和纤维的悬浮液以 2%～6% 的浓度从中心水平方向进入静止不动的分浆圆筒 6 的进浆口时,转动磨环 1 沿逆时针方向回转,纤维悬浮液以一定的压头穿过转动磨环上的锥形孔,而到达转动磨环与可调的定子压板 9 之间的圆弧缝隙,于是圆弧缝隙中的纸浆一边由定子压板的锥形孔脱水,一边受到打浆处理。这时打浆过程是在较高的浓度下进行。处理好后,从定子压板的圆锥形孔排出来的合格纤维与先期排出的水混合在一起,恢复了原来进浆时的低浓度状态。因此,圆柱形高浓磨浆机的磨浆全过程是低浓度进浆、高浓度(一般可达到 20% 以上的浓度)打浆、低浓度出浆的过程。因此,高浓圆柱形磨浆机不需要另外配用高浓进浆装置,使流程简化。

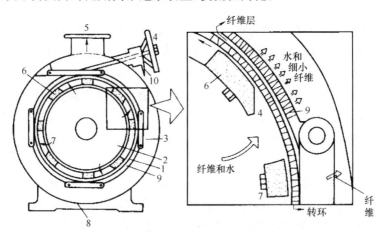

图 9-26　圆柱高浓打浆机
1.转动磨环;2.进浆室;3.拉板;4.操作手轮;5.出浆口;6.分浆圆筒;
7.挡板;8.排渣口;9.定子压板;10.定位机构

圆柱形高浓打浆机分机械调节和液压调节两种类型,具体又分若干型号。国产的有 ZDY11 圆柱高浓打浆机,国外的如瑞典威尔克圆柱高浓打浆机。

9.7 疏 解 设 备

从造纸打浆工艺来讲,人们往往希望纸浆纤维得到充分解离后再磨浆从而细纤维化。疏解就是当纸浆通过疏解机齿间时,受到强烈的水化剪切力、机械冲击力,且不断改变其运动方向和速度,最终将纤维团离解成单根的、润湿的纤维。

根据疏解的目的,疏解设备的侧重点与打浆机、磨浆机不同。疏解设备是在各类打浆设备的基础上,根据生产需要及打浆设备的功能趋向专门化时分离完善出来的,结构有相似之处(如都有间隙调节机构),但它的核心机构原理与打浆设备有不同之处。基本的疏解机型为高速磨浆机型,不过齿纹相对粗糙、齿间疏解间隙较宽,不能发生磨浆机的磨浆处理;一般疏解间隙为 0.5mm(磨浆间隙约为 $100\mu m$),外周线速度约 40m/s。

现代生产中,疏解机是一种使用很普遍的设备,往往作为废纸(商品废纸、回抄废纸)碎浆后与打浆之间的功能性中间单元设备。有时,当工厂制浆设备能力受到限制时,采用疏解机来增加制浆机械的碎浆能力。目前,国外生产的高频疏解机生产能力为 5～620t/d,配用电机功率为 55～630kW。

高频疏解机是一种常用的疏解设备,由一个高速回转的转盘和一个固定的定盘组成。常用的高频疏解机分中间咬合型(圆盘式咬合型和锥盘咬合型)、平行板型和圆锥型。

1. 中间咬合型

图 9-27 表示圆盘式中间咬合型高频疏解机及转盘和定盘图。

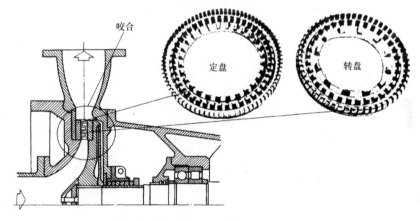

图 9-27 圆盘式中间咬合型高频疏解机及定盘、转盘图

转盘上的齿环套在定盘上齿环的内侧。齿环上的齿数自内向外逐渐增加,并且齿间间隙逐渐变小,使通过转盘与定盘间的浆流被逐次分散成更细的浆流,所受的机械冲击作用也越来越大。在高频率的机械和水力的作用下,纤维束便分散成单根纤维。

2. 平行板型

孔盘式高频疏解机属平行板型,图 9-28 表示它的转盘和定盘图。转盘和定盘上都匀布着通孔,浆流沿

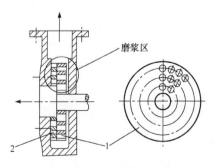

图 9-28 孔盘式高频疏解机转盘和定盘图
1.转动齿盘;2.固定齿盘

着转盘和定盘上的圆孔迂回运动,在这个过程中机械和水力对通过的纸浆起疏解作用。

3. 圆锥形疏解机

此类疏解机是具有截锥转盘和定盘、两者间有一定锥度配合的齿盘式高频疏解机,有时称锥齿式高频疏解机,目前应用较广泛。它的转盘和定盘齿槽通道与轴的中心线的夹角为140°,齿盘转速约为 3000r/min,产量为 20~400t/d,配用电动机功率相应为 55~400kW。图 9-29 为大锥度高频疏解机结构图,图 9-30 为圆锥形疏解机的转齿盘和定齿盘图。

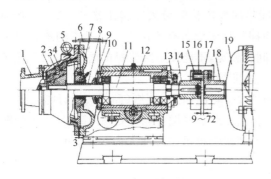

图 9-29 大锥度高频疏解机　　图 9-30 圆锥形疏解机的转齿盘和定齿盘
1.进浆管;2.定子外壳;3.定子;4.转子;5.定子压环;6.出浆管;
7.水封圈;8.轴套;9.迷宫油封;10.轴承盖;11.主轴;12.轴承外壳;
13.螺旋油封圈;14.主轴联轴器接盘;15.套筒;16.橡皮垫圈;
17.防护罩;18.电机联轴接盘;19.电机

第 10 章 纸机抄造设备

10.1 纸机概述

10.1.1 纸机的发展

东汉时(公元 2 世纪初)蔡伦总结整理前人的经验,发明了一套较完整的手工抄纸术,将造成的纸张献给朝廷。从此,人们都用这种纸,称为"蔡侯纸"。蔡伦为人类文明的发展做出了伟大的贡献,手工抄纸术迄今仍用于抄制高级的特种纸。

1. 纸机的发明——雏形

现代机器造纸技术是 17 世纪以来在西方各国发展起来的。1798 年法国造纸作坊职员罗贝尔特发明了连续抄纸机器,是由一条张紧在两个辊子之间的无端网带及一些附件所组成,如图 10-1 所示。纸浆上网靠旋转桨叶及挡浆板完成,挤水辊具有压榨的作用,经脱水、压榨后的湿纸幅由卷纸辊卷起。从卷纸辊退出的湿纸幅再经过若干压榨、辊挤压去除水分后,挂起干燥成纸页。

1803 年,法国的达都(L. Didot)和英国机师唐金(B. Donkin)完成了对罗贝尔特纸机技术的改进,制成了世界第一台工业生产用纸机,人们称为唐金纸机,如图 10-2 所示。可以看出,唐金纸机的工作原理已接近于现代纸机。保持搅拌状态的纸浆从浆槽型流浆箱通过斜槽流到无端网布和定边装置之间。湿纸页通过挤水辊之间,类似罗贝尔特纸机。由于唐金纸机具有移动的上毛毯,结构就更为合理。该毛毯也改善了纸浆的稳定性。湿纸幅向前行进经压榨辊,最后卷绕在纸辊上。虽然当时的纸机还没有干燥部,但其他部分已具备今天纸机的雏形,可以算作一个真正连续式纸机。1806 年,英国纸商福尔德黎尔(Fourdrinier)兄弟购买了上述所有发明权益,成为现存成功的抄纸机器专利的惟一法人。因此,纸机是由罗贝尔特发明,达都和唐金改进设计,福尔德黎尔兄弟所投资的,国外均将长网纸机称为 Fourdrinier 纸机。

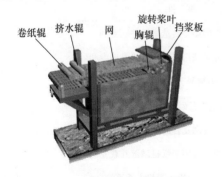

图 10-1 罗贝尔特发明的纸机

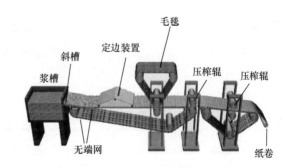

图 10-2 唐金纸机

2. 完善阶段——基本原理定型

1807 年,美国的金赛(Kinsey)获得了圆网纸机专利。1817 年第一台圆网纸机在美国运行投产。1816 年,纸机上设置了烘缸,扩展了湿抄纸的范围而达到在机上烘干制成纸幅成品的目的。1826年,在长网纸机上应用真空泵,在网下形成真空,由于真空脱水而在网上形成纸页。1827年开始采用大直径烘缸。1870年纸机已从横轴传动发展到纵轴传动方式。在此以后直到20世纪中期约七八十年间,纸机的部件基本没有重大改变,只是引用了一些新的技术,例如高压流浆箱、真空辊、移出式网案、引纸绳、压缩空气吹送引纸、圆筒卷纸机和多电机分部传动等。普通长网纸机示意图见图10-3。

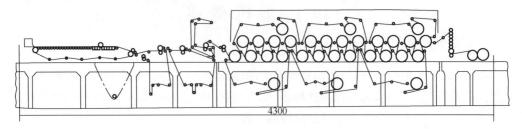

图10-3 普通长网纸机示意图

3. 发展阶段——宽幅高速

纸机车速从20世纪初的175m/min,发展到1995年的超过1300m/min(表10-1)。在这一时期,纸机装备得到迅速发展。1909年Millspaugh在Niagara大瀑布旁的Cliff造纸公司开发出了真空伏辊,随后在1911年又开发出真空压榨辊。1923年,贝洛依特(Beloit)公司制造了第一台带网部摇振的纸机,提高了纸张成形质量。1934年,第二流浆箱加装在长网机上,用于两层纸页的生产。1945年,压力式流浆箱出现为纸机车速的提高奠定了基础。1946年,纸机实现了总轴传动。图10-4是一种多缸长网纸机的设备图。这以后随着纸机车速进一步提高,单面脱水的长网纸机暴露出很难克服的问题。

图10-4 多缸长网纸机

表10-1 纸机200年发展简历(1798～1995年)

发展历程(年代)	事 件
1798	罗贝尔特发明第一台造纸机并获专利
1806	福尔德黎尔兄弟获得长网造纸机发明专利
1809	约翰获得圆网造纸机发明专利
1820	托马斯获得蒸汽烘缸的专利
1830	约翰发明使用双网复合两层纸页的造纸机
1838	托马斯发明成形板用于纸机网部并获专利
1846	纸浆浓度调量箱用于纸机上浆系统
1852	涂布机开发工作开始
1862	詹姆斯发明长圆网复合纸机并获专利
1863	琼斯发明第一台多网槽纸板机

续表

发展历程(年代)	事 件
1889	纸机已配有整饰辊、真空箱和烘缸,车速达到 90m/min
1896	长网纸机车速＞160m/min
1900	长网纸机车速＞175m/min
1908	Millspaugh 获真空伏辊发明专利,第二年用于生产
1911	Millspaugh 开发出真空压榨辊,并安装于造纸机上;长网纸机操作车速＞235m/min
1919	第一套纸机电子变速系统安装在长网纸机上
1920	长网纸机车速 330m/min
1931	长网纸机车速 400m/min
1934	第二流浆箱用于多层纸成形
1940	高速长网机开始取代圆网机生产纸板
1945	压力流浆箱出现,为纸机提速奠定了基础
1946	纸机总轴传动实现工业化
1953	纸机除气装置用于上浆系统;长网纸机引入真空吸移辊,车辊＞660m/min
1955	纸机烘干部使用气罩
1958	可控中高辊用于长网纸机;车速 750m/min,幅宽 8.68m
1962	水力式成形器用于多层复合纸机
1963	沟纹压榨辊引入造纸机
1965	合成干网首次用于纸机干燥部
1966	造纸机计算机控制系统首次在英国用于生产
1971	双网成形器被广泛应用
1981	宽压区靴形压榨被引入造纸机
1985	闪急干燥技术开发,1995 年获得专利
1995	纸机车速＞1300m/min

4. 提高阶段

20 世纪 50 年代,先后开发了纸机流浆箱布浆器(1950 年)、上浆系统的除气装置(1953 年);在纸机网部采用真空吸移辊(1953 年),在纸机干燥部采用热气罩(1955 年),并于 1958 年在压榨部装置了可控中高辊(controlled crown rolls)。进入 60 年代,先后开发了水力式高速多层成形器、刮水板(1962 年)和沟纹压榨辊(1963 年)以提高纸机车速。60 年代最重要的一项成果是第一台计算机控制的纸机于 1966 年在英国牛津的 Wolvercote 造纸厂安装。到了 70 年代,双网纸机已被广泛应用。80 年代出现了宽压区压榨和闪急干燥。90 年代纸机的车速已超过 1300m/min。

5. 近年新发展

在近 30 年,对流送上浆部分的流体动力学原理、纸幅成形机理、网部脱水原理、压榨脱水理论、干燥理论及压光理论等基本理论有了进一步的研究和发展,从这些理论研究成果中又发展了更多新技术,如稀释水流浆箱、靴式压榨、膜转移施胶或涂布、单排烘缸及其吹风箱、可控中高软压光机、表面中心卷纸机计算机质量控制系统(QCS)和集成管理控制系统(DCS),使纸机的结构得到改进,更趋完善。当今世界最快的纸机和纸板机见表10-2。图10-5是1800m/min、幅宽10m的现代高速纸机。

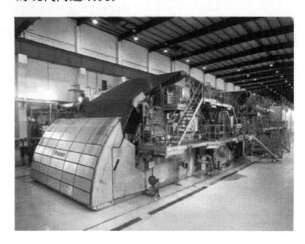

图10-5 现代高速纸机

10.1.2 国产纸机的发展

国内纸机械设备制造业经过50多年的发展,从最初低水平的单机维修与生产到今天的多规模、多工艺、多品种的系统成套生产,已经逐步形成了集华南理工大学制浆造纸实验室、轻工业杭州机电设计研究院、岳阳纸业股份有限公司、玖龙纸业(控股)有限公司、轻工机械设备制造集团于一体的产、学、研、用的产业链。纸机从最初3150mm机发展到现在可以生产幅宽达8m、车速达1200m/min的中档机。国产纸机大致经历了以下4个发展阶段:

(1) 起步阶段。20世纪50年代后期,在有关部门的组织下,上海生产了我国第一台3150mm纸机;计划经济时期,主要依据当时造纸工业以发展非木纤维制浆造纸的中小型企业为主的计划来安排造纸设备生产计划。以生产单机为主,逐步生产小成套设备,以数量型发展来满足建设需要。该时期纸机技术水平低,配置低端,质量不佳,除少量几台3150mm、330m/min纸机外,其余大多纸机车速都处于160m/min以下。

(2) 第一次提升。20世纪80年代引进国外先进造纸设备技术,加强国产化工作,纸机设备制造有了较大提升。80年代后期开始与美国贝洛依特公司合作创办生产高压线压胶辊的西贝造纸胶辊公司;与芬兰维美德(Valmet)公司合作创办西安维美德纸机械有限公司,生产中档纸机;引进德国福伊特(Voith)长网多缸纸机的流浆箱等8项关键部件及刮刀涂布机的设计与制造技术。这一阶段成功开发了日产50~75t的长网文化纸机,日产100t的叠网纸板机及多圆网纸机,纸机第一次提速到最高450m/min。

(3) 第二次提升。20世纪90年代加强研发力度,逐渐推出了一系列大中型纸机,纸机整体有了较大进步。这一时期的发展更大地体现在蒸煮、制浆设备上;开始采用不同形式的新型流浆箱、叠网成形、全封闭引纸、各种组合的复合压榨、高冲量压榨、袋通风、全数字电控系统;车速最高提到700m/min,幅宽达到4~5m,整机配置水平有较大提高。

表10-2 当今世界最快的纸机和纸板机.*

世界排名		公司名称	纸机编号及所在地	纸机型号及供应商	最快车速 /(m/min)	达到最快车速日期	设计车速 /(m/min)	设计产能 /(10⁴t/a)	开机日期
2008	2007								
新闻纸									
1	2	Papierfabrik Palm	3#,德国 Eltmann	DuoFormer,福伊特	2005	2008.07	2200	33	1999.09
2	2	Myllykoski(Rhein 纸厂)	1#,德国 Hürth	DuoFormer,福伊特	1980	2008.04	2200	31	2002.07
3	1	Holmen	62#,西班牙 Madrid	DuoFormer,福伊特	1977	2007.05	2000	30	2006.01
SC纸									
1	1	Stora Enso	12#,瑞典 Kvarnsveden	OptiFormer,美卓	1900	2007.03	2000	42	2005.11
2	2	UPM	6#,芬兰 Jämsänkoski	OptiFormer,美卓	1815	2006.09	1600	30	1992.10
3	3	NewPage	2#,加拿大霍克斯伯里港	SpeedFormer,美卓	1806	2005.04	1800	35	1998.04
LWC纸									
1	1	UPM	4#,芬兰 Rauma	OptiFormer,美卓	1912	2006.01	1800	40	1998.01
2	2	Burgo	9#,意大利 Verzuolo	OptiFormer,美卓	1904	2004.10	2000	40	2001.12
3	3	UPM	3#,德国 Augsburg	OptiFormer,美卓	1840	2006.02	2000	40	2000.06
不含机械浆未涂布纸									
1	1	UPM	1#,中国常熟	OptiFormer,美卓	1706	2006.11	2000	45	2005.05
?	2	Riau Andalan(APRIL)	1#,印度尼西亚 Kerinci	OptiFormer,美卓	1615	2008.06	1600	41.5	2006.10
3	2	Portucel Sopoicel	2#,葡萄牙 FozFigueirada	DuoFormer,福伊特	1583	2004.06	1700	40	2000.07
不含机械浆涂布纸									
1	1	金东纸业(APP 中国)	3#,中国大港	DuoFormer,福伊特	1770①	2008.08	2000	70	2005.05
2	2	UPM	8#,芬兰 Kuusankoski	OptiFormer,美卓	1604②	2005.02	1500	40	1983.08

续表

世界排名		公司名称	纸机编号及所在地	纸机型号及供应商	最快车速 /(m/min)	达到最快车速日期	设计车速 /(m/min)	设计产能 /(10⁴ t/a)	开机日期
2008	2007								
热敏纸									
1	1	August Koehler	2#,德国 Kehl	DuoFormer,福伊特	1613	2006.09	1500	14	2001.12
卫生纸									
1	1	LontarPapyrus(APP)	1#,印度尼西亚 Jambi	CrescentFormer,安德里茨	2125①	2007.07	2200	6	1998.03
2	2	金红叶(APP 中国)	2#,中国苏州	CrescentFormer,安德里茨	2100④	2004.01	2200	6	1998.12
3	3	王子制纸	1#,日本 Tokushima	CrescentFormer,美卓	2080⑤	2003.05	2000	4.5	1998.12
纸箱									
1	2	Papierfabrik Palm	6#,德国 Wörth	OptiFormer,美卓	1599⑥	2008.07	1800	60	2002.10
2	1	SAICA	9#,西班牙 Zaragoza	DuoFormer Base,福伊特	1564⑦	2007.03	1500	35	2000.10
3	?	Propapier	1#,德国 Burg	SpeedFormer,美卓	1366⑧	2008.01	1300	30	2001.12
盒用纸板									
1	1	宁波 APP	6#,宁波小港	SymFormerMB,美卓	950⑨	2008.06	900	70	2004.11
2	2	山东晨鸣⑩	3#,中国寿光	多合纸机	750⑪	2006.05	800	40	2005.01

注：* 表中不含机械浆未涂布纸系列包括生产原纸（用于机外涂布）的纸机，所列纸机均为最高车速运行 24h 不停机的纸机。
①金东纸业的 3# 纸机生产 90g/m² 面巾纸；②UPM 在 Kuusankoski 的 8# 纸机生产预涂的高级文化纸；③Lontar Papyrus 1# 纸机生产 13.5 g/m² 面巾纸；④金红叶 2# 纸机生产 13.2g/m² 面巾纸；⑤王子制纸 1# 纸机生产 11g/m² 面巾纸；⑥Palm 6# 纸机生产 95～105g/m² 废纸浆瓦楞原纸；⑦SAICA 9# 纸机生产 75g/m² 废纸浆瓦楞纸；⑧Propapier 1# 纸机生产 100g/m² 瓦楞纸；⑨宁波 APP 6# 纸机生产 300g/m² 美术纸板；⑩2007 年，Stora Enso 生产的是硫酸盐浆非液态包装纸板，继而山东晨鸣位列世界第二，但是由于其生产的 8# 纸机车速位列世界第二的纸机车速位列世界第二的是纸机；⑪山东晨鸣 3# 纸机生产 250g/m² 灰底白纸板。

(4) 第三次提升。21世纪以来，造纸工业得到快速发展，纸业市场需求逐年扩大，促进了造纸设备制造业的发展。然而，国内造纸设备与世界先进水平仍然存在着很大的差距，无法满足造纸业需求，进口设备大幅提高。

随着新一轮装备制造业发展的兴起，国家对造纸设备的开发非常重视，加快了大中型造纸设备的国产化。国内大型企业先后与欧洲几大纸机械设备企业签订了多项技术转让合同，使得造纸设备机械制造的总体水平有了较大的提高。该阶段推出了一系列较先进的各类纸机，以及多品种的配套设备。

10.1.3 纸机的组成

纸机是把经过打浆、调制后符合抄造纸要求的纸浆抄制成纸的机器。根据这一定义，纸机应该从流浆箱的进浆总管或其必需附带配置的进浆系统开始，直到卷出纸卷的卷纸机为止。也就是说，纸机主体分为由浆抄成湿纸的湿段和把湿纸烘干并成卷的干段，湿段包括流送部、成形部、压榨部三个部分，干段包括烘干部、压光部、卷纸部三个部分。此外还有机械传动部分以及为这些主体部分运行所不可缺少的真空系统、气压及液压系统、润滑系统、引纸系统、蒸汽系统、热风系统、汽罩及其排风系统等，也属于纸机的本体部分。一台完整的长网纸机，如图10-6所示。

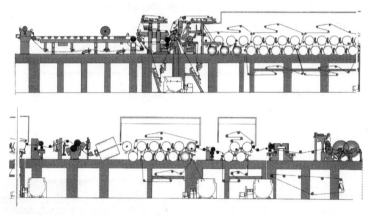

图10-6 长网纸机

另外，对于为了处理纸机产生的白水、湿纸边、湿损纸、干损纸等所需要的白水池、损纸池及水力碎浆机，可视为单台独立的设备，也可视为纸机的附属设备，但多数视为独立的设备。不少纸机由于工艺上的要求，还配有施胶压榨、机内涂布、起皱装置、纵切机等设备，对于按特定要求设计的完整纸机来说，这些作为机内配置的设备，应视为纸机的本体部分。

10.1.4 纸机的分类

纸机本体部分以及其附属和辅助系统均有不同的形式和规格。在工程设计中，主要是以造纸用的纸浆种类、成纸品种、产量要求为依据来确定其各部分的形式和规格，不同的形式具有不同的结构。纸机的形式分类取决于其主要部分的结构形式，用主要部分的结构形式来表达纸机总的形式是国际通用习惯。

在工程实际中，通常是选取对纸机产品产量和质量起决定性作用的成形部和烘干部的形式结构特征作为纸机基本形式分类的基础。纸机的基本形式分类大体上如表10-3所示。纸机的分类还有第二级乃至第三级分类。第二级分类是在同一基本形式的纸机中按特定要求所配备的特定配置来划分的。例如长网纸机这一大类中，按特定配置可分为新闻纸机、文化纸机、普通型纸机、薄纸型纸机，这些纸机其长网成形器各有不同的特征。另一方面，属于同一个二级分类的纸机,还可按其重大结构或配备特点分出第三级分类,例如具有多辊复式压榨的长网新闻纸机、穿透干燥长网纸袋纸机等。

表 10-3　纸机的基本形式分类

序号	基本形式	成形部特征	烘干部特征
1	长网造纸机	1 台长网成形器	多烘缸
2	长网大烘缸式造纸机	1 台长网成形器	1 个大直径烘缸
3	长网烘房式造纸机	1 台长网成形器	热风烘房
4	长网湿抄机	1 台长网成形器,并有浆板成形辊	无
5	多长网造纸机	2 台或 2 台以上长网成形器	多烘缸
6	圆网单(双)烘缸式造纸机	1 台或 2 台圆网成形器	1 个或 2 个烘缸
7	多圆网纸板机	多台圆网成形器	多烘缸
8	圆网大烘缸式造纸机	1~3 台圆网成形器	无
9	圆网湿抄机	1 台或 2 台普通(或真空)圆网成形器,并有浆板成形辊	多烘缸
10	长圆网复合式纸板机	1 台长网成形器,1 台或多台圆网成形器	多烘缸
11	短网造纸机	1 台短网成形器	多烘缸
12	多短网纸板机	多台短网成形器	多烘缸
13	长短网复合式纸板机	1 台长网成形器,多台短网成形器	多烘缸
14	无底网夹网造纸机	1 台夹网成形器	多烘缸
15	有底网夹网造纸	1 台长网成形器,1 台顶网与底网形成的夹网成形器	多烘缸
16	多夹网造纸机	多夹网成形器	多烘缸

图 10-7 所示是民丰特种纸股份有限公司引进的具有世界先进水平的 3150 高档造纸生产线。图 10-8 为宁波亚洲浆纸引进的世界最大的白纸板生产线。该白纸板生产线纸幅最宽、车速最快、产能最高、设备最先进,主要产品有高档白卡和白板纸,克重范围 250~450GSM,5 层长网,纸幅宽度 8.1m,设计车速 900m/min,3+2 涂布头。

图 10-7　3150 高档造纸生产线

图 10-8　年产 75 万吨高档涂布白纸板纸机

10.1.5　纸机的规格

国产纸机通常是以所产纸经切边后的净纸幅宽度和最大工作车速两个主要参数来表示纸机的规格。为了更好地供用户选择,更明确地体现一台纸机的特色,在纸机的规范说明中,通常除了标明纸机规格之外,还应标明所适应的纸浆种类、产品品种、纸页定量以及计算产量等。国外制造的纸机则多用机宽即成形网的宽度和最大工作车速来表示纸机的规格。

国内对纸机成形网的网宽系列已制定了标准,标准网宽系列同若干主要纸种的净纸幅宽的对应关系如表 10-4 所示。

表 10-4 标准网宽系列对应净纸幅宽（单位：mm）

名称	净纸幅宽/mm	最大工作车速/(m/min)	流浆箱 形式特征	成形部 成形器形式特征	具数	圆网笼直径/m	网案长度/m	吸水箱数	伏辊特征	纸幅转送方式特征	压榨部 压榨道数	压区数	压榨配置顺序	烘干部 烘缸直径/mm	个数	其他配置形式	压光机 特征压光辊数	卷纸机形式	传动方式	产品品种定量/(g/m²)
长网多缸造纸机	1575	120	开式匀浆辊	长网	1	—	8~9	5	真空	开式	4	4	正-正-反-平滑	1500	12	施胶压榨	7	圆筒式	纵轴或分部	一般文化用纸 50~100
长网多缸造纸机	1760	250	开式匀浆辊	长网	1	—	12	9	真空、有驱网辊	吸移	2	3	复式(2压区)	1250	34	施胶压榨	6	圆筒式	分部	文化用纸 50~100
长网多缸造纸机	2040	150		长网	1	—	10.95	8			3	3	正-正-正	1500	20	—	3	圆筒式	纵轴或分部	纸袋纸 50~100
长网多缸造纸机	2362	160	开式匀浆辊	长网	1	—	8~9	5	真空	开式	4	4	正-正-反-平滑	1500	24	施胶压榨	8	圆筒式	分部	一般文化用纸 50~80
长网多缸造纸机	2400	120		长网	1	—	9	8			3	3	正-正-正	1500	28	—	5	圆筒式	纵轴	瓦楞原纸 100~180
长网多缸造纸机	2640	400	气垫	长网	1	—	13	7、有饰面辊	真空、有驱网辊	吸移	3	4	复式-正-正(2压区)	1500	36	施胶压榨	6	圆筒式	分部	文化用纸 50~80
长网多缸造纸机	2640	450		长网	1	—	14.5	—	普通	带纸毛毯	3	3	双辊-反-正	1500	44	—	6	圆筒式	分部	新闻纸 45~52
长网多缸造纸机	3150	440		长网	1	—	—	—	普通	带纸毛毯	2	4	复式-正(3压区)	1250、可有3000	30	施胶压榨、可有涂布站	8	圆筒式	分部	纸板 180~300
多圆网多缸纸板机	1600	70	活动弧形板式网槽	圆网	5	1250	—	—			预压4、4	4	主压-正-正-反	3000	231	—	5	圆筒式	分部	纸板 180~300
长网大烘缸造纸机	1880	80	开式匀浆辊	长网	1	—	—	2~3			3	3	双辊-托辊2道	3000	1	—	—		纵轴或分部	较薄纸类

根据上述的定义,国内通用的表示纸机规格方法为净纸幅宽(mm)在前、最大工作车速(m/min)在后。例如净纸幅宽 3150mm、最大工作车速 600m/min 的长网新闻纸机,其规格表示为 3150/600 长网新闻纸机。

习惯上常按车速值把纸机区分为高、中、低速纸机,但由于我国纸机用原料种类较多,且非木纤维占的比重较大,与国外的纸机相比,国内纸机的车速受到脱水性能及湿纸幅强度等因素的较多影响,因此区分高、中、低速纸机的低速值相对较低。例如对于一般文化印刷书写纸种,450m/min 以上的车速就认为是高速,150~450m/min 为中速,低于 150m/min 为低速。但随着纸机车速的提高,上述区分高、中、低的车速值也将会提高。

对车速的区分实质上是相对的、发展的。对同一类纸机,生产不同的纸种,由于生产工艺要求不同,纸浆滤水性能不同,最高生产车速会有不同的限制,不会因机械配置的改进而突破其极限。另一方面,同一纸浆并生产同一纸种的纸机因技术装备的发展,效能的提高,最高生产车速也可以提高,从原来的实践极限值再提到新的最高值。例如对新闻纸机,以前认为是高速值的 600m/min 现在只能属于中速了,目前高速新闻纸机的最大工作车速已达 1000m/min 或以上。

关于幅宽,国外生产的纸机多以网宽 3000~5000mm 视为中等机宽,小于 3000mm 为窄幅纸机,宽于 5000mm 为宽幅纸机。由于制造能力关系,国内以前大致把幅宽大于 3520mm 的纸机称为宽幅纸机,目前各纸机制造厂已较多制造、销售幅宽大于 3520mm 的纸机和纸板机。常用不同规格纸机的配置图例如图 10-9~图 10-17。

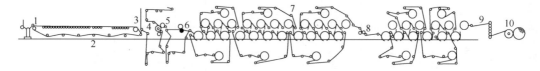

图 10-9　1760/250 长网造纸机基本配置
1.开孔流浆箱;2.长网成形器;3.真空伏辊;4.真空吸移辊;5.复式压榨;
6.正压榨;7.烘干部;8.施胶压榨;9.压光机;10.圆筒卷纸机

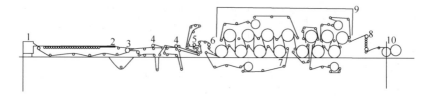

图 10-10　2362/160 长网造纸机基本配置
1.开式流浆箱;2.长网成形器;3.真空伏辊;4.正压榨;5.反压榨;
6.平滑压榨;7.烘干部;8.压光机;9.开式汽罩;10.圆筒卷纸机

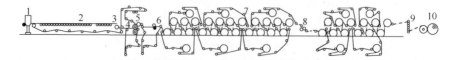

图 10-11　2640/300 长网造纸机基本配置
1.气垫流浆箱;2.长网成形器;3.真空伏辊;4.真空吸移辊;5.复式压榨;
6.正压榨;7.烘干部;8.施胶压榨;9.压光机;10.圆筒卷纸机

图 10-12　3150/440 长网造纸机基本配置
1.气垫流浆箱;2.长网成形器及真空伏辊;3.真空吸移辊;4.三压区复式压榨;
5.正压榨;6.烘干部;7.压光机;8.圆筒卷纸机

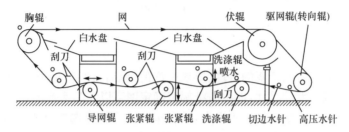

图 10-13　多数长网造纸机长网部所共有的特征

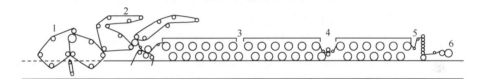

图 10-14　无底网夹网造纸机
1.夹网成形器;2.压榨部;3.烘干部;4.施胶压榨;5.压光机;6.卷纸机

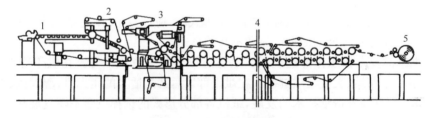

图 10-15　有底网夹网造纸机
1.底网;2.夹网成形器;3.压榨部;4.烘干部;5.卷纸机

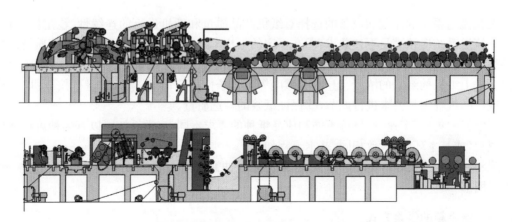

图 10-16　生产新闻纸的现代高速夹网造纸机

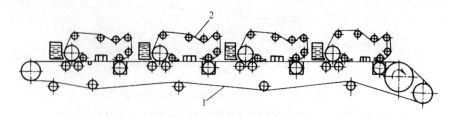

图 10-17　多夹网纸板机的网部
1. 下网；2. 上网

10.1.6　纸机的选型

纸机的选型一般是按照纸浆的特性、要求生产的纸品特性、质量指标和产量来选择，首先从产量要求确定纸机幅度的尺寸，即由净纸幅宽确定网宽以及车速范围。

从原料纸浆和所生产纸品的要求出发，结合车速范围就可选择纸机各部分形式。在选择纸机各部分形式时，有专家归结了如下几条主要原则：

(1) 车速 200m/min 以下时可考虑用圆网成形器，100m/min 及以上的车速应选用真空圆网成形器；长网成形器目前已发展到车速达 1000m/min 或以上，因此在较高车速范围内可选用长网成形器，但必须配备静止泄水元件（如脱水板）和真空元件（如真空脱水板和真空脱水箱）；在 300m/min 或以下车速时，长网才可以配用案辊等转动泄水元件；500m/min 及以上的车速生产定量不太大的纸品就可以选用夹网成形器；车速达 200m/min 以上生产各类纸板时可选用有底网夹网成形器。

(2) 在纸机的传动方面，应选择配置各种类型的分部传动，并根据车速的高低选择整离子控制系统和数字式控制系统。

(3) 在选择纸幅从成形网到压榨部的移送形式时，应注意中、高速纸机宜采用吸移方式，舔移方式只适用于定量很低的薄型纸品和不高的车速。

(4) 根据纸品要求在压榨部选配压纹装置、反压榨、平滑压榨等。在烘干部选配施胶压榨、半干压光机、涂布站、大直径烘缸等。在烘干部以后选配适当的压光机、湿润机、纵切机、切纸机或卷纸机，而且随着造纸技术的发展，纸机各部分形式的选择也会不断发展和更新。

10.2　纸浆流送系统及设备

纸浆流送系统的流程和设备的选择对纸机产品质量和纸机运行的连续性、稳定性有很大影响。流送系统应该满足下述要求：①在一定的纸机车速下，送上纸机的纤维量（按质量计）应保持稳定，其偏差应不超过纸机产品的定量允许偏差值；②保证纸浆中各种组成的配比稳定；③保证送上纸机的纸浆的浓度、温度、酸碱度等工艺条件稳定；④供浆纤维量可按纸机车速的变动或产品纸种定量要求进行调节；⑤保证纸浆的精选质量。

因纸机的规格、车速、产量等不同和成品纸种的要求不同，流送系统可以有多种流程，但其基本流程（或基本环节）大致相同，基本流程如下：

浆料、辅料→配浆→浆池→浆泵→稳浆箱→冲浆稀释→净化→精选→稳定设备→流浆箱→网部

10.2.1　流浆箱的供浆方式

向流浆箱供浆有三种形式：开启式、半开启式和封闭式，前两种流送系统只用于低速纸机。

在中、高速纸机上大都采用封闭式流浆箱,目的是避免带入空气,在纸浆中引起泡沫。

1) 开启式流送系统

净化、筛选设备等均为敞开式。接触空气,易产生气泡和浆团,影响纸张匀度,已淘汰。

2) 半开启式流送系统

净化、筛选设备等为封闭式,只有高位箱为敞开式。接触空气较少,浆量稳定。较广泛用于中低速纸机。向流浆箱供浆的方式取决于纸机车速,流浆箱匀整装置的形式,纸浆通过流浆箱的全部压力损失等。下面介绍两种向流浆箱供浆的方式。

(1) 由高位箱向流浆箱供送纸浆。当纸机前的筛选设备为圆筛浆机时,将筛后的浆料流送到集浆箱中,用泵送到高位箱,再由高位箱向流浆箱供送浆料,如图10-18所示。当机前筛选设备为旋翼筛时,对于中低速纸机可不用集浆箱和浆泵而利用旋翼筛出来所具有的余压,把纸浆送到高位箱,再由高位箱靠位差送到流浆箱,如图10-19。

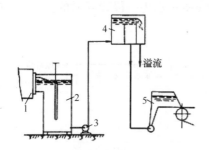

图 10-18　高位箱向流浆箱供浆方式一
1.圆筛;2.集浆箱;3.浆泵;4.高位箱;5.流浆箱

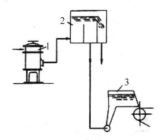

图 10-19　高位箱向流浆箱供浆方式二
1.旋翼筛;2.高位箱;3.流浆箱

选用高位箱供浆的优点是静压头稳定、供浆量稳定,并且可在一定的范围内调节静压头的大小。目前,我国许多中低速纸机采用这种供浆方式。

(2) 用泵向流浆箱供送纸浆。当纸机车速较高时,如采用高位箱向流浆箱供送纸浆的方法,高位箱就要安装在很高的位置上。这时,一方面操作管理不方便;另一方面,由于高位箱而提高厂房高度也不妥当。因此,近代中高速纸机采用泵向流浆箱直接供浆。用泵供浆可适应大范围工作车速的供浆需要,供浆的调节和操作都很方便。

图10-20为半封闭式泵向流浆箱的供浆系统。稳压箱可维持稳定的浆位,因此,保证了上

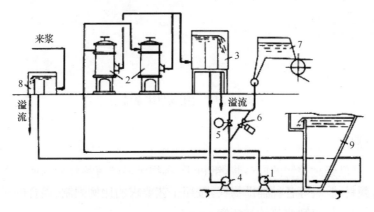

图 10-20　半封闭式泵向流浆箱的供浆系统示意图
1.冲浆泵;2.旋翼筛;3.稳浆箱;4.上浆泵;5.珍珠阀;
6.旁通阀;7.流浆箱;8.浆量调节阀;9.网下白水池

浆量的稳定。上浆泵通常采用直流电动机带动,可以连续平滑无级调速,当纸机车速变化时,通过调节上浆泵的转速,使送浆量和纸机车速相适应。上浆泵也可采用交流电动机带动,这时,调节供浆量不是调节上浆泵的转速,而是通过调节阀门来实现。为了调节供浆量和稳定供浆压力,在上浆泵和流浆箱之间的管路上,装设有电动珍珠阀和气动蝶形旁通阀。当纸机车速变化时,通常调节珍珠阀,以适应供浆量变化较大的需要。当车速一定时,平时操作进行微细调节时,只开闭蝶形旁通阀。通常珍珠阀管路的截面积与旁通阀管路截面积之比为16:1。我国一些中高速纸机均采用了这种供浆方式。

3) 封闭式流送系统

整个系统全封闭,不与空气接触,可避免带入空气,还配有脱气器和脉冲衰减器。系统控制要求高,用于中高速纸机。全封闭式的供浆系统不设置敞开口的稳压箱,向流浆箱供送纸浆的整个系统都是封闭的,这对于消除浆团料块和防止空气混入很有好处。图10-21为较典型的一段和两段稀释的封闭式供浆系统流程。图中虚线所示为一段稀释时的流程,而方括号内的装备则可能不采用。

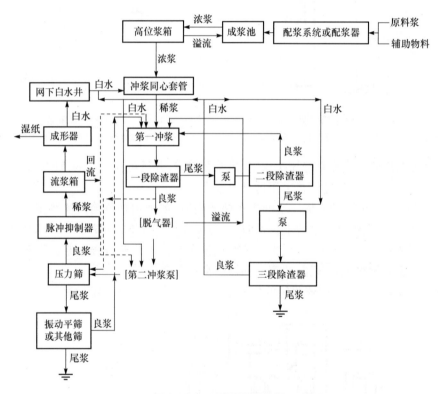

图 10-21 封闭式供浆系统

10.2.2 配浆设备

配浆是把浓度已经过控制的原料浆,纸机干、湿损纸经疏解稀释后的回浆以及根据产品需要加入的填料、颜料、胶料等各种辅助物料,按照工艺要求的比例配制、混合的操作单元。配浆设备是多种物料的流量控制调节计量装置。

1. 鼓式配浆器

鼓式配浆器按计量转鼓装设的不同,有立式和卧式计量转鼓两种,这里仅简介带卧式计量转鼓的鼓式配浆器,见图 10-22。

1) 计量转鼓的送浆量

用下式计算:$q_v = \dfrac{\pi}{4} D^2 L n$

式中,q_v 为计量转鼓的送浆量,m³/min;D 为计量转鼓的直径,m;L 为计量转鼓浸没在原料浆仓中浆位下的长度(m),其值为一常数;n 为计量转鼓的转速,r/min。

2) 结构

在卧式计量转鼓的配浆器中,有调速范围为 4∶1 的主变速器。它是 PIV 型链式无级变速器或其他形式的无级变速器,带动一根总轴,这根总轴是由各计量转鼓的单独变速器的输入轴连接而成的,因而主变速器的作用是使配浆器的所有计量转鼓同步调速,从而调节总的输出浆量。

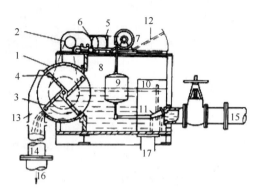

图 10-22　卧式计量鼓式配浆器

1.计量器;2.减速器;3.转鼓;4.橡皮条;5.主变速器;6.变速器;7.电动机;8.格仓;9.浮筒;10.溢流仓;11.浮动阀;12.检视盖;13.出浆斗;14.混合浆槽;15.进浆管;16.出浆管;17.清洗门及溢流管

各计量转鼓有单独的无级变速器,其调速范围为 6∶1,形式则与主变速器相同。这样可使各个计量器的输出浆量调节范围从占配比的 15%～90% 降到 5%～30%。各原料格仓内设浮动阀来保持格仓内的最低浆位,也可以配置气动阀门控制各个格仓的进浆管中流量。

2. 连续配浆系统

在现代中高速纸机上都采用配浆系统,它是若干组并联的带有仪表控制的管路系统。每组管路的控制仪表包括:流量检测元件、流量调节器和流量控制执行元件等。流量检测元件可采用电磁流量计或造纸专用的浮子流量计等。控制执行元件可用电动、气动或液动阀。对于流量较小的辅助物料也可用各种形式的计量泵,如齿轮泵、柱塞泵等。全系统可用计算机控制,具有很高的自动化程度。

图 10-23 所示是连续式配浆系统的调节方案。A、B、C 三种纸浆和 X、Y 两种添加物料的浓度在送到配料系统前已调节稳定,配比的问题主要是流量调节问题。这个调节系统可分为纸浆配比和添加物料配比两段。每种物料都设有由电磁流量计、调节器、比值器和调节阀等仪表组成的比值调节系统。在纸浆配比中,以混合池液位调节器(H_1-T)的输出信号作为主信号,主信号经比值器后,作为流量调节器(G_1、G_2、G_3-JT)的给定值。当纸机用浆量变化时,混合池的液位将变化,即主信号变化。主信号的变化引起各种浆料调节器给定值变化,流量调节阀发出的控制信号也随之变化,因而纸机用多少浆,系统就补充多少浆,而各浆种之间的比例是不变的。

混合浆池中已配好的纸浆送到纸机浆池。由于各种添加物料对纸浆的比例很小,故此添加物料比值调节系统的主信号采用混合浆池输出的总纸浆流量调节器(G_4-T)的输出信号。主信号通过各种添加物流量调节系统中的比值器,作为各调节器(G_5,G_6-JT)的给定值。因此,总纸浆量变化时,各添加物调节系统中的给定值也相应变化,即添加物料的流量相应变化,保持添加物料流量与总浆流量的固定比例。从混合浆池到纸机浆池的纸浆总量受纸机浆池液位(H-T)控制。

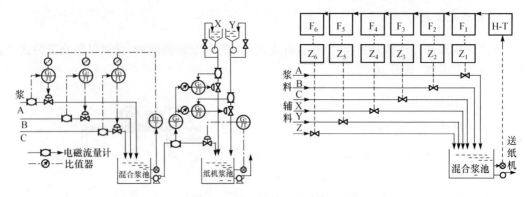

图 10-23　连续式配浆系统的调节方案
H-T-液位调节系统；F-分流器；Z-执行器

3. 先进的混合设备

很长一段时间内，流送系统混合的重要性被低估。例如，冲浆泵是一种不良的混合器这一事实被人们普遍接受。另外，流送系统中流向不确定的小回流会对纸张的残留变异系数产生较大影响。为了抄出好的纸张，流浆箱内95%的混合度是不够的，目标是要均匀一致，这就意味着百分百混合。好的混合不会自行发生而是需要提供能量。为了改善混合状况，Voith已开发出新的工程设计部件ComMix混合器和HydroMix混合器。

1) ComMix 混合器

ComMix混合器(图10-24)代替传统的混合池与纸机池。它包括一个液力混合器和两个相接连的池。它的任务之一是确保完全地混合所有的浆料成分，包括损纸和从白水回收装置回送的浆料；另一任务是消除那些已经不受上游的浓度控制回路抑制的浓度变化。

图 10-24　ComMix 混合器

ComMix混合器的特点：在一根混合管中进行大混合，浆料混合过程中的动能用于后续静态混合器中再进行微混合。微混合是在特殊设计的静态混合器内进行的。该混合器本身就是一个成熟的概念，其内表面朝流动的方向倾斜，这就使其耐用而且具有自净作用。对波动进行衰减：在浓浆系统中，一定要有用于衰减这些浓度波动的槽池。

2) POMix 混合器和 Dynamix 混合管

为改善混合状态，POM系统中用小容积高强度混合的POMix混合器(图10-25)代替传统的成浆池和纸机浆池。该混合器的设计使得浆料混合最优化并且最大限度地减少系统体积。在新的测量及控制解决方案下，POMix混合器浆料的供给稳定并且能快速、精确地满足换产要求。浆料在POMix混合器中停留1~2min，有效地过滤掉浆料制备及加药系统带来的高速和中速紊流。浆料从POMix混合器出来后通过绝干浆控制方法上网。DynaMix混合管(图10-26)用于除渣器前浓浆和白水的混合，通过合理的设计——射流混合器，射流混合有足量的混合能，并且喷射点下游有足够的管道长度，单个喷射点就可满足完全混合。

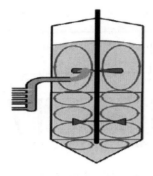
图10-25 POMix压力混合器

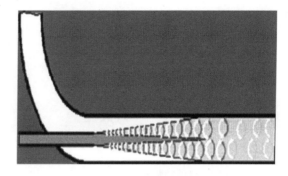
图10-26 DynaMix混合管

3) EcoMizer除渣器

EcoMizerTM除渣器是流送系统中一种高效部件。进浆浓度高达2.5%，清洁效率高，纤维流失低，三段除渣加整体式纤维回收除渣。

10.2.3 冲浆稀释设备

成浆池中纸浆的浓度通常为3%左右，而流浆箱中纸浆的浓度则因纸种、定量、纤维的分散性质和纸浆滤水性的不同而不同。同一纸种也因纸机滤水条件和打浆程度的不同而异，甚至差别很大。为了纸浆的精选和有利于纸浆的上网成形，在纸浆输送到流浆箱之前，基本操作之一是利用纸机网部释放出来的白水稀释纸浆。这种稀释纸浆的操作一般称为冲浆。因纸机有单层和双层布置之分，所产纸种以及纸机生产规模不同，稀释方法大致上可分为混合箱型和冲浆池型两种。

1. 混合箱型稀释

混合箱一般的工作原理是纸浆和白水分别被泵送到混合箱的相应格内，通过调节各自闸门的开口面积，从而控制来浆量和白水量，以调节稀释后纸浆浓度。混合箱一般放在纸机前较高的位置（高出上网浆液位2～5m），容积不宜过大，多用于圆网纸机和低速窄幅的长网纸机。图10-27和图10-28是两种混合箱型稀释流程。

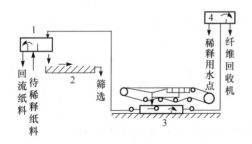

图10-27 混合箱型稀释流程Ⅰ
1.混合箱；2.沉砂盘；3.白水池；4.白水箱

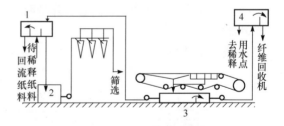

图10-28 混合箱型稀释流程Ⅱ
1.混合箱；2.中间池；3.白水池；4.白水箱

2. 冲浆池型稀释

冲浆池分机内和机外冲浆池（网下白水池）。图10-29是机外冲浆池示意图，图10-30是机内冲浆池示意图。

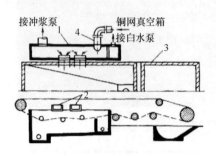

图 10-29 机外冲浆池
1. 机外冲浆池；2. 连接冲浆池和接水盘的溜槽；
3. 伏辊损纸池；4. 真空箱、真空泵出口总管

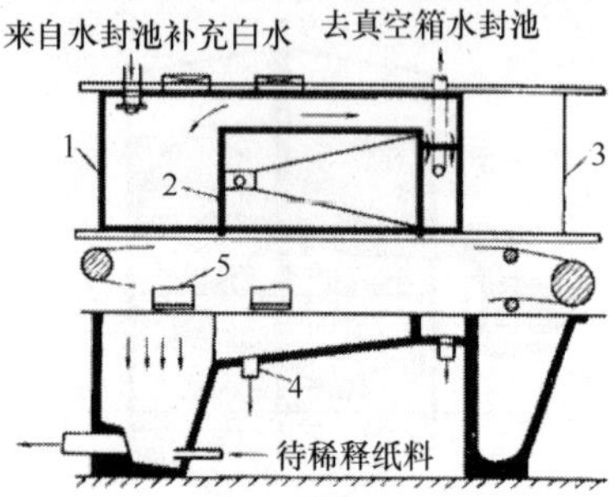

图 10-30 机内冲浆池
1. 机内冲浆池；2. 洗网水收集池；3. 伏辊损纸池；
4. 清水排出管；5. 使接水盘的水流入冲浆池的矩形短管

机外冲浆池置于纸机车间的地板上，适用于单层布置的中小型长网纸机和圆网纸机。它的工作原理可用图 10-29 说明如下：调浆箱送来的定量纸料进入冲浆池的第一格中，与纸机来的白水混合，混合后的稀释纸料用泵送去净化筛选。稀释用白水量的多少可通过闸板调节开口的面积来控制，多余的白水溢流到第三格，送往白水回收系统。

机内冲浆池（网下白水坑）适用于产量较高、白水循环量大的双层布置（纸机及附属设备布置在两层楼内）的中、大型纸机。它的工作原理可用图 10-30 说明：采用网下白水池和混合泵结合的稀释浆料的形式。来自调浆箱的纸料受阀门的控制，定量地流入混合泵的吸入口，与网下白水池的白水混合，并由混合泵送往净化筛选。

10.2.4 网前净化设备

纸浆上网前的精选主要包括除渣和筛选两种基本操作，其目的在于除掉损纸、胶料、填料等新带入系统的杂质和纤维束等。除渣设备的原理都是利用重度差来选分杂质。筛选的目的在于除掉纸浆中相对密度小而体积大的杂质，如浆团、纤维束等。筛选设备的原理都是利用几何尺寸及形状的差异来选分杂质的。一般将除渣与筛选组合成同一个系统，并且大都把除渣放在筛选之前，以延长筛板的寿命。

1. 除渣设备

净化设备有重力沉降型和离心沉降型两种，前者主要指沉砂盘（沟），而后者则包括各种涡旋除砂器及离心除渣机。

1）离心除渣机

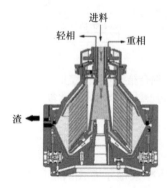

图 10-31 离心除渣机的结构

图 10-31 所示是离心除渣机的一种结构形式。其他类除渣机虽然结构上有所不同，但其工作原理基本相同。这种离心除渣机有一个由内筒及外筒组成的转子装在锥形轴套上，轴套则装在特殊制成的长轴立式电动机的外伸轴颈上。在立轴下部有停机制动器，以便快速地停机进行清洗。同心的转子内外筒如图所示构成了环形的纸浆通道。纸浆沿浆沟流到位于轴心线上的进浆管，落到旋转的分浆叶轮上，并受离心力被甩到内筒内壁上。纸浆在内筒中向下流，通过内筒下部的孔甩向外筒的内壁，再沿外筒上升。在此过程中，纸浆内的粗渣聚集在转子筒壁流动，并被筒壁的突缘所阻留。已经过精选的纸浆通过环形缝隙

流入收集槽后再流出机外。转子底部有清洗孔,用于供清洗转子内外圆筒内壁时排渣、排水,使细渣在生产运行中流出来。转子内积留的粗渣就在清洗时被冲洗出来。

在离心式除渣机中,作用在粗渣粒子上的离心力为

$$F=mr\omega^2=Gr\omega^2/g$$

式中,m 为粒子质量;G 为粒子重力,N;g 为重力加速度,m/s;r 为粒子与回转轴线的距离,m;ω 为粒子的角速度,rad/s。

由上式可知,离心力与粒子运动的回转半径成正比,与粒子角速度的平方成正比。由于该机具有两个直径不同的圆筒,在尺寸较大的外筒中离心力较大,可以使较细小的粗渣附在筒壁上而被阻留。

离心除渣机在进料浓度为 0.4%～1.0% 时净化效果较好,且能捕集橡胶等轻量杂质,采用常压进浆,毋需泵送。但生产能力较低,用于生产规模稍大的纸机则需设置多台,不仅占地面积过大,而且轮换运行,操作管理复杂,动力消耗大,除在生产高级书写纸、印刷纸和工业用纸的纸机前仍有采用外,一般已由其他净化设备所代替。

2)涡旋除渣器

涡旋除渣器已在前面作了详细介绍,这里只讨论涡旋除渣器在流送系统中的应用。涡旋除渣器是一种高效率的净化设备,其生产能力大,占地面积小,是纸机前净化操作中应用最为广泛、最重要的设备。当涡旋除渣器应用于流送系统时,必须注意以下一些问题。

(1)除渣器的串联。锥形除渣器往往不是单个使用,而是采取串联循环的方法排列。若把尾渣依次串联实行多次除渣称为"分段";把良浆依次串联实行多次除渣称为"分级"。分段的目的是减少尾渣中的纸浆损失;分级的目的是提高良浆的净化质量。具体流程设计要根据纸浆的质量、除渣器的型号、产品的质量要求等具体条件而定。由于多一级处理动力消耗成倍地增大,只有在一级合理使用而质量还达不到要求的情况下,才考虑二级,绝大多数的情况是采用一级净化流程。

(2)锥形除渣器型号的选择。一般来说,小型号的锥形除渣器净化效果好,但生产能力低,要满足同样的产量,需要的台数多,动力消耗较大。另外,小型号的除渣器排渣率较大,浆渣处理的负荷增大。在处理粗浆时,排渣口易堵塞。因此存在着净化质量与经济性及操作性之间的矛盾,必须根据产品质量要求来综合考虑,做出适当的选择。当生产一般纸种时,不要求纸料有很高的净化程度,选择 606 型就可以既满足产品的质量要求,又获得较好的经济性。而生产纸板和较低级的纸时,对产品的尘埃度要求不严格,可选用 622 以上的大型号除渣器,以除去较大的杂质。只有生产对尘埃度要求特别严格的高级纸时,才有必要选择 600 型除渣器。

使用除渣器的一项基本原则是保证它能在满负荷情况下运转,取得较高的除渣效率。例如,需要通过一级除渣的纸浆量为 900L/min,为了节省动力,应当尽量减少除渣器的个数,因此可考虑采用每台生产能力为 550L/min 的 606A 型除渣器两台,但这样的结果是每台除渣器的负荷只有 81.8%,也就是说不能满负荷运转。如果改用 1 台 606A 型和另 1 台 606 型(生产能力为 350L/min)除渣器并联,虽然情况略有好转,但还是不能达到两台除渣器都能满负荷运转,而且由于两台除渣器尺寸规格不一样,给管线安装带来困难。解决的办法是可采用两台 606A 型除渣器并联,采取"循环法"来解决。

(3)制定合理的工艺技术条件。

(i)纸浆浓度。进入除渣器的纸浆浓度越大,除渣效率越小,一般进料浓度为 0.3%～0.9%,除渣效率为 50%～70%。

(ii)纸浆进出口压力。除渣器进出口的压力差是影响产量和分离能力的决定因素。因为

纸浆是借压力通过除渣器,旋转运动的离心力也是由于压力所产生的。提高进浆压力,产量及分离能力增加,但是过高的压力又增大了动力消耗。通常进料口压力 $p=180\sim350\text{kPa}$,出料口压力 $p_2=10\sim30\text{kPa}$,$p_1=50\sim210\text{kPa}$,平均 $\Delta p=160\text{kPa}$。

(iii) 排渣口。锥形除渣器粗渣均由器底的喷嘴喷出。喷嘴的喷孔直径按除渣器的规格、纸浆品种及对精选的要求不同而可为 $3\sim25\text{mm}$。粗渣嘴易于磨损,故都采用耐磨材料如渗钨铸铁或"尼龙"工程塑料制成,并设计成便于拆换的结构。

在除渣器排出的尾渣中,不可避免地会夹带一些好浆。为了降低纤维流失,可在排渣口设置节浆器。它是在除渣器的下部锥管装设有切线方向注水管的接头,以一定的压力注入清水,使该处的浓度稀释,并提高其旋转速度,促使纤维与杂质分离,从而减少纤维流失。

2. 网前筛

网前筛中的缝筛越来越多地被许多厂家采用,它的缝宽度由纸料的成分和纸机车速决定;旋翼的转速对生产能力有很大影响。对于一个固定的压力筛,筛选的效果主要取决于进出口的压力差,这又和冲浆泵的扬程有关;生产能力和冲浆泵的流量、扬程有关。在纸机前,使用的纸浆筛选设备有振动平筛、外流型圆筛、内流型圆筛和压力筛(又称旋翼筛)等。振动平筛已基本被淘汰,而内流型振动圆筛也已多被压力筛取代。这里只介绍外流型振鼓圆筛和压力筛,以及最新的无脉冲旋翼筛。

1) 外流型振鼓圆筛

筛鼓以 $1\sim3\text{r/min}$ 的转速旋转,其鼓颈支撑在铰接横臂上。使筛鼓产生振动的机构有偏心轮连杆式和棘轮式两种。外流型振鼓圆筛的筛鼓面积利用率低,仅为筛鼓侧面积的 $1/4\sim1/3$,故生产能力低,在流送系统中用于中小型纸厂优质薄页纸机前的筛选,最适于抄制长纤维浆配比高的字典纸、卷烟纸、书写纸、证券纸等高级纸张。

2) 压力筛

压力筛中的旋翼筛是现在用得最广泛和最为成功的纸机上网前的筛选设备。由于用于纸机前流送系统的旋翼筛进浆浓度和处理量对处理效率影响不大,但通过量只随进浆浓度的提高而降低,因此用于纸机前时其进浆浓度随纸种和定量而异,一般为 $0.7\%\sim1.0\%$。

旋翼筛的筛孔直径或筛缝宽度(现在处理长纤维纸浆的旋翼筛的筛孔多改为筛缝)随生产纸张品种不同而异,分别如表 10-5 和表 10-6 所示,作为选择旋翼筛时参考。

表 10-5　压力筛孔径与纸张品种的关系

纸种	薄型纸(卷烟纸、打字纸)	普通文化纸	新闻纸	包装纸(纸袋装、牛皮纸)	纸板(黄纸板)
孔径/mm	$1.0\sim1.2$	$1.2\sim1.6$	$1.4\sim1.6$	$2.0\sim2.8$	$2.8\sim3.2$

表 10-6　旋翼筛筛缝宽度与纸张品种的关系

纸种	缝宽/mm	纸种	缝宽/mm
特薄纸	$0.2\sim0.3$	中级包装纸、纸袋纸	$0.7\sim0.8$
卷烟纸、高级书写纸、蜡纸原纸	$0.25\sim0.35$	低级包装纸、一般包装纸	$0.9\sim1.00$
高级书写纸和印刷纸	$0.35\sim0.4$	黄纸板	$1.00\sim1.30$
中级书写纸和印刷纸	$0.4\sim0.45$	厚纸板和板纸	$1.30\sim2.00$
招贴纸、薄型包装纸、电缆纸	$0.5\sim0.6$	中层纸板(多圆网机生产)	$0.9\sim1.00$
新闻纸和轮转印刷纸	$0.6\sim0.7$	外层纸板	$0.5\sim0.6$

旋翼筛在密闭条件下作业，浆流借压力通过筛鼓，良浆从出口管再输送到流浆箱构成密闭的管道系统，为流浆箱的操作和控制创造了良好的前提条件。这种筛选设备结构紧凑，占地面积小，生产能力大，但动力消耗低，筛选出来的纸浆质量良好，而且清洗方便。因此，旋翼筛现已成为机前的首选筛选设备。但是，旋翼筛并不是完美无缺的。因为筛内转子每转一圈，筛鼓眼孔便产生正、负压力波动。正因为旋翼筛有这种周期性的压力波动，流浆箱才产生脉动现象，引起流浆箱喷嘴纸浆流动速度变化，造成纸的纵向定量波动。实践证明，旋翼筛转子的转速、旋翼与筛鼓之间的距离、旋翼的数目和旋翼形状等是影响脉动的主要因素。操作中，改变转子的转速是减小脉动最实际的方法，但是要较彻底地减小脉动，改变旋翼的形式则是行之有效的方法。图10-32所示是旋翼的两种形式。试验结果表明，旋翼的形式对脉动的大小有非常明显的影响，倾斜旋翼转子的脉动比直立旋翼小得多，至于螺旋式旋翼的脉动，那就更小了。

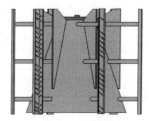
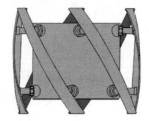

图10-32 倾斜旋翼转子

3）无脉冲旋翼筛

纸机前最靠近的旋翼筛从其基本原理出发是总会产生浆流的脉动或压力脉冲。因此，开发无脉冲旋翼筛是近年很受重视的发展方向。图10-33所示是美国贝洛依特公司的无脉冲外流型旋翼筛。浆料切向进入环形进浆槽并溢流入筛鼓内部，在压力下通过筛鼓并朝外进入环形的出浆区，在该区下部沿全圆周开有5处出浆接管口。这样的配置同鼓内两个旋翼所引起的压力脉冲相联系，可借相位角的错列而对脉冲进行整流，抑平出浆总管中压力脉冲曲线的峰谷值。另外，在筛顶部有充满压缩空气的腔，借橡胶膜片对筛中充满的浆料施加压力并起缓冲和抑制压力脉冲的作用。

国产无脉冲旋翼筛（图10-34）为内流型旋翼筛，其特点为有锥形旋筒、锥环形进浆旋流流道和带有导流叶片的锥形出浆流道。导流叶片的匀流作用可抑制浆流中压力脉冲。

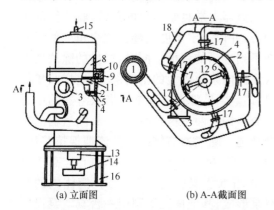

(a) 立面图　　(b) A-A截面图

图10-33　贝洛依特公司无脉冲外流型旋翼筛
1.出浆管口；2.筛壳；3.进浆口；4.筛鼓；5.环形进浆槽；6、7.旋翼；8.压缩空气腔；9.带密封圈的压环；10.上盖；11.胶膜片；12.主轴；13.轴承壳；14.带轮；15.压缩空气进口；16.支架；17.出浆接管口；18.出浆总管

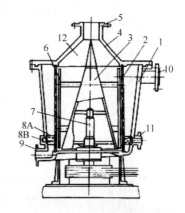

图10-34　国产内流型无脉冲旋翼筛
1.锥形筛体；2.筛鼓；3.锥形旋筒；4.锥形顶盖；5.出浆口；6.旋翼；7.主轴；8A.多孔环带；8B.凹环；9.尾浆出口；10.进浆口；11.冲稀水进口；12.导流叶片(6片)

3. 纸机前的净化流程

纸机前的净化流程因生产规模、纤维原料、所抄纸种和采用净化和筛选设备的不同而异。图 10-35 是其中较为典型的一例。

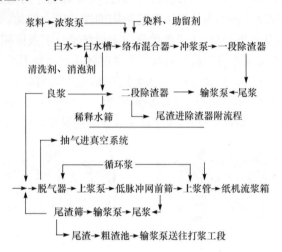

图 10-35 低定量涂布纸的上浆系统工艺流程

10.2.5 纸浆的除气装置

纸浆中虽然空气量很少（一般含有 0.4%～6% 的空气量，以体积计），但对抄纸过程的各个环节影响很大。为改善纸浆性质和纸的质量，最好使用脱气设备脱除纸浆中的空气。因此，许多纸机特别是高速纸机前的纸浆流送部分和流浆箱都设有脱气消沫装置。生产能力不大的造纸厂，可以用涡旋除渣脱气管作为纸浆的脱气设备，如图 10-36 所示。涡漩除渣脱气管的作用原理与涡旋除渣器相同，不同之处是在脱气管的底部装有一根直通管子中央气柱的抽气管，将气柱中的空气抽出。

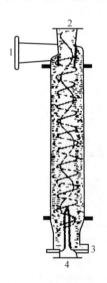

图 10-36 涡旋除渣脱气管
1. 纸浆入口；2. 纸浆出口；
3. 粗渣出口；4. 接真空泵

应用在大型纸机上的飞翼式除气器如图 10-37 所示。它的筒体两侧各有呈展翅形状装设的收集筒，这就是除气器的"翼"。收集筒是接受成排的锥形涡旋式除渣器上端良浆出口的总管，收集筒的中心线正对除气器筒体的中心，并以一定角度上翘。这个角度使得收集筒内的纸浆总是保持在不到半满的程度。同时，成排的除渣器上端良浆出口一直伸入到收集筒内浆位以上的空间部分，这样收集筒上半部的真空区就与成排除渣器下端的排渣总管借除渣器的中心气柱相沟通了。两翼的除渣器构成两个精选级，即一翼除渣器的粗渣再送入另一翼的除渣器精选。除气器筒体内用溢流堰保持浆位，堰板的高度可以按纸机要求的浆量一次调定。筒体中心应高于网下白水井液面至少 11.6m。当纸浆温度高于 38℃ 时，筒体内的真空最好用两台串联的真空泵形成，其他情况下则用一台真空泵设在蒸汽喷射器之后。

图 10-38 是奥斯龙除气装置的除气原理图。浆料由入口进入分配器，再由分配器进入除气器。高速流动的浆料在负压状态的除气容器中扩散，空气与物料迅速分离后，由真空系统抽吸，物料则通过

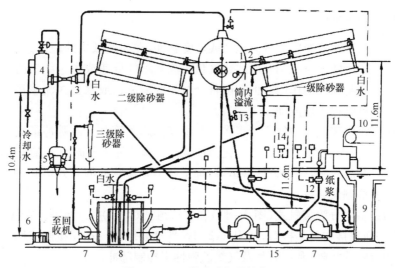

图 10-37 飞翼式除气器结构

1.筒体;2.收集筒;3.蒸汽喷射器;4.冷凝器;5.真空泵;6.水封池;7.输浆泵;8.粗浆池;9.网下白水池;10.长网;11.流浆箱;12.阀位控制器;13.差压检测器;14.浆位记录器;15.旋筒筛

出口进入上浆系统,至流浆箱,回流浆料再进入下一个循环。Metso 公司最近推出了网部白水除气系统,已有 1 套应用于国内某厂,见图 10-39。由图 10-39 可知,该系统主流程简短,更换生产品种和改变原料配比时,系统反应速度快;化学品可直接进入上浆系统消耗量更少;系统稳定可靠。

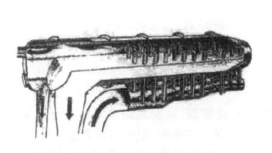

图 10-38 奥斯龙除气装置的原理

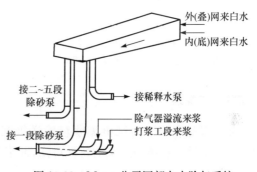

图 10-39 Metso 公司网部白水除气系统

芬兰 POM 公司推出了 POM 流送和除气技术。POM 除气泵是高效除气设备,用于除去白水中的空气,比传统除气器的外形尺寸、容积、占地占空间都小得多。POM 除气泵的工作原理(图 10-40)是利用高速旋转的转鼓产生巨大的离心力,使相对密度大的浆料悬浮液抛向转鼓外环,而相对密度很小的空气泡向涡流中心聚集,并从轴向设置的排气口排出。该排气口与真空相连接,很容易使白水中的溶解空气释放出来和顺利排出。

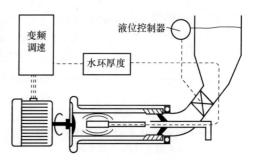

图 10-40 POM 泵的工作原理

· 201 ·

10.2.6 脉冲抑制设备

为了防止进入流浆箱的浆流带有压力或速度脉冲,在高速纸机的流送系统必须考虑消除浆流中的脉冲。浆流脉冲对配用开启式或气垫式流浆箱的低速或中速纸机的影响不明显,浆面上的空气层有抑制脉冲的作用。但在配备全封闭的满流式或水力式流浆箱的高速纸机上,浆流脉冲则会导致纸幅定量波动。

造成流送系统中浆流脉冲的原因很多。其中泵和旋翼筛产生的脉冲最大,设计不良的管道中的积气振动、水击及管体振动等,也是造成浆流中脉冲的重要原因。在流送系统中采用无脉冲或低脉冲泵和旋翼筛,合理设计管道等,都是减少浆流脉冲的有效措施,但要完全消除脉冲还要设置脉冲抑制设备。

脉冲抑制设备可分为接触式(图 10-41)和非接触式(图 10-42)两类。在接触式脉冲抑制设备中,浆流表面直接与气垫接触,利用气垫的弹性抑制脉冲。在非接触式脉冲抑制设备中,浆流和气垫间有膜片相隔,利用膜片及气垫的弹性来抑制脉冲。

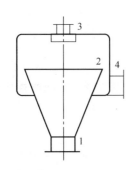

图 10-41 接触式脉冲抑制设备
1.纸浆入口;2.密闭舱;3.压缩空气口;4.浆流出口

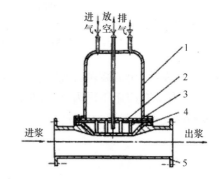

图 10-42 非接触式脉冲抑制设备
1.气罩;2.多孔隔层;3.泡沫胶棒;4.胶膜片;5.抑制设备壳体

10.2.7 冲浆泵

冲浆泵是专用于向纸机流浆箱输送纸浆的离心式浆泵,一般采用双吸式离心浆泵,如图 10-43 所示。由离心式泵的特性可知,冲浆泵的扬量有一定的脉动性,这对高速纸机上的抄造有一定的甚至是显著的影响,送浆的脉动性会使抄造出来的纸幅沿纵向的分布有定量的周期性变化。为了减少冲浆泵输浆的脉动性,冲浆泵的叶轮都设计成双吸封闭式,中间有隔板,其两边的叶片相互错开半个叶距,且叶片的出口边与叶轮中心线形成一斜角;叶轮叶片数比较多,根据叶轮大小每侧有 6~12 片,叶轮要采用精密铸造成形,并经过精细的动平衡。

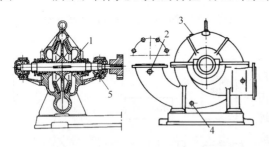

图 10-43 双吸式离心浆泵
1.水封口;2.压力表接口;3.泡引水口;
4.放空口;5.冷却水入口

冲浆泵泵体的特点是:①在泵体蜗室同出浆管相接处形成隔舌,同叶轮外径之间的距离相对地取得大些,为叶轮半径的 7%~10%;②将隔舌设计成 V 形,这样可使隔舌相对叶轮逐渐切入,隔舌对产生压力脉动的影响可进一步减少。

冲浆泵有使纸浆均匀搅拌的任务。它的吸入口接在冲浆回水池液面的下方,而从回水管的旁管引入配合好的纸浆,为达到均匀混合的目的,应使纸浆的流速高于回水的流速,纸浆的流速一般不低于3~4.5m/s。为了实现冲浆泵扬量调节的自动化,通常可采用改变与冲浆泵相连电动机的转数的方法,而电动机的转数是借有关的纸机运行参数变化时发生的脉冲信号来调节的,直接传动冲浆泵的密闭式电动机与冲浆泵安装在同一块底板上。

浆量调节阀是装设在纸机流浆箱进浆总管前的主要阀门,它控制和调节送上纸机的浆量,而此供浆量决定了纸机抄造成的纸的定量。

在冲浆泵之前,调节经过配浆、筛选、除气的纸浆流量的阀门,在冲浆泵之后,调节经过白水稀释到上浆浓度,直接送到纸机流浆箱去的纸浆流量的阀门,都称为浆量调节阀。因流量大小不同,前者的规格较后者小得多。前者往往采用电控或液动或气动的闸门,并与流量指示和记录仪表配合使用。后者多采用球形阀或葱头阀等特殊阀门。

球形阀结构如图10-44所示。它的阀芯形似球或葱头,有时也因阀芯像水滴或珍珠而被称为珍珠阀。球形阀通过丝杆螺母机构实现阀芯的轴向

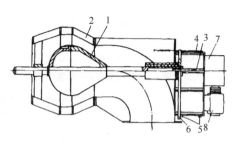

图 10-44 球形阀结构
1.阀芯;2.阀壳;3.螺杆;4.标尺;5.限制开关;
6.纤维开关拨叉;7.减速器;8.电动机

移动,从而达到调节阀壳与阀芯环形流道面积大小的目的。螺杆由电动机通过减速器带动,只做旋转运动而不移动。

10.3 流 浆 箱

10.3.1 概述

1. 作用与要求

在造纸技术的长期发展过程中,尽管出现了多种结构形式的流浆箱,但其主要功能基本不变,即布浆、匀浆和喷浆。具体说来,表现为5个方面:

(1) 向纸机整个幅宽提供均匀稳定的喷出浆流,避免横向浆流、无定向或纵向条流。
(2) 提供几何尺寸合乎要求的稳定的唇板,不受温度、压力和唇板开启度的影响。
(3) 形成絮聚最少而分散良好的纤维悬浮体。
(4) 提供能满足工艺要求的横幅定量分布、落浆点、喷浆角度和喷浆速度的控制。
(5) 提供保持流浆箱清洁,并易于操作和维护的便利措施。

2. 流浆箱的组成

流浆箱由布浆器(纸浆的分布装置)、堰池(纸浆的整流装置)、堰板(纸料上网装置)三部分组成,如图10-45所示。这三部分的功能分别为:布浆器根据流体动力学原理,利用有规律的变截面,将上网纸料流沿着纸机的幅宽方向以一定的压力、速度、流量均匀地分布。整流部利用整流元件和湍流发生器产生适当规模和强度的湍动,有效地分散纤维,防止纤维絮聚,尽可能保持纤维的无定向排列,使上网纸料流中的纤维处于均匀分散状态。纸料上网装置使纸料均匀地、以一定角度和喷浆速度喷射到网上的预定着网点,并提供纸机幅宽方向的定量、水分的微细调节和浆流的湍动、絮聚规模的控制调节,以保证获得所要求质量的纸页。

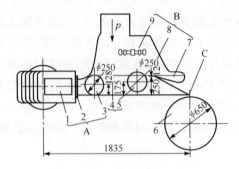

图 10-45　流浆箱基本组成

1.方锥形总管；2.孔板；3.匀浆辊；4.堰池；
5.匀浆辊(整流元件)；6.胸辊；7.溢流槽；8.箱体；
9.旋转喷水管；A-布浆器；B-堰池；C-堰板

3. 流浆箱的分类

目前用于各种类型纸机的流浆箱有多种形式,但是,迄今为止纸机流浆箱还没有一套较完善而确切地表达其结构特征和功能特征的分类和命名。从它的三个组成部件来看,按流浆箱箱体内配置的主要匀整装置的形式与箱体基本形式相结合的分类方法是比较合适的。按流浆箱箱体结构形式可把流浆箱归纳为敞开式、封闭式、满流式和满流气垫结合式四种基本类型。四种基本类型流浆箱的特点及适用范围见表10-7。

表 10-7　各种流浆箱的形式、特点及适用范围

形式	特点	适用范围
敞开式	用箱内浆位来控制上网纸浆的速度(浆速),通常通过调节箱内堰板的高度来控制	一般用于低、中速纸机
封闭式(又分气垫式和真空抽气式)	以压缩空气调节箱内纸浆面上方的空气压力(或抽真空减压)来调节上网纸浆的速度(即浆位不变,而改变空气垫压头,可以得到适当的纸浆压头)	(1)比较广泛地用于车速较高的纸机 (2)也有用于一些中速的纸机 (3)真空抽气式流浆箱一般用于车速较低的纸机
满流式	(1)纸浆流送过程中充满流浆箱 (2)用冲浆泵的输浆压力、高位的浆位或气垫稳浆箱的空气压力来调节上网纸浆的速度 (3)不能吸收纸浆的脉动,需要在进浆系统中设脉冲衰减装置(如气垫稳浆箱) (4)特殊结构的满流式流浆箱可作为多层流浆箱	应用于夹网纸机或车速较高的新型长网纸机或圆网纸机
满流气垫结合式	在一般满流式流浆箱的基础上,增设气垫稳定室和溢流装置,可以稳定箱内纸浆压力,消除脉动和排除泡沫	应用于夹网纸机和车速较高的长网纸机

考虑到流浆箱所配置的主要匀整装置的结构和功效是决定流浆箱功能的关键,因此在流浆箱的命名中应表示出来,往往在上述基本形式的基础上加上主要的匀整装置的名称构成具体流浆箱的全称。例如,敞开式流浆箱(简称翻浆箱),敞开式孔辊流浆箱,敞开式敛尽流道流浆箱,气垫式孔辊(或片辊、棒辊等)流浆箱,气垫式管束流浆箱,气垫式孔板流浆箱,满流式孔辊(或片辊、棒辊等)流浆箱,满流式孔板(或管束)流浆箱等。

4. 流浆箱使用注意事项

(1) 由于温度引起的变形、布浆和脱水问题,开口微调应在运行时进行。

(2) 局部调节唇板开口时只允许微量的调节,最好采用三点调节法,相邻部位唇板开口的差别不应大于 0.2~0.4mm。

(3) 若横幅局部定量差过大,应检查有无加工缺陷或损伤、网部问题、车速低于设计车速下限等,不可过量调节微调阀。

10.3.2 布浆器

布浆器是流浆箱的第一个装置,也是流浆箱的入口,它与流浆箱前的辅助设备相衔接,将净化后的浆料均匀分布并流送到流浆箱内。现代高速纸机的布浆器可使浆流产生适当强度的微湍动,同时具有稀释水装置,可以进行横向定量调节,以取代传统的上唇板调节横向定量的控制方式。性能优良的流浆箱必须配置设计合理、制造精良、高效的布浆器。

1. 锥管布浆器

1) 锥管布浆器的主要类型

锥管布浆器是目前应用最广泛的布浆器。锥管的截面形状可以是圆形、矩形和弓形(图10-46)。纸浆从锥管的大端进入,绝大多数情况下,在小端有一部分纸浆回流到冲浆泵前,所以锥管布浆器往往被称为单侧进浆布浆器。锥管与它所附的支管或孔板都起布浆的作用,但对于展开浆流并使其沿纸机横向均匀分布起主要作用的是锥管。

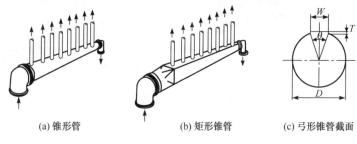

(a) 锥形管　　(b) 矩形锥管　　(c) 弓形锥管截面

图 10-46　锥管布浆器

锥管布浆器的结构简单、紧凑,由于在纸机上广泛应用而发展了多种不同类型的结构形式。按其布浆元件的种类可以分为下列几种类型:

(1) 支管式锥管布浆器。它的特点是有一列直径较小而紧密排列的支管,这种类型布浆器的外形见图10-47。

(2) 孔板式锥管布浆器。这种布浆器的结构见图10-48和图10-49。它的布浆元件通常是一个精确制造的有机玻璃孔板。孔板具有更换方便,占用位置少,加工制造较容易,清洗简便等优点。因此,孔板式锥管布浆器应用较多。

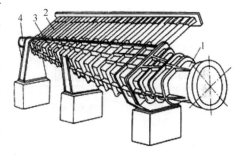

图 10-47　支管式锥管布浆器外形
1.过渡管;2.支管;3.锥管;4.回流装置

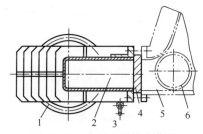

图 10-48　孔板式锥管布浆器
1.进浆管;2.锥管;3.铰链支点;4.孔板;5.流浆箱的箱体;6.孔辊

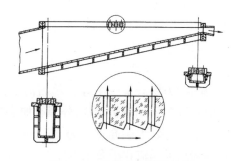

图 10-49　锥管和孔板的结构

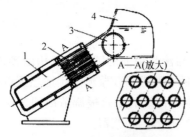

图 10-50　管束式锥管布浆器
1.布浆锥管；2.管束；3.孔辊；4.流浆箱的箱体

（3）管束式锥管布浆器。管束式布浆器具有很高的布浆效能，多使用在满流式流浆箱上。其结构可参看图 10-50，这种管束可以看成是一种多列的支管或很厚的孔板。布浆管束具有较大的流阻，有利于浆流的均匀分布。通常布浆管束具有较小的开孔面积，管径通常为 14～30mm。为使布浆管束进一步改进，发展了阶梯扩散管束（图 10-51）和变截面的扩散管束（图 10-52）。这些管束不但有完成布浆的作用，而且具有一定的整流功能。

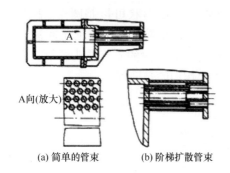

图 10-51　阶梯扩散管束的锥管布浆器

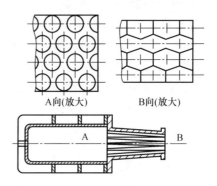

图 10-52　有变截面扩散管束的锥管布浆器

2）锥管布浆器的主要组件

图 10-53 所示为一个典型的锥管布浆器的结构。由图可见，锥管布浆器通常是由过渡管、锥形母管、布浆元件（支管、孔板、束管）和回流装置等主要部件所组成。

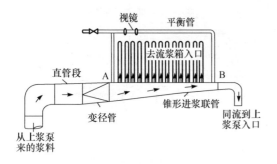

图 10-53　带小支管的锥管布浆器

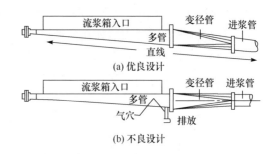

图 10-54　锥管布浆器的构型

（1）过渡管　锥管布浆器是侧向进浆，锥管进口端附近需使用弯头，有时还需装设闸门。浆流通过急剧的弯头或闸门等部件时，会产生不稳定的二次流或发生流体与管壁分离的现象。采用专门设计的较长、变化缓和、由圆变方的过渡管段，使浆流在进入锥形母管之前处于稳定的流动状态，如图 10-54。

（2）锥管（母管）。

结构：方锥管是一个等宽单斜薄壁的锥形管道。截面高度的变化是线性的。管体是用 2～5mm 厚的不锈钢板制成，外焊有加强框架。

主要参数：大端高宽比为 1.5～2，锥管内流速为 2.6～3.1m/s，小端回流量为 8%～10%（可减轻局部涡流和平衡压力）。

布浆锥管的压力平衡装置（如图 10-55 所示）使锥管内横幅压力均衡。操作时用平衡管显示压差,用回流量调节。应保持缓慢流动,以避免堵塞。

(3) 布浆元件。

多管:如图 10-56。

大直径圆形直管:直径大($\phi150$),根数少,无加速比。

小直径圆形直管:直径小($\phi25\sim65$),根数多,有加速比,要配消能元件。

异形管:圆进方出,加工难,不需消能,用于高速纸机。

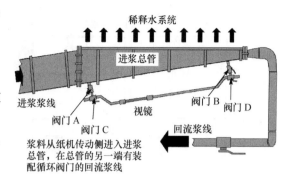

图 10-55　OptiFlo 流浆箱输入压力控制

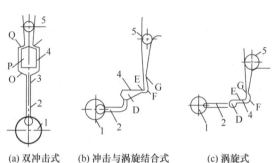

(a) 双冲击式　　(b) 冲击与涡旋结合式　　(c) 涡旋式

图 10-56　多布管浆原件配置的各种消能装置示意图

1.总管;2.支管;3.孔板;4.整流消能装置;5.匀浆辊;O-节流缝;P-塞子;Q-节流缝;D-第一扩散室;E-第一节流缝;F-第二扩散室;G-第二节流缝

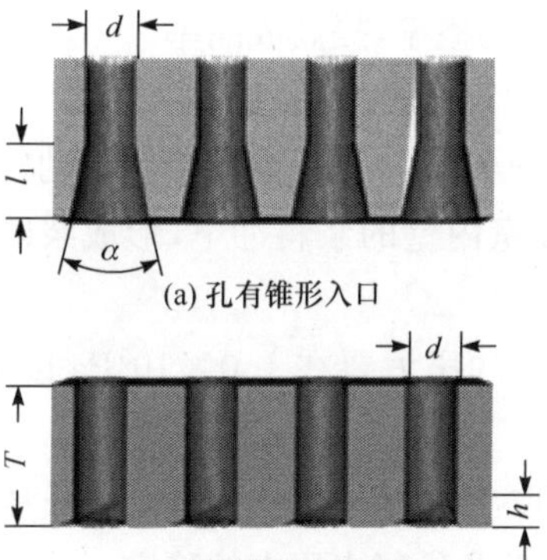

(4) 孔板(图 10-57)。

材料:有机玻璃。

进口:有锥形和锯齿形。

小孔直径:$\phi10\sim18mm$,越小效果越好,但易挂浆。

孔内流速:一般 3.5~5m/s。

加速比:不小于 1.5。

厚度:多用 50mm,有的已达 180mm。

2. 稀释水布浆器

1) 流程及原理

流程见图 10-58,稀释水布浆器结构见图 10-59。浆料经过压力筛,从稀释水布浆器的底部法兰垂直进入中央总管,并通过 2 级高密度聚乙烯孔板(该孔板允许减少脉动振幅并保持浆料处于湍流状态)进入分配平衡室。进入平衡分配室的浆料通过差动压力控制系统来控制分配平衡室的气垫压力,保持纸料液位的稳定。液位和压力稳定的纸料经过 57 根挠性分配软管,横向、均匀地进入与之相连的气垫式流浆箱并上网。

稀释水从冲浆池中引出,经稀释水压力筛处理后,沿稀释水循环总管与上述 57 根挠性分配软管相连接。每个分配管均有一个稀释水喷射器,并通过软连接管与稀释水总管相连接。那么,横幅定量的调节就通过这 57 根与稀释水相连的上浆挠性分配软管,即 57 个调整单元来

图 10-57　孔板

(a) 孔有锥形入口

(b) 上游侧有齿形斜面

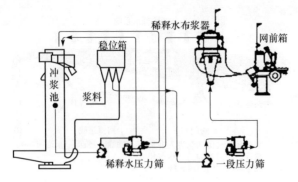
图 10-58 稀释水布浆器流程

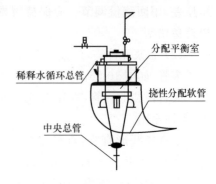
图 10-59 稀释水布浆器结构示意图

进行,并通过 QCS 系统的横向定量检测,与稀释水系统进行连锁,而达到横幅定量控制的目的。如果哪个点的定量偏离设定值,对应稀释水管路上的自动调节阀门将自动关小或者开大,这样与之匹配的上浆管路中的浆料浓度会提高或者降低,来补偿定量的变化量,从而达到横向定量的自动控制。

2) 稀释水布浆器的优点

(1) 操作简单。横向定量可以实现自动控制,无需人为进行单点调节,并且在单点定量出现变化较大的情况下,可以改成手动模式,实现快速调节。方便灵活,实用性强。

(2) 横幅定量控制效果理想。定量的控制精度可达到 $\pm 0.3 g/m^2$ 公差范围内,因为与 QCS 进行实时监控,定量稳定性高,人为影响因素大大降低。

(3) 无需因横向定量差值超过标准而经常调节喷浆口的上唇板,有利于长期维持上唇板的良好精度,使上唇板不会因为过度调节而变形。

(4) 挠性分配软管拆卸方便,有利于定期清洗,并且使清洗的效果达到最佳。这样可以使上浆系统实现长期的清洁,降低因系统污染而造成浆料等纸病的概率,提高成品率。

3) 操作注意事项

(1) 布浆器的液位要保持稳定,液位的波动范围应在 $\pm 400Pa$ 以内,否则当液位波动较大时会影响成纸的纵向定量,并且当液位波动时,易将挂在分配室内壁的浆料冲下,形成浆团等纸病。

(2) 稀释水要按照一定的稀释比例进行稀释,并且稀释水的压力要在 $1.0\times 10^5 Pa$ 以上,如果设定不合理会影响定量调节的精度和速度。

(3) 稀释水压力筛要定期打开洗刷,并将压力筛的筛桶取出,进行彻底清理,以防止压力筛长期使用时被浆团堵住,从而影响压力筛的处理量、除渣效率及稀释水压力的稳定。

10.3.3 堰池和匀整装置

流浆箱的堰池是指流浆箱箱体(提供容纳上网纸浆空间)及在其由布浆器到上浆装置之间的浆流通道(箱体流道)。这是进浆后、上浆前浆流被匀整、混合、稳定流态的流道。堰池的作用是根据纸机车速的要求,提供与网速相适应的静压头(靠浆位高度或浆位与气垫压力形成),并借助安置在其中的匀整元件(如隔板、匀浆辊、孔板、阶梯扩散器、管束、导流片等)对纸浆进行匀整并产生适当湍动,以分散纸浆中的纤维絮聚物,稳定浆流,保证上网纸浆均匀分布。堰池流道内浆流的深度应保持不变,以避免浆流不稳定或产生二次流动。为了更好的稳定浆位、排除泡沫,堰池内常设有溢流装置,溢流量 5%~10%。为了消除泡沫和清洗箱壁,堰池内都装有喷水管。为了提高喷水效果,最好采用水平旋转式或摇动式的喷水管。封闭式的流浆箱还装有视孔和照明装置。

1. 箱体

1) 作用

提供要求的静压头,安置匀整元件。流浆箱箱体是使布浆、匀整、上浆三部分组件前后协调连接成一个体系的连接主体,也是流浆箱的主流道。

2) 要求

①浆流稳定;②要有消泡清洗用的喷水管;③封闭箱体要设视孔和照明装置;④刚度大,变形小,考虑温度引起的变形;⑤要有排除泡沫和稳定浆位的溢流装置;⑥最好可上下、前后调节;⑦内壁光滑。

3) 结构

①构成材料为不锈钢或不锈钢衬里;②箱体由两侧墙、前后墙、底板和顶盖组成,用螺栓连接成整体;③侧墙板设视孔、液位标记、匀浆辊轴承等;④后墙板与布浆器铰接,以便打开清洗;⑤前墙板内设溢流装置,前墙板外装上唇板调节装置;⑥顶盖装照明和喷水装置、进气口;⑦周围装有操作走台。图 10-60 是气垫式流浆箱。

图 10-60 气垫式流浆箱

箱底的挠曲变形对于高速、宽幅的纸机的影响更为突出。为此,在宽幅纸机的流浆箱上除了在机械结构上设法加强箱底刚度之外,还要防止箱底由温度变化而引起的变形。有些宽幅纸机把下唇板处的箱底设计成夹套的形式,通入与纸浆温度相同的水,进行同温补偿。

4) 高度计算

(1) 开启式流浆箱:按浆速要求的液位计算,留一定余量

$$H=(K_c K_T V)^2/2g\mu^2$$

式中,H 为静压头(m);V 为车速(m/s);K_c 为网滞后系数,一般为 0.95;K_T 为浆速滞后系数,一般为 0.83~0.92;g 为重力加速度,9.81m/s²;μ 为出唇系数,喷浆式 0.9,结合式 0.78,垂直式 0.8。

(2) 封闭式流浆箱:按流速 0.15~0.45m/s 计算。

2. 匀整装置

匀整装置是配置在流浆箱箱体中的关键部件。它的作用是把来自布浆器的浆流中的缺陷尽可能地消除,使不均匀的流速分布得到匀布;使动能过大、流速过高的流股得到抑制;消除或抑制尺度过大的湍动和涡流,产生有利于防止纤维絮聚和促进纤维絮聚团束的解散的高强微湍动;消除送往上浆装置去的浆流中的横流等。为了达到上述的匀整要求而配置的匀整装置,根据其作用原理的不同,可粗略地分为下列几类:①改变流道的几何形状和尺寸,使浆流在减速、加速与转向过程中均匀混合并达到匀整要求;②匀整装置作为增加浆流流阻的组件,浆流通过这些组件过程中,其能量重新分布、转换,并在这一过程中完成对浆流的匀整要求;③给浆流引入合适的附加流动,以加强其匀整作用。

匀整装置包括:排栅、导流片、孔板、孔辊、阶梯扩散器等。

1）作用

匀流：使浆流中的流速均匀一致，消除大的涡流和横流。

整流：在浆流中造成一定的湍动，以分散浆流中絮聚的纤维团，使浆流具有抗絮聚的流动状态。

2）类型

增加流阻元件（排栅、孔板、整流"飘片"组）；引入附加流动（匀浆辊），改变流道的形状和尺寸，在减速、加速和转折过程中匀整浆流（阶梯扩散器、翻板、管束）；

（1）排栅（图10-61）。

图10-61 排栅

一排小立柱，截面为圆柱形或花瓣形，用于开启式流浆箱，比较少用。

（2）刚性导流片组（图10-62）。

结构原理：一组平行薄板（1~3mm），可抑制横流和涡流。

应用：单独使用或配合匀浆辊使用，可装在匀浆辊内。

适用：低速纸机，不多见。

（3）挠性导流片组。

结构原理：俗称"飘片"，由一组1~2mm柔性膜片组成，流体受到大面积摩擦作用，产生很强的剪力，达到分散的目的，如图10-63所示。

应用：与多孔板配合使用，防止前缘挂浆。

适用：高速纸机，车速越高效果越好，膜片有自洁作用。

图10-62 导流片组

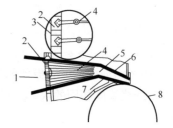

图10-63 敛流式挠性导流片示意图

1.扩散区；2.多孔板；3.孔眼；4.漂片（塑料薄片）；
5.层流区；6.上唇板；7.下唇板；8.胸辊

（4）孔板。

结构原理：浆流通过孔板时，受到阻力，流速减小，动压头转为静压头，同时出现横向压力坡度。原来流速较高的股流经过孔板后，静压坡度大，断面扩大，流速降低；相反，原来流速较低的股流流速变大，从而得到匀流。浆流在孔板前后散流示意图见图10-64。

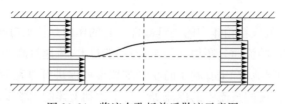

图10-64 浆流在孔板前后散流示意图

应用：与导流片组或排栅配合使用。

适用：高速纸机，车速越高效果越好，低速时易挂浆。

（5）匀浆辊（孔辊）。

结构：由不锈钢管制成辊体，辊面上钻有大量的小孔，为了避免挂浆，小孔的内外缘及管体内外面均应光洁无毛刺,图 10-65 是匀浆辊实物照片。辊体两端通过端板与轴连接,以便支承辊体。轴的一端连接传动。

原理:与孔板原理类似,相当于两个孔板,由于进出孔辊浆流的变向,具有更强的解絮作用;传动起自洁作用,同时产生波迹,该波迹要持续一定距离才能消失,如图 10-66 所示。

图 10-65　匀浆辊实物照片

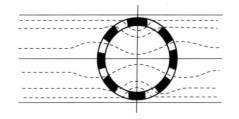

图 10-66　浆流通过孔辊的流线图

适用:中低速纸机,效果可靠,应用非常广泛。

主要参数:

(i) 辊径:要考虑挠度(幅宽)、位置、流道尺寸、管材规格等。辊径越大,挠度越小,波迹越短。

(ii) 孔径:孔径越大,扰动越大,分散好,不易挂浆,但波迹较长。目前多用 $\phi25mm$。

(iii) 开孔率:30%～55%。孔径一定时,开孔率越低,解絮作用越强,挂浆越少,波迹越长,适宜长纤维黏状浆。

(iv) 壁厚:3～5mm。较厚时刚性好,较薄时解絮作用稍好。

(v) 辊壁与箱壁的间隙:3～6mm,过大会使部分浆流得不到匀整,过小则容易卡死。

(vi) 孔辊的位置:放置处离上浆装置有一定距离,通常为小孔直径的 20～25 倍,以待波迹消除。

(vii) 转向和转速:转速 0.15～0.2m/s,过高时解絮作用强,但浆流稳定性差,应可调节;转向一般为闸辊的下面逆流转动,相邻辊转向相反。

(6) 管束。

结构原理:普通管束由许多小直径圆管排列而成,如图 10-67 所示。较小的直径、较大的摩擦面积和较长的摩擦时间使浆流通过时产生高强微湍动和较大的磨阻,从而匀整浆流,同时消除错流、横流、偏流和大涡。

应用:可用于布浆和整流。可单独使用,也可配合孔辊使用,以减轻进口挂浆。

图 10-67　管束

适用:高速纸机。

异形管束效果更好,加工困难,进口为圆形,出口有蜂窝形和矩形,如图 10-68。

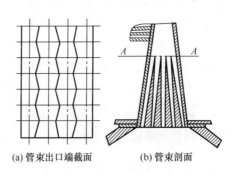

(a) 管束出口端截面　　(b) 管束剖面

图 10-68　异形管束系统

(7) 阶梯扩散器。

结构原理:阶梯式孔板,浆流通过突扩处可产生微湍动,如图 10-69 所示。

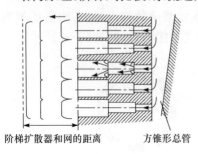

图 10-69 阶梯扩散器工作原理

应用:可同时用于布浆和整流。可单独使用,也可与孔辊配合使用。

适用:广泛用于高中低速纸机,效果很好。

主要参数:

段数:国内多用三段,芬兰多用两段;孔长径比:取 4.5 最佳;一段孔流速:国内 3.5~4.5m/s,国外有 7~9m/s 的;一段孔直径:ϕ12~15mm;二、三段孔直径:为前一段的 1.6~1.7 倍。

10.3.4 上浆装置

1. 上浆装置主要作用

上浆装置(堰板)把在流送部分经过匀整的浆流,按照纸机的纸幅成形所需的流速和方向,并在正确的位置上,均匀而稳定地喷布到成形网面上,获得良好组织的纸幅。

2. 对上浆装置的要求

随着现代纸机车速的提高,纸浆在成形网上的停留时间越来越短,上网浆流中的缺陷就越来越明显地反映到纸幅组织中。在现代化的高速纸机上,尤其是在夹网类型的纸机上,对上网浆流均布的要求就十分严格。对浆流上网装置的要求,概括起来有下列几点:①为了保证上网浆流流速稳定,应设压头调节和控制系统;②唇口开度应可全副调节和局部调节;③可以调节喷射角和着网点;④唇板结构应有利于形成适当的流体剪力场,以分散纤维和减少定向排列;⑤唇口应光滑平直。

3. 上浆装置的成形方式

上浆装置的作业方式可区分为压力成形和速度成形两种,见图 10-70。所谓压力成形方式是指使输出的浆流所具有的动能立即在成形网上泄水时转化成为泄水压力。上浆装置输出的浆流的动能只是使它能到达网上或与成形网形成一定的速差,则称为速度成形。实际的生产上不存在全压力成形或全速度成形方式,都是介于两种成形方式之间,但由于上浆装置的结构特征而接近于压力成形或接近于速度成形。

图 10-70 压力成形与速度成形比较

无基网夹网成形器、传统的和改进的网槽式圆网成形器和大多数网辊式圆网成形器所用的都是压力成形方式,长网成形器和有基网夹网成形器的成形方式可按要求以调节上浆装置来实现。

4. 上浆装置的类型及结构

(1) 倾斜式唇板:图 10-71,也称收敛或鸭嘴式。

结构:倾斜式唇口由上下唇板组成,上唇板装有调节机构,以便整幅和局部调节,有的还可以整体上、下前后调节。

特点:浆料加速稳定;喷出浆流稳定,轨迹易控制。

(2) 垂直式唇板:图 10-72,多用在高速纸机上。

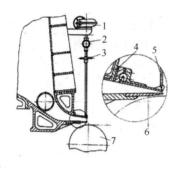
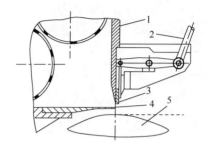

图 10-71　倾斜式唇板

1.上唇整体提升机构;2.横杆;3.上唇局部调节手轮;
4.垫板;5.微细调节螺杆;6.下唇板;7.胸辊

图 10-72　垂直式唇板

1.流浆箱前墙;2.调节螺杆;3.上唇板;4.下唇板;5.胸辊

结构:垂直式唇口的上唇板和堰池的垂直前墙连在一起。通过调节机构可使它作整幅或局部调节。

特点:可产生强烈微湍动,分散纤维效果好;刚性好;结构简单、容易制造;局部调节困难,易永久变形;浆流轨迹不易控制;容易挂浆。

(3) 结合式唇板:图 10-73,多用在宽幅纸机上。

结构:一般采用加装唇缘的结构,高度 5～7mm。也可加装较高的垂直唇板,上部每个微调之间都开小口以便微调。

特点:可产生适当的扰动,可解絮和改变纤维方向;结构复杂,制造要求高。

(4) 喷嘴式唇板:图 10-74,多用在宽幅纸机上。

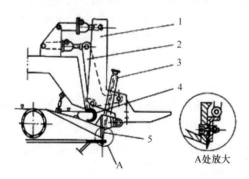
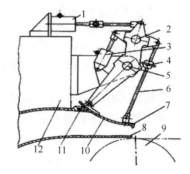

图 10-73　结合式唇板

1.上唇板水平移动调节杠杆;
2.上唇板垂直移动调节杠杆;
3.唇板微调机构;4.橡胶软件;5.上唇板

图 10-74　喷嘴式唇板

1.上唇板前后调位机构;2.铰链连接;
3.唇板开口整体调节机构;4.唇板微调手轮;
5.固定支点;6.拉杆;7.直立唇缘;8.下唇板;
9.胸辊;10.上唇板;11.密封条;12.箱体

结构:上唇板为弧形,并可前后、上下调节。

特点:浆流无突然变化,上网浆流稳定;适合高速纸机的满流式流浆箱。

10.3.5 流浆箱结构举例

下面用几个流浆箱作为例子,说明流浆箱的结构特点和工作原理。

1. 开启式流浆箱

图 10-75 所示是一台抄宽为 4020mm、抄速为 200~450m/min 的新闻纸机上的开启式流浆箱。

图 10-76 是一种用于中速纸机上的开启式流浆箱,该流浆箱采用多支管式锥管布浆器,用节流扩散流道和孔辊作为匀整元件,其主要结构参数如图 10-77 所示。在车速为 400m/s 时,布浆器设计中选用的各主要浆速分别为:锥形总管内为 3m/s,支管为 6m/s,第一节流缝为 2m/s,第二节流缝为 4.2m/s。

图 10-75 开启式流浆箱

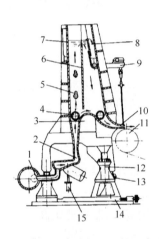

图 10-76 一种用于中速纸机上的开启式流浆箱
1.支管布浆器;2.节流扩散管道;3.山形部;4.孔辊;
5.分流板;6.隔板;7.泄流槽;8.溢流槽;
9.唇板调节机构;10.唇板;11.胸辊;12.可调支柱;
13.中间支柱;14.滑轨;15.快速放浆阀

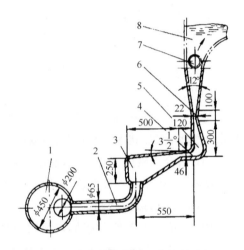

图 10-77 多支管布浆器和节流扩散管道
1.锥形总管;2.支管;3.第一扩散室;
4.第一节流缝;5.第二扩散室;
6.第二节流缝;7.孔辊;8.箱体

流浆箱的本体是一个衬有不锈钢的焊接箱体,箱体的底盘和喷浆口的流道是衬有不锈钢的铸铁件。整个箱体装置在高度可以独立调节的几个支柱上,支柱本身又装置在可以平移的滑轨上,因此流浆箱可以作上下、前后和不同倾斜度的调节。该流浆箱的最大水平位约为 250mm,最大的倾角约 6.2°。为了减少下唇板的挠曲度,下唇板基梁中部设有附加的中间支柱。浆位高度与速度的平方成正比,当速度为 250m/min 时,高度约为 1m,已难实现稳定的浆流。为了适合较高车速使用,采用驼峰式箱底和隔板。

2. 气垫式流浆箱

纸机的车速达到 450m/min 以上时,如果沿用开启式流浆箱,则箱体的质量和尺寸十分庞大,结构变得复杂且不合理,如图 10-78 所示(20 世纪五六十年代比较流行的一种五孔辊式流浆箱)结构。现在多用带阶梯扩散器的双辊流浆箱,如图 10-79 所示。

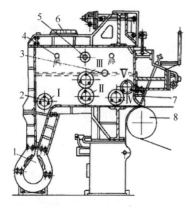 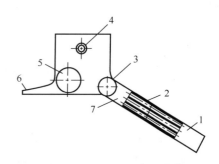

图 10-78 气垫式孔辊流浆箱示意图　　　　　图 10-79 气垫式管束流浆箱
1.浆流分布装置;2.孔辊(共五个);3.排气孔;　1.方锥形布浆总管;2.管束(3 排);3.开孔率 40%匀浆辊;
4.喷雾器;5.压缩空气入口;6.入孔;　　　　　4.旋转消泡喷水管;5.开孔率 50%的匀浆辊;
7.上浆装置;8.胸辊　　　　　　　　　　　　　6.结合式堰板;7.整流区

过去车速 400m/min 以上使用气垫式,现在 200m/min 以上就使用气垫式。其特点是①密闭,用气压调节上网浆速;②箱内浆位高度可不随车速变化,通过自动控制保持一定液位,可不设溢流;③旋转喷水管;④视镜;⑤箱内照明。

在气垫式的流浆箱内,纸浆的液面保持在一个适当的高度上,改变液面上方空气垫的压力时,可以使上网的浆速在广泛的范围内变动。由于箱内的浆位有固定不变的高度,可以在浆坑内有效地使用孔辊等浆流匀整元件,来改善纸浆的流动状态。因此,开启式流浆箱自然发展的结果,除了将箱体顶部密封起来,而且增加了使用孔辊的数量。

气垫式流浆箱结构包括:进浆口,出浆口,进气口,气压探口,排气阀口,以及两个变送器接口。进浆口是浆泵打浆的入口,它是一个小的方体,右边与浆泵相连,左边是两排小孔,小孔的目的是减少液流对出口速度和两个传感器的扰动;出浆口是一个可调节的狭长出口,以便对出口流速控制;进气口连着气泵来给流浆箱提供气压,其上有一个手动的调节阀;排气阀口是专门为人工调节气压而设,其上也有一个调节阀;变送器有两个,一个用于测量总压,称为总压变送器,一个用于测液压,测液压的变送器要与气压探口相连,称为差压变送器。变送器为 PLC 输送 4~20mA 的电流作为模拟量的输入。

系统运行时主要控制参数是总压、浆位和气压。控制总压的目的是获得均匀的从流浆箱喷到网上的纸浆流体和稳定的流量。控制浆位的目的是获得适当的纸浆流速以减少横流和浓度的变化,产生和保持可控的湍流以限制纤维的絮聚,这对纸页的成形和结构有着决定性的影响,因而是流浆箱控制系统的设计中最为重要的部分。为了克服总压和浆位的耦合,发展了前馈控制、解耦控制和自适应控制以及 PIO 智能控制等系统,实现了对总压、浆位和气压进行快速和精确地控制。但是,由于这些现代控制系统需要配置计算机或较复杂的控制仪表,在许多造纸厂中多采用 PIO 智能控制系统用于流浆箱的控制。

3. 满流式流浆箱

1) 特点

流浆箱充满纸浆时,压头由冲浆泵提供;不用匀浆辊,采用新型高效的静止整流元件阶梯扩散器、管束、导流片等,结构紧凑,效率高;不用溢流和消泡装置,可适用于夹网纸机,有些元件在低速时效果并不好。

2) 存在的问题

(1) 边流问题。在流浆箱唇板两侧由于摩擦力作用引起边界层效应,导致两边浆流的低速现象,使喷浆方向呈发散状,影响纤维的定向角度,如图10-80所示。速度越高,该现象越严重,必须配以合适的边流设计,控制两边的流速和方向。

(2) 热变形问题。浆料温度一般高于环境温度,由于温度不均衡,造成唇板变形,影响浆料的均匀分布,如图10-81所示。对宽幅高速纸机的影响更明显,为此必须设计夹层热水恒温装置。

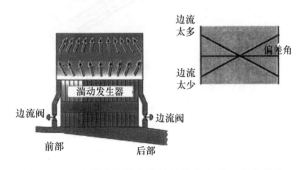

图10-80 阶梯扩散器流浆箱纤维定向偏差角度分布

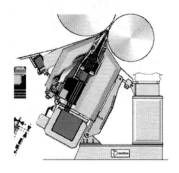

图10-81 唇板热变形示意图

3) 工程实例

(1) 满流阶梯扩散器流浆箱(又称为Escher wyss阶梯扩散器流浆箱)。这种流浆箱的结构特点为:①采用方锥形总管布浆,以阶梯扩散器作为流浆箱的核心,起到主要的布浆、整流和产生微湍流分散纤维絮聚的作用。由阶梯扩散器出口到堰板收敛区只有200mm左右的短整流区,然后进入堰板收敛区,堰板收敛区也不长(380mm左右),由于流道很窄(约120mm),因此纸浆以很高的速度通过这一区段只需要很短的时间,纸浆通过阶梯扩散器时所产生的微湍流在上网前不致消失,从而保证了上网纸浆纤维的均匀分散,并减少了再絮聚的现象。②结构紧凑、体积小、质量轻。③流速控制范围较大,运行参数调节范围大,控制简单,可以生产80~140g/m² 的厚纸,也可以生产13~18g/m² 的薄纸。满流阶梯扩散器流浆箱见图10-82。

(2) 满流管束-导流片组流浆箱,如图10-83所示。

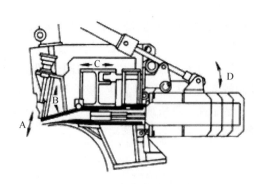

图10-82 满流阶梯扩散器流浆箱
A-堰板的设定和精调;B-跟流量和纸机车速有关的上唇板调节;
C-上唇板水平位移,影响喷浆的着网点,从而影响纸页匀度;
D-为了清洁或检查,布浆器可作摆动清扫

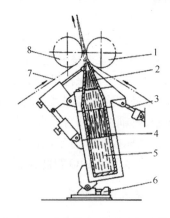

图10-83 满流管束-导流片组流浆箱
1.胸辊;2.整流片组;3.地网;4.布浆管束;
5.锥形布浆管;6.喷浆口角度调节装置;
7.顶网;8.成形辊

4. 满流气垫结合式流浆箱

20世纪70年代以后研制开发的满流气垫结合式流浆箱(图10-84)是在满流式流浆箱的基础上,吸收了一些流浆箱设计的优点,目的是解决满流式流浆箱存在的由于没有压力缓冲装置而泡沫难于排除和对供浆系统压力脉动敏感的问题。此类流浆箱采用一些流浆箱新技术,如锥形布浆总管、水力布浆整流元件、消除泡沫溢流、优化上下唇板结构等,在性能上有较大提高,因而还较广泛地用于中速长网纸机和夹网纸机。这类流浆箱的特点是:配有满流式流浆箱使用的,能够发生规模和强度合适的湍流的整流元件,而流浆箱的压力、流量控制又采用一般封闭(气垫)流浆箱所采用的气垫调压和溢流控制的方法,使得这一类型流浆箱既

图10-84 满流气垫结合式流浆箱

具有满流式流浆箱效果好、没有转动部分、体积小等优点,又有可能排除泡沫和消除脉冲。

图10-85所示的满流气垫结合式流浆箱常在文献中被称为W型流浆箱。它的主要元件是两段集流扩展的管束。浆流在这种管束中从整体上看是收敛的,但对于单个的管子来说,浆流在其中是扩展的。第一级管束(分配管束)直接位于锥管布浆器之后,第二级管束(湍动管束)则在收敛式上浆装置之前。经第一级管束分布开来的浆流在一个不大的流道中混合和消能。在该流道的末端,小部分浆流溢流入气垫室(气垫室可以抑制浆流中的压力波动,并可以排除纸浆中的空气与泡沫),大部分浆流经转折后进入第二级管束。通常认为,这种转折流道的设计具有更好地"抹匀"横向流速分布和防止第二级管束入口处孔缘积浆的现象。流浆箱的设计应保证浆流的湍动减低之后而纤维尚未重新絮聚之前,把浆流喷布到成形网上。图10-86所示为满流气垫结合式流浆箱对应浆流分布。

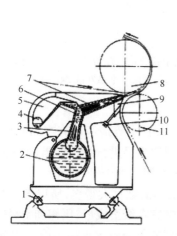

图10-85 满流气垫结合式流浆箱示例

1.喷浆口角度调节装置;2.锥形布浆总管;3.布浆管束;
4.溢流管;5.气垫室;6.混合室;7.整流管束;
8.成形辊;9.可调下唇板;10.唇板微调;11.胸辊

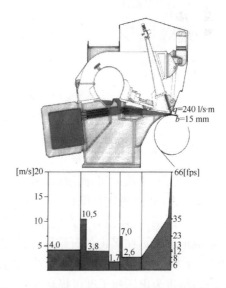

图10-86 满流气垫结合式流浆箱对应浆流分布

5. 多层型流浆箱

多层水力流浆箱是多流道的满流式水力流浆箱。目前多层水力式流浆箱不但可以用于纸板的生产,而且可以用于薄页纸和高级纸的生产,对于改进纸张质量、合理使用纤维原料起到很好的作用,因此多层水力流浆箱具有很好的发展前景。目前已研究开发了多种结构的多层型流浆箱,这是在满流式流浆箱的基础上发展起来的一类新型流浆箱。多层型流浆箱结构特点是沿着流浆箱的 Z 向(竖向),将流浆箱的布浆器和整流系统分割成若干独立的单元(一般为二三个单元),每个单元都有各自的进浆系统。因此各个不同单元可以各自通过不同种类的纸浆,从而形成几股独立的纸浆流层,一直到堰板口附近才汇合成一股上网浆流。由于这时纸浆流动的速度很高,各层纸浆互相混合的距离和时间都很短,因而上网纸浆流沿着 Z 向的各层纸浆基本上保持原来的组成,使得形成的纸页沿着 Z 向各层的纸浆组成与流浆箱各层的纸浆组成大致相同。这样,使用一台多层流浆箱就能够为形成由几层不同的纸浆组成的纸页提供上网纸浆,这对于提高纸张质量、节约优质纸浆、简化流送与成形设备均有重要的作用。目前多层流浆箱的技术已成为流浆箱技术发展的一个重要方面。目前已开发了几种多层流浆箱,现简介如下。

图 10-87 是双层流浆箱(又称 Escher wyss 多层流浆箱)简图。该流浆箱结构的特点为沿着流浆箱的 Z 向有两个连接在一起的阶梯扩散器流浆箱单元。各单元流浆箱的浆流只在堰板口附近才合成为上网浆流。

图 10-88 为贝洛依特公司三层敛流式流浆箱示意图。这种流浆箱结构的特点为沿着流浆箱的 Z 向有三个接在一起的敛流式飘片流浆箱单元,各个单元的纸浆在进入飘片收敛区前是分开的,在进入飘片收敛区后由飘片将各自纸浆层分离,一直到飘片出口处的堰板口附近才合成为上网浆流。目前这种流浆箱已用于制造薄页纸、餐巾纸和纸板。

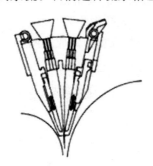

图 10-87 双层流浆箱结构

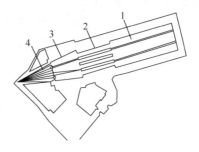

图 10-88 贝洛依特公司三层敛流式流浆箱示意图
1.方锥形总管;2.管束;3.扩散室;4.飘片收敛区

6. 高浓流浆箱

自 20 世纪 70 年代初期,高浓成形技术在北欧、北美及日本等地区已有产品问世,主要用在纸板领域,用于生产低定量纸($120g/m^2$ 以下)的试验研究也已进行了十多年,虽有报道在实验室有较好的结果,但还没有生产应用。在我国,高浓流浆箱仍处于研究阶段。

高浓成形的纸页在 Z 向的纤维取向作用要比低浓成形的纸页大得多,所以纸页结构较松厚、层间结合力大、环压强度高。相对开放的纸页结构,使它在纸页成形、压榨和干燥部更易于脱水。典型结果为出压榨干度可提高两个百分点,干燥部的干燥效率提高 10%。高浓成形的这些特性使它特别适应用于抄造纸板、浆板以及瓦楞芯纸等。

高浓成形的意义在经济上比在技术上更大。高浓成形时,流程中的流量只是传统方法的 15%~40%,这不但意味着用水量将大大减少,而且流送系统的能耗也大大降低,用水量和能耗的节省与低浓成形时相比都在1倍以上。流浆箱是高浓成形技术的核心。高浓流浆箱结构简图如图10-89所示。

布浆器也使用方锥管式布浆器,然后是孔板,孔板后面的混合室为流线型结构,以保证既混合均匀,又能消除停浆、挂浆等现象。湍动元件的结构与低浓流浆箱的完全不同,高浓流浆箱的作用是将不连续的、离散的纤维团尽量疏解成一层连续、均匀、悬浮于水中的纤维网络组织。显然,要达到这样的目的,使用传统的孔板或孔辊等都是不行的。如何设计湍动元件的形状和尺寸是高浓流浆箱能否开发成功的关键。

国外开发的高浓流浆箱中,使用较多的湍动元件主要有两种形状:一种是弯曲流道式,另一种是突扩收缩流道式,如图10-90所示。弯曲流道式主要依靠流体急转弯产生边界层的分离而产生剪力场,这种剪力场较均匀,但适应的流道高度不能太大,因此,产品的定量不能太高,一般在200g/m²左右。突扩收缩流道式的流道剪力场强度高,有时有停浆现象发生,制造难度较大。由于高浓成形的纸页多为多层纸板的芯层,且高浓成形时,由于浓度高,纸浆从流浆箱喷出来后容易很快形成再絮聚。高浓流浆箱出来的纸浆最好能使用夹网成形器进行两面脱水,以尽快成形,减少再絮聚。使用高浓成形技术的纸板机,可以使纸板机成形部的长度大大缩短,结构也可以简化许多,降低设备造价。这也是高浓成形的优点之一。

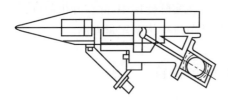

图10-89 高浓流浆箱结构简图

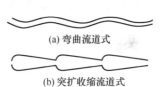

图10-90 湍流元件形象示意图

7. 稀释水流浆箱

20世纪90年代以来,在流浆箱共性技术方面,流浆箱稀释水浓度控制调节技术的研究和开发是一项重大的成果和进展。稀释水流浆箱是在满流式和满流气垫结合式流浆箱基础上,加设白水稀释调节装置而成。流浆箱采用稀释水浓度控制调节技术,可克服堰板调节所带来的偏流和横流等问题。目前已开发了几种系统,新设计的流浆箱多采用这项技术。稀释水控制主要包括总压头控制、稀释水压力控制和横幅定量控制(图10-91)。

(1) 原理:通过改变局部浆料浓度来控制横幅定量,在流浆箱的横向上每隔60mm就有一个白水稀释区,每个白水稀释区有独立的稀释水管,稀释白水量是通过电机执行机构和阀门来调节的(图10-92),可根据横幅定量扫描仪反馈的横幅定量信息自动调节。

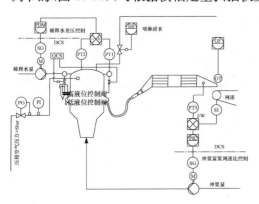

图10-91 稀释水流浆箱控制

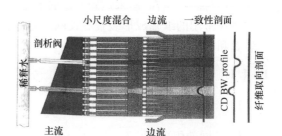

图10-92 稀释水流浆箱工作原理

(2) 流浆箱系统的总压头控制：总压头的压力是流浆箱的重要参数，因为它决定了喷浆口的浆速高低，并且与纸机成形网的速度构成闭环（连锁）控制，俗称浆/网速比，而浆/网速比对纸张性能有很大的影响，如匀度与强度等。总压头的大小取决于喷浆速度以及唇口开度（上浆浓度），浆速则由网速与生产纸种所对应的浆/网速比所决定。安装于近唇口位置的压力传感器测出的压力通过程序计算可模拟出喷口处的浆速，并通过与实际网速的比较，产生对应信号至冲浆泵，使其电机转速提升或降低。

(3) 稀释水压力的控制：由于定量控制取决于稀释水与浆料的混合比例，故稀释水的压力控制至关重要。稀释水总管处与集中布浆器处的压力传感器构成一组压差数据。在实际操作中需要使此压差维持平衡。根据集中布浆器内浆料压力的变化，不断调整稀释水的压力，使其保持恒定压差，并产生对应信号至稀释水泵，使其电机转速提升或降低，从而调节稀释水补充量。

(4) 稀释水横幅定量控制：稀释水控制系统的核心是利用横幅方向上的浆料浓度变化来控制整幅纸张的定量。稀释白水通过稀释水阀在混合区与浆料混合，再经过在柔性上浆管内充分混合后，进入流浆箱的背部进浆区。

每个稀释水阀所控制的浆流（纸张）宽度要远小于通过唇板调节时的对应宽度，因此，通过浓度的分区控制相对于唇板调节，其精度大大提高。在实际使用中，除在开机前进行一次例行唇口开度校正后，在纸机运行过程中不用通过唇板调节进行横幅定量控制。

10.4 纸机成形装置

成形装置又称为网部，是纸机上最重要的一部分，纸料悬浮液在其上面形成纸页，成纸质量和纸机的正常生产都与成形装置的操作有密切关系。湿纸幅一旦在成形装置成形后，纸张中的纤维交织状态便基本定形，纸张的基本物理性质也随之确定下来，随后的纸机的压榨、干燥和压光等过程只能有限地改善已成形的纸幅的性质。成形装置通常也是纸机上最复杂的一部分，在运转中，成形装置的动力消耗和维修费用在整个纸机中占有相当大的比重。

成形装置的主要作用：

(1) 获得组织良好的湿纸幅。纸幅的成形是一个复杂的过程，通常可简单地看成是纤维逐渐沉积到成形网网面上相互错综交织成一个薄层的结果。要获得组织均匀的纸幅，除了需要性能良好的流送设备外，还需要使纸料在成形网面上进行合理的脱水过程。一般可通过控制网速和上网浆速的差值、网案的摇振及选用适当的脱水元件等方法，使纤维悬浮液在纸幅成形过程中既相对平静，又具有一定的湍动，从而使沉积的纤维分散均匀、无絮团，同时避免不适当的过急的脱水使纸料中的胶料、填料和细小纤维流失过多，造成纸幅的两面性质的差别。

(2) 把已形成的纸幅脱水到一定的干度。湿纸幅初步成形后，一般需要通过强制脱水的方法（真空抽吸、压榨等）来达到一定的干度或湿强度，从而能从成形网面剥离下来。

现在常用的纸幅成形装置有长网成形器、圆网成形器、夹网成形器、复合型成形器、高浓成形装置和干法成形装置等。

10.4.1 长网成形装置

1. 长网的组成及纸页的成形过程

1) 长网的组成

长网纸机的网部简称为长网或网案。如图10-93所示为一个典型的长网部。网案的主要部件是一个无端的细编织网［金属编织网（一般为磷青铜材质）或塑料网］。该成形网套在两个大辊子中间运行，其中胸辊靠近流浆箱，而伏辊则在另一端。胸辊通常用于支撑网，在一些抄纸系统中，胸辊还起到脱水元件或真空成形器的作用。伏辊则起支撑网和脱除纸页水分的作用。转动网部的大部分动力都是施加在伏辊和驱网辊（转向辊）上。

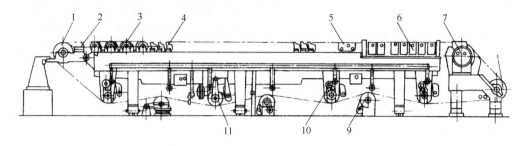

图 10-93　一种长网纸机网案结构示意图
1.胸辊；2.成形板；3.沟纹案板；4.案板；5.湿吸箱；6.真空吸水箱；
7.真空伏辊；8.驱网辊；9.导网辊；10.铜网张紧器；11.铜网校正器

在胸辊和伏辊之间的各类元件都具有支承网子和脱水的双重功能。根据特定需要，可使用多种不同的脱水装置。旧式纸机网案上的成形装置基本上是由成形板、案辊、脱水板、真空吸水箱和伏辊等组成。目前大多数纸机在紧接着胸辊之后使用一个成形板，接着是脱水板组件，然后网子经过一系列真空度递增的脱水装置：从低真空度的湿吸箱到高真空度的干式真空箱，最后是高真空度的伏辊。回网辊装置将网子带回到胸辊。张紧辊和导网辊用以自动维持正确的张力和消除横向位移。一组喷水管保持网的清洁和去除积垢。

低速纸机（转速 300m/min 以下）常配以振动机构，使网子横向摆动以改善纸页匀度。这些低速纸机还沿网边配以橡胶定边板以便在最初成形阶段挡住浆料。在高速纸机上由于纸页是瞬时形成，所以不必用振动和定边装置。

有些长网纸机配有饰面辊（水印辊），安装在真空箱区域的网的上方，并轻压在纸浆上。饰面辊上有网布覆盖，用以压实纸页和改善纸页的匀度。有些饰面辊在网面上有花纹，可转移到纸页上，形成水印或其他特定效应。

通常将随即离开伏辊的纸幅两边切去一个窄条。该纸幅两边由于定量低且匀度不稳定，一般强度较差，很可能是传递纸幅时断头的原因。切边工作由称为水针的高压水射流完成，该水针恰好位于伏辊前的网子上方。切下的纸边由驱网辊（转向辊）带走并冲洗入伏辊坑中，在坑中被重新碎浆，随后进入损纸浆流系统。

2) 纸页形成过程

浓度 0.3%～1% 的纸浆从流浆箱的唇口以接近网子的速度均匀地喷到网上，随着无端的长网向前移动，靠重力或真空抽吸力，纸浆中的水分就从网孔中排出。纸浆在网上脱水的同时，纸浆中的纤维及填料等都沉积在网上而形成湿纸页。纸页在网部的脱水量占整台纸机的总脱水量的 95% 以上，纸页离开网部时干度为 18%～23%，高速纸机达 27%。

2. 胸辊

胸辊是纸机上第一个辊筒，网案的开始部分，作用之一是承托成形网。成形网在胸辊上改换方向，经过胸辊以后，成形网的非工作面变为工作面。在很多情况下，胸辊也是网案上的一个脱水元件，上网的纸浆可在胸辊上脱去一部分或大部分水。胸辊为管辊结构，其结构如图 10-94 所示。

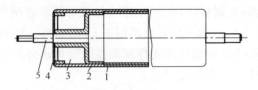

图 10-94　管辊
1.辊壳(筒体);2.腐蚀包覆层;3.铸铁闷头;
4.盖板;5.轴头

胸辊应有足够的刚度和最小的挠度,以防止铜网起皱。为了减少铜网带动胸辊的负荷,胸辊的质量要轻。一般中小型低速纸机的胸辊无中高,大型高速纸机的胸辊略有中高。

过去胸辊多用铜制造,现一般用钢制薄壁管,外包 3～4mm 厚的铜皮或 8mm 厚的橡胶(布氏硬度 12～17°),也有采用玻璃钢包覆面的胸辊。胸辊要经过静平衡和动平衡检验。

为了防止纤维块进入胸辊和铜网之间,辊面装有塑料或木制刮刀清洁辊面,在胸辊与下唇板间还装有喷水管清洗辊面。通常,在刮刀背面配有一块延伸板,将该处通过网子脱除的白水导入第一个白水盘。

胸辊也有脱水作用,其脱水量可以由纸浆流的着网点控制。如果纸浆流直接落到胸辊上,可以排除大量的水,有部分定形作用。如果纸浆流喷在成形板上,则胸辊上的脱水作用很小,纸页的成形由案辊或脱水板控制。用游离浆生产薄纸的现代高速纸机,采用吸水胸辊进行强烈地脱水。在此情况下,大部分的水都由胸辊脱除。胸辊的脱水机理和案辊相似。

3. 成形板

1) 成形板的作用

成形板(又称组织板)是长网纸机胸辊后面网下的第一个元件,起到支承网子和控制上网段脱水量的作用。随着纸机幅宽和胸辊直径的增大,如果浆流上网仍在胸辊中心线后的附近,则从着网点至第一案辊间有相当大距离。如果纸机车速较高,就会在胸辊处发生大量脱水,这对于某些薄质纸类是适合的,但对于其他一些纸机,初始成形时的剧烈脱水是极不利于纸幅成形的。它会使纤维竖起来,影响成纸的强度;会造成大量细小纤维流失,致使纸张两面性能差较大;促使初期沉积的纤维层过紧,影响纸浆进一步的顺利成形和脱水;甚至会在胸辊处造成铜网下陷,发生网面上的跳浆现象,影响纸幅成形。因此,在胸辊后设置成形板减缓网上纸浆层的脱水,使最初的纸页成形能在没有剧烈抽吸作用下进行。

2) 成形板的结构

最常见的成形板是几个木质的长条形平板。第一条面宽 100～200mm,其余的较窄,通常是宽度 65～100mm,间距 40～50mm。

在现代化的高速长网纸机上,成形板通常是由一个较宽的平面梁板和若干个小倾角案板组成的箱体(图 10-95)。浆面的着网点是在梁板前缘附近的平面上。浆流上网后,由于平面梁板的脱水缓慢,可以稳定浆流。接着是约 1°倾角的案板叶片,用以造成低强度的湍动和适当的脱水量,防止纤维重新絮聚。

成形板的设计和使用十分重要。要使纸浆在上网段保持纵向流速稳定、不产生冲击,首先要有经过研磨或刨平的成形板;其次是严格地保证其平行于唇板;调节它们之间的距离达到消除成形板前缘处回流反冲的效应;另外,成形板前缘应稍向下倾斜以抑制纸浆在喷到成形板上网面时的冲击,否则,纸浆将在成形板上产生波脊。如果成形板比网子低得太多,又会使网下水反冲网上而破坏纸浆的稳定性。典型的成形板倾斜状态如图 10-96 所示。

3) 成形板的材质

要求成形板耐磨,并具有足够刚度,板面保持平直,板条前缘整齐不翘。传统用硬木,现在多用不锈钢结构,表面镶有高密度聚乙烯面板和陶瓷。用氧化铝烧结的陶瓷面板(图 10-97)

具有良好的使用性能,耐磨、表面光滑,因此使用越来越普遍。

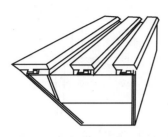

图 10-95　典型成形板结构

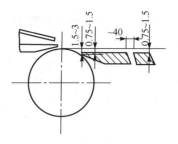

图 10-96　成形板的倾斜情况

4) 使用影响因素

(1) 前缘角:第一块 30°～45°,第二块约 60°。

(2) 安装位置:纸页将较快地成形,浆面较平,但成纸的网印较重。浆面的着网点在梁板前缘附近的平面上,浆流上网后由于平面梁板的脱水缓慢,可以稳定浆流。

(3) 安装角度与高度:适当前倾,同时与网面留一定间隙,可控制脱水量,减少磨损。一般前缘留 1.5～3mm 间隙,后缘留 0.75～1.5mm 间隙,避免回流反冲。

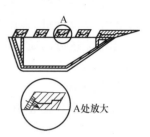

图 10-97　氧化铝烧的陶瓷面板结构

(4) 调整装置:成形板应设调整装置,以便调整位置、高度和角度,以适应操作要求。

4. 案辊和挡水板

1) 案辊

(1) 案辊的结构和要求。案辊是一种薄壁管辊(图 10-94),用无缝钢管、铜管或铝管制作而成,也有在其表面挂胶以提高其耐磨、抗腐蚀性能,并且有利于纸浆的脱水、减少对成形网的磨损。玻璃钢也是最流行的一种案辊包覆材料,因为它可以增加辊子的刚度,而且损坏时也容易修补。在结构上,要求案辊的质量轻、转动灵活、有足够的刚度。辊子直径主要取决于所要求的脱水能力,一般为 80～325mm。车速越高、抄宽越大,辊子的直径也越大。

案辊的表面要平直,运转要平稳。弯曲的案辊会在纸幅中留下月牙形的浆块或纵向的浆道子。案辊变形或不平衡会使成形网抖动,引起球状浆块的纸病。成形网对案辊只有很小的包角,牵引力很小,所以案辊的转速常常略低于网速。

在车速很低的纸机上,尤其是使用脱水缓慢的黏状纸浆时,案辊的排列是先密后疏,以便纸浆上网后立即较多地脱水,使纸幅迅速地初步成形,避免再絮聚的发生。在车速较高的纸机上,案辊的排列通常是先疏后密或先疏中密后疏的方式,主要是为了使纸浆上网初期保持稳定,避免细小纤维和填料等的过大流失。

(2) 案辊脱水机理。案辊的真空抽吸脱水原理如图 10-98 所示。在案辊与成形网之间的楔形间隙内,水流在案辊和成形网的带动下向外流动,并且截面逐渐变大。由于水有足够的内聚力,水层不会轻易分离,在案辊的楔形区间上形成了真空抽吸的排水区间。这种抽吸作用类似于在楔形区间内有一个向下运动的活塞,把水分从网上抽吸排出。案辊的这种抽吸作用会延续到楔形间隙内水层破裂为止。楔形区间内的水层破裂后,纸浆的脱水过程就暂告一段落。到纸浆随成形网运行到下一个案辊时,脱水过程又重新开始。在案辊和成形网构成的楔形区间上,不但存在抽吸的负压区,还存在正压作用的区段。这主要是由案辊表面和网底的水层被案辊和成形网带入楔形区间时造成的冲击形成,如图 10-99 所示。

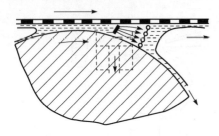

图 10-98 案辊的抽吸作用示意图

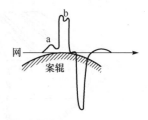

图 10-99 案辊与网接触点前后压力变化情况

在中高速纸机上,案辊过大的压力脉冲对纸幅的成形是有害的。对于车速 300m/min 以上的中高速纸机,采用案辊脱水存在着脱水速率大而集中、网上有跳浆现象及案辊的脱水作用不能按纸的质量要求进行调节等问题。因此,案辊一般应用于车速 300m/min 以下纸机上。

2) 挡水板

(1) 作用:①防止甩水干扰,当车速较高时,辊面上的白水会抛向邻辊和成形网,不但影响下一个案辊的脱水,还会影响纸页的成形;②脱水,既可刮除铜网下面的白水,又可防止铜网在两案辊之间的扰度,改善网案的工作状况。

(2) 结构:钢制箱型结构,重量轻、刚度大,上沿与铜网接近的部分宜用硬橡胶或耐磨塑料板制成,以减少铜网的磨损。分为刮刀式挡水板[图 10-100(a)]和案板式挡水板[图 10-100(b)],后者脱水作用更好。

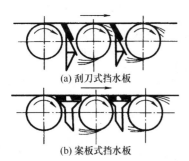

图 10-100 案辊间的挡水板

3) 沟纹案辊

沟纹案辊的结构和普通案辊相似,只是辊面车有沟纹。一般说来,沟越宽、越多,脱水能力就越低。沟纹案辊的脱水能力只有普通案辊的 1/2~1/10,因而沟纹案辊可应用于中高速纸机。

作用:在车速较高时,靠近胸辊的几根案辊常以沟纹辊代替,这样可使脱水缓和,有利于纸页的均匀成形。

结构:与普通案辊相同,只是辊体表面上车有多道平行的环状沟槽。

5. 案板

1) 案板的结构

案板也称脱水板,通常可分为单件型、双件型和组合型几种结构形式。通常靠胸辊端多用单件型,靠伏辊端用组合型。

单件案板(图 10-101)的优点是使用方便灵活,案板之间的距离和案板叶片的倾角都便于调节。但单件案板造价高,且由于尺寸限制,单件案板的框架较单薄,容易发生振动。

多件组合案板(图 10-102)的框架刚度大、造价低,但是在网案湿端使用较小间距的组装案板时,容易发生跳浆现象。所以在网案湿端常常采用叶片间隙较大的双件(或三件)组合案板,并在案板上采用可以调节倾角结构的叶片。

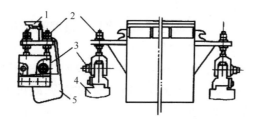

图 10-101 单件案板的结构
1.案板叶片;2.案板升降调节螺母;3.叶片倾角调节装置;4.网案纵梁;5.案板框架

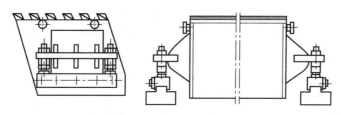

图 10-102 多件组合案板

叶片:如图 10-103,有前角、水平支撑面和后倾角的长条形板,底部制成与连接支架相配合的各种榫口形状。要求摩擦系数小,而且耐磨。常用的材料有高分子聚乙烯、镶陶瓷条、全陶瓷叶片。陶瓷寿命可达几年,且对造纸网的摩擦系数小,磨损少,易保持清洁。

框架:为不锈钢箱型结构,要求刚性大,变形小。两端支架可以前后和上下调节。

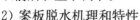

图 10-103 案板叶片主要结构参数
1.前缘(β 称前角);2.水平的支承平面;
3.倾斜平面(α 称倾角)

2) 案板脱水机理和特性

(1) 脱水机理。案板脱水机理如图 10-104 所示,铜网下面附着的水首先被前缘角刮除,当铜网滑过案板前部的水平面后,即与其后部的倾斜面形成楔形空间;由于这两个平面逐渐分离时产生相对运动,并借水的附着力作用使楔形空间产生负压,从而加速脱水过程。脱出的水附着在铜网的底面上,被推向下一个案板,为下一案板的前缘刮落。

(2) 脱水特性。由于案板脱水作用较缓和,所以在中高速纸机网部常使用案板脱水,以减少纤维填料和胶料的流失,改善纸页的匀度。在同样车速下,单件案板所具有的脱水作用比普通案辊小,但在同一网案长度内安装案板的个数可以比案辊多,因而,案板总的脱水量比案辊大。案辊和案板抽吸力比较如图 10-105 所示。

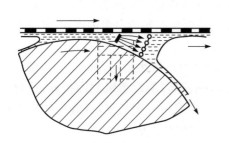

图 10-104 案板脱水机理示意图

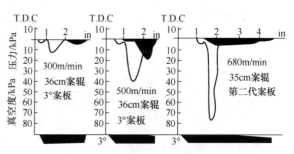

图 10-105 案辊和案板抽吸力比较
——案辊;▬案板

3) 案板设计和使用事项

(1) 叶片数量：间距较大的双叶或三叶案板多用于最湿端，该处需要有较大的间距；其他部位多用 4~6 叶的案板，刚性好，成本低。

(2) 案板宽度：窄案板灵活性大，对浆料的扰动也较大；宽案板脱水缓和，有利于提高纸幅中细微物质保留率，但电耗较大。一般选择 50mm 宽的案板，既可满足刚度要求，又有足够的脱水量和浆料扰动性能，动力消耗也较低。

(3) 案板叶片之间距离：在网案湿端，适当增大叶片间距，单片脱水量会增加，跳浆现象会减少；在网案干端，缩短叶片间距，有助于加强脱水。防止脱下的水层重新被吸回纸幅中，影响案板的脱水效果。

(4) 案板的倾角：脱水量随叶片倾角增大而增加到某一最大值，继续增大倾角时，案板的脱水量很快下降。一般倾角在 1°~5° 之间。车速高，最大倾角选大值（1°~5° 内变化）；车速低，最大倾角选小值（2°~3° 内变化）。在网部的不同部位，应选用不同倾角的案板。一般来说，在成型区即网案的湿端应使用较小倾角的案板，以控制脱水并减少对浆料的扰动。在脱水区即向网案的干端，案板的倾角应增大，以加强脱水并加强扰动。

(5) 案板前角：一般在 30°~45° 之间，与车速有关，低车速可以使用较大的前角，车速高于 400m/min 时，一般选用 30°；前角太小，不易保持叶片前缘锐直，易发生缺陷和造成积浆，刮去的水量太多，对浆层扰动过小，对匀度不利；前角太大，被前缘刮去水量小，对纤维造成的扰动过大，也不利于匀度。

(6) 案板的几何形状精度：案板叶片脱水量变化最敏感的区间是 1.5°~2.5°，是在常用的倾角范围内，这就要求案板的维修和安装都应有较高的准确度。

6. 湿吸箱

1) 结构

湿吸箱是一种真空度为 0.2~1kPa 的低真空脱水元件。其箱面由多条案板组成，也有用开孔型的面板，开孔率为 50% 以上，材质与案板相同，具有较大的脱水能力，可以用来代替或配合案辊（案板）。在高速纸机上，用在网案湿端代替案辊或案板的湿吸箱有着较宽的箱面，箱面有排列紧凑的窄缝。

2) 脱水机理和特性

(1) 脱水机理：如图 10-106 所示。压差脱水和刮水两种作用结合起来，使脱水量较案辊和案板大许多。用它代替案板时，网案的电耗增加不会超过 20%。湿吸箱的脱水稳定，操作上有一定的灵活性，细小纤维和填料的留着率较高。使用在抄黏状浆的低速纸机上时，可以缩短网案长度或降低流浆箱内纸浆浓度，有利于改善纸页的匀度。

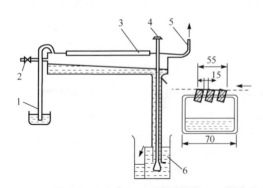

图 10-106 湿吸箱工作原理示意图
1. 真空度指示；2. 真空调节阀；3. 有锐利前缘的面板；
4. 针形底阀调节；5. 去真空系统；6. 带溢流的水封槽

(2) 脱水特性：脱水稳定，容易调节，细纤维及填料保留率较高，能改善纸两面差异；代替案辊或案板，可以缩短网案长度，或降低浆料上网浓度，从而改善湿纸页成形的均匀度。

(3) 影响因素：通常认为箱面的开口率较大，窄缝间的间隙很小，在迎着纸浆的方向有锐利的前缘时,可以增大脱水量,同时保持网上纸浆的稳定,并能在纸浆内造成适度的湍动,有利于纸幅成形。

3) 改进型

(1) 真空案板:案板技术的自然延伸是将案板封闭在一个箱中,将两端密封并抽真空,形成所谓的真空案板组(图10-107),按其性能亦可属于湿吸箱的一种类型。其脱水能力很大,常应用在浆板机和抄造以黏状浆制造高定量防油原纸的纸机上。真空案板组所用的真空度相当低,为250~500Pa,脉冲抽吸的强度并不增加,而脱水量显著增大。

(2) 等流型真空案板组(图10-108)。该装置是在案板叶片的短距离后设有一个低于网面的叶片组。成形网在接触案板叶片后处于拉下状态,脱除的水分与较低的刮刀组之间形成水封,削弱了压力脉冲和排水,使脉冲作用更为缓和。

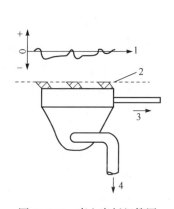

图 10-107 真空案板组简图
1.箱面上的真空-压力分布曲线示意图;
2.案板叶片;3.去真空系统;4.排水

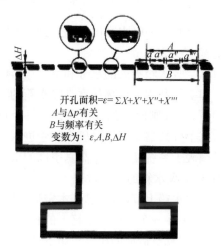

图 10-108 等流型真空案板

7. 真空吸水箱

典型真空箱装置见图10-109,纸浆到达真空吸水箱时,浓度达到2%~3%。一般地,在低速纸机上,纸浆通过真空吸水箱后浓度可达11%左右;高速纸机上,真空吸水箱后纸浆浓度可达15%以上。不同纸机上,真空吸水箱的装配数量为2~10个不等,装配数量的多少主要取决于纸张的品种。高级纸或高速纸机的真空吸水箱数量相对多一些。真空范围10~33kPa。真空吸水箱总管上的真空度一般小于40kPa,高速纸机上亦有高达80kPa。

1) 真空吸水箱的结构

真空吸水箱箱体一般用木材、铸铁、钢板或铸铝制成。小型纸机上的真空吸水箱是木质的。较大型的纸机上采用型钢焊接或铸铁的结构。现代化纸机上多使用硅铝合金或不锈钢焊接的箱体。一种铸造结构箱体的真空吸水箱如图10-110所示。

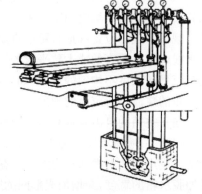

图 10-109 典型的真空箱装置简图

真空吸水箱面板的材质与成形板相同。低速纸机覆盖真空箱面的材质一般为高密度聚乙烯,高速纸机使用碳化硅或氧化铝等硬质材料。面板要求加工平整、孔口圆滑、箱内流水通畅。

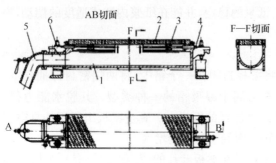

图 10-110　真空吸水箱结构简图
1.箱体；2.吸水箱面板；3.调节吸水宽度的挡板；4.轴头；
5.水气排出管；6.调节吸水箱高度的螺柱

开孔形状有圆孔、长孔和条缝等三种。一般湿真空箱是缝形开口，干真空箱可以是缝形或孔形，视生产品种而定。在生产细（高级）纸和涂布纸时，最好都用缝形面，因孔形面使纸页产生浆道，并会在纸中形成条纹。干真空箱与湿真空箱的缝宽不同，湿真空箱稍宽些，约为25mm。中间的真空箱缝宽为16mm，高真空的真空箱宽度为13mm。

真空吸水箱的两端有可移动的密封挡板，通过螺纹转动移动挡板的位置时，可以调节真空吸水箱的吸水宽度，使之与所抄造纸幅的宽度相适应。一般地，真空室两端的封边要比纸边宽10~20mm。

由真空吸水箱吸入的水分和空气，通常从箱体的传动端排出，经相关的分离系统分离空气和水。即空气和水混合物从真空吸水箱的后面流出，进入一个内含导流板的水气分离器，白水继续向下，空气则向上到真空联管。每个真空水腿的顶上有一个阀门，可控制真空箱的真空度。从每个分离器出来的气压水腿管进入水封槽，使空气无法从该系统逸出。气压水腿管的长度必须大于系统使用的最高真空度的水柱长度。

2）真空吸水箱的脱水过程

在真空水箱上，湿纸幅已基本定形，其主要目的是脱水。对于低车速、低真空度的真空吸水箱，湿纸幅在一个真空吸水箱上的脱水过程大致可分为三个阶段：最初，湿纸幅的含水量很高，水分是在真空造成的压差作用下过滤而排出的，常称为自由脱水阶段；继之，湿纸幅在压差作用下被压缩，发生压缩脱水；最后，空气开始穿透纸幅，将纤维间的一部分水分随气流带入吸水箱内，形成所谓空气动力脱水。

空气穿透浆层的这一点，即是"干线"，也称为"水线"的位置。在"水线"之前的纸浆中的一部分纤维悬浮在剩余的水中，网上湿纸幅之上的悬浮液表面平整，对光反射，形成光亮的镜面。当纸浆在真空吸水箱上进一步脱水时，悬浮液的自由水分全被脱去，纤维露出浆液表面，对光散射，镜面随即消失。这两种明暗表面之间的界线即所称的"水线"。水线的位置一般是在第二和第三真空吸水箱之间或者稍后一些，其浆浓一般约为7%，确切的浆浓度随定量和品种而异。观察水线的位置和形状可以直观地初步了解纸幅在网案上的成形质量和干度情况。正常的水线应该是平直的或大致平直的形状。如果水线上出现局部凸出的舌状，说明上网浆流可能有流量或浓度不均匀的情况；如果水线上有窜动的舌形，一般是证明流浆箱内浆流不稳定，在喷布的浆流中有窜流的现象。

在真空箱的自由脱水和压缩脱水阶段，其脱水量与脱水时间（或脱水箱宽度）和真空度的平方根有关；吸水箱宽度增大两倍时，可以达到与提高真空度4倍同样的效果，但提高真空度会增加成形网的磨损和动力消耗。在空气动力脱水阶段，脱水效率很低，同一真空度下不适当增加脱水箱的宽度，会增加成形网的磨损和动力消耗，而又不能明显地提高湿纸干度。合理的方法是逐渐提高脱水真空度，使脱水过程主要处于自由脱水和压缩脱水阶段。

实际上，在一个真空吸水箱上的自由脱水和压缩脱水的时间非常短，理论上真空吸水箱的有效宽度是很小的，而从结构上考虑并使维修方便，真空箱不能制作得过窄或宽窄不一。此外，空气动力脱水阶段的排水量固然不大，但它可以借助空气流吹掉网下和网眼中的水，有利于下一真空吸水箱脱水,这在真空吸水箱的实际脱水过程中是必要的,为此目前纸机上采用的真空吸水箱常应用数量不多而宽度较大的结构形式。

在高速纸机上,湿纸幅在真空吸水箱上停留的时间非常短促,在它上面发生的脱水过程更类似于压榨的脱水过程,脱水在非常短的压力脉冲下完成。

常规操作的真空箱系统使用五六个宽度为 15～40cm、真空度逐步升高的真空箱。湿端真空箱在相当低的真空度(6.7～10kPa)下运行。真空箱的真空度逐步升高到 20～26.7kPa。控制真空吸水箱的真空度,还应该结合"水线"位置,一般要求"水线"出现在全部真空箱的中间或中间偏前一个。有一种普遍的做法是只用 4 个真空箱,在较高真空度下运行,即起始真空度为 10～13.3kPa,逐步升高到 26.7～40kPa,脱水量相等或有增加,牵引负荷下降。

3) 真空吸水箱的数量

生产实践表明:采用数量较多、宽度较小并且排列紧密的真空吸水箱,有利于脱水。一台纸机实际所需真空吸水箱的数量和所生产的纸的品种有关,主要取决于浆料的脱水性能,通常是使用单位指标法来估算,即用类似纸机真空吸水箱的单位吸水面积的产纸量来推算。真空吸水箱的单位产量指标见表 10-8,常用数量见表 10-9。

表 10-8 真空吸水箱的单位产量指标

纸的种类	单位产量指标/[kg/(m² · h)]
新闻纸	750～1200
3 号书写纸和印刷纸	600～800
1 号书写纸和印刷纸	250～400
纸袋纸	300～1300
电容器纸	10～40

表 10-9 真空吸水箱常用数量

纸的种类	真空吸水箱数量/个
用易脱水浆料生产薄型纸	2
粗浆料生产包装纸	3～4
高速纸机生产新闻纸	6～8
电容器纸	7～8
防油纸	9～14

目前还使用一种多隔层真空箱,即在同一个真空箱设几个真空度,使得各段之间真空度不致损失,因而白水不会通过各真空段之间的纸页重新分布,使脱水量增加。

4) 真空箱的真空系统(图 10-109)

(1) 气水分离:真空箱内的水和空气通过气水分离器后被分开。分离器上部装有真空调节器,与真空管道相通,下部有水腿管,管口浸没在水封池的水面以下,目的是提高真空泵抽气能力,防止真空度波动。

(2) 气水分离器:直径 100～150mm,长 800～1200mm 的管状结构,由钢板制成。气水混合体进入容器后,由于转向减速等作用而分离,其中水借重力落下,而空气则被真空泵从上面抽出。

(3) 真空调节器:又称调压阀,是靠感受元件橡胶膜片进行工作的,需要调整真空度时,则可通过转动手轮,调节弹簧压力来实现。一般中小纸机通过管路上的阀门和真空箱操作侧的放气口调节真空度。

8. 伏辊

1) 伏辊的作用

伏辊是长网部的最后一个脱水装置。湿纸幅经过真空吸水箱后,在伏辊上进一步脱水,达到一定干度,具有足够的湿强度,顺利地从成形网表面剥离并传递到压榨部。纸幅到达伏辊的干度一般为12%~18%,伏辊可将其干度提高到18%~25%。伏辊也是长网部的一个主要驱动点,在没有驱网辊的纸机中,这是唯一的驱动点。有驱网辊时,驱动就分配到伏辊和驱网辊两部分,伏辊为辅助驱动,驱网辊则为主驱动。

2) 伏辊的类型

伏辊在结构上主要分为普通伏辊和真空伏辊两大类。旧式的低速纸机上装设普通伏辊,用机械压榨的方法使湿纸幅达到15%~18%的干度。在新设计的纸机上,普遍都使用真空伏辊。近年来,国外出现了双面脱水的伏辊压榨。

有些不带真空引纸的纸机装设伏辊压榨,以改善脱水和增加在伏辊处的纸页密度,压区的线压力可为$(2.6\sim 3.5)\times 10^4$ N/m。这种装置的特点是,在真空伏辊上面的压辊包绕能从湿纸中接受大量水的特殊毛毯,这些水在毛毯重新进入压区前由高效率的真空箱除去,或者是包覆很柔软的橡胶。为防止纤维黏附,可在辊上喷少量雾状喷淋水,以保持湿润和干净。

3) 真空伏辊

(1) 真空伏辊结构如图10-111,主要由固定不动的真空箱和旋转的辊壳两大部分组成,由三套轴承支撑。

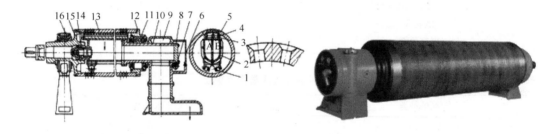

图10-111 真空伏辊结构示意图

1.推入真空箱用的滚轮;2.真空箱;3.密封加压软管;4.密封基板;5.密封条;
6.封板;7.真空箱回转调节机构;8.封盖;9.支架;10.真空箱出口管道;11.轴承;
12.操作侧端盖;13.辊壳;14.轴承;15.传动侧轴头;16.传动侧机架

辊壳(图10-112):一般用锡青铜离心浇铸而成,当使用聚酯网时,为防腐蚀,采用铜壳包胶或不锈钢辊壳。辊壳布满沉头圆孔。辊壳与传动轴相连,为了换网需要,设计成可悬臂的结构。

图10-112 辊壳

真空箱:常用单室铸铁结构,也有用双式和三室的,多室的可使用不同的真空度,以节约动力消耗。上缘与辊壳内表面之间采用气囊和摩擦条密封,设有幅宽调节装置。

(2) 脱水原理。脱水原理和真空吸水箱类似,但成形网与辊面无摩擦,摩擦力和磨损小。脱水强度主要取决于吸水室内的真空度。伏辊上的脱水时间很短,从湿纸幅脱出的水分大部分来不及进入辊内的真空室内,通常有70%~80%的水分是留在辊面的小孔内或铜网的网眼中。留在辊孔中的水分,在辊孔通过真空箱后的瞬间,被高速冲入小孔中的空气流甩出。

(3) 真空伏辊的特点。与真空箱比,网的磨损小;与普通伏辊比,脱水面积大,脱水均匀,排出快,不易反湿,引纸方便;噪声大,即空气高速穿入小孔,进入真空室后,由真空突然恢复到大气压,造成振荡,形成声源。真空伏辊真空度越大,转速越高,开孔越多时,这些发音的声源越强、越多,噪声就越大。

(4) 真空伏辊的使用。

维持适当的密封气压(0.02~0.03MPa)和连续不断的润滑水,先供水后运转。

真空度不足:一般为 0.04~0.07MPa,当感到真空度不足可考虑真空泵及管路的问题,以及真空封条对内壁的密封是否不好。

伏辊的断纸原因:①原浆抄造性能的波动;②工艺技术不适宜;③铜网的缺点;④设备故障,如真空箱"喘气"、真空伏辊真空度不足或真空室角度不合适、水针喷射分散等。

9. 饰面辊

1) 作用

可改善网上湿纸页顶面的表面状态、表面结合强度以及均匀度;使纸页两面均有网眼以减少差异(该说法尚有争议);由于压紧纸页可改善后几个真空箱的脱水,饰面辊辊面上套有铜网或不锈钢网。如网面上镶有图案花纹,经其液压后湿纸页上具有迎光可见的印痕的辊,即为水印辊。

2) 饰面辊的结构(图 10-113)

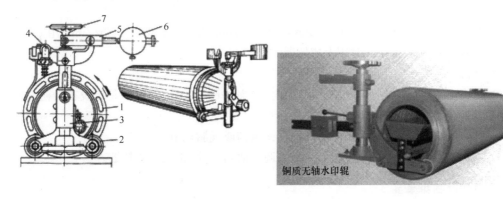

(a) 轴式饰辊面　　　　　　(b) 传动饰辊面

图 10-113　面辊的结构和外形
1.面辊;2.轮;3.架;4.管;5.称机构;6.锤;7.降饰面辊的手轮

饰面辊按其结构分为有轴式和无轴式:

(1) 有轴的饰面辊:老式结构在轴上串较多个辐轮,轮缘用细铜棒或不锈钢棒串联组成笼架,再在其外围绕以铜丝或不锈钢丝,最后包上铜网,有轴辊的两端轴颈承放在网案两侧支架上。新式结构不用通轴,而是固定在端盖上的两个短空心轴。

(2) 无轴饰面辊:两端有端环(轴筒),借端环把饰面辊支持在小滚轮上。

按饰面辊辊体骨架结构分为铜质幅圈式、不锈钢缠绕式、不锈钢骨架式、支条缠绕式。

(1) 饰面辊的转动。一般车速在 200m/min 以下纸机,饰面辊不带传动,压在铜网湿纸页上,由铜网带动旋转。对车速较高的纸机,饰面辊应带传动,且与纸机传动同步调速。

(2) 喷水管和喷汽管。支架上装有喷水管,以备清洗辊面之用;辊内在离开纸页侧装有喷汽管,以防止甩浆或粘纸。

3) 工作过程

饰面辊正常工作时,把铜网压下 2~3cm,因此湿纸幅被压紧,密度增大,表面被杆平,并在纸面留下适当的网痕,见图 10-114。随着压区中压力下降,在压区出口侧楔形区里存在一定的负压。饰面辊网内的水分慢慢回落,浆层内一部分水也会被吸起来。由于饰面辊圆周运动中必然存在垂直于铜网运动方向的分速度,从而造成溅水现象,这是饰面辊操作中的主要困难。

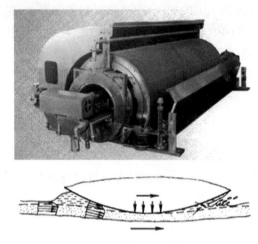

图 10-114　饰面辊整饰原理

4) 使用

(1) 辊径要与车速相适应,100m/min 用 $\phi400$、200m/min 用 $\phi600$、300m/min 用 $\phi800$ 直径。纸机车速超过 600m/min 时用上成形器。

(2) 网目:要比抄纸网的网目低(常用 40 目)。

(3) 安装位置:设置在水线之前,浆料浓度为 3%~6% 的地方。通常是装设在最初的两三个真空吸水箱之后。

(4) 对湿纸页压力:接触弧长可借杠杆重锤机构或气胎调节。

(5) 喷水管和喷汽管:喷汽量和喷水量应调节适当,以防止甩浆或粘纸。

10. 网案的摇振装置

1) 摇振的作用

(1) 改善纸的纵横拉力差。网案横向摇振促使纤维的排列方向与铜网运行方向间有一定的角度,使浆料中的纤维相互交错,避免单纯顺流纵向排列。

(2) 改善纸的均匀度。防止浆料中纤维的积聚倾向,起到削峰填谷的作用。通常认为网案摇振时,沉积在网面的浆层随网一起振动,而浆层上面的浆液或多或少是静止的,由此产生剪切作用,可以起到削峰填谷的作用。此外,摇振的剪切力可衰减为浆料的微湍动,有利于减少网案上纤维絮聚。

2) 适应范围

在低速纸机上,抄速低于 100m/min 时,如果不振荡网案,一般不易得到均匀的纸幅。

抄速超过 300m/min 时,浆料在网案上受到摇振次数太少,起不了什么作用。

较高车速的纸机,网案不设置摇振装置。

3) 摇振方式

(1) 单摇胸辊。如图 10-115(a),胸辊安装在垂直的弹簧上,铜网随胸辊振动。受振动的长度与铜网本身的刚度和张紧程度有关,结构简单,但摇振效果较小。

(2) 胸辊和案辊都摇动。如图 10-115(b),案辊下的纵梁前端和胸辊支撑连接并安装在弹簧片上,纵梁的末端铰接在网案大梁上或铰接在真空箱机架上。

(3) 两个摇振箱振动。如图 10-115(c),将案辊纵梁分成两段,中间铰接,用两台摇振器,同一台电机带动保持同步。

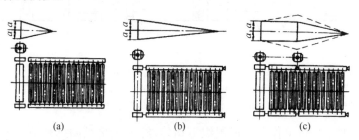

图 10-115　网案的摇振方式

4) 摇振器

振动胸辊和其他所有长网机的固定部件,对长网机机械变形最小。

(1) 结构原理。如图 10-116,摇振器通常采用偏心式结构,由变速电动机带动。摇振器的直轴上装有两个偏心套,然后装上轴承,并用拉杆与网案摇振部分连接。

(2) 要求。由于抄造各种纸张的工艺要求不同,所以要求摇振器的振幅和频率都能在较大范围内调节。振幅调节范围为 0~20 mm,常用振幅 4~10mm,振次为 100~300 次/分。

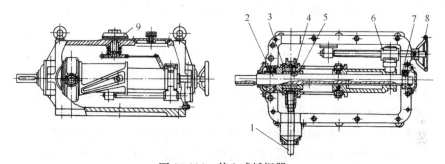

图 10-116　偏心式摇振器

1.连杆(摇振输出);2.主轴;3.偏心轴套;4.轴承套;5.偏心回转圆筒;
6.振幅调节机构;7.轴承;8.手轮;9.振幅指示

10.4.2　圆网成形装置

1. 概述

1) 工作过程

普通圆网主要由圆网笼、网槽和伏辊组成,见图 10-117。网笼浸放在网槽中,毛毯带动网笼回转,由于网笼内、外存在水位差,浆料中的纤维等物料因过滤作用沉积到网面上。当纤维层通过网笼上方的伏辊时,就自网面转移到包住伏辊的无端毛毯上。

2) 圆网的特点

(1) 结构简单,占地面积少,投资少。

(2) 便于抄造多层纸板。

(3) 由于离心力,附着在网面的湿纸页有向外甩脱倾向。圆网纸机车速受到限制,多在 100m/min 以下。

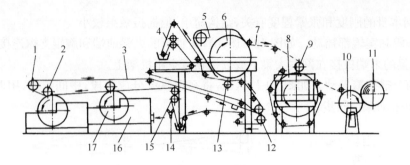

图 10-117 双网双缸纸机简图

1.回头辊;2.伏辊;3.下毛辊;4.上毛辊;5.通风罩;6.第一烘缸;7.纸幅;8.第二烘缸;9.光压榨;
10.卷纸机;11.纸卷;12.压榨辊;13.托辊 14.打毯辊;15.毛毯洗涤压榨辊;16.圆网槽;17.圆网笼

(4) 由于成型过程选分作用造成组织不均匀,纤维大量纵向排列造成的纸页纵横拉力差大,以及匀度较差等原因,只能抄造质量要求较低的纸张和纸板。

3) 圆网的现状与发展

由于圆网的诸多缺点,特别是车速的限制,目前只用于小厂,多用于抄造特种纸、卫生纸和低档纸板。为了提高圆网车速和纸张的质量,发展了抽气式圆网、压力式圆网、压力成型器、超成型器等,可以将车速提高到 200~400m/min。

2. 普通圆网

普通圆网主要由网笼、网槽和伏辊组成,如图 10-118。

1) 网笼

要求:滤水要均匀,转动时不在网槽中产生过大的搅动,应有足够的刚度和准确的几何尺寸。

分类:按结构分普通、片式、抽气和真空网笼;按材质分普通、全铜和不锈钢网笼。

普通网笼的结构:主轴是两端压入钢轴颈的钢管,辐轮用螺钉固定,中间辐轮的外缘上钻有缺边孔。两端辐轮直径略大,并铸有凸出密封轮环,轮缘钻等距小圆孔,横条为 $\phi 7\sim 10mm$ 的铜棒,绕丝为 $\phi 2\sim 3mm$ 的铜丝,间距 6~8mm。里网为 8~16 目黄铜网;外网为成形网,40~100 目磷青铜网,也可用塑料面网,套上后用蒸汽加热缩紧。两边缝上定边带或用油漆等遮盖网眼,以定抄宽。

片式网笼:如图 10-119,将普通网笼的绕丝改成不锈钢环形片。有穿片、绕片和斜片式三种。滤水面积大且均匀;刚性好,网面平整;对浆料扰动小。

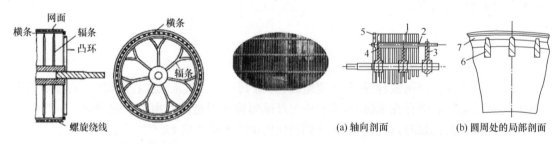

图 10-118 典型的圆网笼   图 10-119 片式网笼

1.青铜环片;2.螺杆;3.辐盘;4.套管;5.端环;6.片条;7.缠绕丝

2) 网槽

结构要求:网槽中浆料的纤维均匀分散;沿幅宽上有均匀的浆流,内表面光滑平直,圆角过渡,防止挂浆和沉浆现象,便于清洗和检查。

常用材料:塑料板、铸铁、钢板内衬防腐材料、水泥预制板、全不锈钢结构等。

特点:网笼成形弧较长;适合浆料浓度较低的纸张;上网浆料浓度低,纤维流失少;网面不易堵塞,清洗容易;纸页匀度好、紧度大,但纵横拉力比大。

适用范围:适用于抄造中低定量的纸张。例如,各种文化用纸,一般为薄纸、原纸、线绳纸、油封纸等。

3) 其他形式

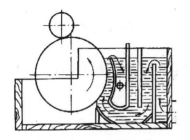

图 10-120　逆流式网槽

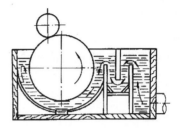

图 10-121　活动弧形板式网槽

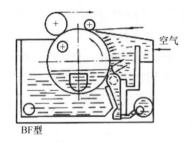

图 10-122　压力式网槽

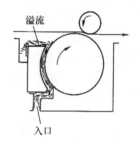

图 10-123　干式网槽

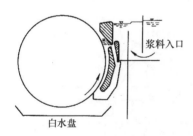

图 10-124　限制性网槽

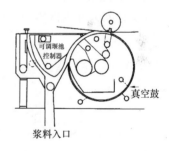

图 10-125　旋转式成形器

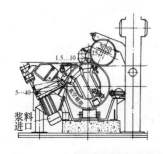

图 10-126　典型鼓式真空成形器

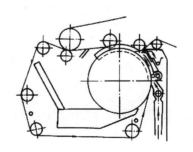

图 10-127　斯薄纸成形器

4) 伏辊

(1) 作用:压毯,把毯压在网笼上,使毛毯带动网笼;脱水,对网笼上的湿纸幅有初步的压紧和脱水的作用,揭纸,并使毛毯把湿纸完整地从网面揭起。

(2) 结构:属于管辊类。目前多采用包胶伏辊,伏辊表面硬度为肖氏 36°~40°。伏辊的线压力一般为 1~3kg/cm,造纸板时可达 5kg/cm。伏辊上设置有调节线压力的杠杆重锤机构。

(3) 偏距:伏辊中心线与网笼垂直中心线有一定的偏距,其偏角一般是顺着网笼回转方向前置 15°~20°,使下毛布在进入伏辊与网笼之间的压榨区前,先与网面上的湿纸页接触进行预压脱水,以避免纸页被伏辊压溃。

(4) 挡水帘:为了防止伏辊挤出水的倒流,在毛毯进入伏辊的部位设置挡水帘,把水从毛毯两侧引出。

(5) 伏辊安装:注意保持和网笼平行,否则容易使铜网或毛毯跑偏,并加速它们的磨损。

10.4.3 夹网成形器

1. 概述

1) 特点

由于夹网成形器是两面脱水,在不同程度上克服了上述缺点,使成纸的两面具有接近相同的性能,纸幅的外表面具有较好的纤维交织状态,纸幅的物理性能和定量都更均匀;同时与传统的单面脱水相比,可以使脱水速率增加 4 倍左右。成形器的另外一个优点是封闭成形,悬浮体在成形器内不存在暴露在空气中的自由表面。由于夹网成形器的脱水能力满足了高速纸机的要求,而且其成纸性能优异,因此它渐渐在高速纸中占据了主要地位。

2) 类型

夹网成形器的结构形式很多,从所安装的位置分为水平式、立式和倾斜式三类;按其在最初所使用的成形脱水元件主要分为三种(图 10-128):夹网刮板成形器(black clawson)、夹网辊筒成形器(dominion)和夹网辊筒-刮板成形器(Valmet)。

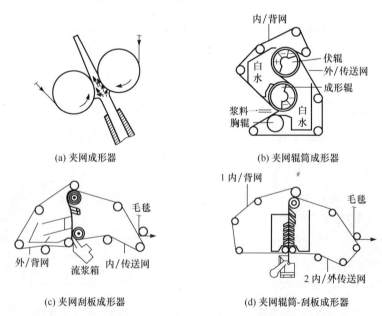

图 10-128 夹网成形器的几种结构类型简图

3) 夹网成形器的有关性能

高速运行的成形器对工艺、机械和自控方面都提出了新的要求。

(1) 为保证纸张两面性一致,应能调节两面脱水比例。

(2) 应合理确定各脱水元件后的纸页干度。

(3) 应关注纸浆中空气对成型的影响。

(4) 注意减小离心力对纸页成型的影响。

(5) 由于快速脱水,分散均匀的流浆箱来浆和适当的喷射角至关重要。

(6) 网的张力影响脱水量。

2. 夹网刮板成形器

高速运行下的成形器,特别是当车速超过 2000m/min 时,在工艺技术、机械、自动控制等方面都提出许多要求。具体如下:

(1) 必须合理配置脱水元件。为保证纸页具有一致的两面性质,应使顶网和底网两面的脱水量相等。这样就要做到两面脱水元件脱水能力相同,并且能随意调整操作参数控制两面的脱水比例以达到最佳要求。

(2) 成形过程中湿纸页在各脱水元件后的干度必须分配合理。成形辊后的湿纸页干度为 2%,多叶饰靴型构件后或 D 区段后的干度为 6%~8%,离开成形器送入压榨部的湿纸页干度应达到 17% 以上。离开成形器的湿纸页干度取决于湿纸页通过最后一个脱水元件之后所发生的再湿程度。

(3) 由于车速的提高,必须对带入纸浆中的空气予以足够的关注。其解决方法有:①对混合稀释纸浆用的白水进行气液分离;②在成形辊后设置除泡沫或气液分离装置;③把成形器设计成直立式,最大限度地减少带入的空气量。

(4) 在真空成形辊成形区段中,由于车速的提高,离心力也随之增大。为降低离心力对纸页成形的影响,应采取如下一些措施:①适当提高上网纸浆浓度,减小流浆箱唇板开度,降低成形缝隙中的湿纸页厚度;②选用具有足够强度的成形网。

流浆箱堰板的射流喷入两张网之间的聚敛形隙缝中,其最初脱水可以在一个或两个方向发生。脱水作用是借两网张力与网外脱水元件所引起的压力形成。随着两网面上浆层的积聚,脱水阻力增加,纤维悬浮液中的压力也随之增加。成形区域的长度除与两网张力与脱水元件配置相关外,还与纸机速度、定量和浆料游离度有关。分散均匀的流浆箱来浆对夹网成形器来说至关重要,因为射流(喷浆)几乎立刻被定位和形成纸页,所以喷射角也比长网机的更为重要。

1) 成形和脱水过程(图 10-129)

(1) 楔形区:由两张网形成的敛区段。可使浆层浓度达到 1.4%~1.5%,通过移动胸辊或刮板可改变收敛角。

(2) 压力区:用刮板将成形网压成来回弯曲的形状进行压力脱水。有标准刮板、真空刮板、弧形刮板,前两种边缘较尖,对浆料具有扰动作用。

(3) 真空区:通过真空箱和真空伏辊,较缓和地脱水到 14%~16% 的干度。

2) 应用实例

(1) 立式夹网刮板成形器,见图 10-130,抄宽 4200mm,车速 610m/min。立式夹网适应中等定量

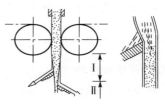

图 10-129 夹网刮板成形器上纸幅的成形
Ⅰ-楔形区;Ⅱ-压力区

纸种,车速 250～750m/min。

(2) 曲面立式夹网成形器,见图 10-131,特点是有一个半径约 5m 的成形区。首先是双网挤压脱水,接着是一号网的离心脱水和二号网内弧形成形板(多个刮水板)、弧形湿吸箱和真空伏辊脱水,两网脱水均匀。最后由二号网上吸移到压榨部。车速 400～1200m/min。

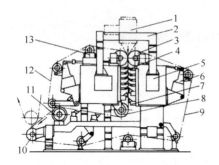 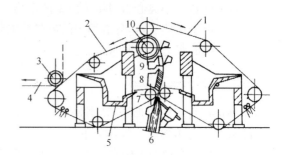

图 10-130 立式夹网刮板成形器简图
1.流浆箱;2.可悬臂的梁;3.胸辊;4.导向板;5.主悬臂梁;
6.气动铜网张紧器;7.真空脱水箱;8.普通伏辊;
9.传送;10.驱网辊;11.真空伏辊;12.背网;
13.气动铜网校正器

图 10-131 Bel baieⅡ型夹网示意图
1.一号网;2.二号网;3.真空吸移辊;4.毛毯和纸幅;
5.白水槽;6.集流式流浆箱;7.成形辊;8.成形板;
9.湿吸箱;10.真空伏辊

3. 夹网辊筒成形器（图 10-132）

1) 成形和脱水过程

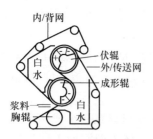

图 10-132 夹网辊筒成形器

(1) 楔形区：0.7%～0.8%浆料与网接触后立即开始脱水。

(2) 成形辊：两面同时均等脱水,内网真空吸水,外网离心甩水。干度到 7%～8%。

(3) 真空伏辊：多室真空辊。正压离心脱水,低真空室脱水,高真空脱水,干度约达 20%,随外网进入压榨部。

2) 特点

由于没有静止的脱水元件,对上网的浆料没有扰动,依赖流浆箱使纤维分散和快速成形。

优点：传动功率小,网寿命长,可靠性好,提高车速潜力大,纸幅两面差异小,印刷性能好。

缺点：匀度差,纸张针眼多,结合力差,要求流浆箱浓度高,以便快速脱水。

适用：用高度稀释的纸浆抄造低定量纸页。

3) 成形辊

直径 760～1220mm,功率消耗为长网的 1/4。成形辊是多室真空辊,不锈钢辊体,包胶,辊面钻有小孔,并铣有斜形沟槽,外包 12 目不锈钢网。真空度约 1kPa。

4. 夹网辊筒-刮板成形器（图 10-133）

1) 成形和脱水过程

辊筒和刮板联合脱水。一般由真空成形辊、低真空弧形脱水板箱、可调脱水板、多室真空吸水箱和真空伏辊共同脱水。有立式、水平式和倾斜式。

2) 特点

(1) 可明显提高纸张质量：表现在匀度、两面性、纤维定向,竖向结构,结合强度、留着率等各方面,是目前最佳的成形器。

(2) 适应车速高:可达 2000m/min 以上。

(3) 适应绝大多数纸。

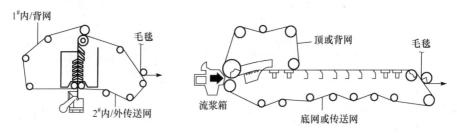

图 10-133　水平式夹网辊筒-刮板成形器

10.4.4　叠网成形器

1. 叠网成形器的特征

叠网成形器是在长网网案上再装若干台单独的成形装置。先在长网网案上以正常方法形成纸幅,然后将在其余成形装置上形成的纸幅加在其上面。由于各层湿纸页的流浆箱、浆网速比、横幅定量差以及脱水速率等均可分别控制、调节,因此可方便地生产出满意的纸板,叠网成形器是目前最流行的纸板成形器。

2. 叠网成形器的布置形式

叠网纸板成形器可根据产品品种的不同,分为二叠网、三叠网及四叠网等形式,如图 10-134,可分别抄造二层、三层及四层的多层纸板。层数越多,所使用的流浆箱、供浆系统及网案等越多,整机的造价越高。但层数多可允许各层使用不同的浆料,有利于使用廉价的二次纤维作芯层,既能获得较好的经济效益,又能保证纸板的内在质量;另外,还可降低每层纸的定量,有利于提高成形质量。可根据产品的定量范围及可能的品种变化来确定叠网的层数。

叠网的布置形式主要有两种[图 10-134(c)和图 10-134(d)]。这两种形式没有本质的差别。图 10-134(c)所示结构稍复杂、更紧凑,其芯层的网案长度可根据纸张质量要求来确定,但底网长度可大大缩短。图 10-134(d)所示结构简洁,但芯层的网案长度越长,底网网案所需长度也越长,并且芯层的定量通常是最高的,其网案需要足够的长度以获得良好的成形质量,从而增加了底网网案的无效长度,增加造价,占用空间也增大。

叠网成形的另一类型是使用 Aucu 成形器(图 10-135),其真空成形辊筒没有固定面网,而被一条运行着的短成形网所替代。在运转中,纸幅在网上成形。头一半成形区保持常压,而其余则处于高真空中。随着纸幅和网子绕真空辊筒移动,它们与一条短的顶网相接触,纸幅就被夹在两个网子中间,并受到不断增加的压力的作用。将真空辊筒内的真空调整到与离心力互相抵消,这样,纸幅两面的脱水量就大致相等。该装置可增加填料留着率。纸幅和网一起经过真空吸水箱后,顶网又返回到成形辊。此时在成形网上的纸幅继续前进,贴合到已形成的纸幅上。

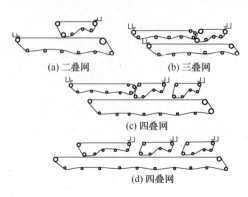
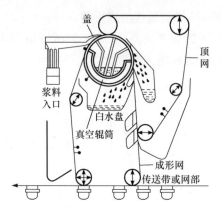

图 10-134 叠网成形器示意图　　图 10-135　Aucu 成形器(Tampella 公司)

3. 叠网成形器的层间结合问题

层间结合是叠网纸机的一个重要的问题。一般说来，纸的结合干度越低，层间结合强度越高。但干度太低时，速度波动等因素易使各纸层在结合时受到损害，严重时甚至会破坏成形。这是一对矛盾。实际生产中，纸层结合干度在 10%～14%。提高结合强度的另一个办法是控制纸层（尤其细小纤维含量较少的一面与细小纤维含量较多的一面）结合时的压力，但结合时压力太高易在表面留下网印痕。有时也可在纸层结合处喷洒淀粉胶提高结合强度。

4. 传动问题

叠网成形器使用上另一个重要的问题是传动问题。叠网成形器能否正常运行的关键是各个纸层结合点的速差能否控制在所要求的范围内且保证运行平稳。传动上通常将这些传动点都配置负荷分配器以达到上述要求。如果速差一旦超出所要求的范围，网部与压榨部应立即脱开，并将复合辊抬起。

5. 叠网成形器的特点

①成形质量好（尤其是面层质量），印刷适应性好；②可根据所用的不同原料分别进行控制各层纸的质量，以使其横幅定量差小、纵横拉力比小；③产品适应性广，可抄造的定量和车速的变化范围大，可使用较高的工作车速；④结构简单紧凑，维修操作方便，造价适中；⑤芯层的定量可以较高，可大量使用二次纤维；⑥可控制和调节纸层结合点的干度，保证最佳的结合湿度。

10.5　纸机压榨设备

10.5.1　概述

1. 压榨部的作用

压榨部的主要作用是用机械挤压的方法降低湿纸幅的含水量，提高纸幅进入干燥部的干度。此外，压榨可以改善纸的表面质量，增大成纸的紧度，纸的强度也有一定的提高。

湿纸幅在脱水过程中，机械挤压脱水所需费用比用蒸汽烘干的方法低得多。在不影响纸质量的前提下，应加强压榨部的作用，以机械挤压的方法脱去尽可能多的水分。一般说来，纸幅出压榨部时的干度每上升 1%，相应于干燥部所需蒸发的水量减少约 5%，也就是蒸汽耗量降低约 5%。提高压榨脱水的效率，对于增加纸机的产量和降低成本有重要的作用。

压榨部的脱水作用沿纸幅的幅宽上应该是均匀的。纸幅有局部的过干或过湿的现象时，就会产生纸幅局部地方过于干燥和压溃的现象。在压榨过程中，湿纸幅的表面和平滑的压辊表面，或是和平整的毛毯表面接触，可以减轻纸幅表面的网痕，增加纸的平滑度。压榨后，湿纸幅内纤维相互接触的表面增大，连接加强，致使成纸的紧度和强度增加，但纸的透气度和吸收性能下降。适当地使用反压榨和平滑压榨，能较有效地控制纸幅两面性能的差异。

在普通长网机上，伏辊和第一道压榨辊常常是纸幅断头最多的地方。这主要是由湿纸幅从成形网和压辊表面剥离及传递过程中受到很大的张力，从而产生相应的伸长所致。纸幅伸长的结果还使纸幅中纤维纵向排列的趋势加大，增加纸幅纵横向强度的差别。因此消除湿纸幅在压榨部的断头和伸长有利于提高纸机的产量和质量。

2. 压榨部的布置

普通长网纸机压榨部是用 2~5 道双辊式压榨适当排列而成。所用的压榨形式和辊数取决于纸种、浆种和车速等因素。一般说来，普通压榨（平压榨）用在低速纸机上，真空压榨等效能较高的压榨主要用在中高速纸机上。第一次压榨的脱水量最大，且毛毯易弄脏，应优先考虑使用真空压榨并加强毛毯洗涤装置。当低厚度和低密度是纸的主要指标时，压榨部上应设置较多道数的压榨辊，从而避免在压榨中使用过高的压力。纸的平滑度和表面质量要求高时，压榨部上应设置反压榨，必要时再装设平滑压榨。纸机用游离浆造纸时，压榨的道数较少，使用线压力较高。生产黏状浆所抄造的纸时，湿纸幅容易被压溃，压榨的道数应多一些，而压榨辊的线压力则应逐道提高。

图 10-136 是一台中速防油纸纸机压榨部示意图。该压榨部由一道真空压榨、二道普通压榨和一道反压榨组成。湿纸幅自伏辊处的铜网表面剥离后，借助于一压和铜网之间的牵引从网部传递到压榨部。湿纸幅在一压脱水后黏附到压榨上辊表面上，再由二压和一压之间的牵引而把从一压上辊表面剥离下来的湿纸幅送入二压脱水。如此继续在以后各压榨辊上传递和脱水，直到纸幅通过压榨部后进入干燥部。

图 10-137 是一台中速新闻纸机压榨部的示意图。它是由真空吸移装置和两道真空压榨组成。湿纸幅的真空吸移装置是高速纸机上普遍用来消除伏辊处纸幅断头的纸幅传递装置。

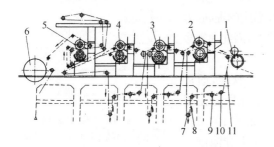 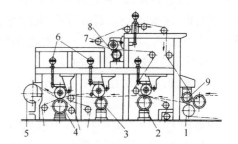

图 10-136 防油纸纸机压榨部的一种布置形式　　图 10-137 中速纸机压榨部的一种布置方式
1.伏辊；2.真空压榨；3、4.普通压榨；5.反压榨；6.干燥部的烘缸；　1.驱网辊；2.传递压榨；3.真空压榨；4.吸风式真空压榨；
7.毛毯张紧器；8.毛毯洗涤装置（匣式洗涤器）；　　　　　　　　　5.烘缸；6.压榨上辊的加压提升装置；7.毛毯张紧器；
9.毛毯校正器；10.导毯辊；11.毛毯　　　　　　　　　　　　　　　8.毛毯洗涤装置；9.真空吸移辊

现代化的大型纸机压榨部广泛使用复式压榨（通常是两个以上的压辊组合起来的多压区的压榨），加强了压榨的脱水，提高了纸的质量并简化了压榨部的操作，但压榨部的结构变得较为复杂，其上部往往成为纸机上最高的一部分。图 10-138 是一种"对称脱水压榨部"的布置示

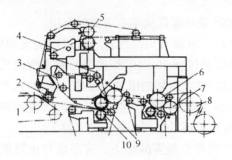

图 10-138　应用复式压榨的一种压榨部布置形式
1.真空伏辊;2.真空吸移辊;3.网毯压榨的衬网;4.毛毯;
5.毯压榨;6.石辊;7.平滑压榨辊;8.烘缸;
9.真空压辊;10.沟纹压辊

意图。如图 10-138 所示,湿纸幅被真空吸移辊吸离网子后,进入三辊式的复式压榨。在这里,湿纸幅连续两次被压榨脱水后已具有较高的湿强度,可以比较安全地从石辊表面剥离和传递到第二道复式压榨。在第二道复式压榨上,湿纸幅的一表面与石辊接触,从纸幅的另一面进行脱水。复式压榨广泛使用直径较小的可控中高沟纹压辊。

3．压榨辊机械特性

1）线压力

单位辊面宽度上所承受总压力包括上辊的自重和附加压力,一般用 KN/M 表示,如图 10-139。

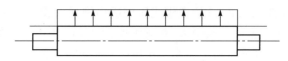

图 10-139　压榨辊线压力

线压力计算:压区宽度是影响压榨的重要因素,可以根据压辊大小和压缩尺寸计算如下

$$W=2b=2(\Delta h \times 2Re)1/2$$

式中,b 为 1/2 压区宽度(cm);Δh 为可压缩性,即受压前后的厚度变化(cm)。

$$Re=(R_1-R_2)/(R_1+R_2)$$

式中,R_1、R_2 分别为上、下压辊的半径(cm)。线压力:

$$F=pWL$$

通常压辊半径小于 50cm 时,可压缩性小于 0.3cm。双毯压榨可以把可压缩性从 0.3cm 增加到 0.6cm。

2）辊面特性及材料

(1) 硬辊:与纸面直接接触,要求光滑,好揭纸。辊面材料有天然石辊、人造石辊、金属、包硬橡胶、陶瓷、复合材料等。一般小辊多用石辊,含微小气孔,容易揭纸。随着车速和温度的提高,天然花岗岩石辊在运转中出现了一些失效问题和事故,因此大辊多用包硬橡胶、陶瓷或复合材料辊面。

(2) 软辊:在一对压辊中一般至少应有一个是软辊,通常是与毛毯接触辊子。辊面包有一层略有弹性的胶层,使在压区单位面积上的压力更加和缓,不致压馈纸页,如图 10-140。胶层多用橡胶,也可用聚氨酯胶,抵抗更高的线压力和温度。

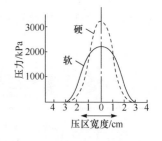

图 10-140　利用硬辊和软辊(负荷为 45kN/m)的压榨压区压力分布

3）辊筒挠度

辊筒在载荷作用下弯曲变形的程度,用中央截面位移的大小表示,称为辊筒挠度,见图 10-141。辊筒挠度会影响横幅脱水的均一性。

4）辊筒中高

为了补偿辊筒的挠度变形,根据工作时的线压力和辊筒刚性,计算出辊筒挠度,将辊筒中部直径做大,即中央直径与两端直径的差变大。辊筒中高的变化量见图 10-142。

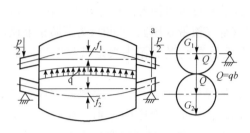
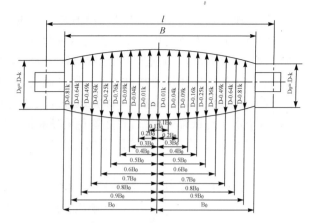

图 10-141　辊筒的挠度　　　　　　　图 10-142　辊筒中高的变化量

5) 可控中高辊

(1) 定义：为了使线压力分布更加合理，并能适应线压力或纸种变化的要求，现代高速纸机用在生产中可以调整中高量和中高分配曲线的辊子。

(2) 结构：一般用油压调节中高量，常用结构有游泳辊（图 10-143）和静压轴承可控中高辊（图 10-144）两种，后者可以调节压力分配曲线。

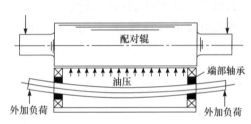
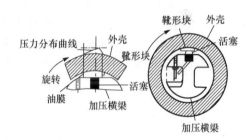

图 10-143　游泳辊（利用其上部空腔内的油压，矫正转动壳体对固定轴的挠度）　　图 10-144　Beloit 可控中高辊（利用一个以润滑靴形块对着转动壳体的液压设置）

10.5.2　压榨辊类型

1. 普通压榨

普通压榨又称平压榨，组成和布置可参看图 10-145。上辊是花岗石辊或人造石辊，下辊是包胶辊，常用于低速纸机，尤其是抄造高级纸和电容器纸等特种用纸的低速纸机。

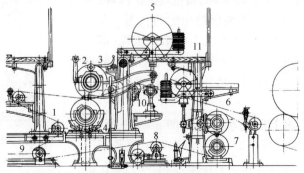

图 10-145　普通压榨

1. 包胶的压榨下辊；2. 花岗石压榨上辊；3. 刮刀；4. 承水盘；5. 压辊的加压抬辊装置；
6. 毛毯；7. 毛毯洗涤压榨；8. 毛毯校正器；9. 毛毯张紧器；10. 毛毯真空吸水箱；11. 走板

普通压榨装置压榨上辊的中心线相对于下辊有一定的偏移（不位于同一铅垂面内），偏移的方向与纸幅进入方向相反。压辊的这种布置方法是为了使压区挤出的水较易排除。偏移量通常为50～100mm。车速较高、压辊直径较大时，偏移量较大一些。在同一台纸机上，压榨部内较前的压榨的偏移量通常也较大一些。此外，在普通压榨上，压榨前的一个导毯辊通常都高于压辊的压区位置，使毛毯向下倾斜地进入压区。这样的布置可以使湿纸幅先和上辊接触，防止压区前水层对纸幅的回湿，并能避免毛毯和纸幅间有空气被带入压区。同时，为了防止毛毯和纸幅间有空气，在第一压榨压区的前部还常设置有毛毯真空吸水箱来吸走纸与毛毯间的空气。

普通反压榨可以看作一种特殊布置的普通压榨，目的是使纸幅的网面与平滑的压榨上辊硬质表面接触，减少纸幅两面平滑度的差别。最后一道压榨就是一种比较典型的反压榨。湿纸幅要自下而上经过两个导纸辊才引上反压的毛毯，其中引纸操作比较困难。另一种自上方引纸的反压榨的布置方法如图10-146所示。这种引纸方法固然容易一些，但引纸时产生的碎纸团容易掉到反压的毛毯上并进入压区，从而引起压坏毛毯或压辊包胶层的事故。

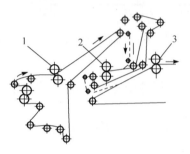

图 10-146　向上方引纸的反压榨引纸路线示意图

1.正压榨；2.反压榨；3.正压榨

反压榨通常设置在车速低于 220m/min、生产平滑度较高的高级纸抄造纸机上。在车速更高的纸机上，除使用真空反压榨等引纸较为方便的反压榨外，采用引纸绳的装置也可以基本上克服反压榨引纸的困难。

2. 真空压榨

1）结构

真空压榨的下辊是真空吸水辊，上辊通常是花岗石辊。真空压辊的结构和真空伏辊类似，只是辊面开孔率较低，小孔的直径较小，而且辊筒是包胶的。一般真空压榨的布置及其附属设备和普通压榨相似，只是压榨上辊中心线相对下辊向前偏移 50～60mm。一种常用的真空压榨的结构如图 10-147 所示。

2）应用

目前，除去抄造某些特殊纸种的纸机外，真空压榨几乎在所有的较大型纸机上取代了普通压榨，在高速造纸机上更是毫无例外。和普通压榨相比，真空压榨可以从湿纸中脱去更多的水，纸幅也较少压溃，沿横幅宽度上脱水比较均匀，毛毯较能保持稳定的状态。真空压榨被广泛地使用在各种中高速纸机上作第一压榨（第二压榨往往仍可用普通压榨）。在生产新闻纸、牛皮纸等的高速纸机上，包括传递压榨在内的三道压榨均采用真空压榨。

3）脱水过程

湿纸幅在真空压榨上的脱水过程如图 10-148 所示。当湿纸幅通过真空压榨的压区时，由于纸幅被上辊紧紧压住，真空抽吸力并不直接对纸幅发生作用，湿纸幅仍是在压力作用下脱水的。因此，真空压榨的脱水动力与普通压榨是相同的。真空抽吸力的作用主要是把聚集在压区前侧的

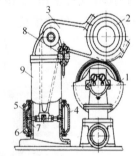

图 10-147　真空压榨

1.压榨下辊（真空压辊）；2.压榨上辊；
3.压榨上辊轴承臂；4.压辊加压气压室；
5.压辊提升气压室；6.膜片；7.顶盘；
8.气动压力调节器；9.机架

水吸掉,并使毛毯保持良好的滤水性能。真空压榨脱水的特点在于压区内水分的排除方式,即压区内被挤压出的水分可以经过不大的水平移动后便垂直地进入吸水辊的辊面小孔中。因为排水距离短,水流阻力较小,因而真空压榨有较高的脱水效能。既然辊面上的小孔主要是一种排水渠道,则在具有相同开孔率的条件下,采用较小开孔直径的真空压辊具有较好的脱水性能。小孔直径较大时,位于小孔处纸幅受到的压力

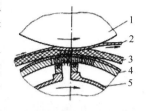
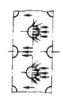

图 10-148 真空压榨的脱水过程
1.压榨上辊;2.纸幅;3.毛毯;4.真空压辊;5.真空箱

较小,纸幅湿度偏高,容易在纸幅上引起真空压榨特有的孔痕(迎光看时,纸幅内有与小孔位置相对应的斑痕)。目前常用的小孔直径为 5mm 左右,但也有采用小至 2.8mm 孔径辊筒的实例。

4) 真空反压榨

真空反压榨的目的和普通反压榨是相同的,都是为了减少纸幅两面平滑度的差别。一般真空反压榨的引纸路线亦和普通反压榨相同。但是,由于真空压榨上不存在压榨排水问题,压辊的布置就灵活一些,压辊不一定要上下垂直排列。在某些纸机上,真空反压榨的上辊倾向烘干部,与下辊作倾斜布置;也有采用水平布置的形式,使湿纸幅垂直引入压榨的压区。

5) 真空压榨的特点

①能从湿纸页中脱除更多的水,提高干度;②湿纸页横幅干度较均匀;③不会引起压溃断纸;④真空压辊对压榨毛毯有清洗作用,能使其保持清洁、透气和延长寿命;⑤结构复杂,投资大、运行费用高、维修费用大。

3. 沟纹压榨

典型沟纹压榨的结构和布置与普通压榨相类似,只是采用了表面有很多沟纹的辊筒作压榨下辊。沟纹压辊是在 20 世纪 60 年代广泛研究压榨脱水机理的基础上发展起来的。使用沟纹压辊时,可以提高压榨的线压力而无压溃和产生印痕的危险,压榨后的纸幅干度高而且脱水均匀。在某些高速纸机上,沟纹压榨部分地取代了真空压榨。此外,沟纹压榨适用于旧纸机普通压榨的改造,不需要添设真空系统及其动力装置,既方便,又经济。

(1)沟纹压榨的脱水原理如图 10-149 所示,下压辊的辊面有很细密的、环形或螺旋形的

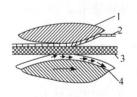

图 10-149 沟纹压榨的脱水原理示意图
1.压榨上辊;2.湿纸幅;
3.毛毯;4.沟纹压辊辊面沟纹

沟槽。这些沟槽为压区内被挤压出的水分提供了排出的渠道。沟槽使压区的下方与大气相通,压区内的水分可以沿着垂直或接近于垂直的方向穿过毛毯进入沟槽。水分在毛毯内所需横向(水平)移动的距离不大于沟纹间距离的一半,流阻较小,使压区的排水有比较理想的条件,这是沟纹压榨具有较高脱水效能的主要原因。

(2)安装与配置:偏心和毛毯角度与普通压榨相同;车速在 600m/min 以上时,沟内的水会被甩出,为保持沟纹清洁,在压区前装普通刮刀即可;低速时,为防止堵塞,需经常用高压水喷射,或采用各种刮刀清洁装置进行清扫。

(3)特点:可提高辊间线压力,脱水量较大;减少了压花和压溃现象;投资和运行费用不高。为防止反湿,应在压榨出口处立即将湿纸页与压榨毛毯分开,同时湿毛毯与压辊迅速分离。

4. 分离压榨

压榨的脱水原理是把水分从湿纸幅转移到毛毯,再把毛毯中的水分压掉。毛毯的含水量对压榨有十分重要的影响,尤其在使用定量大的厚实毛毯和使用双毛毯压榨的情况下,降低毛毯的含水量会使压榨后纸幅干度明显地提高。

分离压榨就是把湿纸幅的脱水和毛毯的脱水分离开来,并分别在两个压榨上完成。如图10-150 所示,湿纸的脱水是在一组普通压榨上进行,而毛毯的脱水和处理则使用单独的真空压榨。显然,这种压榨比较复杂,但它可以使用较高的线压力,压区前没有聚集的水层,也没有真空压榨高负荷下容易在纸幅中引起孔痕的问题。

5. 盲孔压榨

从压榨的压区内需要排水渠道的观点来考虑,真空压榨在压区内的排水不是真空抽吸力造成的,而是辊面存在大量小孔的缘故。因此,就尝试用盲孔压辊代替结构复杂并需要大量动力的真空压辊。

(1) 结构:盲孔压榨的布置如图10-151所示。盲孔压辊的包胶硬度约肖氏"A"90°,表面钻有很密的小孔。由上石辊和下盲孔压榨辊组成,广泛用于中高速纸机上。

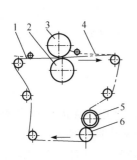 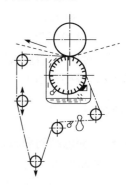

图10-150 分离压榨示意图　　　　　图10-151 盲孔压榨示意图
1.毛毯;2.包胶压榨下辊;3.花岗石上辊;
4.湿纸幅;5.包胶真空毯压辊;6.硬质毯压辊

(2) 盲孔压榨辊:空心铸铁辊包胶后,在辊表面钻有很密的小孔,通常使用 $d=2.5mm$,孔深 $10\sim15mm$,开孔率 29%。

(3) 脱水原理:要保证盲孔压榨的效率,运转时小孔内不应当充水,在每转一圈时,孔内的水分都应排空。在高速纸机上,盲孔内的水分大部分被离心力甩到辊面,用一般的刮刀即可清除,另一部分水分被毛毯吸收,再借吸水箱从毛毯中吸走;低速纸机在 250m/min 以下时,采用气刀,高速吹向辊面的空气把水分从盲孔内吹出。

(4) 特点:可以使用比沟纹压榨更高的线压力,脱水效果好;比真空压榨运行费用低;新式纸机特别是大辊径压榨中使用很普遍,制造费用较沟纹辊高。

6. 高强压榨

高强压榨(图10-152)的压区是由花岗石辊和一个小直径的不锈钢沟纹辊组成,由于压区很窄,能产生相当高的压强,同时,窄小的压区有利于水分的排除和缩短压区后半部纸幅与毛毯的接触时间,从而减少了毛毯对纸幅的回湿作用。生产规模试验表明,高强压榨在纸幅定量变化很大范围内均有良好脱水效果,在幅宽上的脱水匀度好,并能防止纸幅横向湿度波动。

高强压榨压区的小直径不锈钢辊通常称高强辊。设计中要十分注意选用其直径(通常为75～250mm)和沟纹的形式。高强辊位于花岗石上辊和包胶底辊之间,如果位置调整恰当,它会在所有外力均相互平衡的状态下转动(去掉高强辊的支承后仍能保持其平衡状态)。所以要求操作者在每一次车速或负荷变动时,要对高强辊位置细心调整。高强压辊要求使用高质量的毛毯。

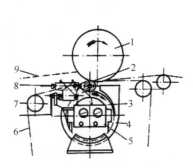 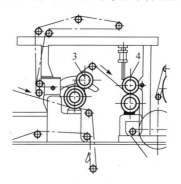

图 10-152　高强压榨示意图　　　　图 10-153　平滑压榨示意图
1.花岗石辊;2.高强辊;3.包胶底辊;4.承水盘;
5.挡板;6.毛毯;7.调节棘轮手柄;8.液压缸;9.湿纸幅

7. 平滑压榨

平滑压榨(图 10-153)往往又被称为光泽压榨,它没有压榨毛毯,不起脱水的作用。平滑压榨的下辊通常包铜,上辊包胶。湿纸幅通过平滑压榨时,较粗糙的网面与平滑的金属面接触,可以减少纸幅两面平滑度的差别,同时使纸幅紧度提高。据称平滑压榨可以改善纸幅与烘缸表面之间的热传导,能够减少需用烘缸数量的 3%～5%。

平滑压榨用压缩空气或引纸绳递纸时,没有引纸的困难,可以在各种车速的纸机上应用。平滑压榨要求浆料的清洁度高。如果浆料中的砂粒和树脂等杂质的含量较高时,平滑压榨的包胶辊很快便被这些杂质粘住,失去平滑的表面,导致被迫停用。

8. 靴式压榨

20 世纪 80 年代初推出的一种新型压榨即宽压区压榨,也称为靴式压榨或称靴形压榨。这种压榨有很宽的压区,纸页在高压力下有较长停留时间。该压榨更有利于纸幅的固化,使去干燥部的纸页更干、更强韧。其关键性部件是固定的靴形加压板和不透水的合成胶带,它们组成双毛毯压区的底面部分。靴形板用润滑油连续润滑,其作用好似胶带的"滑动支承面"。

1) 靴压装置

靴压装置(图 10-154)属于真正的宽压区压榨,由一个靴压辊(NipcoFlex 辊)和一个可控中高辊(Nipco-P 辊)组成一个宽压区。既可作为单毯压榨,也可作为双毯压榨。作为双毯压榨时,靴压辊既可作为上辊,也可作为下辊。可控中高辊为主动辊,靴压辊为被动辊。

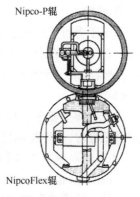

图 10-154　靴压装置

2) 靴压辊的结构

(1) 组成:由靴梁、靴套、靴压板、靴套导条以及液压装置等组成,见图 10-155 和图 10-156。

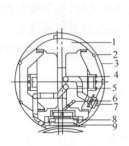

图 10-155　倒置的 NipcoFlex 辊的截面
1.支架;2.靴套导条;3.衬套;4.润滑冷却油;5.回油管;
6.液压油;7.润滑油分配器;8.压榨组件;9.压榨靴

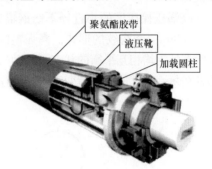

图 10-156　靴压辊实物结构

靴套随主动辊和毛毯同步旋转,同时在油膜润滑状况下相对于靴压板滑动。

(2) 靴压板由于其特殊形状(图 10-157),压区长度可达 254mm,压榨时间是普通压榨的 8 倍,线压力可达 1000kN/m。不仅延长了脱水时间,还可以采用更高的线压力。

(3) 靴套:不透水的特殊材料制作的胶套,具有一定柔性,但竖向抗压强度很高,内表面光滑,外表面可以是平面、沟纹、盲孔、盲孔沟纹,见图 10-158。

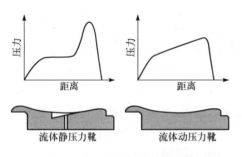

图 10-157　靴压板的特殊形状

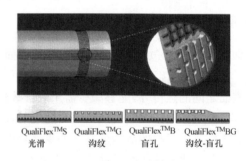

图 10-158　靴套结构

(4) 靴梁:工字性钢结构,承受载荷。

(5) 靴套导条:6 根,便于安装靴套。

(6) 液压及润滑装置:提供靴压板向压区施加的压力和滑动摩擦面的润滑喷油。

3) 原理

由于压力可维持很长时间(直至传统压辊压榨的 8 倍),这就实现了脱水方面的一个重大进展。靴压辊的靴套做旋转运动,内有一个始终对着压区的靴形压板,在油压作用下向压区加压,与硬辊组成一个宽压区压榨,压榨时间长,脱水量大,出口纸页干度高。

4) 应用

靴式压榨主要用于高定量纸种(挂面纸板和瓦楞芯纸)的抄造,将靴式压榨的原理应用于低定量纸种时,上辊挂面层要有良好的"不粘纸"性能,允许单毛毯运行并能经得起压榨的加压,并可获得高纸页干度和良好的纸幅固化性能,图 10-159 是其中的一种形式。靴压辊多用于第三道压榨,也可用于一、二道压榨,效果更好。目前,越来越广泛地用于国内外的高速纸板机上。另一种靴式压榨(图 10-160),包括一个含中凹靴形板的柔性辊壳的下辊,上辊为抗挠辊,不少工厂安装两台串联的靴式压榨。串联靴式压榨的出口干度比靴式压榨后面接一个或几个辊式压榨的干度要高出3%～4%,如图10-161。

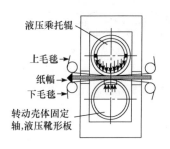

图10-159　FlexoNip压榨

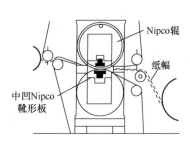

图10-160　Intensa压榨

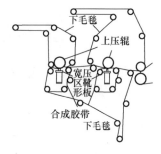

图10-161　串联宽压区压榨

5) 效果

用于纸板抄造时出压榨部的纸页干度可达51%～54%,用于新闻纸抄造时可达50%。

9. 热压榨

热压榨是一种新型压榨设计,是用一个大型钢辊,内通蒸汽加热,用以改善纸页的脱水。纸页在2～3m直径的大辊上加热,辊面用特种合金制成以加强热量的传递。大直径钢辊可与各种不同的压榨装置结合使用,常用作三压区压榨中的中心辊。这类压榨已在生产低、高定量纸种的纸机上使用。典型的压榨加压为140～175kN/m。要求出口纸页干度为52%～56%。这样高的纸页干度主要是纸页加热的结果。

10. 传递压榨

1) 结构(图10-162)

传递压榨(引纸压榨)装设在真空引纸装置的引纸毛毯和第一道压榨毛毯上。它类似于真空压榨,只是线压较低。一般线压力15～25kg/cm,偏移100～150mm。

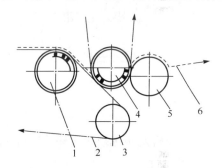

图10-162　传递压榨

1.真空伏辊;2.铜网;3.驱网辊;4.三室真空吸移辊;5.花岗石辊;6.湿纸幅

2) 作用

在传递压榨上,湿纸页是夹在引纸毛毯和压榨毛毯之间通过的,其主要作用是将湿纸页从引纸毛毯上转移到压榨毛毯上去。由于引纸毛毯要求含水量高,传递压榨不可能使用较高的压力,脱水作用不大。

11. 复合压榨

复合压榨(多辊压榨)有三辊、四辊和五辊等多压区形式。其特点是结构复杂,操作、维修、传动控制要求高,但具有封闭引纸、消灭在压榨部的断头情况等优点,可大幅度提高车速,因此被广泛采用。主要有以下几种类型:

(1) 带真空吸移的复合压榨:见图10-163,由双室真空辊、石辊和胶辊组成。真空辊兼顾吸移与压榨。表示型号的数字的意义为:6-带上毛毯、9-带下毛毯、0-不带毛毯。特点:①真空吸移辊和真空压辊合二为一,省去了传递压榨;②可实现自动引纸;③设备过于集中,传动布置困难。

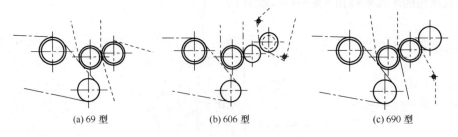

图 10-163 带吸移辊的复合压榨

(2) 三辊两压区复合压榨：见图 10-164，由真空吸移辊、双室真空压辊、石辊和胶辊组成。真空压辊为中心辊。纸页两面差小，结构简单、布置灵活，但纸页孔痕重。

(3) 四辊三压区复合压榨：见图 10-165，由真空吸移辊、双室真空压辊、石辊和两个胶辊组成。这种压榨后面不用再配脱水压榨，操作方便、可实现全封闭引纸，但布置复杂、孔痕较重。

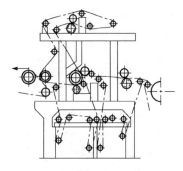

图 10-164 折角式三辊复合压榨

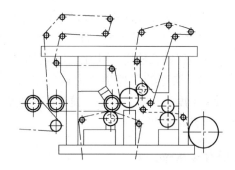

图 10-165 四辊复合压榨

(4) 四辊两压区复合压榨：既可自动引纸，又可解决三辊两压区的孔痕问题。目前国内中小纸机较流行。

(5) 五辊三压区复合压榨：见图 10-166，既可封闭引纸，又可解决三辊两压区的孔痕问题。但是单面脱水多，两面性能差大，因此又加了第四道压榨，如图 10-167。

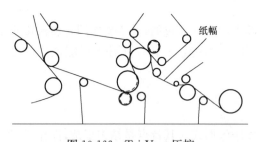

图 10-166 Tri-Vent 压榨

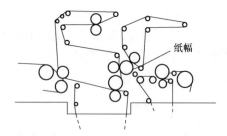

图 10-167 Tri-Vent 压榨加上第四道压榨

10.5.3 压榨部的引纸装置

1. 开式引纸

中速和低速纸机上普遍使用开式引纸，如图 10-168 所示。湿纸幅自铜网的剥离和传递至压榨部是依靠第一压榨的速度和网部速度之间有一定的速差和由此使湿纸幅产生的张力来完成。湿纸幅在网部和压榨部之间有一段没有承托的纸段。

要把湿纸幅传递到压榨毛毯上，首先要完成领纸操作，通常是用人工或压缩空气的方法，把用水针划下的一条窄幅湿纸移至压榨毛毯上，然后再逐渐扩大到全幅宽度。为便于领纸操作，靠近伏辊的一个导纸辊通常是从邻近的导毯辊得到传动，并可以做上下的起落运动。

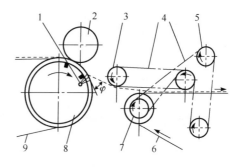

图 10-168 开式引纸
1.领纸时使用的压缩空气喷嘴；2.上伏辊；3.导纸辊；
4.传动绳；5.绳轮；6.毛毯；7.导毯辊；8.真空伏辊；9.成形网

湿纸幅的开式引纸中，第一压榨的网部的速差通常为 1.5%～6%，也就是湿纸会产生 1.5%～6%的伸长。过大的伸长不仅影响纸张质量，而且在纸幅中造成很大的应力，引起纸幅的断头。随着纸机车速的提高，开式引纸时纸幅的应力迅速增大，一旦应力接近纸幅的湿强度，断头便频繁地发生，致使纸机不能正常操作和运转。湿纸在伏辊外的剥离是纸机上断头最多的部位，也常常是妨碍纸机车速提高的主要原因。除了浆料中有浆疙瘩、腐浆等杂质，或是纸幅的厚度不均、压榨和网部的速差不当等因素造成纸幅的断头以外，要防止伏辊处的断头，关键在于减小剥离时纸幅的应力，或是增大纸幅的湿强度。

在湿纸幅自网面剥离的过程中，在克服湿纸幅在铜网表面的附着力（包括机械附着、表面张力、分子引力等）的同时，还伴随着纸幅的弯曲、伸长等塑性变形。此外，纸幅脱离网面时还受到巨大的向心加速度的作用。

低速剥离时，湿纸幅内的应力是克服铜网表面附着力所需张力产生的，主要取决于克服单位面积网面附着力所需的功（剥离功）和湿纸幅的剥离方向。剥离功取决于铜网的表面状态和湿纸幅的特性，并随剥离角的增大而增大。剥离角影响到剥离所需张力的大小和剥离过程的稳定。适当地增大剥离角可以降低引纸张力，改善纸机的运转状况，但过大的剥离角容易引起剥离线的波动，造成纸幅的松断。实际生产中采用的剥离角为 30°～70°，较低速度的纸机上可考虑选用较大的剥离角。

高速剥离时，湿纸幅内的应力主要由纸幅运行中的离心力所造成。随着纸机车速的提高，离心力的影响迅速增大。纸机车速超过 250m/min 后，离心力引起的应力逐渐成为主要的应力。这个应力仅取决于车速和纸幅干度，而与其他因素无关。因此，开式引纸只适用于一定的车速范围。例如，新闻纸的湿强度约为 100N/m。考虑到纸幅在幅宽上强度的不均匀性和必要的操作安全系数，相应的计算表明，开式引纸的极限车速为 600～700m/min。实践中开式引纸通常仅使用在 500m/min 以下。

增加纸幅的湿强度可减少伏辊处纸幅断头。湿纸幅的强度取决于纤维间的摩擦力，因而和纤维的形态（抄造的纸种）、长纤维的含量和纸幅的湿度等因素有关。适当加强网部的脱水、提高纸浆的打浆度和增加纸浆配比中长纤维的含量等，都会减少伏辊的断头，但它们都会增加纸张的成本，应用也有一定的限度。

2. 真空吸移装置

为消除伏辊处的断头，高速纸机上广泛使用真空吸移装置来完成湿纸幅自铜网的剥离和传送。传统的真空吸移装置的布置如图 10-169 所示。首先，在网部的伏辊后设置驱网辊，使伏辊后铜网有一个直线段。湿纸幅被真空吸移辊全幅吸起，并附着在引纸毛毯下面运行到传

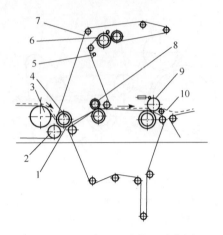

图 10-169 真空吸移装置示意图
1. 被剥离的纸幅(附着在毛毯下);2. 驱网辊;3. 伏辊;
4. 真空吸移辊;5. 喷水管;6. 真空毯压榨;7. 引纸毛毯;
8. 传递压榨;9. 第一压榨;10. 引向第二压榨的纸幅

递压榨。在传递压榨上湿纸幅在真空作用下转移到第一压榨的毛毯上,然后进入第一压榨。至此,湿纸幅从伏辊网面的剥离问题便转化为湿纸幅从一压上辊表面剥离的问题了。湿纸幅经过传递压榨和第一压榨的脱水后,干度和湿强度大为提高,纸幅的断头也变少了。真空吸移辊通常有两个真空室:第一真空室的宽度为 70~90mm,真空度 60~70kPa,用来使湿纸幅与铜网分离;第二真空室宽度为 140~200mm,真空度为 40~50kPa,用来使湿纸幅附着在毛毯上而不致被离心力抛离。真空吸移辊可以升降,用万向形轴节和传动系统连接,被抽出的水气通过空心的轴承臂进入真空系统。

引纸毛毯应有高的透气度,定量 800~850g/m^2。它在工作中应保持较高的含水量,才能使湿纸幅可靠地附着在其上进入传递压榨。引纸毛毯(尤其是两侧部分)容易被细小纤维和填料等堵塞弄脏,因此必须使用高效的毛毯洗涤设备,通常使用真空或沟纹的毯压榨,并配置真空吸管式洗涤器,有时还在两侧增设长度为 400~600mm 的真空管式洗涤器。引纸毛毯的使用周期通常只有 2~3 周。

真空吸移装置比较复杂,对传动要求有较高的同步性。单位成纸的电耗增加约 20%,毛毯耗量也有增加,压榨部的维修和操作也变得复杂一些。

10.6 纸机干燥装置

在科学技术高度发展的今天,对于生产一般的纸和纸板,最终干燥仍然用烘缸加热干燥的办法来完成。尽管近些年来发展了热空气冲击干燥、穿透干燥、带筋烘缸、沟纹烘缸、扰流棒、红外线调节横幅水分、真空接触干燥、压榨干燥、过热蒸汽干燥等新技术,但这些新技术都是作为烘缸干燥的强化或改善干燥效率的辅助措施。

10.6.1 概述

1. 干燥装置的主要作用

由于湿纸页经压榨部压榨后一般仍然含有 60%~70% 的水分,即使是用最新式的复合压榨,湿纸页也仍含有 50%~60% 的水分,而这些水分用机械压榨的办法已不易脱除,必须用加热干燥的办法使成纸水分含量降到 5%~8%。在干燥过程中,湿纸页中水分蒸发的同时,在表面张力作用下,纤维逐渐靠拢,纸页收缩,纤维之间形成更多的氢键结合,从而提高了成纸的物理强度,并且干燥使纸页具有一定的平滑度和完成施胶过程。若干燥工艺条件控制不当也会降低纸页质量,如干燥温度过高或升温过急,会因纸页内水分急剧蒸发,妨碍纸页表面胶膜的形成和破坏纤维间氢键结合,从而降低施胶效果和纸页物理强度,使纸页产生发毛、龟裂、发脆等纸病。

2. 传统干燥装置的组成

1) 典型纸机的烘干部

烘缸干燥部主要由烘缸、烘毯缸、冷缸、导毯辊、刮刀、引纸绳、帆毯校正器和张紧器、汽罩或热风罩，以及机架和传动装置等组成的。对于生产一般纸和纸板的纸机都采用多烘缸干燥部，烘缸的排列传统上采用双排排列形式，如图 10-170 所示。上下两层烘缸均配置有帆毯（或干网），帆毯引领着纸幅绕烘缸运行，并将纸幅压紧在烘缸表面。

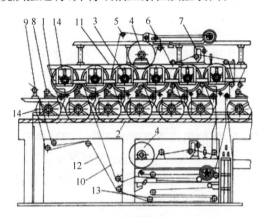

图 10-170　传统多缸纸机双排烘缸的干燥装置

1.机架；2.下排烘缸；3.上排烘缸；4.烘毯缸；5.导毯辊；6.自动张紧器；7.自动校正器；8.刮刀；9.引纸辊；10.下帆毯；11.上帆毯；12.引纸绳；13.引纸绳自动张紧器；14.裸露(不包毯)烘缸

有时为了改善纸张表面质量，在干燥装置的末端通常设置一两个冷缸。冷缸内通入流动的冷却水用来冷却进入压光机之前的纸幅，使水蒸气在纸幅表面冷凝，提高含水量和塑性，以提高压光的效果。

2) 多烘缸烘干部的分组

烘干部的烘缸是分若干个组来传动的。各组之间的速度可以无级调节，以适应纸幅在烘干过程中的收缩。每张帆毯设置有相应的导毯辊、校正辊和张紧辊。为降低帆毯中的水分含量，设有烘毯缸。中低速纸机上，通常是每张帆毯配置一个烘毯缸；高速纸机上则每张帆毯配置两个烘毯缸。在近十多年来，在生产新闻纸、胶印书刊纸、纸袋纸和纸板等的纸机干燥装置中，多采用透气性良好的干网代替帆毯。用干网不仅可提高干燥效率，还可节省蒸汽用量。在生产一般纸类的多缸纸机上，常以若干个烘缸分上下排，各由一条干毯包绕组成两个干毯组，又将此两个干毯组结合成一个传动组，一个传动组内的全部烘缸只能同时改变车速。因此，烘缸分组的多少是由纸页的收缩量决定的。

3) 干毯与干网

(1) 干毯的作用及运行组件：为了便于引纸以使纸页与烘缸表面接触更紧密（以提高烘干效率和光滑度）而采用干毯。干毯包绕烘缸约 200°，被同一条干毯所包绕的几个烘缸组成一组。上下烘缸备有分开的干毯及毯缸。另外，还设有导毯辊、张紧辊及校正辊等装置，使干毯按一定包角包覆烘缸并按要求路线运转。

(2) 干网：烘干干毯时也要耗用热量，致使导热效率降低。因此，新设计的纸机大多采用干网，透气性高，可不用毯缸，热效率高。

(3) 浆板机和有些纸板机的烘干部没有干毯，因为浆板或纸板的定量大，在烘干部已具有一定强度，可不需借助干毯引纸，在烘干过程中其张力也足以使纸页与烘缸充分贴合。

4) 冷缸

在烘干部的末端通常设置一两个冷缸,冷缸内通入流动的冷却水,用来对进入压光机之前的纸幅进行冷却和增加表面湿度,以消除静电和提高压光的效果。

5) 弹簧辊

在烘干部的最后一个缸和压光机之间,常常装置一弹簧辊(轴承壳四周用弹簧支承一个辊)。当纸幅张力的变化时可产生相应的位移,以降低纸幅的张力波动,减少纸幅的断头。

3. 现代高速纸机的干燥装置

现代纸机的车速已超过1800m/min,对于这样的高速纸机,若还采用传统的双层烘缸排列、上下干毯配置,纸页会发生颤动,从而引起断纸。为此发展了一些新形式的干燥装置和许多新的干燥方法,但仍以烘缸干燥作为基本方法。

1) 单干毯干燥装置

传统的多缸纸机的干燥部都是上下两层烘缸,双干毯配置。为了有效地排出干燥部内的湿空气,获得良好的通风效果,要使用高透气度的干毯。但这种高透气度的干毯在有效排出湿空气的同时也把强气流带入袋区,从而在生产低定量高速纸机上产生了纸页颤动问题,即在上下缸无支撑段的纸页产生波动和拍打,在纸页边缘产生起皱和断纸,且车速越高抖动越严重。解决这个问题比较有效的办法是采用单干毯配置。如图10-171所示,该装置取消了下干毯,上干毯带着纸页包绕上下烘缸。因此在上下烘缸之间的牵引部分,干毯也托着纸页,纸页不受牵引力作用,从而减轻纸页抖动、起皱和断头。

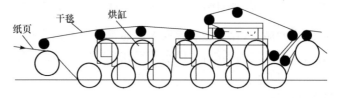

图 10-171 双排烘缸单干毯配置干燥装置

2) 单排烘缸干燥装置(SymRun 干燥)

上述的单干毯干燥装置对于车速在500m/min以下的中低速纸机,能够有效地控制纸页抖动,减少断头,但当车速进一步提高时其作用就大大减弱,而且下排烘缸的干燥作用不大。从而产生了单排烘缸、单干毯配置的SymRun干燥装置,如图10-172所示。

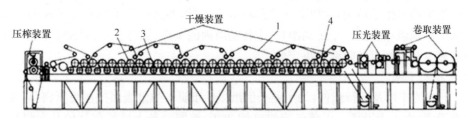

图 10-172 新式单排烘缸的干燥装置
1.上干毯;2.烘缸;3.真空辊;4.SymRunHS型吹风箱

在SymRun干燥装置中所有通蒸汽加热的烘缸均在上部,而下部所有的辊子均为真空辊,真空辊的结构如图10-173所示。图10-173(a)为带沟纹而无内部真空箱的真空辊,其与吹风箱配合使用,可以使沟纹中保持一定的负压,使纸页紧贴在干网上包覆辊筒而不受离心力及气流影响,从而进一步提高操作的适应性。真空辊表面加工有深4mm、宽5mm的沟槽,每隔一条沟槽在沟底钻出小孔同辊内真空相通,而在两端部位处则每个沟槽底部均钻孔,且孔数较多,使纸页部位贴合更为紧密且便于引纸。通孔开孔率为 0.1%～0.4%,表面沟槽有效开孔率为 20%～25%,真空辊的真空度为 2kPa。

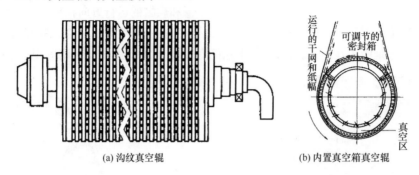

图 10-173　真空辊的结构

图 10-173(b)为表面钻有阶梯通孔和内置真空箱的真空辊。内置真空箱形成的真空区超过被纸幅包围的区域,被纸幅包围的区域支撑纸幅,而未被包围的区域吸入被真空辊和纸幅泵入纸幅与真空辊接触点的空气。

这种全密闭式的真空辊和纸页被支撑通过整个干燥部,纸页的运行性能更稳定,干燥效率更高。也有全单排烘缸干燥装置采用上下交错单排烘缸的布置方式,其作用是使纸页两面都得到干燥,因为有些纸种对单面干燥较为敏感。采用烘缸和真空辊上下交错布置可以避免容易产生皱纹和卷曲等现象。

3) Opti 干燥装置

单排烘缸干燥装置的主要缺点是干燥装置较长,为了克服这一缺点,主要途径是提高干燥部单位长度的干燥效率、运行的稳定性以及获得优异的纸质。Opti 干燥装置正是集极佳的运行稳定性、最大的干燥能力以及最佳的纸页质量于一体的新型干燥装置,同时,干燥部的长度也比单排烘缸干燥装置缩短 25% 左右,如图 10-174 所示。

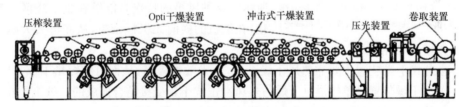

图 10-174　Opti 干燥装置

(1) 配置。在 Opti 干燥装置中纸幅是通过封闭传递的方式从压榨毛毯上传递到第一个烘缸的干毯上,这种传递是靠真空传递辊来完成的,纸幅可以在高速、稳定的状态下封闭地通过整个干燥部。最新的研究认为只有保证纸幅处于无扰动状态操作,才能提高纸幅在高速纸机上的稳定性及可运行性。要做到这一点就必须使湿纸幅在生产过程中处于支撑状态,以减小其张力,从而减少断头。空气的黏度对高速纸机影响很大,快速运行着的纸幅拖曳着其表面的空气一同运行,其中距离纸幅表面最近的空气分子的运动速度几乎与纸幅本身的运动速度一样。这些处于边界层的空气因其具有足够的黏度而吸附到纸幅或干毯的表面上,从而导致袋区内湿热空气的大量充塞现象。充塞现象使得袋区内压力升高以致发生过压,这种过压力以及伴随而来的空气扰动可能会将纸幅吸离干毯。湿纸幅一旦离开,干毯的支撑作用必然发生抖动、伸长乃至断头,从而影响正常操作。

(2) SymRun HS 风箱。为了解决这个问题,在 Opti 干燥装置中使用 SymRun HS 风箱。风箱位于真空辊之上,两个烘缸之间的干毯袋区之内,如图 10-175。风箱的工作原理如图10-176 所示。风箱的作用是由喷嘴和袋区两侧同时通风而除去湿热空气来实现的。通风箱边缘的固定喷嘴位于干毯与烘缸切线的上方,送风的方向与干毯和烘缸的运行方向相反,从而可以有效地防止干毯将其表面的湿热空气拖曳到袋区里。与此同时,由于喷嘴喷出热空气的流动,产生足够的压力将纸幅牢牢地吸附在干毯表面上,使干毯能有效地支撑纸幅,防止抖动等现象产生。

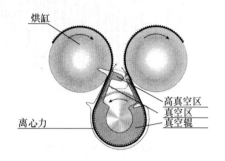

图 10-175　SymRun HS 风箱安装位置　　图 10-176　SymRun HS 风箱的工作原理

在干毯与烘缸的下行方向一侧,可通过喷嘴来调节最高负压值所出现的准确位置;在干毯与烘缸的上行方向一侧,除了送风以外,随干毯表面一起运动的空气边界层也能起到"通风"作用,即干毯本身也能将部分空气带出袋区。

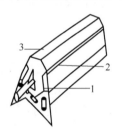

图 10-177　SymRun HS 型通风箱外形结构
1.箱边喷嘴;2.活动式喷射嘴;3.纸横向无机械密封

这种风箱对高低速纸机都适宜,当纸机车速提高时,干毯的运行速度也随之加快,而干毯将湿热空气移出袋区的速度也加快,这样即使是在车速提高的情况下,负压值也能容易保持在一定的水平上。而且,根据风箱的适度调整,负压值还可以随车速的提高而增大。SymRun HS 型通风箱外形结构如图 10-177 所示。这种风箱的特点是能够在整个袋区实现负压化,在纸机的横向无机械密封,从而可大大减少设备的维护工作量,减少磨损。

(3) 冲击式干燥装置主要靠热风干燥纸页,蒸发效率极高,从而可缩短烘干部长度,如图 10-178。Opti 干燥装置是单排烘缸干燥与热风冲击式干燥交接结合而成的。纸机是在干毯的支撑下运行的,断纸的可能性很小,即便出现断纸现象,也很容易排除。

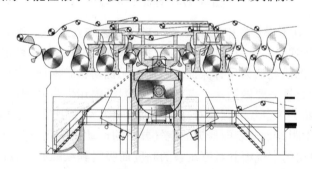

图 10-178　冲击式干燥通风箱的通风系统

(4) 特点：①高速运行稳定性极佳，纸页封闭地通过整个烘干部；②干燥能力大；③纸页质量好；④干燥部短，约比单排干燥装置缩短 25%。

4) 带预干燥装置的 Opti 干燥装置

(1) 配置：在 Opticoncept 整个技术中，带预干燥装置的 Opti 干燥装置是一种比较理想的干燥方式，其结构形式如图 10-179 所示。带预干燥的 Opti 干燥的特点是在纸页的控制和运行性能等方面有重大提高，尤其是在干燥部的开始部位。

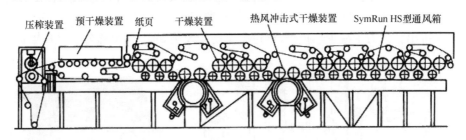

图 10-179　带预干燥的 Opti 干燥装置

(2) 预干燥原理：带预干燥的 Opti 干燥装置是紧随 Optipress 的后面的高效干燥方式，纸幅从压榨部传递到预干燥部是通过干毯全封闭式传递，因此，当纸页进入干燥部第一个烘缸前，就已经获得了较高的温度和干度，这样就大大提高了纸幅在干燥部第一个烘缸这一关键部位的运行性能，同时获得较好的干燥。在预干燥之后就是单排烘缸干燥和冲击干燥交替作用。在带预干燥的 Opti 干燥装置中，有效地利用三个干燥阶段对纸幅进行干燥。

(3) 特点：在预干燥阶段，纸幅被有效加热和干燥，使得纸幅进入干燥部前就获得了较高的温度和干度，从而为纸幅提供极好的运行性能；在热风冲击干燥阶段，纸幅获得极高的蒸发效率，最大化地蒸发水分，从而缩短了干燥部长度；在单排烘缸干燥阶段，虽然干燥效率降低了，但可以通过不同的方法对纸页质量进行控制。

(4) 烘干部的工艺计算。

每公斤成纸需蒸发水量（公斤水/公斤纸）

$$R=\frac{S_k-S_n}{S_n}$$

式中，S_n 为进缸干度；S_k 为出缸干度。

有效干燥面积（m²）

$$F=\frac{RG}{m}$$

式中，G 为每小时产纸量（kg/h）；m 为单位有效干燥面积蒸发水量[kg/(m²·h)]。m 与干燥温度、传热系数、通风等有关，一般多缸纸机为 11～20kg/(m²·h)，大缸纸机为 40～60kg/(m²·h)，单缸加高速热风罩可达 100kg/(m²·h)。

烘缸数量

$$n=\frac{360F}{\pi Dba}$$

式中，D 为烘缸直径（m）；b 为抄宽（m）；a 为纸幅对烘缸的包角，一般为 225°～135°。

烘干部蒸汽消耗量：热效率与烘干部的结构和通风系统关系很大，一般长网纸机为 0.65～0.75，高效单缸纸机为 0.8～0.9，设密闭汽罩的纸机在 0.9 以上。普通国产纸机的汽耗为 3～4kg，而大型进口纸机为 2～3kg，一方面是进缸干度低，另一方面是烘干部热效率高。

10.6.2 烘缸、烘毯缸和冷缸

1. 烘缸和烘毯缸的基本结构

烘缸和烘毯缸的结构基本相同,只是烘毯缸通常无传动,而是由干毯拖动。烘缸结构如图 10-180 所示,由缸体、缸盖、汽头、凝结水排除装置、轴承等组成。烘缸属于压力容器,蒸汽压力为 0.3~0.5MPa。缸体为铸铁圆筒,缸盖与空心轴头铸成一体。烘缸两侧缸盖有铸成一体的轴头,装在烘缸轴承及轴承座上,操作侧轴承留有轴向游动间隙。蒸汽接头有一蒸汽入口管和凝结水排出管。为了减少热损失、增进安全防护及美观起见,缸盖外用铁皮罩盖住。

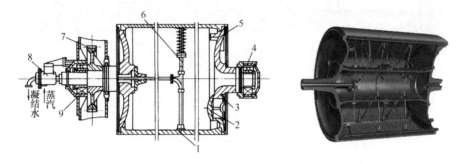

图 10-180 普通烘缸的结构
1.缸壳;2.人孔盖;3.人孔盖压条;4.操作侧轴承;5.操作侧缸盖;
6.凝结水排出装置(旋转虹吸管);7.传动齿轮;8.蒸汽接头;9.传动侧轴承

1) 直径

现在多缸纸机的烘缸直径多为 1500mm,过去一些小纸机采用 1250mm,新的大型纸机上多用直径 1800mm 的烘缸,以减少烘缸个数并缩短烘干部长度,但因增加了高度使操作不便。大缸直径国内有 2500mm、3000mm,国外有 4500mm、6000mm。目前全世界最大的烘缸直径达 6.15m。

2) 面宽

通常烘缸面宽应比湿纸页宽 200~250mm。因烘缸两端的加厚凸缘及未受蒸汽直接加热,烘缸边的温度比烘缸中段的温度要低得多。

3) 材质与硬度

(1) 表面硬度:要求为布氏硬度 170°~240°。较高的硬度可保证烘缸外表面有较高的平滑度及较高光洁度,对提高烘缸面向纸页的传热系数及纸张质量都有好处。

(2) 铸铁烘缸:在直立的铸坑砂型中浇铸而成,多用 HT250。缸体也可使用含铬和镍的变性铸铁来制造,表面硬度和光洁度较高,有利于提高干燥效率和纸幅平滑度。

(3) 钢板卷焊烘缸:直径可以做得更大,表面镀铬后才能满足硬度要求,使用较少。

4) 烘缸的强度与壁厚

(1) 缸体的臂厚:一般按经验确定,如 1500mm 直径烘缸的臂厚为 25mm。按内压薄壁压力容器进行核算

$$d \geqslant pD/2[\sigma] \text{(cm)}$$

式中,p 为工作压力(MPa);D 为缸体内径(cm);$[\sigma]$ 为许用应力(MPa),必须考虑铸造缺陷,取较低数值。对于 HT250,$[\sigma]$ 取 15~20MPa。

缸体受力的薄弱点在两端法兰的转角处,应按经验加强该处。

(2) 缸盖:受力状况复杂,一般按经验取缸体壁厚的 0.5～1.0 倍。

(3) 轴头:内孔直径按蒸汽流速(不大于 20m/s)计算。各截面核算弯矩时应考虑自重、干毯张力以及充满水的重量。

5) 加工要求

(1) 烘缸缸面不允许有穿透的沙眼,直径 8mm 以下、深 10mm 以下的砂眼可以用同样材料的销钉修补。

(2) 为了提高纸张的平滑度,烘缸外表面必须研磨至 $Ra\,0.4\mu m$ 以下,不柱度 0.12mm 以下,不同轴度 0.1mm 以下,外径±0.5mm。

(3) 烘缸内表面也要加工,使得缸壁有同样的厚度,保证缸壁有相同的导热性。

(4) 纸机车速<350m/min,必须校正静平衡;纸机车速>350m/min 时,应校正动平衡。

(5) 烘缸及盖铸造后需经自然时效处理或热处理。

(6) 装配后作水压试验,对于工作压力为 $3kg/cm^2$ 时,试验压力为 $5kg/cm^2$,持续 15min 不得渗漏,不得降压。

(7) 缸盖通常以 24～36 个 M20～M30 的螺栓固定在缸体上,为了保证气密性,在缸盖及缸体边缘之间垫有石棉橡胶或石棉绳,相接触的表面可以抹上铅油或密封胶。该螺栓要按要求牌号选用,且不可反复使用。

6) 大缸

国外大直径烘缸使用在单面光的薄页纸纸机上,直径可达 6000mm,用较高蒸汽压力(0.5～1.2MPa)。常用的一种结构如图 10-181 所示。图 10-182 是卫生纸机大烘缸。使用大直径烘缸的纸机多数只用一两个烘缸,为了提高干燥能力,一般要通入 0.5～1.2MPa 的高压蒸汽,配用高效的高速热风罩。

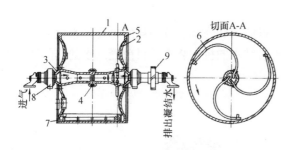

图 10-181 大直径烘缸的结构

1.缸体;2.缸盖;3.缸内的拉管;4.补偿件;5.缸盖固定螺栓;
6.旋转虹吸管;7.凝结水槽;8.轴承;9.传动齿轮

图 10-182 卫生纸机大烘缸

为了满足使用的强度、刚度和良好蒸汽循环,大烘缸结构与一般烘缸不同点如下:

(1) 为满足强度和刚度上的要求,大烘缸的壁厚达 50～70mm,比一般烘缸厚一倍左右,质量达 50～70t。

(2) 为了改善缸盖和缸体受力情况,在缸内两端盖中心处配置一内拉管,内拉管的中部有补偿环,它可以根据装配时中心内拉管长度的实际尺寸来确定补偿环的厚薄尺寸。适当控制补偿环处的预拉力,可以降低缸盖固定螺栓的拉应力。

(3) 送入大烘缸的蒸汽量比一般的直径 1.5m 烘缸多 14～19 倍。为改善大烘缸内蒸汽循环,并减少轴头内径,蒸汽管和凝结水管分别在两端引出,一般从操作侧通入蒸汽,从传动侧排出凝结水,凝结水温度较低,传热少,使传动机构和减速器受热较少。

2. 烘缸的凝结水排出装置

1) 凝结水在烘缸内的运动状态

凝结水在烘缸内的运动状态如图10-183所示。对于烘缸直径为1.5m的纸机,当车速在200m/min以下时,凝结水受重力作用而集聚于缸的底部,略偏向于旋转一侧,如图中(a)所示;当车速在200～300m/min时,随着车速的提高,由于凝结水和缸壁之间的摩擦力增大,聚集于下方的凝结水被带起,呈图中(b)所示的月牙状翻动;当车速接近于300m/min时,摩擦力进一步增大,凝结水被扬起,但这时还不能形成足够的离心力,所以其被提升到45°～90°时又降落下来,如图中(c)所示;当车速达到300m/min以上时,凝结水会受到足够大的离心力作用,而在缸内壁形成一个完整的水环,并随烘缸一起旋转,但转速略低于缸速,如图中(d)所示。

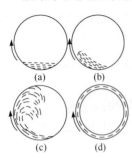

图10-183 凝结水的运动状态

2) 烘缸内凝结水的危害

(1) 凝结水的导热系数是2.6kJ/(m²·h·℃),只有铸铁导热系数的1/88,如果烘缸内有凝结水积累,则会大大增加烘缸的热阻,极大降低干燥效率。

(2) 凝结水在烘缸内因随烘缸旋转而呈游动状态,车速高时会形成瀑布状态,这就极大地增加了纸机的功率消耗。如果达到形成水环的车速,烘缸内凝结水环的形成和破坏,不仅导致纸机功率消耗大大增加,而且使传动功率剧烈波动,极大影响纸机的正常运行。

(3) 烘缸内凝结水的存在会出现不规则温差,可达几度甚至几十度,从而造成产品干燥不匀、纸层卷面等纸病。这类干燥不匀等问题最常见于干燥部湿端。如果湿纸在这里发生了干燥不匀,则就很难在后面的工序中予以校正。烘缸表面温差应控制在3℃以内为佳。

3) 烘缸凝结水的排除装置

烘缸内凝结水的有效排除是提高纸机的干燥能力和降低蒸汽消耗的重要因素之一。凝结水排除装置是利用蒸汽和排水管端的压差排走凝结水的机械装置。目前凝结水的排除装置有三种形式。

(1) 戽斗式排水装置(图10-184)。

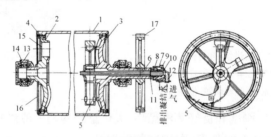

图10-184 戽斗式排水装置

1.缸体;2.工作侧缸盖;3.传动侧缸盖;4.紧固螺栓;5.戽斗;6.进汽管;7.进汽头外壳;8.大石墨密封环;9.弹簧;10.小石墨密封环;11.汽头接头;12.进汽头盖;13.轴承壳;14.轴承;15.人孔;16.罩板;17.齿轮

戽斗固定在烘缸内传动侧缸盖上,烘缸转动时,戽斗便在烘缸底部戽进凝结水,然后凝结水流入轴头内壁与供汽管之间的环形空间排出。戽斗是用钢板焊接的,整体类似阿基米德螺线形,截面为方形。为了提高排水能力和排水的均匀性,一般多采用两个戽斗。在同一传动组的烘缸内,各缸内的戽斗在一瞬间所在位置应相互错开,使它们不同时戽水,以减少传动功率的波动。戽斗式排水装置只能用于车速 300m/min 以下的低速纸机上。当车速超过 300m/min 后,由于离心力作用,凝结水抛离蜗形管,从而起不到排水作用。

(2) 固定虹吸管式排水装置。

固定虹吸管式排水装置如图 10-185 所示。虹吸管的一端固定在蒸汽接头的壳体上,吸管的吸入端伸入到烘缸内,管口装有平头管帽,管帽与缸壁距离为 2~3mm。虹吸管位置偏向烘缸转动方向一边 15°~20°,偏角大小取决于缸内凝结水的数量。虹吸管直径为 35~60mm。要得到排放凝结水的最好效能,必须把虹吸管的汲入端放置在凝结水最深部位,并尽可能接近烘缸的中心。

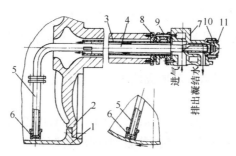

图 10-185 固定虹吸管式凝结水排出装置
1.烘缸;2.传动侧缸盖;3.进汽管;4.虹吸管弯曲部;5.虹吸管垂直部;6.管帽;
7.填料函;8.石墨圈;9.弹簧;10.固定虹吸管的螺帽;11.调节虹吸管位置的方头

固定虹吸管的悬臂较长,容易挠曲变形,或是由于缸内凝结水环破坏时产生的冲击作用,可能引起汲水管头与缸壁发生碰撞,导致固定吸管的损坏。排水压差一般为 19.6~29.4kPa。当车速较高、凝结水在缸内已形成水环时,凝结水的线速(v_k)接近于烘缸线速,因而凝结水产生速度压头,通过固定虹吸管压出到烘缸之外,所以车速越高需要的排水压差越小。

一般认为在车速小于 300m/min 时使用比较理想,但后来也有的工厂在 550m/min 的车速下使用,发现排水也比较正常,与旋转式虹吸管无明显差别。

(3) 旋转虹吸管式排水装置。

当纸机车速超过 300m/min 时,烘缸内凝结水也已形成水环,则一般需使用旋转虹吸管排水。旋转虹吸管式排水装置如图 10-186 所示。它固定在烘缸内传动侧缸盖上,虹吸管成单支或对称双支或三等分三支蜗管状排布,与烘缸一起旋转。按照烘缸尺寸采用机械锁紧,可用弹性连接或者螺丝固定。这种设计可以使烘缸壁与汲入管端的间隙很小,一般在 1.25~2mm。

烘缸内凝结水无论是呈水环式或聚积在下部,旋转虹吸管都可以把它排出来。当形成水环时利用虹吸和喷射原理排水;当聚积在下部时排水与戽斗相同。应用旋转虹吸管可使缸内凝结水层厚度不超过 0.8mm。为了排除缸内凝结水,烘缸和凝结水排出管之间必须有一定压差,压差大小是由排水装置形式、纸机车速、缸内凝结水状态决定的。可按下式计算:

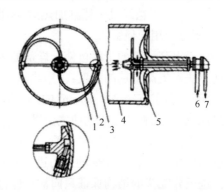

图 10-186 旋转虹吸管式凝结水排出装置
1.支杆;2.旋转虹吸管;3.吸头;4.缸体;5.传动侧缸盖;
6.蒸汽进入管;7.凝结水排出管

$$\Delta p = \rho(h_R + h_M) \times 9.18 + p_1$$

式中,ρ 为凝结水和夹带蒸汽混合体的密度,kg/m^3;h_R 为凝结水由缸壁升到烘缸中轴线的高度,约等于烘缸半径,m;h_M 为缸内凝结水所产生的提升高度,m,当采用固定虹吸管、车速低、凝结水不能形成水环时,$h_M=0$;当采用固定虹吸管、车速高、凝结水可形成水环时,$h_M=v_k^2/2g$;当采用旋转虹吸管、车速高、凝结水已形成水环时,$h_M=v_k^2/2g$,其中 v_k 为缸内凝结水的线速度,m/s;g 为重力加速度,$g=9.81m/s^2$,p_1 为汽水混合体流过虹吸管的阻力,一般为 10~30kPa。

由上式计算可以看出,旋转虹吸管排液时除了克服提升凝结水重力所产生的阻力外,还必须克服凝结水由于旋转而产生的离心力的阻力,所以车速越高,所需压差越大。

(4) 对固定虹吸管式排水装置的改进:拐弯处采用金属软管,拆装方便,不易发生弯曲磨损;拐弯处制成 60°;设垂直可调支撑管,刚性更好,与缸壁间隙可以调节,既避免了摩擦,又排水彻底。

(5) 固定虹吸管和破坏凝结水环形成装置结合使用。作用:可代替旋转式虹吸管用于高速纸机,排水压差小,热阻小。

(i) 在缸内设扰流棒:结构为高约 60mm、宽约 50mm,用磁力或弹性夹环固定在缸内壁。作用为合适的间距可产生共振,使水环振荡破裂;同时将凝结水导向缸端的环形槽内,以便排除。高速纸机普遍采用。

(ii) 在缸内壁加工轴向倾斜沟槽:利用离心力产生的轴向分力将水导向烘缸中间,用固定虹吸管排除。

(iii) 用喷吹蒸汽和热泵配合使用。作用原理:凝结水夹带一部分蒸汽,在进口处蒸汽的加速作用下粉碎并雾化,以降低密度,从而可降低排水压差,同时有利于排除不凝气体,利用热泵技术将排出的蒸汽提压回用。结构为在虹吸管上开一个约 6mm 的汽孔。另一种是将吸口设计成喇叭形,以增强蒸汽进入量。

3. 干毯缸和干毯辊

在干燥过程中,由于毛细管作用和水蒸气通过干毯时的冷凝,干毯中含有一定水分。干毯中含水量高会降低纸页的干燥速率,因此通常采用干毯缸来干燥干毯。干毯缸的结构和烘缸相同,只是没有传动而由干毯带动旋转。为了充分利用干毯缸的干燥面积,干毯对它的包角达 300°~320°。干毯经过干毯缸加热后,温度提高 12~18℃,达到 75~90℃。如果干燥部使用干网,则可不用干毯缸。

由于提高干毯的干度可使干燥部的生产能力提高 10% 以上,所以近年来不少工厂还采用下述方法来提高干毯的干度:①用热风干燥缸代替普通的干毯缸。辊径为 1.0~1.5m 空心圆筒,缸壁上满布直径 20~25mm 的连通孔。筒内装有加压室,室中通有 3.92~4.90kPa 压力的热风,通过孔眼穿透干毯使之干燥;②用特殊结构的热风干毯辊来代替烘缸之间的普通导毯辊。在辊体上焊有纵向的平行筋条,筋条之间形成很多小室。90~100℃ 的热风从两端不转动的进风分配头,以 0.4kPa 的压力进入这些小室,然后通过包绕着小室的干毯逸出,使干毯干燥。进风分配头的结构保证只向被干毯包绕的一部分小室送风。

4. 冷缸

在干燥部的末端一般都设置有通水冷却的冷缸。纸幅经过冷缸后,温度由 90~70℃ 降到 55~50℃,湿度增加 1.5%~2.5%。纸页的可塑性增加,有利于压光后提高纸页的紧度和平滑度,并减少纸页的静电,从而减少由于静电吸引现象在纸的进一步加工和印刷中引起的困难。造成纸页回湿的原因是冷缸表面温度低,使干燥部的水蒸气在冷缸表面上冷凝,形成水膜。

冷缸和烘缸的缸体一样,仅进出冷却水装置是冷缸特有的,如图10-187。冷却水送入缸内一根直径为35~40mm的喷水管中,喷水管的表面有许多喷水小孔,将冷却水均匀地喷在整个冷缸的宽度上,使冷缸受到均匀而有效的冷却。普通冷缸运转中常常是充满半缸水,水是从冷缸的一侧或两侧的轴头流出缸外的。在高速纸机上多采用虹吸管排水,但由于虹吸管排水需要一定的压差,因此可向冷缸中输入30~50kPa的压缩空气,以利于排水。

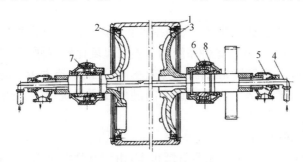

图 10-187 冷缸的结构
1.缸体;2、3.缸盖;4.冷却水进水管;5.进水头;6.双列球面滚珠轴承;7.轴承;8.固定轴承螺母

为了使纸幅的两面均得到冷却,通常设置两个冷缸,上、下排各一个。如果只设一个冷缸,一般应设在上排,用以回湿纸幅的网面,有利于提高网面的平滑度,从而降低两面平滑度的差别。而纸幅的正面则用装置在干燥部和压光机之间通有冷却水的弹簧辊来冷却。有时为了提高纸幅的湿度,冷缸还装有润湿毛毯。

纸幅在冷却和润湿过程中会发生变形,长度的变化尤为显著。因此冷缸最好有单独的传动和独立的干毯,但为了简化纸机的结构,在生产一般纸种的纸机上,冷缸都包含在烘缸的传动组内,并和烘缸共用一条干毯。

10.6.3 干燥装置的供热系统

目前,纸机干燥装置的供热方法主要有饱和蒸汽供热、热油供热、红外线供热、电磁供热等。饱和蒸汽供热是最先用于纸机干燥纸页的方法,现在仍然被广泛采用,其操作简单、安全,可以满足纸页的质量要求,但由于缸内的蒸汽压力一般为0.1~0.3MPa,属于压力容器,因此制造和使用要求比较严格,设备庞大,热效率低,排除缸内凝结水困难。热油供热以导热油作为加热介质加热烘缸干燥纸页。这种方法运行系统简单,投资少,节省能源,升温快。红外线干燥多只限于作为辅助干燥用,如在二、三压榨前用于提高纸页温度,以提高压榨脱水效果;用于涂布后干燥或用于纸机干燥部的适当部位,以调节纸幅水分的均匀性等。红外线是一种0.76~400um 波长的光波,其辐射能可以促使物料游离水分蒸发,并能穿透物料内部,促进内部水分向外扩散。红外线干燥速度快,且纸幅水分均匀,但日常操作费用大,使用不当会伤人损物。电磁供热是当导体通过磁场切割磁力线就在导体内产生电流。感应电流在金属体内形成回路(称为涡流)并产生热量,使烘缸表面获得要求的温度。这种供热方法可以进行精确的自动控制,其余特性与红外线相似。

1. 供热系统的类型

尽管现在纸机干燥装置的供热方法有多种,但以饱和蒸汽作为热源的干燥方法仍然占有绝大部分,为此只讨论蒸汽供热系统的类型,主要有以下几种。

1) 单缸调压并联直通供汽系统

这种供汽系统多用于老式的多缸或单、双缸纸机中,由锅炉房送来的高压蒸汽经减压阀减压到 0.35MPa 以下,由蒸汽总管直接通到每个烘缸内,每个烘缸的管线上均设有压力调节阀和流量计,以调节进入烘缸内蒸汽的压力,从而调节烘缸表面干燥温度,满足纸的干燥温度曲线的要求。

烘缸内的凝结水是通过缸内蒸汽压力和排水装置排出的。凝结水管线上装有疏水器以防止蒸汽逸出,凝结水送回锅炉房。这种系统调节烘缸温度比较方便,系统简单,对纸种适应性强,但由于无蒸汽循环,不凝气体无法排出,热效率低,且疏水器大多不能正常工作,使缸内积水严重,能耗高,维修工作量大。为解决这个问题可在原系统中增设热泵和闪蒸罐,可节汽约 30%。

2) 大直径烘缸的供汽系统

大直径烘缸主要用于高速单面光薄页纸机上,由于其耗汽量大,一般采用如图 10-188 所示的循环供汽系统。该系统允许一部分蒸汽随凝结水排出,以便将烘缸内不凝性气体带出和利于凝结水的排出,提高传热效率。进入汽水分离器的蒸汽和闪蒸汽一起经热泵提高压力后再送入烘缸内。这种系统要求来的新蒸汽压力应为 0.6～0.8MPa。一部分闪蒸汽经压力控制后进入冷凝器,再经真空泵排出。汽水分离器下部的凝结水送回锅炉房。这种系统充分利用了蒸汽的热量,热效率高,在新型配用大直径烘缸中得到广泛应用。

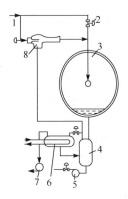

图 10-188 大烘缸循环供汽排水系统
1.高压新蒸汽;2.调压阀;3.大直径烘缸;
4.汽水分离器;5.凝结水泵;6.冷凝器;
7.真空泵;8.热泵

3) 分组调压串联循环供汽系统

为了排除烘缸内的不凝性气体,提高传热效率和充分利用热能,满足纸页质量要求及降低凝结水排除故障和维修量,现代多缸纸机一般都采用分组调压串联循环供汽系统。在这个系统中把干燥部的全部烘缸分为 3～5 个通气段,第一段烘缸为靠近压光机处,是整个干燥部烘缸缸面温度最高的烘缸,也是干燥率曲线上处于恒干燥率和降干燥率曲线段下的烘缸,其供汽压力为最高。最后一段烘缸为靠压榨部处的几个烘缸,即纸幅升温阶段缸面温度在较低范围内递升的烘缸。烘毯缸通常连成一个供汽组,用与第一段烘缸同样压力的蒸汽供热,全组共用凝结水管和水汽分离器。

图 10-189 为这种系统的传统供汽的示例。进汽总管的高压蒸汽经压力调节阀后分别进入一段烘缸和烘毯缸组供汽管。通常压力调节阀是受各供汽管的压力变送器来控制,借以保证各供汽管中有稳定、符合工艺规程要求的压力。通过第一烘缸段和烘毯缸段的喷吹蒸汽和凝结水进入各自的水汽分离器。喷吹蒸汽和闪蒸汽由水汽分离器进入第二段即供汽压力稍低的烘缸组的供汽管,作为其一部分加热汽源,不足部分则从生蒸汽管来的蒸汽经压力变送器控制压力后补充到第二段烘缸的供汽管中。第二段烘缸组的喷吹蒸汽和水汽分离器中的闪蒸汽同样地进入第三段烘缸组供汽管。第三段烘缸的供汽压力通常都较低,其水汽分离器接真空冷凝器,在真空下进行乏气的冷凝。各水汽分离器中的凝结水则送回热电站。

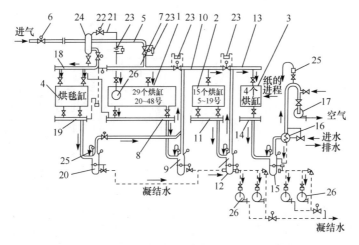

图 10-189　传统分组调压串联循环供汽排水系统

1、2、3. 分别为第一、二、三段烘缸；4. 烘毯缸组；5. 进汽总管；6. 总截止阀；7、8. 第一段供汽和凝水管；9、12、15. 分别为第一、二、三段汽水分离器；10、11. 第二段供汽和凝水管；12、14. 第三段供汽和排水管；16. 冷凝管；17. 真空泵；18、19. 干毯缸组供汽管和凝水管；20. 烘毯烘缸组汽水分离器；21. 指示烘缸供汽管；22. 压力调节阀；23. 压差变送器；24. 进汽总管汽水分离器；25. 恒漏排汽器；26. 凝结水泵

在分组调压串联循环供汽系统中，往往在烘缸干燥部的最后处，即第一段烘缸的起始处，设一个指示烘缸(图 10-189 中的 46 号缸)，用于按该处的纸幅湿度自动调节烘干部的进汽量亦即进入第一段烘缸供汽管的汽量。如图 10-189 中的序号 21 管上有序号 23 压差变送器，该管即单独向指示烘缸供汽，它从进汽总管水汽分离器引出时经压力调节阀保持了稳定的供汽压力，在压差变送器 23 的管段上有节流孔板，压差变送器的两头即接在孔板两侧。当指示烘缸上的纸幅湿度有变化时，缸内因传热量变化而凝水量也变化，使孔板近缸一侧压力变化，导致孔板两侧压差变化。这一压差变化信号即送到第一段烘缸供汽管之前的进汽总管上的压力调节器去控制进汽量，使纸幅湿度重新恢复到原来的调定值。

进入 20 世纪 80 年代以来，热泵开始在新型纸机的多段通气中普遍使用，使干燥效率进一步提高，各段压差和温度更易控制，凝结水更易排出。用热泵后，各段烘缸的喷吹蒸汽和水汽分离器中的闪蒸汽可以经增压后回到本段烘缸作为热源，也可以进入后段烘缸作为热源。图 10-190 所示为在某生产纸袋纸高速纸机干燥部成功使用的混合循环-串级-热泵的复式供汽系统。

在图 10-190 的供汽系统中，0.81MPa 的过热蒸汽用于两台热泵和 Clupak 伸性装置烘缸中，0.25MPa 蒸汽则用于各段烘缸的热源。两个汽源均有单独的配汽缸和超压排放安全装置及温度、压力、流量、压差等遥控仪表和自动记录。由于本系统是高低压汽源混合循环使用，故每段的烘缸进汽总管上均安有 PSV 安全阀和排空连通管，当各段烘缸超压时，可自动切断高压气源进入系统。

该供汽系统的控制过程是：

(1) Clupak 后段：蒸汽总管上的控制阀 CV2141 由 Mcasur-cx-2002 系统，按照纸页定量/水分微处理机的指令信号自动控制。#2Tc215 热泵根据#4 水汽分离器出孔板流量计 OP215 的流量信号，或该段压差 Δp 与调节器 PIC215，保持以上参数恒定，以此控制热泵气门开度。#4 分离器 SEP202 的二次蒸汽被热泵抽吸，通过喷射器扩散管，其混合气体与 0.25MPa 补充蒸汽同时进入该段。正常运行中，该段通向表面冷凝器 HE203 的控制阀 CV2151 处于闭合状

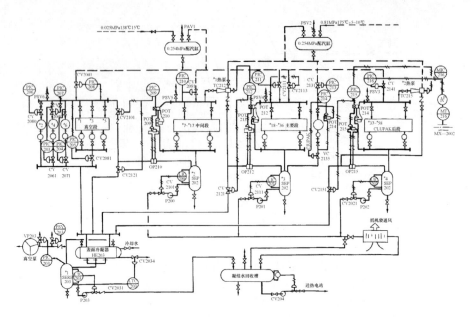

图 10-190 混合循环-串级-热泵的复式供汽系统

态。#2 热泵在该段是在闭合回路中工作,它使水汽分离器的二次蒸汽升压、循环再利用。当纸页断头时,信号使#1、#2 热泵的 0.81MPa 汽源自动关闭,各段水汽分离器通往表面冷凝器的调节阀全部自动开启,进行快速冷凝。

(2) 主要段:该段汽源为 0.25MPa 新蒸汽,按流量比例分两路进入主管,凝结水入水汽分离器 SEP201,二次蒸汽被热泵 TC212 抽吸升压后作为中间段的汽源。

(3) 中间段:该段汽源为 0.25MPa 新蒸汽和#1 热泵混合蒸汽,凝结水入 JHJ2 水汽分离器 SEP200,二次蒸汽串入真空段主管。

(4) 真空段:为了避免湿纸页由压榨部进入干燥部骤然产生"强干燥"现象,必须降低烘缸表面的温度,故该段是在负压的状况下运行的,因而称为真空段。由于湿纸强度差,组烘缸采用蛇形单挂式吸水性强的双面帆毯,湿纸页只在上排烘缸(#2、#4、#6)与缸面接触干燥,而下排烘缸(#1、#3、#5)则干燥单挂帆毯,纸页裸露在帆毯外侧,所以该段的通气控制较为特殊。根据烘缸温度曲线的要求,#2、#4 单独设压力调节器 PIC206、207 以控制其进汽流量。而#1、#3、#5 烘毯缸和#4、#6 烘缸的压差调节器,是通过相对应的凝结水排出调节阀来执行的,该段各缸凝结水直接汇入表面冷凝器。

(5) 不冷凝气体的排除:循环系统中出现的不凝气体先经管式表面冷凝器 HE203 冷凝,其热交换量为 2.6kJ/h,此容量要能适应系统出现故障或纸页断头时各段进汽流量短时不变;此时,各段水汽分离器的二次蒸汽则同时排入表面冷凝器冷凝,以保持系统的真空状态。冷凝液进入#1 真空分离器 SERB203,不凝气体则由真空泵 VP203 抽吸排空。

2. 供汽系统的管路

纸机干燥部所用的蒸汽一般是热电厂发电后蒸汽,用于烘缸干燥的蒸汽压力在 0.3MPa 左右,用于热泵的高压蒸汽在 0.6~0.8MPa。

蒸汽管路由无缝钢管组成,各段管用法兰连接。在双层布置的纸机中,蒸汽总管和凝结水总管布置在传动侧的楼板下。由总管分出直立的蒸汽管和凝结水管到每个烘缸及帆毯缸。在总管和分管上都装有膨胀补偿接头,如波形膨胀节、波纹管、填料函式的连接、瓦楞形弹簧等。

蒸汽管的设计应留有富余能力,以满足纸机生产能力提高时的要求。计算蒸汽管的直径时一般按下列原则进行:在用羊毛干毯时,烘毯缸耗用蒸汽占总用汽量的20%;而用帆毯时,则为10%～15%。烘缸最大的耗汽量可能超过平均耗汽量的40%。此外,在用蒸汽循环系统时,还必须考虑喷吹蒸汽量。为便于制造和维护,所有烘缸的蒸汽管和凝结水管都采用按最大流量计算得出的管径,蒸汽总管中的蒸汽流速不应超过30～40m/s,而至烘缸的蒸汽管内的流速则应小于20～25m/s,由此可以确定蒸汽管径。蒸汽总管的直径通常为150～400mm(幅宽42.0mm以内的纸机)。烘缸的蒸汽管直径通常为35～50mm,宽幅纸机可能达到60mm以上。凝结水管的直径决定供汽的形式。在有蒸汽循环的供热系统中,凝结水管内是凝结水和蒸汽的混合物,其管径可取其相应蒸汽管径的50%～60%。

水汽分离器通常是直径800～1000mm、高1.5～2.0m的圆柱形容器。凝结水与蒸汽的混合物由管体上部进入,并撞击在挡板上。水汽分离器中的压力小于水汽混合物的进入压力,所以产生二次蒸汽。蒸汽由上方引出,凝结水则积聚在筒底,保持一定液位后多余的凝结水送回热电站。

10.6.4 干燥部的通风装置

一般来说,每抄造1t纸,纸页在干燥部蒸发大约1.5t水,而要排除这些水汽,干燥部所需的通风换气量为50～100t的新鲜空气。现代纸机中任何额外的东西都会导致对纸机的干扰,在这种环境下处理如此大量的空气是一项要求极高的工作。

1. 干燥装置的通风罩

通风罩是干燥装置的重要组成部分。因为通风和热回收装置的组织设计和经济效果,均取决于通风罩形式及其热工性能。多缸纸机的通风罩主要有两种形式:开敞式和全封闭式。

1) 开敞式通风罩

它主要适用于低中速、窄幅纸机。

2) 全封闭式通风罩

全封闭式通风罩的基本结构如图10-191所示,这种气罩作为现代纸机纸幅干燥的新型节能设备在国外已被广泛应用。据介绍,这种全封闭式通汽罩可以比开敞式通风节约蒸汽15%～20%,干燥部提高干燥能力15%～20%,且可以改善操作条件,降低设备腐蚀。近几年来,国内一些从国外引进的纸机和大型纸机改造中也都采用全封闭通风罩。目前国内的机械厂也可以生产。在设计全封闭通风罩时要注意必须具有灵活的调节性能;保证在纸机横幅方向操作,传动侧的空气流量相等,流动状态的平衡;保证在纸机干燥部的纵向各部位的排风量和该部位的蒸发强度相适应;防止通风罩上开口处结露,尽量减少通过开口处渗入车间空气,尤其是高露点全封闭式通风罩更应减少开口数量;还要注意要有坚固的结构和良好的保温性及气密性;要有良好的防火设施,防止引起火灾,保证纸机安全生产,罩内应设有消防水系统和测温、测烟雾装置及均

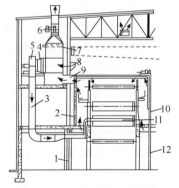

图10-191 全封闭式通风罩

1.底层壁板;2.传动侧壁滑动门;3.进风总管;4.空气加热装置;5.离心式风机;6.轴流式风机;7.水冷装置;8.车间顶部空气入口;9.热湿空气排出风道;10.操作侧升降门;11.袋区通风装置;12.底层罩壁滑动门

匀喷水装置。

3) 袋区通风装置

在双排烘缸双干网组成的干燥装置中,由烘缸、干毯和纸幅所组成的一个相对封闭的边区域称为袋区,如图 10-192 所示。袋区内气流与外界交换很慢,通风的空气必须从两边进入同时再从两边排出,才能与湿汽进行交换,并将袋区内蒸发出来的水汽带走。这样必然造成两边气流大而中间小,从而使中间部位的空气相对湿度较高,纸机越宽这种现象越严重。这不仅影响纸幅干燥速度,且造成纸幅两边水分少而中间水分多。为了避免中间水分过大,常常是被迫使纸边过干燥,从而使干燥装置的干燥能力下降约 20%,汽耗增加约 10%,且纸边的弹性变差,发生卷曲、表面纤维发脆和呈颗粒状等现象。为了解决这个问题,世界上通行的办法是在袋区设置通风装置。袋区通风装置有以下几种。

(1) 横吹风装置。横吹风装置的结构如图 10-193 所示。在这种装置里,热风通过间隔交错排列布置于纸机两侧的风口,横向吹过气袋。经验表明,横吹风装置只适于网宽 3.8m 以下的低速窄幅纸机,且应与帆毯等透气性小的干毯配合使用,才能发挥作用。要求喷嘴直径 9~12mm,热风温度 70℃以上,喷速为 100~120m/s。这种吹风装置的吹风口后部呈现负压会将车间内的低温空气带入气袋内,使袋区温度降低。

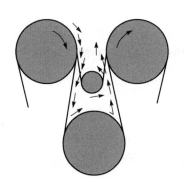 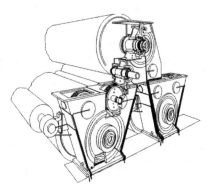

图 10-192　袋区通风　　　图 10-193　横吹风装置的结构

(2) 干网热风导辊装置。干网热风导辊安装在烘缸之间的导网辊位置上,既起导网辊作用,又起通风辊作用。从热风辊吹出的热风直接穿透干网而进入气袋内,由于干网的透气度大,穿透的热风所遇阻力小,因而热风压力较大,使气袋得以较好地通风。这种热风辊在国外被广泛使用,作为袋区通风装置,它有单室和双室两种类型。单室的又称压力袋区热风辊,向接触的干网吹出热风,其缺点是袋区两端的空气溢流量无法控制和调节。最新改进的是一种双室热风辊,又称压力/真空热风辊,它的第一室提供可调节的压力热风,第二室产生真空,以便从袋区吸走湿空气。使用这种热风辊,既可调节所需的热空气量,又可分别调节排出的气流,使在袋区的气流达到平衡,消除了两端进出口处的流量变化,不仅使全幅纸页水分均匀,而且减少两侧纸边的抖动,改善了干燥部的运行性能。

单室热风辊的结构由轴头、带纵向筋片的辊体、分配头、轴壳等组成。热风由两端的进风口通入,经分配头向被干网包围的区域吹热风,风量可在进风管的软管处的阀门进行调节。也有的热风辊可在其横幅宽度上根据纸幅水分横向分布来调节通风量。热风温度 90~100℃,风压 0.98~1.96kPa,双室热风辊的真空室真空度约 2.45kPa。

(3) 安装在气袋外面的通风装置。由于大透气度干网的应用,产生了安装在气袋外面的气袋区通风装置,这样设置的袋区通风装置被广泛采用。其主要特点是可以使袋区宽敞,且对于双干网的干燥部,通过通风装置向袋区的负压楔形区送入热风,使纸幅贴缸而加强蒸发和传质,对于单挂和单层干燥部,可以通过一特殊设计的吹风箱喷嘴喷出两股热风,其中一股在上方贴箱面诱导网后负压以平衡扩展楔形区负压,使纸幅贴网运行,另一股在下方由收敛楔形区吹入袋区。安装在气袋外面的通风装置主要是通风箱。它是利用诱导原理进行通风的。

通风箱一般应满足下列要求:①足以使干网以均匀的干度和温度抵达下一烘缸;②具有可调节的横向风量分配装置,而不是在全幅宽上均匀地分配热风;③喷嘴的结构要能满足使用条件下的吹风方向要求。为此,热风被分成两部分:一是较少的一部分热风,在整个吹风箱宽度上以均匀的低风速吹出;二是较多的一部分热风,在吹风箱宽度上以短距离的分格加以调节。干网的透气度不能低于 $60m^3/(m^2 \cdot min)$,所需的风量一般不大于 $50m^3/(m^2 \cdot min)$。

2. 干燥过程的强化装置

用蒸汽加热的烘缸干燥纸幅的方法已经沿用一百多年,这是一种非常经济适用的干燥方式。为了改进运行性能,单干网和单排烘缸干燥部的使用越来越多,干燥部变得越来越长,为了缩短干燥部的长度,节约投资和不断提高纸机的抄速、降低能耗及成本,出现了许多强化干燥的新方法,如前述的凝结水排除系统的进展、袋区通风等。在此只介绍强化干燥的装置,而不是强化干燥的方法。

1) 高速热风罩

高温高速热风罩是一种综合运用接触干燥和对流干燥的原理,来强化传质和传热效果的高效干燥装置。在多烘缸纸机干燥部上使用的高速热风罩如图 10-194 所示。这种热风罩一般装在干燥部的前段,在这里纸幅内部水分向表面扩散充分,高速热风的喷吹不会影响到成纸的质量。

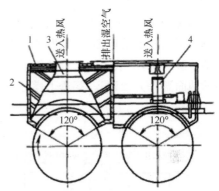

图 10-194 多缸纸机的高速热风罩结构
1.框架;2.隔热材料制成的罩板;
3.进风压力室;4.断纸及引纸时自动升降
热风罩的气功装置

这种热风罩对烘缸的包角为 $100°\sim120°$,利用高压鼓风机将 $150\sim400℃$ 高温热风通过宽 $0.4\sim0.6mm$ 的喷嘴以 $50\sim100m/s$ 的高速垂直吹到烘缸表面湿纸上,喷嘴间距为 $18\sim25mm$,喷嘴与纸之间的距离根据需要可在 $3\sim13mm$ 范围内调整。需要热风温度在 $180℃$ 以下时,可用高压蒸汽在加热器中加热空气,如果超过 $180℃$,则多用石油气或煤气燃烧炉产生热空气,经过滤后使用。从烘缸罩喷嘴间抽回的废气10%排空,再补充10%的新鲜空气循环使用。

由于高速的热风吹喷,破坏了纸幅蒸发过程中形成的边界层,伴随着高速的热传递,纸幅中水分的蒸发强度剧烈地增加,其干燥纸幅的速度比普通干燥部提高 $4\sim6$ 倍,干燥的热效率达 $85\%\sim92\%$,极大降低了干燥的总汽耗。

用于大烘缸的高速热风罩如图 10-195 所示。它沿纸幅行程和大缸圆周方向分成三段分别喷送热风,各段风温随纸幅的湿度减少而降低。例如向纸幅湿度为 $60\%\sim65\%$ 的第一段吹送 $300\sim400℃$ 的热风,而向第二、三段吹送的热风温度分别为 $220℃$ 和 $150℃$ 左右。热风喷缝的宽度 $0.6\sim0.7mm$。加热热风的热源和废气的循环情况同多缸纸机上的高速热风罩。

热风罩由管件或型钢构成骨架,用铝板和其中的隔热材料制成外壳,内部装设鼓风机,如

图10-196所示。在必要时亦可装入分段加热器。

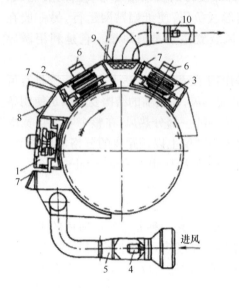

图10-195 大烘缸用分段热风罩

1、2、3.分别为第一、二、三段热风；4.进风机；
5.新空气加热器；6.轴式鼓风机；7.循环热风加热器；
8.观察孔；9.网式过滤器；10.排风机

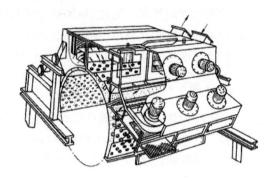

图10-196 高速热风罩的结构

2) 穿透干燥装置

穿透干燥技术是近20年来发展起来的一种新型干燥技术，它是在正压或负压下，使热风穿透整个湿纸幅，使纸中的水分被热空气带走，是通过消耗热空气自身的显热来实现干燥的，纸幅的两面温差为±1℃。穿透干燥可分为外向式干燥和内向式干燥，如图10-197所示。

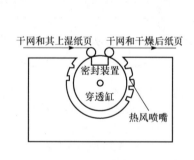

(a) 外向式穿透干燥装置

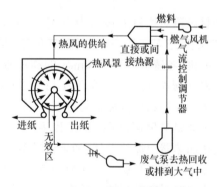

(b) 内向式穿透干燥装置

图10-197 穿透干燥装置的结构

外向式穿透干燥装置的结构如图10-197(a)所示，纸幅被干网压伏在表面多孔的穿透缸上，缸内通入热风温度最高可达250℃，风压8.5kPa，以一定速度穿过纸幅和干网，将纸幅中的水分带走，干燥效率为80～100kg水/(m²·h)。

内向式穿透干燥装置及其热风循环系统如图10-197(b)所示。在这种干燥装置中，纸幅是受穿透缸内的真空抽吸作用吸附在穿透缸表面上，因此不用干网压伏纸幅也可平稳运行，在穿透缸外设有高速风罩，高温热风经喷嘴高速喷出，并在穿透缸内的真空作用的抽吸下，穿透纸幅进行干燥,干燥效率比外向式还高,可达 145～170kg 水/(m²·h),是普通烘缸的 5～10 倍。干燥的热风温度最高达 370℃,缸内的真空度通常为 7.5kPa,特殊设计可达 25kPa。

穿透缸表面开口为蜂巢形,开口的面积是整个穿透缸面的 85%～90%。蜂巢形孔的大小和形状是根据干燥条件如温度、真空度、网的拉力等来设计的,以便使穿透缸的强度满足生产的要求。

3) 热风冲击式干燥装置

近年来,为了改进纸机的运行性能,高速纸机的干燥部一般都采用单层烘缸单干网布置,使干燥部变得越来越长。为了缩短干燥部的长度,节约投资,发展了一种新的干燥方法——热风冲击式干燥。用于单层烘缸的冲击式干燥装置如图 10-198 所示。从冲击式气罩来的热风高速直接吹到纸幅上,其热风速度可达 90～130m/s,热风温度约为 350℃。通过热风把纸幅中水分蒸发出来,而湿热空气被送到汽罩内的排风室进行再循环。使用这种热风冲击式干燥获得的干燥速率是烘缸干燥的许多倍,如热传导干燥速率为 15～30kg 水/(m·h),而冲击式干燥速率为 100～150kg 水/(m·h)。因此,使在同样生产能力下纸机的长度和厂房的长度都比其他干燥形式要短。

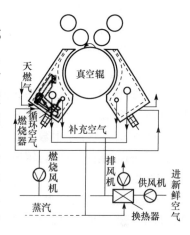

图 10-198　热风冲击式干燥装置

10.7　压　光　机

10.7.1　概述

大多数纸机或纸板机在烘干部之后,配置纸机压光机。生产某些纸种时,在纸机之外还需配置超级压光机。随着纸幅或纸板质量和产量的不断提高,现在还在纸机或纸板机的烘干部之后,配置光泽压光机、软辊压光机或超级软压光机。超级压光机的技术又有很大的进步。

压光机主要起两个作用:一是整饰,提高纸幅的平滑度、光泽度和紧度,或者提高平滑度、光泽度的同时又能保持松厚度,即紧度提高得很少;二是校正纸幅的厚度,或保持均匀的紧度。压光后的纸幅裂断长会增加,而耐折次数会降低。

1. 工作机理及影响因素

纸幅的压光质量既取决于它在压光前的各工序因素,如纸浆的配比、打浆度和纸幅水分等,也取决于压光机的操作和结构因素,如线压力、辊筒温度、辊面粗糙度、压区数、纸幅水分、时间等。

1) 线压力

线压力是决定纸幅紧度、平滑度和光泽度的主要因素。一般来说,线压力越大,纸幅的紧度越大,平滑度和光泽度越高。实验表明,在高线压下经过一道压光便能使紧度和光泽度大为提高。例如,在线压力 160kN/m 下通过一个压区所提高的光泽度,相当于在 90kN/m 的线压力下通过 6 个压区的效果。

2) 温度

使用加热的压光辊对提高紧度有较大的影响。即使纸幅仅仅通过加热的压区一次,也足以使纸幅受热变软而可达到同高线压和多压区条件下对提高紧度的相同效果。使用加热压光辊对提高平滑度也很重要。实验表明,温度与压区数目对提高紧度和平滑度具有等效作用。根据这个结论,压光机有朝减少辊数方向发展的趋势。例如在高级纸、牛皮纸和纸袋纸等纸种可采用双辊压光机,但对配有磨木浆的纸种如新闻纸仍必须采用多辊压光机,现在发展采用软辊压光机。温度对光泽度有较大的影响,用加热压光辊时,即使线压力较低,纸幅的光泽度也比用较高线压力或多压区达到的光泽度高。为此,近年来的压光机已陆续采用往辊内送循环水加热辊筒的加热/冷却系统,调节水温便能改变压光辊温度。

3) 压区数

一定数目的压光辊,其压区的数目是一定的。如果不装设加压机构,压区数也决定了线压力。从实验得知,压区的数目与平滑度有正比的关系,压区越多,平滑度越高;压区的数目对紧度稍有影响。压区多、辊数多时,纸幅的伸长率也增加,导致围绕着辊筒的纸幅松弛,增加纸幅压出褶子的可能性。显然,辊数增加在压光机引纸亦相应地较为困难。

4) 水分

压光的效果随纸幅水分含量的增加而增加,因为水分多时纤维的可塑性较大。和在低水分条件下压光的纸比较起来,在高水分条件下压光的纸幅通常具有较高的强度、紧度、光泽度及对油的阻力,但其亮度及不透明度较低。水分含量过高的纸不可过分压光,因为过分压光会使纸面发黑。纸在进入压光机时通常含水分 6.0%~8.0%,水分低于这个范围会引起卷曲。但由于纸幅水分的不均匀性,即使在这个范围里,局部过大的水分已经出现了发黑,所以实际的平均水分要比这个范围低。为了增加纸幅在压光时的水分含量,纸幅在进入压光机前通常经过冷缸,使大气中的水分凝结在纸幅的表面上。

5) 时间

纸幅在压光压区内停留时间的长短,也会影响纸幅压光整饰的效果。压光机车速的高低、压区变形的宽度和压区的数量,都直接影响纸幅在压区内停留的时间。同样的条件,由于软压区变形宽度比硬压区大,所以前者纸幅的压光整饰效果优于后者(如软压区宽度可达5~10mm,为硬压区的5~8倍)。

要实现压光机的整饰和校厚的作用,可以采用不同的压光方法,也就是不同的线压力、不同的辊数和不同的辊筒温度的组合。然而,在任何一种特定的设备条件下,可以采用的压光方法是有限的。要求压光机起整饰作用时,过去一般是用多压区来实现,而现在则用单压区、加热压光辊的方法来实现,这样,单压区或者较少压区、加热压光辊的压光方法就有可能减少辊数和降低线压力,节省压光费用,并且有可能减少化学浆的配比。要求在压光机起校厚作用时,可以利用局部加热或冷却辊筒的方法,其效果显著。

2. 压光机的分类

1) 按一个压区中一对压辊辊面的相对硬度分类

(1) 硬压区,如纸机压光机、半干压光机等。

(2) 软压区,光泽压光机、超级压光机、软辊压光机、超级软压光机等。

2) 按装设的部位分类

(1) 纸机压光机,装设于纸机或纸板机内的烘干部之后。

(2) 半干压光机,装设于纸机或纸板机的烘干部中。

(3) 超级压光机，装设于纸机或涂布机的机外。

(4) 光泽压光机，装设于涂布纸板机的涂布站的烘干部后。

(5) 软辊压光机，装设于纸机或纸板机的烘干部之后，但也有装设在它们的机外。

(6) 超级软压光机，装设于纸机或涂布机内的涂布站的烘干部之后。

3) 按整饰的功能分类

(1) 纸机压光机，半干压光机。对纸幅或纸板的平滑度、光泽度等物理性能，只能进行低层次的整饰。由于压区宽度窄，压区较多，其压光过程对纸幅的强度、挺度、不透明度及环压强度等影响较大。获得均匀的厚度，但它们的紧度是不均匀的，导致印刷油墨在紧度不同区域产生不同的吸墨性，从而影响了印刷性能。半干压光机使半干的纸幅提高紧度，纸面更平滑，在烘缸上贴缸更紧密，改进了传热效率和纸面的平滑程度。

(2) 光泽压光机。主要用于整饰涂布纸板的平滑度、光泽度等物理性能。达到涂布纸板较低的整饰程度，紧度提高较少，能保持其松厚度。

(3) 超级压光机。对纸幅的光泽度、平滑度和粗糙度能达到非常高的整饰程度。多用于铜版纸、轻涂纸的整饰。对要求紧度的电容器纸、半透明纸，则是提高其紧度，并提高透明度（此时的纸粕辊要求采用硬度较大的全棉浆或石棉的纸粕辊）。

(4) 软辊压光机。一般采用轻涂纸和不涂布纸，对平滑度、光泽度、粗糙度的整饰程度比纸机压光机高，但比超级压光机差。

(5) 超级软压光机。具有软辊压光机的在线运行优点，压光整饰效果好，达到超级压光机近似或相同的效果。

10.7.2 压光机的主要部件

1. 冷铸辊

压光辊通常是将辊体与轴颈铸成一体的。当纸机压光机幅宽大于5000mm时，开始使用具有压配合钢轴颈的冷硬铸铁辊。对线压较大的软辊压光机，或不是可控中高辊线压较大的超级压光机的顶、底辊，用压配合钢轴颈或压配合的钢质通长轴颈，而外层是冷硬铸铁的双层辊。可控中高辊的辊体也是冷硬铸铁的，而芯轴则是钢质的。

压光辊的辊体工作部分是在金属铸模中铸造的。由于铸造时熔融铁水的热量被金属模急剧地吸收，辊体的工作表面生成一层厚10～20mm，具有很高耐磨性的冷硬层。其轴颈部位在铸造中不需冷硬处理，否则将会增大轴颈的脆性。这种铸造压辊称为冷铸辊。它的主要成分为铁、碳、锰、硫、硅、磷以及铬，根据实际需要还可以加镍。决定冷铸辊性质的关键在碳的含量和材质的化学结构。冷硬层的成分为碳化铁，硬度高，耐磨性也很好，但它的机械强度和韧性均很差，故要限制这一碳化层的厚度。

传统的压光辊组的辊筒承受自重产生的均布载荷和施加在顶辊轴承壳上的外加载荷，因而其底辊和顶辊产生挠曲变形，在底辊和顶辊的中部产生最大挠度。

为了使压光辊组在受压力后仍能使各辊面间紧密接触，使有均布的辊间线压，必须将底辊及顶辊按变形情况制成其中部直径比两端大些。这增大部分的直径增量，称为中高。压光辊组没有外加压力时，辊组中只有底辊有中高；而在顶辊轴承壳受到外加压力时，则顶辊也应有中高。底辊和顶辊的中高量 K 各为其最大挠度的一倍。

2. 热辊

在纸机压光机、超级压光机、软辊压光机和超级软压光机中均采用热辊。热辊在最初是通

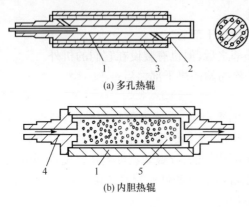

图 10-199 热辊
1.辊体；2.端盖；3.轴头；4.辊盖轴头；5.不锈钢中空芯胎

入蒸汽或热水的轴心有小通孔的冷铸辊，但辊面温度分布很不均匀，使用效果不理想。现在常见的热辊结构如图 10-199 所示。加热辊面的介质为热水或热油，水或油在辊外以电或蒸汽加热，并用泵加压输送进行循环，全部借自动控制系统操纵。常见的热辊有两种形式：

1) 多孔热辊

在冷硬铸铁辊体内壁，沿辊面轴向钻有同心的若干小径孔，每相邻二个或三个孔组成一个热介质的通路，又通过轴端盖上的直孔或轴体端面上的斜孔与热辊的中心孔相通，使热介质与热辊轴端部的旋转接头的进、出口相连通，成为热介质的加热循环回路。

2) 内胆热辊

中空的冷铸辊体内固定有用不锈钢制成的筒状内胆，与固定辊体两端的连轴颈的端盖上的中心孔相通，组成热介质的加热循环回路。

3. 加压机构及释加压机构

采用重锤杠杆形式、气动和液压杠杆形式，以产生底辊以上各辊自重不足的线压力。重锤杠杆式仅采用于老式结构的压光机，气动杠杆式用于窄幅或低线压力的压光机，而液压杠杆式采用在宽幅或高线压力的压光机。为了消除由于中间辊的轴承、轴承座和刮刀及其轴承座而引起的不均匀线压力，或者为了平衡中间辊的质量使各压区之间有相同的线压力，而设有中间辊的压区释压机构如图 10-200。由于前者所产生的不均匀线压力并不能因底辊采用了可控中高辊而被抵消，所以在高档纸的整饰压光机（包括超级压光机、超级软压光机）中，中间辊的释压机构和可控中高底辊是同时被采用的。

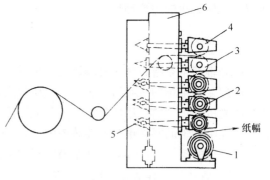

图 10-200 具有释压机构的压光机加压机构
1.可控中高底辊；2.可控中高中间辊；3.普通中间辊；
4.顶辊；5.释压机构；6.机架

4. 机架

压光机的机架应具有足够的刚度，尤其是超级压光机，超级软压光机由于其辊数较多，其高度达 6～12m 的机架更是如此。压光机有双侧机架[闭式机架，图 10-201(a)]和单侧机架[图 10-201(b)]两种形式。在双侧机架上，各中间辊与顶辊的轴承壳装在机架的导轨之间，这种机架的刚度大。单侧机架是在传动侧和操作侧各有一个，各中间辊和顶辊的轴承装在轴承臂上，轴承臂与机架铰接，或者各中间辊和顶辊的轴承壳有滑槽与机架上的滑轨间可做上下滑动。双侧机架压光机在更换拆装压光辊时，要从机架的"门框"中抽出，而且通常要自顶辊起往下逐一抽出，而单侧机架的则可以从辊组沿出纸方向吊出任一压光辊，维护工作比较方便。这是单侧机架采用较多的原因。

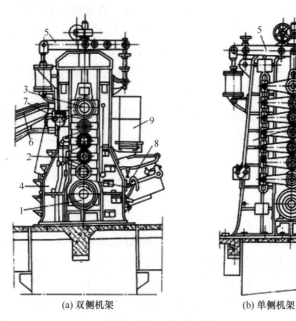

图 10-201　压光机
1.底辊；2.中间辊；3.顶辊；4.机架；5.加压及提升机构；
6.压缩空气引纸装置；7、8.弧形舒展杆；9.走台；10.中间辊轴承臂

箱形的压光机机架具有中空的矩形截面，因而有较高的刚度，除了采用得较广泛的铸铁机架外，也有使用焊接的钢机架的，这种机架质量较轻而刚度大。机架应设计成在最大工作载荷和最高工作车速时也不会产生振动。为此，有的钢结构机架内还充入混凝土。

5. 刮刀装置和安全杆

为了防止粘辊、断头而缠辊，便于引纸和清洁辊面，每个纸机压光辊在压区出口处都设有刮刀装置。刮刀片要紧密地贴合在辊面上，刮刀装置应有足够的刚性，确保刀刃在压光辊上有均匀的线压。刮刀片对辊面的线压 Q 为 $0.1\sim0.3$ kN/m。线压由刮刀架质量或气缸加压产生。刮刀片在同压光辊面接触点处与切线形成适当的夹角，即刮刀角度为 $25°\sim30°$。

在中高速的纸机压光机或其他压光机上，通常刮刀片都借液压、气动或机械方式沿辊面做轴向往复摆动，使刮刀片和辊面均匀地磨损，也提高了辊面清洁的效果。对于某些不易掉毛掉粉、不粘辊面的纸种则应抬起刮刀片，以减少摩擦，节省动力和减轻辊面磨损。在压光辊组每个压区入口必须装设安全杆，以防人手或异物进入压区，造成设备和人身事故。安全杆通常装在压光辊轴承壳内。

10.7.3　普通压光机及半干压光机

1. 普通压光机

普通压光机又称纸机压光机，配置于纸机或纸板机烘干部之后，有时在涂布机的涂布器之前也配有普通压光机。为了避免引送薄纸幅（电容器纸及卷烟纸）通过压光机时发生断头，压光机上的金属辊与包胶辊（或纸粕辊及聚合物辊）交替排列。对于薄的皱纹纸则装设双辊水平压光机（辊筒排列在同一水平面内）。制造吸墨纸、滤纸、羊皮纸原纸及钢纸原纸的纸机都不用压光机，因为压紧这些纸会降低其吸收性能。

普通压光机由 2~10 个辊筒组成,底辊一般为主动辊,其他各辊借相互摩擦而转动。如果底辊为可控中高辊,则第二辊(从下往上数,下同)往往为主动辊。在普通压光机上,纸幅自压光辊组的上方引入,依次地通过各辊间的线压逐渐增大的各压区。压光辊的数目按所生产的纸种及其对光泽度等性能的要求而定。压光辊的数目亦取决于压光机的引纸方法。用压缩空气吹送或用引纸绳引纸时,由于纸幅可送至顶辊及其下的辊筒之间的压区,此时应采用成偶数的辊组。人工引纸时,为了安全起见,纸幅必须绕过顶辊,在这种情况下,辊数应采用奇数。两三个压光辊组成的压光机最大线压为 40~50kN/m,4~6 个压光辊者可达 60~80kN/m,8~10 个压光辊者可达 70~100kN/m。近年来,普通压光机也多采用热辊和可控中高辊,其辊数可减到只有一对,使纸幅只通过一个压区,其线压可达 120kN/m,此时热辊为主动辊。

2. 半干压光机

半干压光机配用于纸机或纸板机的烘干部的烘缸组之间,其作用原理和结构基本相同,都是借金属辊压区的作用使纸幅具有更平滑的表面和较大的紧度,或减小纸幅或纸板的厚度。半干压光机通常有二或三个压辊,经过半干压光机处理后,半干的纸幅紧度提高而表面更为平滑,在烘缸上贴缸更紧密,改进了热传导效率和纸面平滑程度。纸幅在半干压光机的压紧除了取决于辊间的线压之外,还取决于通过半干压光机的纸幅干度。当必须使纸幅压得很紧时,半干压光机就装在 1/3 或一半烘缸之后,这样通过压光机的纸幅干度为 55%~65%。当纸幅需要稍稍压紧时,半干压光机装在 2/3 的烘缸以后,这时纸幅干度为 75%~80%,以便于引纸及减少压溃纸幅的可能。辊间线压力为 40~50kN/m。

半干压光机由压光辊及轴承、加压提升装置、刮刀和机架等组成,通常为双辊式,其一对辊可以是冷铸辊的,或是其中之一是包胶的,或包覆其他聚合物辊面的软辊。因多为双辊式,线压力也比较低,与二辊普通压光机结构相似。

10.7.4 光泽压光机

光泽压光机是软压光机的一种,是涂布纸板、涂布卡纸的重要整饰装置,分为单压区和双压区两种形式,以及直通式引纸(纸板的涂布层在底面)和反向式引纸(纸板的涂布层在顶面)排列。光泽压光机由光泽烘缸、软压辊、引纸辊、缸面刮刀装置或刷光装置、加压装置、机械和电气传动装置、机架及控制仪表等组成,如图 10-202 所示。

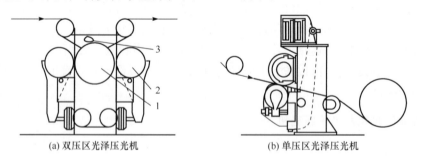

图 10-202 光泽压光机
1.光泽烘缸;2.软压辊;3.缸面刮刀

光泽压光机紧挨在涂布纸板机的涂布站之后,有 1 或 2 个软压区,有较高的线压力(90~110kN/m),光泽烘缸缸面温度在 120~170℃。金属光泽烘缸的弹性模数值比软压辊包覆面层材料的弹性模数值大得多。在压区内软压辊产生较大的径向变形,而金属光泽烘缸的径向变形与软压辊的相比,完全可以略去不计。对多台光泽压光机的压区印痕测定显示,变形面积的宽度在 22~30mm。这样,在压区内,软压辊有不同的旋转半径,在光泽烘缸为主动辊,软压辊为被动辊时(此时仅光泽烘缸有传动,而软压辊无传动),软压辊靠光泽烘缸摩擦带动,压区内其平均半径处与光泽烘缸的线速度是相同的,而软压辊在变形区内的最大半径处与最小半径处的线速度是不相同的。该处,会产生与光泽烘缸的相对滑动。如果光泽烘缸和软压辊均有传动,那么软压辊在变形压区内的最大半径与最小半径处均和其平均半径处的线速度是不相同的。此时,缸与辊的压区内必然有速差,在压区内产生相对滑动,并随辊与缸间线压的增大而增加。

10.7.5 软辊压光机

软压光机压区由一根可加热调温的冷硬铸铁辊和一根可控制中高、辊壳外包裹弹性材料的软辊组成。软辊辊子在压力作用下变形,使压光形成更多接触,而使单位面积的压强较低,纸幅表面受到温和的处理,所以纸幅整饰均匀,松厚度损失少。由于压区呈面接触,纸幅在压区停留时间长,增加的能耗以热的形式传递给纸幅,软化纸幅表面的纤维,使其容易压光,增加平滑度。另外,由于软辊面材料的回弹性,辊面可适应纸幅任何不好的匀度和定量的变化,由此可以比常规的硬压光机有更均匀的平滑度和紧度。高温低压有利于提高光泽度,纸幅的紧度增加不多,而粗糙度较小,纸面比较细腻;低温高压有利于提高纸幅紧度,粗糙度较高,光泽度提高少。根据纸张品种的不同,通常将温度控制在 80~100℃,线压力控制在 10~50N/mm。该机型最大线压可达到 250N/mm,油温最大不得超过 200℃。以生产单面双胶纸为例,线压力控制在 40N/mm,温度控制在 100℃。

1. 使用及维护

1) 出现的问题及相关措施

(1) 自动化保护。当出现以下故障时,压光机会及时发出警报,不能正常工作,以便于操作人员及时处理:通过压光辊的液压油流量不足,断纸,按急停按扭,辊子停止转动,压区内相配合的辊子车速不同步,液压油泵、冷却风机、润滑油泵、加热油泵等辅助系统未开启,操作台气压不足,软辊辊面温度超过设定值或者两个监测点温度超标,差压调节器安装不到位或气路、油路系统发生故障,安全门不闭合,压光辊辊体直径过小、超过监测范围。

(2) 油压波动。生产过程中,经常出现油压波动,从而影响压光辊中高的变化,导致纸张产品质量出现问题,这通常是差压调节器的控制问题。该机型压光辊在操作侧和传动侧各安装一个差压调节器,其中操作侧的对压光辊中高进行控制,而传动侧可迅速产生压差,促进中高形变。因此,要及时检查差压调节机的工作状态,进出油管是否正确,调节器是否出现机械故障被卡壳,控制气源是否出现问题,其中控制气源由一个压力调节阀来调整。其工作原理是:随着辊子线压力的增加,压力信号经 PLC 调整输出 40~20mA 的电流信号,来调节阀的开度,控制气源压力。

(3) 压光机振动。通常新辊使用 15d 后,压光机便产生轻微振动,并且逐步加剧。由于压光机的振动,经过压光机后的纸幅表面会有 5~6cm 宽的暗亮条纹,呈均匀分布,只有更换压光辊来解决。根据经验,一压区比二压区更容易损伤辊面,往往一压区的使用寿命为 20d,二压区的使用寿命为 40~50d,而且随着耐磨次数的增多,压光辊胶面变薄,使用寿命变短。在接近底胶层时,一压区的使用寿命不足 5d,需要包胶处理。经查找振动原因,断定是因纸页厚度不均造成的。对国产纸机来讲,压榨部不稳定性导致纸面凹凸不平,经干燥后进入压光机,极其粗糙的纸幅是扣伤压光辊的主要原因。而且线压力越高时,产生的振动周期越短。

(4) 热油系统。

当传热油温度过高时,由于设施的操作状态不满足压光机加热系统工作条件,加热系统会自动跳闸,导致油温下降,当油温下降的范围太大时,影响到纸幅表面的平滑度等指标。因此要经常检查加热系统是否正常,如有意外要及时消除加热系统报警,恢复该系统正常工作。

当传热油流量不足而报警后,压光辊自动分离,因此要及时查找传热油泵是否存在故障。

(5) 液压系统。

压光机液压系统油站、传感器、过滤器、电磁阀较多,加上油泵等部件,只要局部出现故障,都将影响到生产,常见的有:

(i) 过滤器堵塞。过滤器轻微堵塞时,只是报警,延时 8h 之后,就要使压光辊分离。因此,要及时清理过滤器。过滤器严重堵塞时,直接促使压光辊分离,而且分离后不易启动,影响生产。

(ii) 预热加热油。进入冬季,长时间停机时要注意液压油温度不要降低太多,通常要保持在 40~50℃。温度太低时,影响液压油泵正常工作。

2) 注意事项

(1) 在日常生产中检查辊子的接触面,确保无污物、无损伤,压光辊表面粗糙度要求小于 $0.5\mu m$,传热辊的表面粗糙度要求小于 $0.1\mu m$,即镜面状态。

(2) 保证纸幅遮盖有效辊面,严禁软辊与硬辊直接接触,否则软辊辊面将被高温碳化,失去性能。

(3) 传热辊在加热和冷却过程中,温度的剧烈变化将会使辊体处于热应力状态,导致辊子的变形断裂。因此,严禁使用冷水冷却辊面。另外,停机时间较长时,传热辊温度应缓降至 60℃才能停止运转。否则,热辊因温度过高,在重力作用下会发生形变。

(4) 压光机工作时,严禁拆卸各种油管,因为液压油压力高达 4MPa 以上,传热油温在 100℃以上,喷出油会伤害到人。

(5) 压光辊存放地点要干燥,避免阳光直射,远离运行的电器设备。储存地点的环境温度以不低于 10℃为宜。辊子要支撑在轴承座上,严禁直接置于地面,辊面要用包装材料包裹,冬季注意保温。在存放过程中,至少每月转动辊子一圈半。

(6) 外地研磨辊子后,到车间不能立即上机工作,应适应现场环境温度至少 24h 后方可上机。

2. 可控中高辊液压系统

普通压光机的刚性压区能使纸张厚度保持一致,但刚性压区只能将纸张凸出部分压下,凹进部分压不着,则纸张凸出部分大量纤维被压在一起,造成纸张紧度不均匀,使印刷油墨在纸张紧度较大和较小区域产生不同色调的图文,影响印刷效果。软压光机采用热硬辊和弹性辊对纸幅进行压光,压辊有弹性,这样纸幅通过压区时可获得比较均衡的加载压力。这就意味着,接触面能将压力更均匀地分配给纸幅较厚和较薄的区域,所以即使在纸幅水分含量很高的情况下,纸幅也不会出现压光斑点。软辊压光可提高纸张平滑度、光泽度,并能使纸张保持良好的松厚度和挺度,能提高纸张紧度的均匀性,从而大大提高纸张的印刷适应性。

1) 可控中高辊

软压光机的可控中高辊有两种形式:浮游可控中高辊,见图 10-203;分区可控中高辊,见图 10-204。浮游可控中高辊由芯轴和辊壳组成,辊壳上包有弹性材料,芯轴和辊壳间的两根密封条可将压力油腔与回油腔隔离,通过调节辊内的油压,使辊子获得理想的中高。分区可控中高辊采用的是静压支撑技术,通过改变静压支撑中柱塞底面上油压的大小,可控制中高辊全幅范围内的线压,使作用在纸幅上的线压为工艺所需最佳值。在微机的协调控制下,静压支撑可以自动控制整个纸幅长度上不同区域的线压,以满足工艺要求,获得高质量纸品。在适宜的油膜刚度下,中高辊可以在各种车速下运行且允许在满负荷下启动与停机。

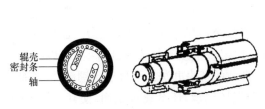

图 10-203 浮游可控中高辊
• 回流油 ○ 压力油

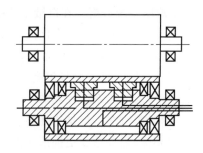

图 10-204 分区可控中高辊

2) 液压传动技术

液压传动是利用液体的压力进行能量传递、转换和控制的一种传动形式,应用广泛。液压传动系统是由液压动力元件、液压执行元件、液压控制元件、液压辅助元件和工作介质5部分组成。

与机械传动相比,液压传动具有许多优点:在运行过程中,液压传动可实现大范围的无级调速,调速范围可达 1000∶1;液压传动装置可在低速下输出很大的力。在输出功率相同时,液压传动装置体积小、质量轻、结构紧凑、惯性小;液压传动易于实现过载保护,易于设计制造等。液压传动系统也存在一定的缺点,如不能保证严格的传动比;工作时,液压传动系统对温度的变化较为敏感;在液压传动中,能量需要经过两次变换,且液压传动系统在传递过程中有流量和压力损失,所以系统能量损失较大,传输效率较低,元件制造的精度要求较高、造价高,对其使用维护提出了更高的要求;出现故障时,比较难于查找和排除,对维修人员的技术水平要求较高。

3) 液压系统

(1) 典型工况的确定。根据对提升装置和辊内加载装置的工况分析,归纳出软压光机几个典型工况。设计液压系统时,要求液压系统的动作能够满足如下工况的要求。底辊由静止状态匀速提升至适当位置时开始匀减速,到与顶辊接触时停止。底辊匀速提升要求液压系统供油压力稳定,油泵泵送量灵敏可调。同时,各个换向阀动作灵敏迅速,以满足对辊体运动方向的准确控制。

底辊与顶辊接触后,辊内液压顶块开始加压。各个液压顶块根据各自压力的设定准确加压,从而控制辊体的中高。此时,要求压力传感器感应准确,液压顶块无内泄。这个工况下,油泵的工作功率最大。出现断纸后,底辊与顶辊要迅速分离,以免辊体被烫伤。在加压状态下,底辊与顶辊迅速分离,就必须先卸载。首先,辊内液压顶块油路换向阀迅速切换完成卸载,然后底辊提升油缸油路换向阀迅速完成换向,底辊向下运动。

由于软压光机的底辊较重、加载荷较大,要求液压系统具有较大的功率。在运动形式转换时,要能够消除液压系统内部的冲击,以防液压系统元件损坏;在正常工作时,由于纸幅上总有不均匀的区域,底辊和提升装置会存在一定的震动,这就要求底辊加载装置的加载稳定,提升装置需要安装吸收震动的装置。压光机底辊运行位置控制不当,会引起软辊的撞伤、烫伤,所以要求液压系统的控制精度、反应灵敏度都要较高。除了液压系统本身能够产生热量以外,在与顶辊配合工作时,会引起底辊的温度显著升高,因此,液压系统要能够使底辊的温度保持在合适的限度以下。由于液压系统本身存在泄露问题,因此在设计时要充分考虑泄露给液压系统工作带来的影响。由于纸机是连续工作,所以要充分考虑故障问题,尽量避免因故障引起停机,降低损失和提高效益。

(2) 液压系统分析。在造纸工业中,液压系统工作环境较为闷热潮湿,环境对液压系统的影响不容忽视。温度过高,会使液压油黏度下降,降低液压油的承载能力,引起液压系统工作不稳定,液压元件磨损加剧,同时也会加速液压油的氧化变质,造成元件的控制油道被堵塞或使滚动轴承、轴心、液压泵柱等磨损加剧,缩短了整个液压系统的使用寿命。加强对温度的监控,将温度作为液压系统控制的一个信号,既可以保证液压系统安全工作,又可以提高整个系统的自控程度。此外,增加冷却系统也是一个有效的解决办法。环境过于潮湿,液压系统中混入的水分超标,需要重新更换液压油,否则不但损坏轴承,还会腐蚀钢面,使其生锈,同时造成液压油乳化、变质和沉淀,冷却器导热能力下降,阻滞管路和阀门,减少滤油器的有效工作面积,增加液压油的腐蚀作用。

(3) 液压系统元件。液压系统的动力元件:限压式变量泵;执行元件:提升液压缸、辊内液压顶块;控制元件:溢流阀、单向阀、换向阀、伺服阀、节流阀、截止阀、减速阀;辅助装置:滤油器、冷却器、蓄能器、液压液位表、各种管道及各种接头。

4) 各液压回路组成原理和性能分析

底辊提升回路作为托起软辊的回路,要保证软辊的提升位置准确,控制灵敏,运动平稳,左右速度一样,能够很好地与顶辊配合。为了减少因系统压力下降而引起油泵驱动电机的频繁启动给液压泵带来的损坏,要求蓄能器能够稳定、长时间工作。此外,在卸载时,各个油缸动作要迅速。该回路功能实现的主要动作顺序:压光机启动→底辊提升→正常加载。底辊提升回路中,通过换向阀的组合动作,控制液压油的流向,从而实现整改回路的动作。在该回路中,压力传感器和压力继电器对控制系统中的压力起着决定性作用。蓄能器通过自身的充压,能为整个液压系统保压、改善冲击。

10.7.6 超级压光机

超级压光机是造纸的一种整饰设备,它属于软压光机的一种。纸幅通过超级压光机上的纸粕辊与金属辊的若干压区,在机械力和热力的作用下变得更加平滑、有光泽、紧密、平整或获得透明性,防止与减少掉粉掉毛,改善纸幅的外观及其某些物理质量指标。

超级压光机的有效利用时间一般是其运转时间的50%~70%,这同纸幅的质量和超级压光机的装备水平,特别是与纸粕辊的质量有关。一台纸机或涂布机配用一台超级压光机,而后者幅宽与前者相等时,后者的车速应为前者的两倍,以保证生产能力的平衡。近代超级压光机幅宽已达9.8m,车速达1800~2000m/min。尽管近年来开发了软辊压光机、超级软压光机,它们的出现已部分替代了超级压光机的功能。但随着超级压光机的技术进步、结构上的改进,它仍然成为生产高档纸的不可替代的重要整饰设备。

技术进步的表现为:①采用寿命长、满足使用工艺要求的新型纸粕辊、MC尼龙辊。②采用可以补偿或控制中高的浮动可控中高辊或分区可控中高辊。③冷硬铸铁辊采用辊体四周有通孔或夹套的热辊结构和温控技术。④采用快速脱辊和软着陆机构,辊组中的辊筒在断纸时能快速相互脱开,使纸粕辊免受损伤。⑤配设纸幅张力、平滑度、光泽度、厚度在线检测仪和计算机控制系统。⑥能平稳地调节工作车速，加速或减速时速度稳定。加压时，主传动的动态速降小，动态响应好，静态稳速精度高。退纸机构和卷纸机跟随主传动的性能好。断纸时，能快速制动退、卷纸辊和辊筒的电气传动系统。⑦采用轴式卷纸，可对卷纸的卷径进行检测，通过计算电流来调节卷纸线速度，以使其与主传动跟踪同步的系统。为防止卷取的纸卷的松紧不一，起拱起折的纸病和使纸卷的直径卷得更大，采用了液压水平可调的骑辊和敏感层探测器的光电跟踪检测装置，保持骑辊与纸卷之间有不变的距离的新型卷纸技术。当骑辊与纸卷保持恒定间隙时，纸卷为"软卷"，当骑辊与纸卷保持稳定压紧时，纸卷为"硬卷"，也就是保持恒定的表面卷取压力。⑧采用自动更换退纸纸卷的退纸装置和自动更换卷纸纸卷的卷纸装置，改善操作条件并大大提高作业效率。⑨中间辊设有辊重平衡装置，使各压区之间有相同的或不相同的线压力，改善纸幅两面的整饰效果。适当调整现代超级压光机的生产能力，即使其为一台时，与一台纸机或一台涂布机的生产能力相匹配是完全有可能的。

超级压光机的结构特性如图10-205所示。超级压光机的主要技术参数是：幅宽、车速、辊数、辊筒直径、底辊与第二底辊之间的最大线压力、纸粕辊的材料、热辊的加热温度等。上述参数取决于被超级压光的纸种与规格、产量。超级压光机通常可分为两类：①供书写纸、印刷纸、涂布纸等文化纸及铜版纸使用的，其特点是对光泽度、平滑度要求较高，幅门较宽，车速较高，线压相对较低和热辊温度较低；②供工业用纸如电容器纸、卷烟纸、仿羊皮纸等用的，其特点是幅门较窄、车速较低和线压较高。

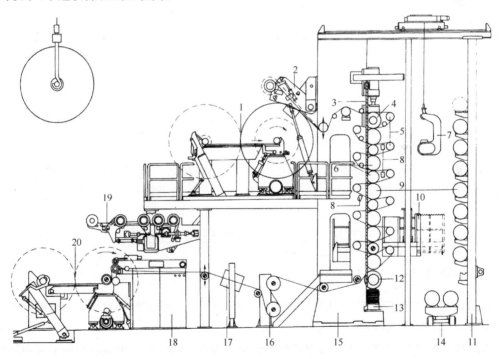

图10-205 超级压光机

1.自动退纸装置；2.自动纸卷更换；3.螺杆悬挂杆；4.带有负荷控制器系统的分区可控中高或游动可控中高顶辊；5.带有舒展辊的校正装置；6.带有加热/冷却系统的热辊；7.在辊筒吊车的吊装工具；8.改善整饰质量的蒸汽喷淋器；9.纸粕辊；10.升降台；11.带传动备用纸粕辊搁架；12.带有负荷控制器系统的分区可控中高或游动可控中高底辊；13.加压和快速分离液压缸；14.辊筒输送小车；15.超级压光机机架；16.纸幅冷却辊；17.带有横向扫描测量装置的机架；18.Sensormat附件；19.带有自动换卷的卷纸辊输送系统；20.自动卷纸装置

超级压光机中的金属辊和纸粕辊根据纸要求两面光和一面光来排列。纸幅与金属辊接触的一面的平滑度与光泽度均比与纸粕辊接触的一面高。压两面光纸幅的超级压光机中,纸粕辊数应使纸的两面有机会同金属辊接触,辊组的顶辊与底辊通常都是金属辊,除有两根纸粕辊相互接触外,其余都是纸粕辊与金属交替排列的。因此,这类超级压光机的辊组都是偶数辊。而用于单面涂布纸及单面光纸张的超级压光机其辊筒数则是奇数。除金属的顶辊和底辊外,其余均为纸粕辊与金属辊互相交替地排列,如图10-206所示,可使纸幅的同一面始终与金属辊保持接触,电容器纸用的超级压光机的辊筒为偶数。为了获得纸幅两面稍有差别的压光效果,或减少原来两面的平滑差,可借改变超级压光机上一对相接纸粕辊安装位置的高低,或调节中间辊释压装置的线压力来实现。

超级压光机辊组的辊筒中心轴线有两种排列方式:同在一个铅直平面内,或是上下相邻的两个轴筒的轴心交替排列,并在水平相距5～10mm的铅直面内。第二种排列(图10-207)的优点是压光效果好。

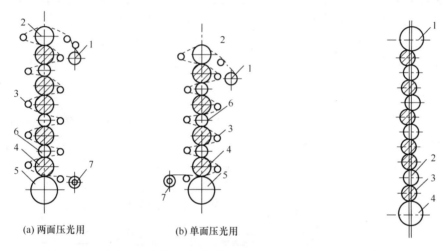

图10-206 超级压光机辊组的排列　　　　　图10-207 相邻辊筒错开排列的超级压光机
1.退纸卷;2.顶辊;3.引纸辊;4.纸粕辊;5、6.底辊;7.卷纸辊　　　1.顶辊;2.金属辊;3.纸粕辊;4.底辊

10.8 卷纸机、切纸机及复卷机

10.8.1 卷纸机

卷纸机位于纸机的末端,用来把纸幅卷成纸卷,卷纸机的性能好坏直接影响纸的卷取紧度及质量,并影响纸的贮存和下一步的加工性能。

卷纸机按照卷取原理分为轴式卷纸机及圆筒式卷纸机两大类。大多数纸机上采用圆筒卷纸机,它操作方便、能卷取较大直径的纸卷。在较低车速或者涂布机上也有采用轴式卷纸机的,轴式卷纸机可借改变纸幅张力来调整卷取的紧度,卷取纸卷直径较小,所以在低速的、对调整纸卷紧度要求较高的而特别是需要松卷纸卷的纸机上,或者需要在纸机上把纸幅纵切成两个或多个纸卷时,仍多用轴式卷纸机。在轴式卷纸机卷取纸幅时,每幅纸至少要配用两套卷纸机构及两个卷纸轴,以便轮流使用。

1. 轴式卷纸机

轴式卷纸机中，纸幅卷套装在芯轴上的卷芯或是特定的卷纸轴上，由传动装置带动旋转缠绕成卷，为了能连续地卷纸，机上至少要有两套卷芯轴以备交替缠卷。如图10-208为轴式卷纸机简示图。

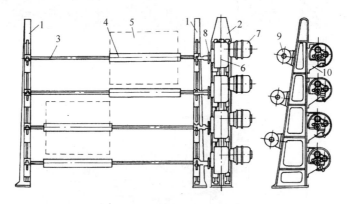

图10-208 轴式卷纸机简示图
1.机架；2.传动侧机座；3.卷芯轴；4.纸卷芯；5.纸卷；
6.减速箱；7.电动机；8.离合器；9.引纸辊；10.轴承座

早先的轴式卷纸机是采用机械式摩擦离合器。它是利用改变摩擦盘的压力产生不同的滑动而变更卷纸轴转速的。皮带轮由电动机带动，线速度固定不变。随着纸卷直径的增加，摩擦盘的压力减小，打滑量增大，因而卷纸轴的转速降低。卷纸轴皮带轮是用滚动轴承装在轴上，以主动皮带轮通过皮带来带动它转动。由作用于皮带轮辐板端面上的摩擦力距带动摩擦盘旋转，再通过联轴器带动卷轴旋转以卷取纸幅。采用不同的摩擦片材料可传递大小不同的摩擦力矩。

卷纸机使用摩擦离合器对保持纸幅恒定的张力是不理想的。离合器的摩擦表面的摩擦系数随着不同的温度、速度和压力而变化，由此而影响纸幅的张力，不容易保持卷取过程运行条件稳定。此外对于双轴或多轴的连续卷取作业时，因离合器的条件不一样而导致卷取条件不同。

目前较新式的轴式纸卷纸机的卷径测量及紧度控制、张力控制、摩擦阻力补偿控制均由电气传动部分的软件来完成，或者采用软特性的直流电动机或用功率反馈自控系统来配备轴式卷纸机。

2. 圆筒卷纸机

圆筒卷纸机属于表面卷取方式，被卷的纸卷被压靠在被驱动的卷纸缸上，借摩擦力带动来卷纸，卷纸缸面的线速恒定，使纸卷有均匀的卷取紧度。圆筒卷纸机有如图10-209所示的几种结构形式。圆筒卷纸机主要由叉臂（亦称初卷臂）传动、叉臂装置、卷纸缸、加压装置、卷纸辊、机架、助动装置、卷纸辊架、辊子转移装置及压缩空气系统等组成。

圆筒式卷纸机借纸卷与卷纸缸压区中的摩擦力而使纸幅产生张力，纸卷的质量是半径和纸幅特性的函数，当纸幅张力不变时，则所需力矩 $MO=QrO=$ 常数。由于该卷纸方式唯一依靠表面摩擦力工作，所以可按照卷纸的实际需要，立即产生最大的可达到的张力。

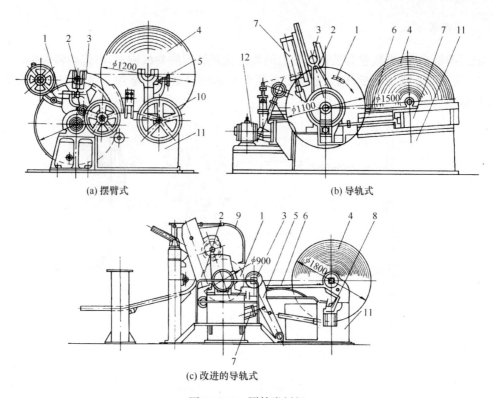

图 10-209　圆筒卷纸机

1.卷纸缸；2.初卷臂；3.卷纸辊；4.纸卷；5.成卷臂；6.卷取轨道；
7.一压缸；8.制动装置；9.吹风管；10.移送纸卷装置；11.机架；12.手轮

3. 卷纸机间接张力控制

目前大多数纸机采用圆筒卷纸机，其操作方便，能卷取较大直径的纸卷。

1) 工作原理

张力控制使纸页得以及时舒展和平整，减少折子和断头，纸张质量品质的变化都会在不同程度上影响纸张的拉伸度。用一般的速差控制难以适应纸张品质的变化，而张力控制却能很好地解决这一难题。

圆筒式卷纸机传动结构如图 10-209 所示，由于卷纸缸和纸卷之间的摩擦力是一对作用力和反作用力，可作为内力处理，但随着纸卷半径的增大，纸卷的惯量对卷纸缸动态转矩的影响比较明显。

从卷纸机运行特点可知，卷纸机的控制关键在于对卷取张力的控制。卷纸机的负载特性为恒功率负载，由于张力波动是由线速度波动引起的，所以从直观来看，张力恒定即线速度恒定，而欲使线速度恒定，就需卷取功率为恒定值。因此，恒张力控制、恒线速度控制、恒功率控制在本质上是相同的。按张力控制方式的不同，可分为间接张力控制与直接张力控制两种。

2) 采用 ACS800 变频器实现间接张力控制的方法

如前所述，在卷纸机稳定运行后将其控制方式由速度控制切换为转矩控制，就可实现其恒张力控制功能。ABB 公司的 ACS800 变频器采用先进的直接转矩控制（direct torque control，DTC）技术，内置直流电抗器，从而降低进线电源的高次谐波含量，最大启动转矩可达 200% 的电机额定转矩；ACS800 的动态转速误差，闭环时为 0.05%，静态精度为 0.01%。动态转矩的阶跃响应时间,闭环时达到1~5ms,即使不使用任何来自电机轴上的速度反馈,传动单元也能进行精确转矩控制。

图10-210所示为某卷纸机设计的间接张力控制操作界面。该纸机采用PROFIBUS-DP现场总线系统控制ACS800系列变频器,由人机界面、可编程逻辑控制器(programmable logic controller,PLC)、变频器组成三级控制网络。其卷纸机的控制原理为:启动、引纸采用速度控制模式,引纸完成后按下操作屏上的"投张"按键,卷纸机传动由速度控制模式切换到转矩控制模式,能够自动调整卷取和压光之间的纸幅张力。操作人员还可根据实际纸幅运行状况通过"张力增"、"张力减"

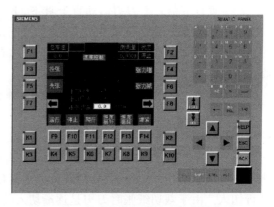

图10-210 某卷纸机间接张力控制操作界面

按键调整设定张力大小。当出现断纸时,速差限幅具有防飞车和自动失张功能,卷纸机自动切换到速度控制模式,速差限幅值一般设定在10~30m/min。该纸机正常生产后张力控制精度在5%以内,能够满足卷纸机对卷取张力控制的要求。

10.8.2 切纸机

在市场上,书写纸、高级印刷纸、包装纸、粗包装纸及其他一些纸种都是生产成平张销售的。卷筒形的纸幅是在切纸机上被切成平张的。纸幅在纸机以后或是复卷分切或是经超级压光以后送到切纸机去切成平张。

切纸机的幅宽一般都与纸机的幅宽相适应,一般为4600~5000mm。不带搭接堆纸的切纸机的车速不超过100m/min,而在第二送纸带上有搭接堆纸的切纸机的车速可达180m/min,自动化程度高的同步辊刀切纸机车速可达300m/min或以上。车速与切纸长度几乎无关,仅在切纸次数很大(每分钟超过250~300次)的情况下车速才降低一些。切纸机工作车速的调节范围通常为1:4或1:6,其引纸车速为10~20m/min。

切纸长度可以在400~1600mm的范围内均匀改变,最常用的切纸长度规格为550~1300mm。切纸的宽度则取决于切纸机幅宽和纵切刀的配置位置,可以由最小值(200~300mm)改变到最大值即纸幅的全宽。

1. 切纸机结构与性能

1) 切纸机分类

(1) 机械切纸机:推纸、压纸、切纸的动作全部由机械结构完成。

(2) 液压切纸机:压纸器由液压系统推动。如果切纸刀主运动同时采用液压传动系统(液压离合器)则称为全液压切纸机,又称双液压切纸机。

(3) 数显切纸机:推纸器位置尺寸通过位置传感器以数字方式显示的切纸机为数显切纸机。同时显示刀前、刀后尺寸的数显切纸机为双数显切纸机。

(4) 程控切纸机:采用信号记忆存储装置或微处理机按指令循环工作的切纸机称为程序控制切纸机(简称程控切纸机)。当前切纸机多为程控液压切纸机,其次为数显液压切纸机。

切纸机应保证成纸规格的高度精确,保证成纸的方正度和整齐的堆纸成垛。成纸切长和方正度误差一般要求应不大于公称尺寸的±0.2%。

2) 切纸刀下落运动方式

(1) 垂直下落。上刀刃运动直上直下，下刀刃全线与纸张接触，冲击大，只适合裁切厚度较薄纸张或纸堆。骑马订联动机三面裁切、配订折切联动机切纸刀就采用垂直下落方式。为改善受力状况，垂直下落切纸刀可设计成具有一定倾角且呈剪刀形式的上下刀，下刀水平固定。

(2) 倾斜水平下落。刀刃运动方向与工作台平行并成 α 角。刀刃运动可分解为垂直方向与水平方向运动，能够减少裁切冲击。

(3) 曲线平行下落。刀刃与工作台平行刀刃下落方向与工作台所成 α 的度数是变化的。

(4) 复合下落。刀刃下落是既有移动又有微小转动的复合运动。刀刃在上极限位置时与水平方向成 β 角（$\beta=0.5°\sim2°$），随着刀刃下落角越来越小，当 $\beta=0°$ 时，刀刃与工作台上的刀条平行切入。由于裁切纸张时刀刃是逐渐切入的，裁切抗力小，裁切力相对集中，所以裁切质量好。大部分切纸机及三面切书机的切纸刀下落运动方式都采用复合下落式。

3) 程控切纸机的一次循环裁切

按操作顺序应为：红外光束无遮挡情况下双手同时按住启动按钮—压纸器下落压纸—切刀下落裁切至最低点—切刀回升至最高点并停留—压纸器滞后于切刀回升至最高点停留。切刀下落裁切而未到达最低点时，若放开双手或任一手，切刀则立刻停止运动，压纸器滞留在原处，此时踩动脚踏阀，压纸器可做点动。

4) 程控液压切纸机主要结构及特点

程控液压切纸机主要由机架主体、裁切部件、压纸部件、液压部件、推纸部件、安全装置、程控系统等部分组成。

(1) 机架主体。机架主体包括前后机架、机座、主工作台、侧工作台等。刀床在前后机架内滑动，要求各接触面具有较高的平行度，其间隙应控制在 0.09～0.12mm。前后机架与机座可采用分体式（如波拉、申威达切纸机），可采用整体式（如沃伦贝格、利通切纸机），整体式对铸造要求较高。后机架上方左右各安装一滑块嵌入刀床斜槽内，并由偏心轴微调滑块夹角以使刀刃平行切入刀条内。此外工作台有推纸部件及气垫装置，侧工作台也装有气垫装置。

(2) 裁切部件。裁切部件主要包括刀床、刀片及驱动系统两大部分。刀床为铸件。刀片安装在刀床上，刀刃在上极限位置时与工作台成 0.5°～2°，刀刃可以是左高右低，也可以是右高左低。刀床背部有两条斜槽，可沿后机架上固定的滑块移动，起导向作用。两条斜槽与水平方向所成夹角一大一小，刀刃下落做既有移动又有微小转动的复合运动。当刀刃下落到设定行程下极限位置时应保持水平并应轧入刀条 0.5～1mm，确保最下面一张纸也能够被切断。

裁切驱动系统主要由变频调速电机、三角皮带轮、蜗轮蜗杆变速箱、液压离合器或电磁离合器、曲柄、带保险螺栓的可调节刀床拉杆等组成。驱动方式一般分为单边蜗轮驱动方式（如波拉、申威达）和双边蜗轮驱动方式（从日本和我国台湾省进口的切纸机通常采用这种驱动方式）。

(3) 压纸部件。压纸部件主要由压纸器及压纸杠杆、拉杆、连杆、拉簧等组成。压纸器依靠压纸油缸活塞上推，下落压纸依靠拉簧上升复位（德阳利通的切纸机则以平衡重锤代替拉簧复位）。压纸部件压力大小是根据裁切物的性质不同通过改变液压系统的压纸压力阀进行改变的。图 10-211 为压纸器结构示意图。

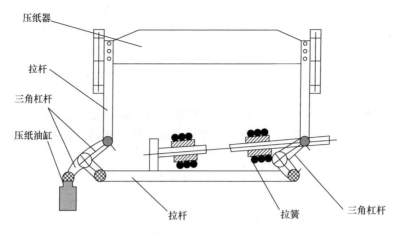

图 10-211 压纸器结构示意图

(4) 液压部件。液压部件主要由叶片油泵、油箱集成阀块、压纸油缸、电机等组成。如果是全液压切纸机,其油泵要用双叶片泵。主油泵压纸油缸供油,副油泵给液压离合器或切纸机两旁的纸张提升机供油。集成阀块的设计非常重要,平稳而连续调压很关键,为克服压纸器压纸负载增加时油缸作用力瞬时增大,液压系统需增加一套自动调压阀。

(5) 推纸部件。推纸部件主要由推纸器(又称后挡规)、丝杠传动副(普通精密丝杠、滚珠丝杠)、变速电机或伺服电机、编码器、手动机构等组成。推纸器与工作台的水平和垂直度均可由调整装置进行调节。图 10-212 为推纸器传动结构示意图。

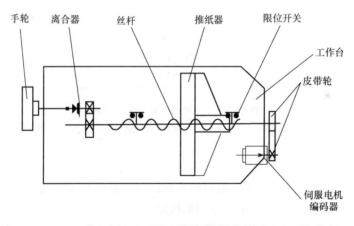

图 10-212 推纸器传动结构示意图

(6) 安全装置。裁切装置的安全性能非常重要。切纸机一般都采用多项安全保险措施,主要包括以下几项。①光电安全保护,在机器前左右两侧面装有红外光电安全装置,以保护操作者的人身安全。该装置主要控制以下 3 种情况:裁切动作执行前,红外光束被遮挡时,机器无法启动;刀床向下运动而未达到最低点时,若红外光束被遮挡,刀床即刻停止运动,压纸器滞留在原处;刀床向上运动时,若红外光束被遮挡,该装置则不起作用,刀床自动回到最高点。②双手启动保护,每次进行裁切操作时必须同时按下双手启动按钮,执行自动裁切程序时只需同时按一次双手启动按钮。③刀床单次行程保护,是指在一般情况下(执行自动裁切程序除外),裁切只允许切刀上下动作一次,若长期按住按钮不放也只能进行一次裁切;要进行第二次裁切必须重新同时启动双手按钮,这样能够有效防止切刀误动作。④刀床拉杆保险螺栓。如果在裁切过程中,切刀遇到硬物或切刀太钝,裁切力过大会导致过载现象。为防止其损坏机器,刀床拉杆保险螺栓会断裂,使刀床停止下落。⑤刀床电子锁防跌落保护。当刀床回升到最高点时,电子锁的电磁铁动作,拉动刀床制动杆顶住刀床外伸端,从而防止刀床跌落。⑥刀床上下半周状态判断。驱动刀床的蜗轮每转一周,切刀上下动作一次。通过蜗轮外伸轴上的凸轮及行程开关进行判断,凸轮在上半周时起保护作用,不允许下刀,凸轮在下半周时允许下刀裁切。⑦压纸器防跌落保护。压纸器依靠拉簧上升复位过程中任一位置拉簧均可能断裂,因此压纸器会失去控制而跌落,危及人身安全。为此,压纸器防跌落在拉簧任一位置被拉断时都会卡住压纸器。⑧压纸器最高点限位保护。对通常的一次裁切过程而言,裁完后压纸器必须回停在最高点处,直到限位开关发出讯号才算完成一次裁切循环,之后才允许进行下一次裁切循环。压纸器最高点限位措施避免了压纸油缸的损伤。

2. 高速切纸机

高速切纸机的主要结构如图 10-213 所示,由退纸辊、纵向切刀、送纸辊、圆筒横向切刀、传送带等组成。首先原纸从退纸辊上的纸卷出来后,经过纵向切刀将宽幅纸裁切成满足要求的两条或者几条窄幅纸(这里只画了两条),然后通过第一送纸辊向前传送,其中一条纸带直接送到第一切刀,另一条纸带继续向前通过第二送纸辊送到第二切刀,然后将纸横切成合乎要求的纸张,最后通过传送带送到接纸台打包。纵向切刀的位置可以改变以调整纸带的宽度,它不需要进行速度控制。送纸辊的速度根据设计的要求进行调节,横向切刀的速度由切纸长度和送纸速度决定。横向切刀旋转一周切纸一次,当改变切纸长度或送纸速度,或者两者同时改变时,切刀的速度必须同时做出相应的改变。因此,对切刀速度的同步控制决定了切纸精度。

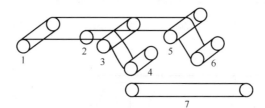

图 10-213 高速切纸机主要结构图

1.退纸辊;2.纵向切刀;3.第一送纸辊;4.第一横向切刀;5.第二送纸辊;6.第二横向切刀;7.传送带

3. 切纸机的选择

国内市场对切纸机的需求正在从最初的机械式切纸机和液压数显切纸机逐步向微机程控型切纸机过渡,并已向大屏幕型微机程控切纸机发展。

(1) 安全性。切纸机不同于其他机械产品,属于危险级数最高的四级危险机床。选择切纸机产品时,必须重点考察其安全性及可靠性。例如,切纸机压纸器有无防跌落装置;运动部件处是否装有全封闭安全罩,以防止零部件意外断裂,造成人员伤害;切刀在运行过程中有无红外电子控制系统及电子安全刀锁等来提示安全范围。

(2) 机械结构。最早的机械式切纸机压纸采用弹簧压力,推纸采用滑块式结构,结构较为简单,调试维修也比较方便,但压纸压力小、裁切精度差,不能满足高水平印刷对纸张裁切精度的要求,更无法满足中高档包装印刷产品的要求。20 世纪五六十年代,开始生产工作平台整体无槽的双导轨切纸机,后来逐步被德国波拉公司的燕尾槽结构所替代。目前国内也有部分机械厂商生产双导轨切纸机,但其总体的结构和性能均不如波拉公司的切纸机先进和实用。双导轨结构的切纸机在调整精度时非常麻烦,而且磨损后更换导轨的价格较贵;而燕尾槽结构的切纸机精度调整简单方便,磨损后只需更换塞铁。因此应根据自己所要加工产品的实际情况选择双导轨切纸机或燕尾槽切纸机。

（3）工作效率和裁切精度。切纸机的工作效率和裁切精度是印刷企业在选购切纸机时考虑较多的一个方面，就这一点而言，微机程控切纸机要大大优于普通切纸机。普通切纸机的推纸器在前进、后退操作时要靠按钮和手轮微调来控制，操作者的劳动强度较大且工作效率低。而微机程控切纸机通过编程对裁切过程进行优化，工作效率提高。在提高工作效率的同时，用户还要求用最快的裁切速度裁切出尺寸精度更高的产品。所以目前国内生产的较先进的切纸机已采用了国际最先进的滚珠丝杆直线导轨。它的特点是传动平稳、定位精度高、累积误差小、长时间工作不需调整运动间隙，并消除了过去采用普通丝杆导轨时使用一段时间后由于丝杆、导轨磨损程度不一而影响裁切精度的问题。

（4）能耗对比。同等型号的切纸机还要在整机使用功率上进行比较。电机功率大小不仅关系到耗电量，由于机器制造装配过程中精度配合的原因，而不得不选择功率较大的电动机实际是机械加工装配过程中无法解决而不得已为之的办法。

10.8.3 复卷机

纸卷从纸机、涂布机或超压机卷纸机下机后，尚有较多的缺陷，如内部破损、断头、两侧边缘不平整、直径较大（大型纸机通常大于 $\phi 2500 mm$），纸幅宽度与纸加工设备或印刷设备不相适应，有些纸种还需要切平张及进入打包生产线，因此要生产出合格的产品、为下道工序做好准备，需要设置复卷设备。

通常复卷机安装在紧接纸机的后面，可以用吊车直接将卷纸机上的纸卷吊装到复卷机的退纸架上。复卷机的主要功能是清除质量不好的纸张及粘接断头，分切所需宽度，卷曲所需纸卷直径，保持纸卷内外紧度基本均匀，盘面平整。复卷机是纸机械中运行车速最快的机器，其车速达 1500～1800m/min，最高达 2500m/min 以上。

复卷机的工作原理：把纸机上取下的纸卷安置在退纸架上，退纸架上的制动装置使纸幅保持有一定的张力，并在断纸时使纸卷快速制动以减少纸张损失。纸幅通过引纸辊和纵切机构切成所需要的宽度，然后按所需紧度和直径卷成纸卷。复卷机的主要结构参数有能处理的纸幅宽度和最高车速，其次是退纸和卷纸的最大直径、切纸方法和传动形式。

20 世纪 90 年代纸机的发展突飞猛进，新装备不断涌现。复卷机也取得了同步发展，展现出了大量高新技术成果。现代复卷机发展的主要技术成就如下：

（1）复卷机的车速提高了。设计车速已达 3000m/min，工作车速已达 2500m/min。复卷机幅宽展达 10m 之多，与纸机同步发展。

（2）出现了适用不同纸种、纸板复卷的各种形式的现代复卷机。

（3）满足了市场对大直径卷筒纸的需求，由原来只能复卷直径为 800～980mm 的卷筒纸，逐步发展到能卷直径为 1100～1500mm。

（4）现代复卷机的控制水平、自动化程度大幅度提高。复卷中的许多人工操作实现了自动化，手工操作大量减少。现在，已研制开发出连续复卷的现代复卷机，并已创下了连续 340h 不停机进行非正式复卷的记录。

当今世界，在现代复卷机制造技术方向居于领先地位的有两家公司，一是 Voith Sulzer 公司，另一个是美卓公司（原 Valmet 公司）。尤其是美卓公司开发的各种类型的复卷机更具有代表性。

1. 复卷机的分类及应用

复卷机按照其不同的应用可为预复卷机、精复卷机（成品复卷机）、专用复卷机。

1) 预复卷机

预复卷机主要应用于较宽幅门和较高车速造纸生产线的完成工段,放置于纸机卷纸机的后部或完成设备的前面,为后续工段的高效率、高质量的生产做好准备,如进入高速涂布设备或超级压光机等。由于后加工设备工作车速较高,为保证其高效率和低损耗,就对原纸卷要求同样具有较大的直径。考虑到纸卷较重,因此其退纸卷芯和卷纸卷芯与纸机上卷纸机的卷纸辊采用相同的结构,即均为钢制结构,其两侧均带有与传动相配的联轴节,如图10-214。

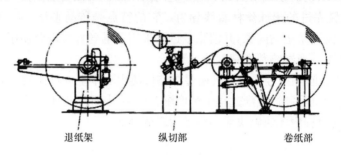

图 10-214 典型预复卷机

在预复卷过程中要完成下列工作:①对纸机下机的纸卷断头进行平整粘接;②按照纸品要求进行切边,以适应涂布机和超压机使用要求;③预复卷后的纸卷应具有较好的外形几何尺寸和较为理想的紧度曲线。

2) 精复卷机

精复卷机一般应用于生产成品纸卷,放置在纸机或超级压光机后,其复卷完成的纸卷进入完成工段进行打包、封头及贴标等后续工作。由于复卷后的成品纸卷经过包装后将直接进入印刷机,因此对纸卷具有较高的要求。

复卷机是纸机械中运行速度最快的设备,由于造纸厂的规模逐年扩大,对复卷机的能力提出了更高的要求。现代复卷机随着机械加工精度的提高和计算机控制水平与造纸设备的完美结合,其工作车速和控制水平有了较大的发展,国内设备其最高工作车速达到1800m/min,最大工作幅宽5500mm,而国外先进水平的复卷机最高工作车速达到2800m/min,最大工作幅宽达到10000mm以上。

一般复卷后的纸卷用纸芯,其规格主要有 $\phi76mm$ 和 $\phi152mm$ 两种。精复卷机可分为上引纸复卷机(图10-215)和下引纸复卷机(图10-216)。

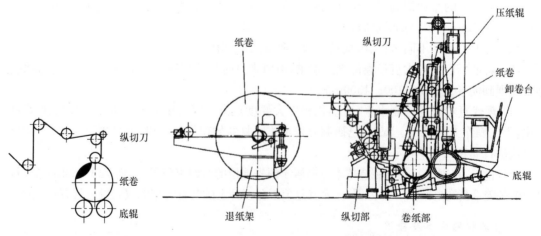

图 10-215 上引纸复卷机　　　图 10-216 下引纸复卷机

3) 专用复卷机

复卷特殊纸种如低定量印刷纸、压感纸、聚乙烯涂布纸、硅酮涂布纸、双面超压的美术纸和玻璃纸等时,要求较高。在双辊复卷机上,纸卷与支承辊间的压力随纸卷直径增大而增加,造成过大的纸卷硬度和其他纸病。虽然这些问题可能借助于压辊压力平衡机构将纸卷减重而在一定程度上有所克服,但还不能完全令人满意。因此,其中一些纸种仅能在双底辊复卷机上复卷较小直径的纸卷,而另一些纸种甚至不能在双底辊复卷机上复卷。

为了适应这些对硬度控制非常敏感的纸种,发展了各种类型的专用复卷机,如双辊双面复卷机(图 10-217)、单辊双面复卷机(图 10-218),其共同的特点是纸卷的重力不支承或部分支承在支承辊上。

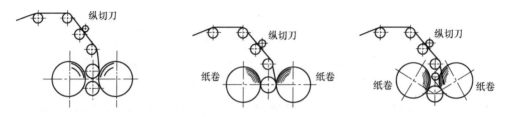

图 10-217　双辊双面复卷机　　　　图 10-218　单辊双面复卷机

如图 10-218 所示,图中支承辊垂直地排列,每个分切出的纸卷交错地卷在支承辊两侧,这样就较好地解决了分卷问题。各个卷纸轴支承在装有滚动轴承的短管轴上,并靠气压缸把纸卷向两支承辊加压,控制其压力以及控制两支承辊的转矩差使纸卷具有所需的紧度。纸卷被支承在倾斜的导轨上。在卷取过程中,逐渐增大的纸卷由与两支承辊同时接触而演变为仅与一辊接触,因而双辊复卷机就慢慢地转变成单辊复卷机。增大的纸卷硬度靠气缸加载的杆臂所控制而抵消掉,这种较复杂的控制可卷取大直径的纸卷。

图 10-219 所示的是另一种形式的结构,是在单辊的两边交错地复卷纸卷的复卷机。硬度控制的方法与前述相同。这类复卷机另一个优点是:由于每个复卷纸卷是单独控制的,任何横向波动(如厚度变化或松边)都能较容易地被补偿。但缺点是要求复杂的多重控制,引纸和变换规格所需时间长,而且投资较高。

2. 复卷机的控制和传动系统

1) 高速复卷机的控制和传动系统
(1) 本体控制系统。

该复卷机的控制系统控制中心是西门子的 PLCS7-400,从网络结构上可将系统分为两层,下层现场控制层和上层监控操作层。现场控制层采用双芯屏蔽电缆连接设备,符合 PROFI-BUS 国际标准,满足现场信号的采集、处理和控制器的通信要求,为 PROFIBUS-DP 现场通信网。监控操作层为 TCP/IP 协议的工业以太网,采用双绞线将 PLC 与 OS 站、ES 站连接,实现工艺操作、状态监控、程序修改和故障诊断等功能(图 10-219)。

(2) 传动系统。

(i) 系统组成。系统由一个 2000kV·A 变压器单独供电,变压器输出 690V 的交流电,由晶闸管整流器整流后供电给逆变器,再经逆变器逆变后分别控制前底辊、后底辊、原纸辊、压纸辊和切纸刀电机。该复卷机传动系统用的是 ABB 公司的 AC80 控制器和 ABB 公司 2002 年推出的新产品 ACS800 系列变频器,系统采用交流传动控制方式,相比直流传动系统,它有可靠性高、维护成本低等优点。ACS800 变频器使用直接转矩控制的方式控制电机,即 DTC 控

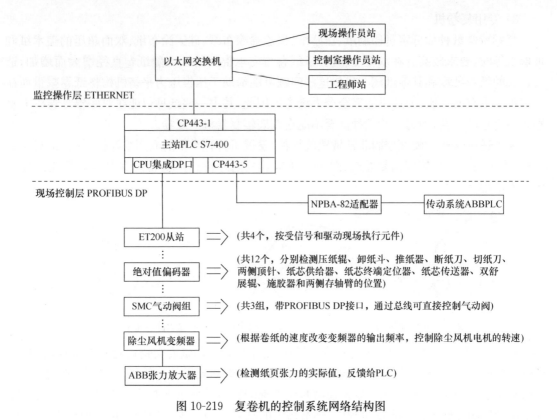

图 10-219　复卷机的控制系统网络结构图

制,它在启动力力矩和反应速度上都有很好的特性。

(ii) 复卷机各传动点的控制方式。复卷机所控制的传动点有原纸辊、前底辊、后底辊、压纸辊及切纸刀,如图 10-220 所示。

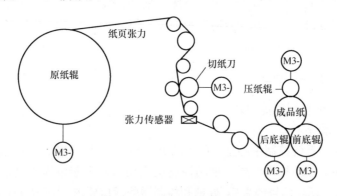

图 10-220　复卷结构示意图

原纸辊的控制方式有速度控制和力矩控制,在引纸及单独启动时为速度控制,但当系统张力实际值达到设定值的 60% 时,它将自动转换成力矩控制并投入张力控制器,使张力跟随设定值。张力传感器安装在切纸刀后的导纸辊轴承座上,传动侧和操作侧各一个,传感器的信号经张力放大器放大后通过 PROFIBUS 通信反馈给 PLC 用于计算和显示。当放纸辊进入张力控制后只有断纸、紧急停机及关掉张力才能关闭原纸辊电机。

后底辊控制为标准的闭环速度控制方式。后底辊只工作于速度控制状态,它的速度决定了整机的速度,同时其速度检测编码器的编码器信号用于成品纸卷长度检测和计算。底辊的速度精度和动态响应直接影响了该复卷机系统的速度精度和稳定。由于它与前底辊是主从控制关系,所以它的输出力矩经 CPU 进行计算后又会影响前底辊的输出力矩。

前底辊控制方式有速度控制和转矩控制,其控制方式受卷纸张力开关的控制。当卷纸张力控制失效能时,为转矩控制,它与后底辊是主从控制关系,其转矩参考点是后底辊的运行转矩,根据纸卷直径和紧度控制曲线自动调整前后底辊的运行转矩比例,以达到纸卷"内紧外松"的工艺要求。当卷纸张力控制失效时,则为速度控制,其速度保持与后底辊同步。

压纸辊控制方式为速度控制,速度参考值为后底辊的速度,成纸是由前后底辊支持和压纸辊压住的,属于软接触,所以压纸辊在速度控制的基础上加了 Drooping 控制,它使压纸辊在负载增加或减少时按一定量改变其速度,以适应正常运行。

切纸刀控制方式为速度控制,它的底限速度为 200m/min,在底限速度以上的速度它始终保持比后底辊高出一定的比例,这个比例可以根据切纸的质量情况随时调整。

2) 复卷机恒张力控制

纸幅张力控制是保证纸卷形态至关重要的因素之一。但由于复卷机车速过高,一般为纸机车速的 3 倍以上,并且在复卷过程中,纸幅张力会随着纸卷卷径和加减速的不同而大范围地变化,从而影响张力控制的稳定性,造成复卷机有时纸幅张力太低,纸幅将松垮或在卷取辊上打滑;有时张力太高,则残余应力过大,甚至爆卷或损伤纸芯。因此,要得到很好的纸卷,就要求相应复卷设备具有良好的纸幅张力控制系统,以控制张力于设定值范围内。

如图 10-221 所示是一台双底辊下引纸复卷机,它的传动系统可以分为两部分:一是卷取部分,由 1 台交流电机拖动;二是放卷部分,由 2 台交流电机拖动。这两组电机依靠纸幅张力联系在一起。具体说,放卷电机的作用是提供一个反向力矩,在放卷的过程中拉紧纸。把卷取部分看为一个整体,则卷取电机用来克服放卷电机所提供的反向力矩,拉平纸幅并卷取纸卷。复卷机传动系统的这 3 台电机分别由 3 台变频器控制。

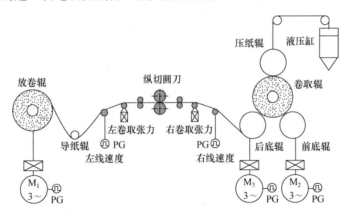

图 10-221　双底辊复卷机结构示意图

复卷机在卷取的过程中,放卷辊的卷径和转动惯量不断减小,为时变参数。为了保证纸幅在卷取过程中平稳工作,必须要求纸幅的张力和线速度恒定。因此,放卷辊的张力控制主要有以下要求:

(1) 放卷辊在正常运行中,两底辊由纸幅拉着放卷辊纸卷向前运行,要保持纸幅有一定的退卷张力,放卷辊电机必须工作在发电制动状态。

（2）放卷辊在退卷过程中，纸辊直径一直在减小，要保持张力不变，放卷辊电机的制动转矩应随着减小。

（3）复卷机在加减速过程中，由于机械惯量的存在，为保证张力控制精度，需对放卷辊电机转矩进行动态补偿，补偿量的大小与加减速度变化量、当前卷径有关，也为时变参数。

第11章 涂布机械

11.1 概 述

涂布是纸加工的一种手段,是将涂料用涂布机均匀地涂覆在纸幅上的加工方法。涂布加工大大地改善了纸的印刷适性、防护性能(如防潮等)和装饰性能。因此,纸和纸板的涂布应用范围很广,由此研制和生产出了适用于不同目的及不同结构的涂布设备。

涂布机由退纸机、涂布器、干燥器和卷纸机组成,也可在造纸机两道干燥器之间设置涂布器,将抄造与涂布合为一道工序,称机内涂布;或者将涂布与抄纸分开,使原纸置于专设的涂布机上涂布,称为机外涂布。

涂布器可对纸和纸板单面涂布,也可组合使用两台涂布器对纸页两面一前一后单独涂布。重涂布纸可以采用多台涂布器对纸页进行多层涂布。涂布器有多种形式,也可进行多种组合,以满足产品质量、原纸性能和具体生产情况的要求。

目前,机外涂布机最高车速已超过2000m/min,而机内涂布机车速也已达到近2000m/min。涂布纸幅宽度达10m。

图11-1表示纸张涂布过程。纸张涂布过程是一个将原纸的气/固界面完整地被涂料和原纸的液/固界面所取代的过程。同时,涂布过程也是一个流体经受涂布设备的作用而被涂施到纸张表面的过程。

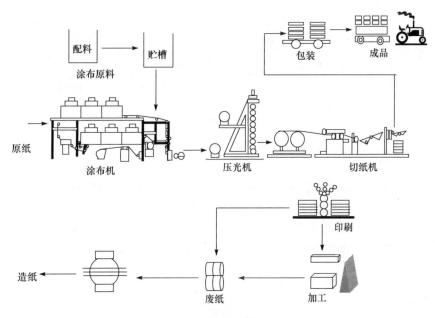

图11-1 纸张涂布过程

11.2 涂料制备设备

涂料是涂布加工纸生产的开端,也是重要的组成部分。涂料的制备是其生产过程中的重要步骤,对涂料的性质和质量有直接的影响,并最终关系到涂布纸的质量和涂布操作。因此,务必要严格掌握涂料制备的各个环节,确保涂料质量。

涂料制备过程包括颜料分散液的制备、胶黏剂溶液的制备、添加剂溶液的制备和涂料的配制等过程。

11.2.1 涂料制备流程

涂料制备过程要根据生产规模大小、产品品种是否经常变更等情况来决定。正常的涂料制备工艺如图11-2所示。颜料经高速分散机制成颜料分散液,再经筛选和过滤,与胶黏剂和辅料在涂料混合器内混合,用涂料泵送涂布器涂布。

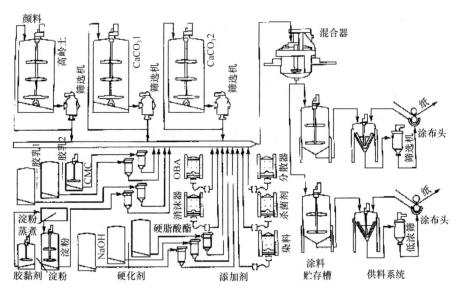

图11-2 涂料制备流程图

11.2.2 分散与混合设备

颜料分散在涂料制备过程中是十分重要的一步。颜料分散的好坏对涂料的许多性能都有很大的影响。它不仅影响涂料的贮存稳定性,而且影响涂层颜色、光泽及耐久性等。如果颜料分散得不好,在涂料贮存过程中就会重新凝集,涂布后涂层中就会呈现颜色偏离和发花等色泽不均的弊病。如果颜料分散得好,而且每次都能得到分散程度较一致的颜料分散体,在生产时涂料颜色的重复性就好。

1. 颜料的分散

颜料在基料中的分散是由几个过程组成的。首先是颜料表面受到基料的润湿。其次,在分散过程中,颜料的聚集体要分散成单独颗粒,只有这样才能充分发挥颜料的固有性能(如着色力、遮盖力等)。最后,要使这些已分离开的单个颜料粒子处于一种稳定的分散状态,以致它们在贮存过程中不会重新聚集(絮凝)起来。

使颜料分散体处于稳定的分散状态有两种方法：一种是颜料质点的表面带有电荷，依靠同种电荷相排斥的原理使质点之间保持一定的距离而获得稳定；另一种是在颜料质点表面上吸附一层聚合物之类的物质，这层聚合物吸附层的存在也能使质点保持稳定的分散。在水性涂料系统中，这两种兼而有之。

2. 颜料分散与混合设备

颜料分散与混合设备根据工作方式分为间歇式和连续式两大类。几种常见的间歇分散设备如图11-3～图11-6所示。连续式分散设备如图11-7～图11-9所示。

颜料的分散与混合是涂料制备过程中最重要的环节，选择时要考虑设备结构和材料、皮带传动还是齿轮传动、动力消耗、密封和润滑、噪音和振动，还要考虑有较低的维修费用。

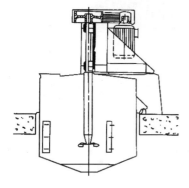

图 11-3 Optimixer 分散机

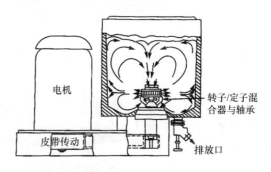

图 11-4 凯德分散机

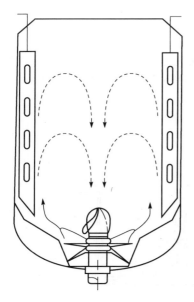

图 11-5 Deliteur 分散机

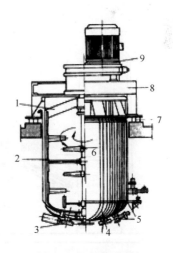

图 11-6 迪勒赛分散机
1.慢速搅拌；2.刮板；3.出料阀门；4.清洗阀；5.蒸汽进口管；
6.快速搅拌；7.减振缓冲器；8.电机座；9.电机及调整器

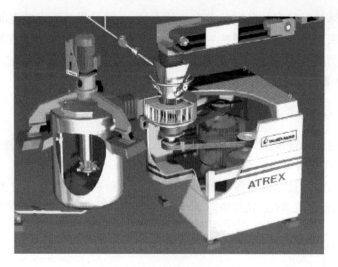

图 11-7　Atrex 连续式分散机

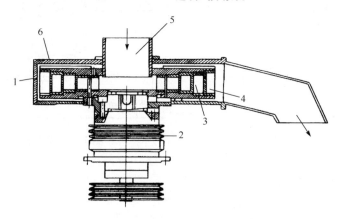

图 11-8　Atrex 连续式分散机横截面
1.混合分散室；2.皮带传动装置；3.下部转子；4.上部转子；5.进料室；6.外壳

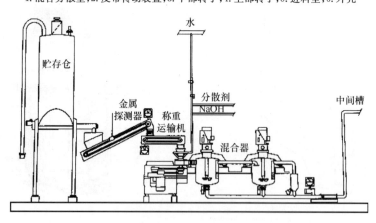

图 11-9　带 Atrex 分散机的颜料连续分散系统

　　分散机的主要部件是各种形式的搅拌器，包括涡轮叶式、桨叶式和边缘呈齿形切口能使分散体液面向上翻的实体圆盘等，某些情况下也使用它们的复合形式。分散作用来自旋转搅拌器与它接触的小量流体之间的剪切力，以及由旋翼急速转动引起涡流中粒子间的相互作用。这些力是搅拌器边缘的线速度函数，与搅拌器边缘接触的分散区是剪切力强度最高的区域。

不论是哪种形式的分散体系,控制分散的主要因素是混合强度,混合时间是次要因素,但必须保证全部物料有充分的时间流经高混合强度的分散区。由于分散作用贯穿整个混合体系,为获得最佳颜料细度的分散体,应使全部粒子通过剪切强度最大的小区间。对于任何给定的混合强度,短时间能完成的分散,在同样强度下,延长时间的额外混合收效很小,混合强度不足不能靠延长时间来弥补。因此,分散程度主要取决于强度因素,随聚结体的缩小而增大。高速搅拌意味着增加输入能,分散粒子更频繁地通过最大强度点。混合物固含量越高,流动阻抗越大,能量转移率也越高。增加剪切速度的同时增加剪切阻抗,不仅能提高分散度,而且能缩短分散时间,对于一定的混合器,当它是连续作业而不是间歇作业时,混合物要在接近最佳固含量条件下充分地混合,这样可获得更高的能量转移率,由此产量更高。

11.2.3 涂料筛选设备

涂料的制备不是一个理想的无杂质生产过程,颜料分散和胶黏剂熬制时总会有少量杂物留在涂料混合物中,如颜料聚集块、砂子、金属片、木质纤维和毡毛等。如果不去除这些杂质,在涂布及成纸中会引起一系列的问题,如刮刀涂布机的刮刀会在涂布表面产生条纹并引起刀片的磨损,在涂布纸上会以疵点形式出现在表面,在印刷过程中引起掉毛、掉粉。

涂布颜料浆液和涂料的过筛是确保无故障涂料生产的重要工序,因此,在涂布过程中筛选设备是必不可少的。无论采用什么涂布方法,涂料混合物都应过筛,以除去各种大颗粒的杂物。

筛选设备常用的有振动筛和过滤器。

1. **振动筛**

振动筛是涂料制备过程中常用的一种筛选设备。涂料依靠筛网的振动,穿越筛网的孔隙。根据振动筛网的结构形式与振动方式,可分为下列几种类型。

1) 简易框式振动筛

如图 11-10 所示,这种筛是由固定在筛框上的偏重振动器产生的强迫振动而使筛网振动。

2) 槽型振动筛

这种筛以 Universal 筛为代表,其结构如图 11-11 所示。其主要结构为一滑车轮,该车轮被一根强力弹簧悬挂,在滑车轮下端有一槽形筛网,并在轭头处装置一只电机,此电机所产生的环动促使滑车轮与筛网产生振动。槽型振动筛适合于低黏度涂料和中黏度涂料的筛选。

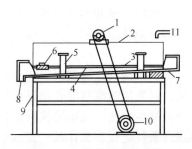

图 11-10 简易框式振动筛

1.偏重轮(固定在筛框上,前后计两只);2.筛框;3.尼龙筛网(两层,底层 20 目,上层 150～260 目);4.筛网空白托板;5.弹簧;6.洗框出渣孔;7.受料盘;8.筛料出口;9.筛架;10.电簧;11.放料管

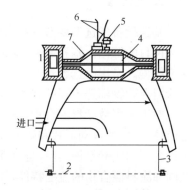

图 11-11 槽型振动筛

1.偏心块;2.筛网;3.筒体;4.双轴电机;5.悬挂弹簧;6.电机导线;7.电机和偏心罩

3) 斜式振动筛

这种振动筛以 Hummer 筛为代表,其结构如图 11-12 所示。其构造为筛网铺在一个倾斜的底网上,此倾斜角度可以随意调整,以顺利地除去粗大粒子。斜式振动筛工作时,涂料被喷洒在整个筛网上,使得筛选效率提高。筛网的底部装置有集料漏斗,将干净的涂料收集并送至贮存桶,粗颗粒杂质则流落至斜筛网底端的一侧被除去。这种筛的振动是采用一只振动器连同支架一起振动的,振幅与频率可以任意调整,振动器由一台热离子动力装置进行控制。斜式振动筛适用于低黏度涂料和颜料的筛选,但不适用于高黏度涂料。

4) 圆形振动筛

这种振动筛以 Sweco 筛、Kason 筛和 Celco 筛为代表。此类筛的结构与工作原理如图 11-13 所示,振动是通过电机转轴上下端的偏心块来完成的。上部偏心块的转动产生筛网水平方向的振动。底部偏心块使筛子摇动,在垂直和倾斜方向产生振动。物料在筛网上移动的方向可由导向块进行调节,角度范围为 0°～90°。

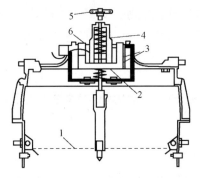

图 11-12 斜式振动筛
1.筛网;2.电枢;3.振动滑块;4.加压弹簧;
5.手轮;6.线圈和交流磁铁

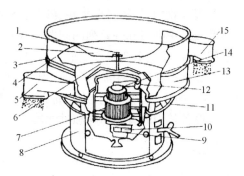

图 11-13 圆形振动筛
1连接螺栓;2.上层筛网;3.筛框紧箍;4.筛框;5.筛出口;
6.受料盘;7.电机;8.筛座;9.偏心摆锤角度调节器;
10.下偏心摆锤;11.弹簧;12.振动筛平台;
13.受料筛框;14.上偏心摆锤;15.粗料出口

一般圆形振动筛配置的筛网孔径为 $150\mu m$,筛网细一些效果较好,实际筛选效率受下列因素影响:物料的流变性、筛网的孔径、筛网上的静压头、筛渣量、振动的幅度。

2. 过滤器

筛选设备的选型要考虑许多因素。首先是考虑所希望的颜料粒子的细度,由此决定选用多大网目的筛网。筛孔越大,筛选速率越快。涂料混合物的黏度和固含量的增加也导致筛选速率缓慢。考虑筛选容量时要有余量,以应对意外排污。循环涂料混合物的筛选会遇到与新鲜涂料混合物筛选不同的问题,因此通常需要分开筛。

对于大多数涂料混合物,筛选能力和筛选效果是难以预测的。涂料混合物一般是非牛顿型流体,它们的流动形式和触变程度影响筛选的效果。以类似的涂料混合物进行实验或在筛选设备厂的实验室做实验,是对筛选设备进行选型的最基本方法。应确定涂料固含量的使用范围和涂料混合物的流变特性,并确定选择最难的综合条件进行实验比较。实践中可能遇到的各种各样的情况,如分散体的分散好坏、夹带空气的量和涂料混合物的温度等都应考虑。

1) 框式过滤器

框式过滤器直接安装在涂料输送的管路上,结构如图 11-14 所示。

涂料由管路泵送,从上部进入框式过滤器,穿过筛框后得干净的涂料。干净的涂料进入贮存桶,而杂质则截留在筛框内。

框式过滤器可根据实际使用情况选用单框式、双框式或多框式。在一般间歇式生产中可采用单框式,如考虑连续生产与清洗的需要,则可选用双框式,因为可在清洗一只框式过滤器的同时,通过切换阀门保持另一只框式过滤器工作,如图 11-15 所示。

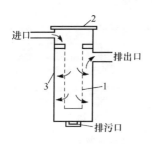

图 11-14　框式过滤器
1.过滤网套;2.盖板;3.壳体

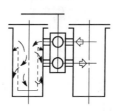

图 11-15　双框式过滤器

2) 管式过滤器

管式过滤器以罗宁根(Ronningen)过滤器为代表。这种过滤器适用于处理高浓度、高黏度涂料的筛选。图 11-16 为 Ronningen 过滤器的结构,涂料由下面进口泵送压入,经过过滤元件筛选后从上部流出,入口压力为 0.35MPa,一般由螺杆泵输送。

3) LS 自清洗型压力过滤器

芬兰 Valmet-Raisio 公司制造的 LS 型压力过滤器适用于筛选中高黏度涂料,尤其适宜于布置在涂布机的上料系统,如图 11-17 所示。LS 型压力过滤器的工作原理为:涂料由螺杆泵从 LS 型筛筒体的上侧送入,在筒体内侧通过筛鼓后被送入底部的涂布供料管路,杂质由在筛鼓外侧表面的清洗刮板清除,而筛鼓内侧表面装有混合刮刀,由上端的电机驱动旋转。由于采用同步清洗,可有效地克服纤维与毛毡絮状物所带来的涂布条痕问题。另外 LS 型压力筛的顶部装有一根除气管,可有效地将涂料中的气泡除去。

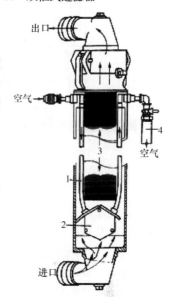

图 11-16　Ronningen 过滤器
1.软管;2.振动器;3.过滤单元;
4.窄气消声器

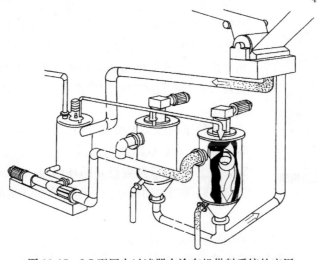

图 11-17　LS 型压力过滤器在涂布机供料系统的应用

11.2.4 涂料泵送设备

每个涂布机装置都有其供料系统,其基本功能是将涂料供应给涂布头,并均匀地铺展在纸幅上。图 11-18 为一个具有多个新型关键技术的供料系统。

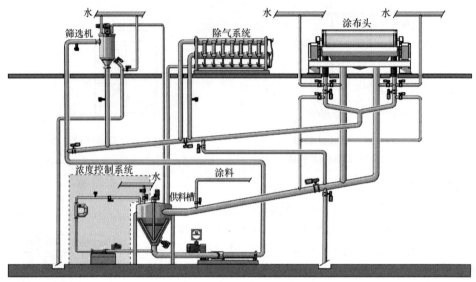

图 11-18 涂布机供料系统

1. 涂料用离心泵

这种泵靠泵壳叶轮的离心力作用达到输送液体的目的,而离心力的大小与叶轮的转速、叶轮的直径以及流体的密度有关。离心泵适宜于低固含量与低黏度涂料的输送,但当固含量和黏度提高时,离心泵的功率增加量相当大,并且压力损失也较大,故很难确定整个离心泵的适宜功率数。

2. 齿轮泵

图 11-19 所示为齿轮泵的结构图。泵壳内有两个齿轮:其中一个为主动轮,固定在与电动机直接相连的泵轴上;另一个为从动轮,安装在另一轴上,当主动轮启动后,它被啮合着以相反的方向旋转。齿轮与齿轮之间均有很好的啮合。当泵启动后,左侧进口处由于两轮的啮合齿相互拨开,形成低压而吸入液体。进入泵体的液体分成两路,在齿与泵壳的缝隙中被齿轮推着前进,压送到排出口形成高压而排出。

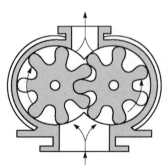

图 11-19 齿轮泵结构图

齿轮泵的压头大而流量小,可用于输送黏稠液体或膏状物体,一般用于涂布助剂的输送。齿轮泵的进口端管径必须在 5cm 以上,出口管路需设置循环回路或加设减压阀,以防止因出口管路阀门关闭时压力不断升高所产生的管路损坏。

3. 计量泵

计量泵有柱塞式、隔膜式和皮碗式三种,如图 11-20 所示。此种泵可以把液体精确地输送到流体输送管内或混合槽内。计量泵的流量和压头可以调节,主要通过活塞冲程的无级可调,由零至最大值。活塞冲程也可以在泵运行时进行调整,不仅可以手动进行调整,也可以用电机和气动装置进行调整。超出泵本身的输送量时,可以通过改变活塞频率以达到改变输送量的目的。

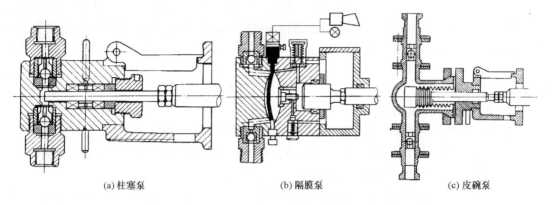

(a) 柱塞泵　　　　　　(b) 隔膜泵　　　　　　(c) 皮碗泵

图 11-20　常用的计量泵形式

计量泵可以由多种金属材料制成,也可以用陶瓷、塑料和其他材料制成。因此计量泵几乎适合于输送所有的流体介质。

4. 螺杆泵

图 11-21 所示为螺杆泵的结构图,由泵壳与一根螺杆所组成。此泵的工作原理为:当转子在双线螺旋孔的定子孔内绕定子轴线行星回转时,转子与定子之间形成密闭腔,从而连续、匀速、体积不变地将介质从吸入端送到压出端。由于这些特性,螺杆泵特别适合于下列情况:①高黏度介质的输送,介质黏度根据泵的大小不同,从 3500~20000MPa·s;②含有固体颗粒或纤维的介质,颗粒粒径最大可以到 30mm(不超过转子偏心),纤维长度可以到 350mm(相当于 0.4 倍转子螺距),纤维介质固含量可达到 40%,粉状固体颗粒介质固含量可达到 60%或更高。

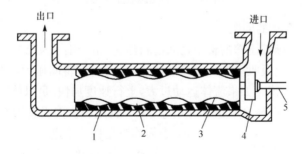

图 11-21　螺杆泵结构图
1.定子;2.间隙;3.转子;4.万向节;5.传动轴

11.3　涂　布　器

各种涂布器均有其特定的使用范围。选定与设计合理的涂布器需依据产品质量要求、原纸性质、涂料性质、涂布量大小、涂布速度等因素综合考虑。

11.3.1 表面施胶压榨与辊式涂布器

1. 表面施胶压榨

表面施胶是使纸页具有抗液体渗透性,给予纸页更好的表面性能和改善纸的表面强度和内结合力。自20世纪80年代以来,表面施胶有很大的发展,主要因为:①涂布纸变得更重要,而表面施胶是提高涂布原纸质量的关键;②特种纸需要纸页有新的、独特的性能;③施胶压榨可使添加的化学品留着率接近100%,留着率提高又使湿部沉积问题减少,纸机织物寿命延长,降低成本和节约原料;④对比湿部加入,表面施胶能减少或去除白水中的化学品以助于环境改善。

1) 表面施胶压榨的结构形式

常用的表面施胶压榨主要由两个辊子组成。在两个辊子之间形成胶槽,施胶溶液注入进口压区,通过压区的纸页先吸收部分溶液,经过压区挤压除去剩余溶液。溢流的溶液集中于压区下面的胶液盘中,经处理再循环回到压区。

如图11-22所示,表面施胶压榨通常分为竖式、水平式和倾斜式三种。竖式结构的纸页行程最简捷,但压区溶液槽的深度不一。水平式表面施胶压榨由于其在纸页两面的料槽式样相同,因而解决了吸收不匀等缺点。倾斜式表面施胶压榨是一种折中的办法,以减少水平式纸页的垂直行程。

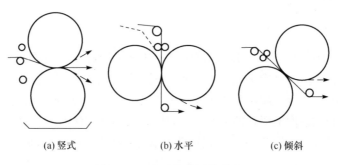

(a) 竖式　　　(b) 水平　　　(c) 倾斜

图11-22 表面施胶压榨形式

2) 表面施胶压榨存在的问题

当胶液被送到表面施胶压榨的辊子之间的料池时,由于辊子及纸幅高速运行,料池往往会从运动着的纸幅和辊子上吸收动能。过量液体流向压区,但辊间压力限制了通过压区的胶料量,引起剩余胶液向上回流。如果流体运动过大,上行速度加快,足以使胶液冲破料池表面,溅出压区。这种料池湍流和"压区呕出"(nip rejection)使纸幅横向吸胶量不均匀。

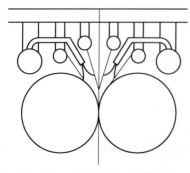

图11-23 裙板式表面施胶装置

3) 表面施胶压榨的改进

由于车速提高,纸机设计者已将施胶辊直径增大,以利于平衡更大的流体动力。辊直径增大,作用于胶液的相应加速力减弱。一些配备直径1500mm施胶辊的新型不含磨木浆未涂布纸机成功地以约1000m/min的速度运行,但实践证明有必要采用降解淀粉和浓度为2%~3%的胶液以调控料池湍流。

图11-23为高速表面施胶装置的裙板式表面施胶。它的设计能使料池脱离辊和纸张的高速表面,防止料池内

胶液的飞溅。由于胶液吸收的动能少,因此循环速度下降,胶液不再溅出料池。挡板通常由塑料板制成。表面施胶压榨的这一改进,有效地减轻了料池湍流,但用户抱怨挡板难以保持干净及其干侧磨损严重。堆积在挡板上的"冰柱"会产生严重条纹和划痕,造成断纸。极少数厂家能用裙板式施胶装置进行日常生产。

4）影响施胶压榨涂布量的因素

影响施胶压榨涂布量的因素很多,有纸厚的影响,也有胶液的影响。设备方面的影响主要是车速、料槽深度、压区压力和压区宽度。

2. 辊式涂布器

目前国际上流行的辊式涂布器的形式主要有门辊涂布和膜式压榨两大类,膜式压榨常用的有 BTG 的 Twin-HSM、Valmet 的 Sym-Sizer、Jagenburg 的 Film Press 和 Voith 的 Speed Sizer 等。

作为辊式涂布,涂布质量基本相近,其共有特性是当膜分离时都存在有两种不稳定性,特别是都存在涂布量增大到一定程度时容易产生所谓橘皮花纹的问题。尽管辊式涂布质量不如刮刀涂布,但它能满足彩色胶印要求,生产出价廉物美的轻涂纸,特别是其计量装置不直接接触纸页,对原纸强度要求相对降低,从而更加适合于以草类浆为主要原料条件下生产轻涂纸。

辊式涂布形式的主要区别在于计量方法不同。门辊涂布机主要依靠内外门辊进行计量,Twin-HSM 主要依靠大直径计量辊绕丝直径(变化范围 0.2～0.5mm)进行计量,Sym-Sizer 的计量方法有沟纹刮棒、刮刀和大直径计量棒等三种形式。沟纹棒计量最适宜于低固含量(15%～20%)、低涂布量(每面约 2.5g/m²)的涂布,棒的寿命约 10d；刮刀计量则更适合于涂料固含量达 50%,每面涂布量小于 5g/m² 的涂布；大直径计量棒则最适合于高涂料固含量(≥50%)和高速纸机的涂布。

门辊涂布器在国外曾用于高速造纸机的机内表面施胶,20 世纪 80 年代初才由日本首先开发用于机内生产每面涂布量约 6g/m² 的涂布纸,当时称为门辊纸,之后被正式定名为微涂布纸,从而发展成为涂布纸类中的一个独立分支。

图 11-24 所示的门辊式施胶压榨带有一个不与纸页接触的偏置料池。该偏置料池向计量压区输送胶料,此计量压区控制进入第二压区的胶料量。为了将胶膜花纹减轻到最低程度,门辊组中的各辊子的速差在运行中是非常重要的。

门辊涂布器每面涂布量通常为 3～8g/m²。美国 BC 公司涂布专家曾介绍过,门辊涂布器每面涂布量在 6g/m² 以内是不会出现橘皮花纹的,只有达到 8g/m² 以上才可能出现问题。山东省某造纸厂对其使用的门辊涂布器的涂料配

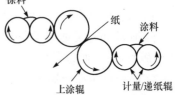

图 11-24 门辊式表面施胶

方进行了改进,门辊涂布器每面涂布量甚至高达 12.5g/m²,并未出现橘皮花纹。由此可见,尽管门辊涂布器主要适用于轻量涂布范畴,但在涂料配方更为合理和优良的情况下,可以突破每面涂布量 8g/m² 的界限,在允许尽可能增大每面涂布量的情况下,不仅可以提高轻涂纸的平滑度和光泽度,也能降低轻涂纸生产的原料成本。

国际上目前带有门辊涂布器的纸机运行车速大多超过 600m/min,甚至超过 900m/min。日本正在推广与高速化相适应的门辊涂布设备。门辊涂布机的料坑是处于水平布置的内外门辊夹区上,涂料浓度可高达 60%左右,因此在高速条件下与双辊式表面施胶压榨相比,产生的涂料涌动或抛溅现象大为减弱,可完全保证高速条件下正常运行。作为生产轻涂纸的涂布设

备,辊式涂布器已是世界造纸发展的主流。

3. 膜转移辊式涂布器

膜转移辊式涂布器大都是由施胶压榨改进而来,又称为膜式压榨,主要有 Valmet 的 SYM-sizer、Voith 的 Speed-sizer、Jagenburg 的 Film Press 等。

1) SYM 涂布器

对纸页进行表面施胶所采用倾斜式双辊施胶压榨易发生辊间液槽的胶液骚动,同时由于施胶后纸页水分增高,容易出现断纸或皱折等问题,不适合高速运转。

另外,近年造纸机的高速化,对于需要进行表面施胶的纸种,也迎来了车速达 1000m/min 以上的时代。可以说,施胶压榨即将成为纸机高速化的一个关卡。SYM 施胶机从根本上克服了这种缺点,不仅使高速运转成为可能,还有提高纸张质量及节约能源等许多优点。

SYM 涂布器是采用在辊面上形成胶液膜再将其转移到纸上的胶膜转移式施胶装置。它没有胶液槽就能进行施胶(参照图 11-25)。胶膜的形成应用了短停留式涂布技术的上涂装置,由刮刀或沟纹刮棒进行。因此,即使与现有的膜转移式双面辊式涂布器相比,也具有胶膜质量非常高,可调整全纸幅均一性等许多优点。

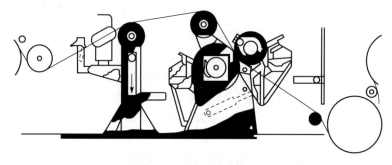

图 11-25 SYM 涂布器

SYM 施胶机的主要特点如下:①能高速运转;②不强化干燥能力也能提高产量;③减少了断纸及起皱折等问题,提高了生产效率;④进 SYM 施胶机之前的纸页水分可较高,出 SYM 施胶机之后的纸页水分可降低;⑤胶液和水分在整个纸幅中的分布变得均匀;⑥通过纸页表面、内部施胶量的调整,可控制纸页的翘曲;⑦蒸汽单位消耗降低;⑧也可进行颜料涂布。

SYM 涂布器可适用于高中档纸的施胶、涂布和 $6g/m^2$ 单面轻涂,适用于新闻纸、商标纸(单面施胶,另一面涂布),还适用于涂布纸的预涂、纸板的涂布。

2) 高速计量涂布器

BTG 发明的 HSM 高速计量涂布器广泛用于机内的表面施胶(施胶量每面 $0.5\sim1.5g/m^2$,施胶固含量 5%~15%),轻定量涂布(涂布量每面 $2.5\sim6g/m^2$,轻涂固含量 30%~45%)和机外涂布(涂布量每面 $5\sim11g/m^2$,涂布固含量 45%~65%)。

图 11-26 为高速计量涂布器的结构图。它由 2 个包胶背辊、2 个表面绕有直径为 0.25~0.6mm 钢丝的计量辊、2 套有冷却夹套的上料装置、2 套装有计量辊的计量装置、2 套用于收集多余涂料的涂料槽及用于给压区加压的气胎,保证压区间隙的微调限止器和机架等零部件组成。

高速计量涂布器的主要结构特点是:①涂料通过每侧一根上料管喷到背辊上,由背辊带涂料到计量区,通过计量辊计量,再转移到纸幅上,上料管外层带有夹套,外管采用冷却水冷却,以防止上料管堵塞及涂料在上料管外淤集。②计量辊采用钢辊,表面缠绕直径 0.25~0.6mm

的钢丝,其涂布量是由背辊和计量辊上所缠绕的钢丝间的空隙决定的,从而保证计量准确且与整机车速无关。计量辊车速一般在 20～50m/min。辊内通冷却水进行冷却,消除由于摩擦产生的热量,避免辊面淤集涂料,以利于清洗。③背辊采用钢辊包胶,由于橡胶的硬度会影响压区宽度,进而影响涂布量,因此,包胶硬度可根据实际需要进行选择,对轻定量涂布来说,一般可选择稍软一些的橡胶。背辊内部也通冷却水进行冷却,控制辊面温度在某一范围内,从而保证涂布质量。④计量辊与背辊之间、背辊与背辊之间均装有微调限止器,用来调节它们之间的压力,保证运行过程中压力是恒定的,从而保证涂面的质量。⑤计量辊安装在一导轨上,可用手轮来调节计量辊与背辊的偏斜,最终克服因压力而产生的辊子挠度对涂布横幅均匀性的影响。

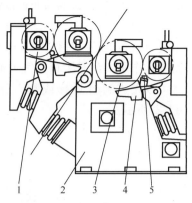

图 11-26 高速计量涂布器
1.计量辊;2.机架;3.背辊;4.料槽;5.上料管

由于该涂布器没有形成直接和纸页接触的料池,计量工具没有接触原纸,因此对原纸的强度要求不高,非常适合我国国情。由于此计量辊的优越性,故能正确计量,涂布均匀,且不受车速波动或变化的影响。

3) 其他形式辊式涂布器

图 11-27 显示的是辊式涂布器的另一种改进结构,即高固含量计量辊涂布器,它结合了容积计量和低循环流速的某些优点。湿胶膜通过外绕大直径钢丝的计量辊上涂到涂布辊。

计量采取容积法类似计量钢丝刮棒涂布。高固含量计量辊产生的剪切力不如计量刮刀或刮棒上料装置大,因而对涂料的流变性能要求也就不那么重要。

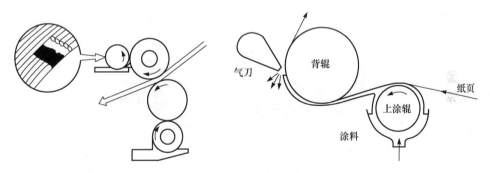

图 11-27 高固含量计量辊涂布器　　图 11-28 气刀涂布器的工作原理

11.3.2 气刀涂布器

气刀涂布器出现于 20 世纪 30 年代,是一种适应性较广、应用较普遍的涂布器。其工作原理是由涂布辊将过量的涂料涂布于原纸或纸板表面上,而后在纸幅穿过背辊与气刀之间时,由气刀喷缝喷射出与纸幅成一定角度的气流将过量的涂料吹除,从而达到所要求的涂布量,同时将涂层吹匀,如图 11-28 所示。

气刀涂布器的主要特点是:①具有通用性;②操作维护方便;③涂布中不易产生刮痕、料斑;④涂层较富有弹性;⑤不与涂料接触,适于压敏性涂料的涂布;⑥涂料固含量较低,一般 35%～42%,最高不超过 45%,涂料黏度 100～400mPa·s;⑦结构不紧凑,除纸板外,一般不用于机内涂布;⑧气刀易于受干涂料影响,局部堵塞,气刀涂布器近些年多用于小的机外涂布机、板压机内涂布及无碳复写纸(CB 面)涂布中;⑨气刀涂布能在车速每分钟几米以至 600m

的情况下操作,但正常的涂布速度范围为 120～320m/min。涂布量高至 25g/m², 低至 3g/m² 都毫无问题。

气刀涂布器是一种仿形(contoured)涂布器,即涂层只附着于原纸的表面,而对纸的平整度无改善作用。刮刀涂布与气刀涂布不同,刮刀将涂料嵌入纸面的凹坑并刮去多余的涂料。为此可以先进行计量棒或刮刀涂布,填平纸面后,再由气刀作表面涂布,即水平涂层,如图 11-29 所示。

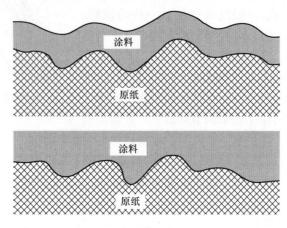

图 11-29 仿形涂层与水平涂层

图 11-30 为气刀涂布器的基本结构。

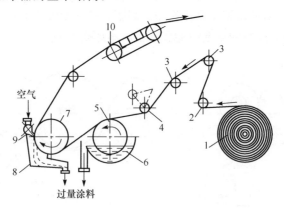

图 11-30 气刀涂布器
1.纸机;2.校正辊;3.引纸辊;4.压纸辊;5.涂布辊;
6.涂料槽;7.背辊;8.过量涂料收集槽;9.气刀;10.履带真空箱

原纸由退纸机经校正辊、引纸辊通过压纸辊下面,使纸幅与涂布辊以一定的包角相接触。涂布辊由变速电机拖动,其转向与纸前进方向相同,回转线速度可在纸速的 20%～50% 范围内调节,一般约为纸速的 30%,这与涂料性质、涂布量与气刀风速有关。当纸幅与涂布辊相接触时,回转于涂料槽中的涂布辊将辊面上黏附的涂料涂布于纸面上。带有过量涂料的纸幅穿过背辊与气刀之间的间隙,此间隙一般为 4～8mm,最小可达 2～3mm。气刀喷缝的喷出角与水平线倾角为 40°～45°。纸幅通过此间隙时,由背辊支承,气刀喷缝喷出的气流遂将过量的涂料吹下来,吹落下来的涂料随气流进入过量涂料收集槽内,与空气分离后又送回循环槽,经处理后再循环使用。纸幅继续前进,由履带真空箱吸引,而后送往干燥器干燥。履带真空箱的履带运行速度常稍高于纸速,从而使通过涂布器的纸幅具有适当的张力。

气刀涂布的涂布量取决于气刀风压及其相对于纸幅的位置、纸幅速度及涂料黏度。由涂布辊涂布到纸幅上的涂料应保持到最低限度,一般为所要求涂布量的1.5倍以下,这样可得到最佳的效果。

11.3.3 刮刀涂布器

自20世纪50年代第一个刮刀式涂布器专利发表以来,现已发展成多种具有不同结构的刮刀涂布器,如硬刃刮刀涂布器、软刃刮刀涂布器、金属丝刮刀涂布器、刮辊式涂布器等。

刮刀涂布器具有高速涂布性和高质量两方面的优点,因此至今仍是生产各种涂布印刷纸的主要涂布器。本节将介绍适于高速生产重涂布纸、微涂布纸及高级涂布纸的刮刀涂布器。

刮刀涂布器只有在最佳的涂布条件下(包括原纸及涂料两方面)才能有力地发挥特长,为了满足使资源有效利用和降低生产成本的要求,需要进一步开发刮刀涂布器和改进现有的刮刀涂布器。

1. 刮刀涂布器的结构原理及特点

1) 结构

刮刀涂布器的基本结构见图11-31。

(1) 刮刀。刮刀的几何形状非常重要,这是因为刮刀磨损程度直接影响涂布质量的控制。硬刮刀磨损后的刮刀角度应与新刮刀的倾角一样。软刮刀磨损后会在原来无角度的矩形侧面产生出角度。这就需要测量更换下来的每一把刮刀的角度,使用一台移动式显微镜准确测量出倒角边的宽度L、刮刀厚度δ,则可根据公式$\tan\alpha=\delta/L$算出刮刀角度α。

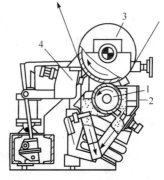

图11-31 刮刀涂布机的结构图
1.上料辊;2.涂料盘;3.背辊;4.刮刀架

(2) 背辊。背辊辊筒直径和表面硬度是以涂布工艺的要求而设计的,辊筒直径从300～1250mm,一般采用800～1000mm。通常辊面包覆改性氯丁橡胶或合成橡胶材料,硬度约70P&J。辊面必须经精密研磨,在刮刀压力下应保持恒定,还要求在刮刀的压力下背辊与刮刀接触部位略有变形。刮刀压力经常为300N/cm,这使得背辊趋向于粗大。

(3) 上料装置。上料装置由上料辊和涂料盘组成。上料辊直径一般设计为300～500mm,辊面包覆橡胶,硬度约30P&J。涂料盘由不锈钢材料制成,其结构由内外壁构成,中间设有夹层,需通入(0.3～0.4)×10⁵Pa的冷却水。

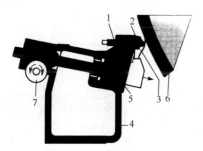

图11-32 刮刀架示意图
1.微调螺杆;2.刮刀加压托架;3.刮刀;4.刮刀支撑横梁;
5.夹紧横梁;6.夹紧横梁调节器;7.背辊

(4) 刮刀架。刮刀架的组成见图11-32。刮刀架的作用是将刮刀固定在夹紧横梁上,并可通过刮刀横梁或夹紧横梁的调节,对刮刀涂布过程进行加压和角度调整。

2) 工作原理

刮刀涂布是通过上料辊将过量的涂料涂覆在纸幅上,再用刮刀将多余的涂料刮去。它具有将原纸的低处填平涂布的特点,因此涂层表面相当表面平滑,具有良好的印刷效果,并且适应高浓涂料和高速纸机的涂布。如图11-33所示,其涂布过程分成三个阶段:施涂、驻留与刮刀计量。用上料辊施加涂料,施涂间隔时间为 1.5～3.0ms。在驻留期间,涂料保持在纸面上而没有其他的物理作用,在刮刀作用下多余涂料被刮除。

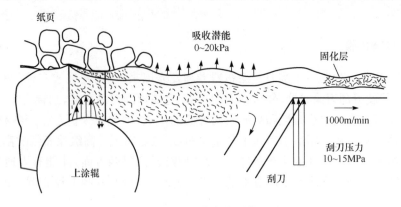

图 11-33 刮刀涂布的工作原理

3) 刮刀涂布器的特点

刮刀涂布器的优点有:①能填平原纸凹凸不平的表面,涂层平滑度高;②能实现高速涂布,最高车速可达到 2000m/min,甚至更高;③适应高浓涂料的涂布,其涂料的固含量可达 50%～65%;④适用于从低黏度到高黏度涂料的涂布,所用涂料的黏度一般为 1000mPa·s,涂布量为 5～20g/m²。

涂布量的大小是由下列因素决定的:①原纸可压缩性、吸水性和表面平滑度;②涂料固含量、保水性和黏度;③刮刀形状的影响,当涂布量为 15g/m² 以下,刮刀刃为非斜形,刀片厚为 0.3mm 以上;④涂布速度、刮刀与原纸表面形成的角度、刮刀厚度、刮刀凸出的长度和线压等工艺条件。

刮刀涂布的缺点是:刮刀耗损大、更换频繁、涂布面容易产生涂布条纹,这些条纹在生产中较难解决。

2. 刮刀涂布器的主要部件

1) 刮刀涂布机的上料系统

(1) 辊式上料系统。如图 11-34 所示,常见的辊式上料系统有三种形式。图 11-35(a)为低液位上料辊结构,通常涂料盘内的液位低于上料辊的中心轴线,主要问题是高速涂布时会产生涂料飞溅问题。图 11-34(b)为溢流式上料辊结构,图 11-34(c)为门辊式上料结构。

辊式上料的基本原理如图 11-35 所示。

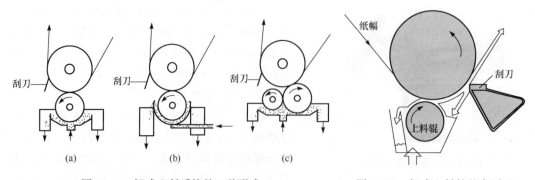

图 11-34 辊式上料系统的三种形式　　图 11-35 辊式上料的基本原理

(2) 涌泉式上料系统。构造如图11-36所示,涂料从一条长缝形喷嘴如泉水喷涌似的喷到纸页上,可以比较精确地控制涂料的宽度,涌料器可以抬向纸页或升高至预先设定的间隙。

(3) 喷嘴式上料系统。构造如图11-37所示,涂料通过缝式喷嘴直接喷向平整辊与背辊间隙之间的纸幅上,这种设计概念比较新颖,有时可用于比较特殊的涂布纸生产。

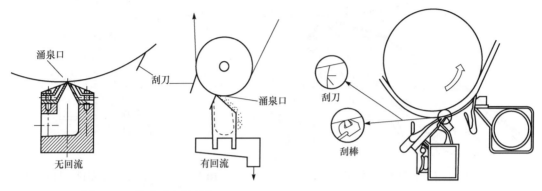

图11-36 涌泉式上料系统　　　　　图11-37 喷嘴式上料系统

2) 涂布刮刀

涂布刮刀分为软刮刀(又称无倾角刮刀)和硬刮刀(又称倾角刮刀)。这两类刮刀的厚度范围为0.25~0.63mm,宽度范围为70~105mm,长度随各类涂布机的宽度而定。

涂布刮刀的材料是高碳钢,按美国钢铁标准AISI1095的基本成分为含碳量0.90%~1.03%,含镁量0.30%~0.50%,含磷量≤0.04%,含硫量≤0.05%。刮刀的质量指标为:硬度48~52洛氏硬度;尺寸偏差范围:垂直度390μm,厚度13μm,宽度25μm,平行度50μm。陶瓷刮刀也越来越多地用来作涂布刮刀,并且可获得很好的应用效果。

3. 刮刀涂布器的最新发展

1) Opti Blade涂布器和Opti Coat Jet涂布器

20世纪90年代末,高速涂布技术跃入了一个崭新的阶段,芬兰Valmet公司开发研制的Opti Coat Jet涂布机(图11-38)和Opti Blade涂布机(图11-39),代表了现代涂布工艺和技术上的革新创意。这类涂布机的运行比其他同类机型更加高速和清洁,在常规条件下运行速度高达2000 m/min,并可获得优异的涂布质量。

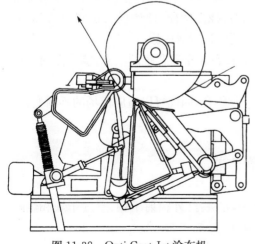 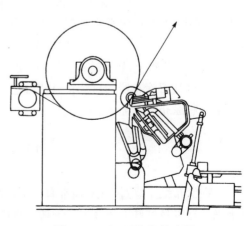

图11-38 Opti Coat Jet涂布机　　　　　图11-39 Opti Blade涂布机

Opti Coat Jet 涂布机具有独特喷嘴设计,如图 11-40 所示。精密的喷嘴微调系统保证了上料的一致性,避免了漏涂和溅射,为纸幅的表面带来了均匀的涂料效果,并完全消除了条纹,涂布量范围 4~20g/m²。

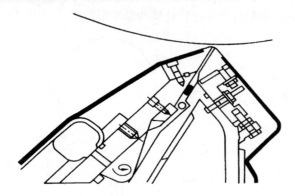 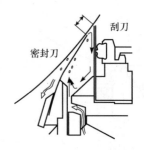

图 11-40　Opti Coat Jet 涂布机喷嘴结构　　　图 11-41　Opti Blade 涂布机密封刀结构

Opti Blade 涂布机以其专利技术密封刀为特点,有效地控制了上料部分的涂料涡流,避免了由常规短驻留涂布机的开放式回流设计所导致的缺陷,并使车速提高、断头次数减少。密封刀结构见图 11-41。密封刀在运行中起到了上料密封作用,并带有上料控制和预计量的功能。

涂料腔内的一部分涂料通过密封刀的刀孔进入涂料循环系统,而另一部分涂料则经密封刀的刀尖回到涂料腔。密封刀防止了涂料的涡流,使涂料和纸幅的交界变得挺直,并将上料腔和纸幅的接触距离限制在 15mm 左右,这一点是开放式短驻留涂布器所无法做到的。

2) 组合刮刀涂布器

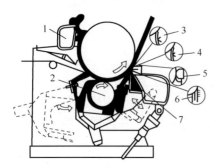

图 11-42　组合刮刀涂布器
1.背涂装置;2.辊式上料装置;3.硬刮刀;4.软刮刀;
5.挠性刮棒;6.预计量二次刮刀;7.喷注式上料装置

近几年来,涂布质量要求越来越高,车速越来越快,还必须满足不同的纸种,使刮刀涂布器在造纸工业中得到广泛应用。德国的 VOITH 公司根据这些要求研制出组合刮刀涂布器,目前已用于幅宽 8m、车速 1500m/min 的各类涂布机上。

在该涂布器中,纸幅绕过背辊,各种上料及涂布装置布置在背辊周围,如图 11-42 所示。

上料系统有喷注式上料和辊式上料;涂布系统由硬刮刀、软刮刀、挠性刮棒、预计量二次刮刀、背涂装置等组成,能同时进行双面涂布。

背涂装置设在涂布器背辊的上方,能将涂料或胶料直接涂在背辊上,然后转移到纸的背面。

组合刮刀涂布器的这些特点使得它能根据需要任意组合,因此可以适应市场的不断变化,满足多种涂布纸的需要。

11.4　干　燥　器

在涂布纸干燥过程中,通常有三个广泛应用的干燥方法:红外辐射干燥、空气干燥和烘缸干燥。这也是这些方法在工厂规模干燥颜料涂布纸顺序。

11.4.1 干燥器用空气的加热方法

可以用于加热空气的方法有：饱和蒸汽和过热蒸汽加热、煤气直接加热或间接加热、燃烧油类物质间接加热、电加热和红外线加热等。这些方法均是以空气为载热体，将空气加热后再将其用来干燥涂布纸，下面对几种常见的加热空气的方法进行介绍。

1. 蒸汽加热

蒸汽加热一般是通过换热器进行的，用鼓风机把空气送入加热器中，空气就与加热器中通有蒸汽的列管换热器进行热交换，将空气加热到所需要的温度，再将热空气送入干燥器干燥涂布纸，由干燥器回收的空气再经热风机加热。但除了这个循环系统外，还必须吸入一部分外界空气，只排出一部分热风，循环空气与吸入外界空气的比例因干燥条件不同而异，使用水溶性涂料时，一般采用5%～10%比较合适；而在使用溶剂性涂料时，要充分注意循环空气中的溶剂浓度，降低到爆炸界限以下，有时必须采取100%排气。

加热空气可用饱和蒸汽，也可用过热蒸汽，由于饱和蒸汽的传热效率比过热蒸汽的传热效率高，所以一般多采用饱和蒸汽加热空气。

蒸汽加热空气具有加热比较简单、安全、操作方便和成本低等优点，但因蒸汽的温度低，有时无法使空气的温度达到实际需要的最高温度。

2. 气体燃烧加热空气

近年来，由于气体燃烧加热空气的效果好和可燃气体的成本不断降低，故各国越来越多地采用气体燃烧的方法加热空气。气体加热可分为直接加热和间接加热。

在直接加热系统中，被加热的空气直接通过安装在加热箱内的气体燃烧器；间接加热系统中，燃烧的气体则完全与被加热的空气隔绝。从经济、可靠和安全等方面考虑，现常用的燃烧气体有煤气、天然气、丁烷和丙烷等。它们的发热量是煤气 $3\times10^7 J/m^3$，天然气 $3.7\times10^7 J/m^3$，丙烷 $9.3\times10^7 J/m^3$，丁烷 $11.8\times10^7 J/m^3$。一般使用天然气，因为使用天然气的效率较高而成本最低。

用气体燃烧来加热空气，最关键的设备是燃烧器，它的性能好坏决定着燃烧气体的热效率和安全可靠性，故应合理地设计或选用。

上述两种加热空气的方法是最常用的，此外，还有如电加热和红外线干燥等方法，由于其成本较高，现在在颜料涂布纸的干燥中使用较少。

11.4.2 常用干燥器

虽然加热是涂布机干燥器的主要功能，涂布机的干燥器不仅是一个加热装置，除此之外还必须能把产生的水蒸气排出干燥器。实现第二个功能与第一个功能是同等重要的，因为干燥本身就是一个传热和传质的过程。涂布纸干燥时，湿涂层的表面是一层空气、其他气体、水蒸气层，这一层既是热能传递进入纸内的障碍，也是产生的水蒸气逸散的障碍。干燥器设计很大部分考虑就是针对这个问题，即穿透这层障碍，并把产生的水蒸气带出，以提高干燥效率。

1. 烘缸干燥器

烘缸干燥是以蒸汽传导方式传热、空气对流方式传质的过程。烘缸又称接触式干燥器或传导式干燥器。图11-43所示为普通烘缸干燥器，图11-44为热风气罩式杨克烘缸干燥器。

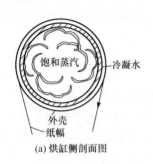

图 11-43　普通烘缸干燥器

图 11-44　热风气罩式杨克烘缸干燥器
1.排风室；2.纸幅；3.导辊；4.干燥毛毯

烘缸干燥器的特点是：①干燥过程中，支撑纸幅，减少松弛性拉力，并降低张力；②纸页在平整的烘缸表面干燥，降低了纸幅的应力折皱和卷曲现象；③接触式干燥是一种非常有效的热传导干燥方式；④由蒸汽的潜热提供干燥能量是一条经济有效的途径；⑤容易引纸和对断纸进行处理。

标准型普通烘缸的直径一般为 1500mm 或 1800mm，限定承受压力 200～800kPa。烘缸的蒸发速率在 2.5～20kg 水/(m²·h)范围。在涂布纸干燥中，当涂层表面干度已达到不粘缸时，可以使用烘缸进行干燥，常用的蒸发速率为 6～8.5kg 水/(m²·h)，其总蒸发能力按烘缸的周长来计算。直径为 1500mm 的烘缸，蒸汽压力为 135～240kPa 时，其蒸发能力可达 28～40kg水/(m²·h)。

2. 桥式热风干燥器

桥式热风干燥器如图 11-45 所示，在一个密闭的干燥室内，设有许多辊子形成的"拱桥"，涂纸的涂层背面与各辊接触成弧形线前进，热风以110～160℃的温度经喷嘴直接吹向纸面，对纸页加温后，一部分带有水汽的气体从排风道排出，大部分从循环口进去和新鼓进的热风一起循环使用，这样能充分利用热量避免过多的损失。一般地热风循环使用量约为 60%，新鲜空气与排气各为 20%，这样可以节省热量。

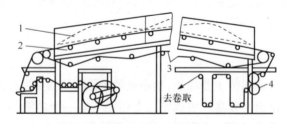

图 11-45　桥式热风干燥器示意图
1.热风箱；2.导辊；3.塑料网；4.冷却辊

桥式热风干燥器传送装置可以是托辊(导辊)式，也可是平带式传送装置。平带式传送装置应用最多，因为这种传送装置对纸幅容易控制，可以用高速热风干燥，干燥效率较高，操作速度可高达 915m/min。平带传送装置的有效干燥长度为 9.2～61m，干燥速率可达 24.4kg/(m²·h)。另外，平带的种类也较多，如造纸机的干毯、粗目合成网、硬的挂胶帆布平带和金属网等。但现在用塑料网的效果较好,用的也比较多。

桥式热风干燥器多用在纸板涂布机上,如用于涂布白纸板的涂布纸板机,对于涂布印刷纸现在一般已不采用这类干燥器,而是采用气浮式干燥器。

3. 气垫式热风干燥器

气垫式热风干燥器,如图 11-46 所示。

气垫式热风干燥器是一种不接触型干燥设备,它可以单侧布置,也可以双侧布置。从各种干燥性能的测定和归纳来看,采用双侧布置比单侧布置的气垫式干燥器对涂布纸干燥的质量要好,同时还可增加产量。双侧布置的气垫干燥器有两种形式:对应排列和交错排列,如图 11-47 所示。

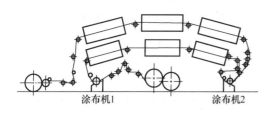

图 11-46 气垫式热风干燥器

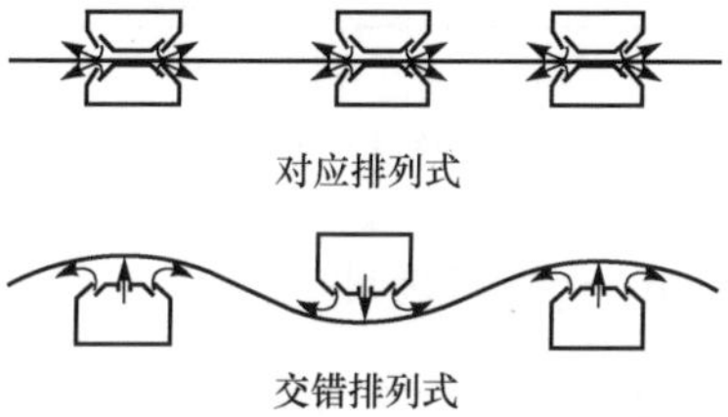

图 11-47 气垫式干燥的布置形式

4. 正弦曲线气浮干燥器

正弦曲线气浮式干燥,属气垫式干燥器的一种,现广泛应用于涂布纸特别是铜版纸的干燥当中。这种干燥器由下箱、上箱组成(图 11-48)。

正弦曲线气浮干燥器目前被广泛应用,是因其在干燥过程中,纸幅自由收缩,所以即使在纸幅张力发生变化时,皱折和卷曲也不致扩散,且纸幅中水分均匀,产品表面质量好。这

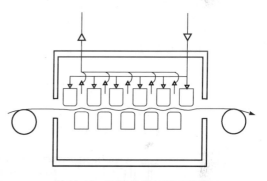

图 11-48 正弦曲线气浮干燥器

种干燥器喷出的热风温度 120～160℃,风压(120～160)×9.8Pa,风速 30～52m/s,喷嘴与纸幅间距为 6～30mm,使用中可进行调节。

实践证明采用这种干燥技术能达到效率高、操作方便、成纸中的水分均匀、产品质量好等要求,为超压整饰加工方面也带来了好处。

5. 红外干燥器

这是一种采用辐射原理设计的干燥设备,如图 11-49 所示。红外光谱的范围为 0.7～1000μm,但能有效用于干燥的波长范围为 0.7～11μm,一般又分近红外(0.7～3μm)、中红外(3～6μm)、远红外(6～11μm)。由于红外线是一种发射电磁波的不可见光线,其周波数与构造质的分子固有振动频率在同一范围,当用红外线对物质进行照射时,引起电磁的共振,其热能可被有效地吸收。作为红外线发生源,在工业上一般有燃气或电能两种装置。通常红外辐射设备发出的辐射波长最小为 0.7～1.0μm,并扩展至波长为 8μm 的热能,由于水不能被红外辐射所穿透,故可将它吸收后达到本身被加热的目的。液态水尤易于吸收波长为 2.5～3.3μm 的红外线,对应的发射温度为 600～870℃。无论以燃气加热或以电力加热的红外干燥

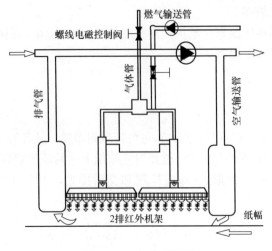

图 11-49 红外干燥器

器,其温度均由加热强度来控制。为获得有效的干燥操作,对发射波长在中波频带的红外辐射器,其所需功率负荷为 40~50kW/(m^2·h)可达到的发射温度为 800~950℃。在涂布纸干燥工艺中采用的燃气加热红外干燥器的发射温度为 340~1100℃,电力加热红外干燥器的发射温度为 340~2200℃。红外干燥器必须配备一套强制对流通风系统,以除去由一层热汽形成的附面层,并将纸页表面的蒸发水汽排出,以提高干燥能力。用红外干燥系统所能获得的蒸发速率在 45~90kg 水/(m^2·h),最大蒸发速率可达到 150kg 水/(m^2·h)。

6. 干燥器选用

图 11-50 为涂布纸干燥过程中三种典型的干燥装置的布置安排,这三种干燥器的安排理由如下:

(1) 红外干燥器具有设计紧凑和高能量输出的特点,紧靠在涂布器之后,其效果较佳。当表面水膜还未遭干燥气流的过大干扰时,涂料中的大量水分能有效吸收红外线的辐射能量,使水与纸幅的温度一起升高,而不致使涂层表面失水所引起局部表面过干燥所引起的结皮弊病。

(2) 气浮式干燥具有非接触性干燥的特点,使得涂布纸页在进入下阶段接触性干燥的烘缸之前能被有效地控制其蒸发速率。

(3) 烘缸干燥器具有接触性干燥的优点,使得纸页的外观改善和张力得到控制。

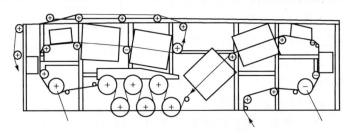

图 11-50 涂布纸干燥过程中典型的三种干燥器的布置

第12章 废水处理设备

12.1 概　　述

我国已连续两年纸和纸板生产量、消费量居世界第一。尽管人们生活中离不开纸，但造纸业备受诟病，被国家列为国民经济高耗能、高污染的七大行业之一。我国造纸业发展是完全受市场需求推动的，目前，造纸行业面临资源和环境的严重制约，必须加快可持续发展转型。但是由于缺乏基础研究，造纸业绿色转型困难重重。

制浆造纸的整个生产过程需要大量的水用于输送、洗涤、分散和冷却等，同时产生大量的废水，如制浆黑液、漂白废水以及抄造部的白水等。这些废水含有大量的木素、细小纤维、酸碱以及无机填料等物质，是高浓度、高色度、对环境危害大的工业废水。

造纸废水的处理方法很多，但每种方法和工艺都有适用条件，各有其优点和不足，即使是非常先进的处理方法，也不可能独立完成处理任务。往往需要把几种方法组成一个处理系统，才能完成所要求的处理功效。一般来说，废水中的污染物是多种多样的，也有各自最佳的处理方法，可根据不同水质，并结合企业自身情况，选择最合适的废水处理系统。

目前制浆造纸废水治理技术已比较成熟，基本工艺流程是源头治理与末端治理相结合，其中的末端治理系统包括一级、二级和深度处理单元，各级处理工艺的选择应根据实际水质情况和处理要求，经分析论证后具体确定，典型制浆造纸废水源头治理工艺流程见图12-1，末端治理工艺流程见图12-2。

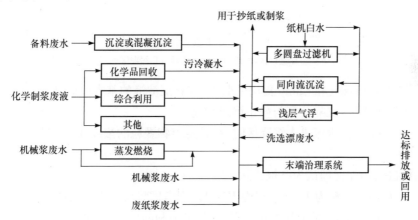

图12-1　典型制浆造纸废水源头治理工艺流程

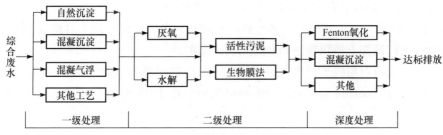

图12-2　典型制浆造纸废水末端治理工艺流程

目前,黑液碱回收技术和白水循环再利用技术已经十分成熟,因此纸厂的废水主要是洗选漂废水以及部分稀黑液需要进入末端治理系统进行处理。针对不同的制浆造纸企业,包括碱法化学制浆企业、生产化机浆企业、废纸浆企业、商品制浆企业等,各公司所采用的末端治理工艺也不尽相同,但是大部分企业都采用了"物化＋生化＋深度处理"相结合的工艺,即一级、二级和深度处理相结合。

12.2 一级处理单元

废水的一级处理(物化处理)中最常用方法是重力沉降法和混凝法,主要是去除污水中悬浮和胶体状态的污染物质,减轻后续处理的工艺负荷。所涉及的主要设备设施是沉淀池,本节主要介绍沉淀池,混凝中所涉及的其他设备设施在12.4节中介绍。

12.2.1 理想沉淀池模型

把沉淀池理想化是沉淀池设计的基础。图12-3是矩形理想沉淀池的示意图。矩形理想沉淀池包括进口区、出口区、沉降区和污泥区。

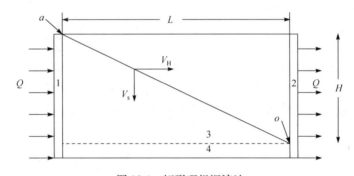

图12-3 矩形理想沉淀池
1.进口区;2.出口区;3.沉降区;4.污泥区

理想沉淀池是Hazen和Camp提出的概念,理想沉淀池的基本假设是:
(1) 在池内沉降区,沉降状态与静止沉降情况相同。
(2) 水流是稳定的,水流进入沉降区时,各种悬浮物颗粒的浓度在垂直水流方向的断面上是均匀分布的。
(3) 颗粒进入污泥区即认为已被去除。

污泥区长为L(m),深为H(m),宽为B(m)。现考虑将要进入沉淀池的一个离散颗粒,设其处于图中a点的位置上,对于其去除而言,这是最不利的位置,因为在这一点上,颗粒要被去除需要历时最长。如果这个颗粒能够被除去,那么与这一颗粒同处于进口断面上且与其粒径相同、沉降速度相等的其他颗粒也都能被去除。按理想沉淀池的假定,该颗粒应沿对角线方向下沉,如图12-3所示。而上述的其他颗粒则应沿着与对角线平行且位于对角线下方的直线方向下沉,显然,它们是先于该颗粒达到池底而被去除的。

沿着对角线或与对角线平行直线运动的粒子具有的沉降速度称为截留速度,以u_0表示。位于a点上的具有沉降速度为u_0(m/h)的颗粒沉到池底,即达到o点所需要的时间为t(h),则

$$t = H/u_0 \tag{12-1}$$

或者
$$t = L/v \tag{12-2}$$

式中，$v(\mathrm{m/h})$ 为水在池内水平方向流动的速度，也视为颗粒水平移动速度。显然，v 可表示为

$$v = Q/HB \tag{12-3}$$

式中，$Q(\mathrm{m^3/h})$ 是池内水流量。由式(12-2)、(12-3)可得：

$$t = LHB/Q \tag{12-4}$$

由式(12-1)、(12-4)可得：

$$LHB/Q = H/u_0$$

或

$$u_0 = Q/LB = Q/A [\mathrm{m^3/(m^2 \cdot h)}] \tag{12-5}$$

式中，$A(\mathrm{m^2})$ 为沉淀池面积；$Q/A[\mathrm{m^3/(m^2 \cdot h)}]$ 也称为表面负荷或过流率。式(12-5)表明截留速度与表面负荷的关系。

任何一个进入理想沉淀池顶部的离散型颗粒，只要其沉降速度 u 小于截留速度 u_0，就不可能被去除；然而如果这个颗粒不是进入这个最大沉降高度处，而是进入其下方某一个位置上，就有可能被去除，并且其去除率为 $(u/u_0)\mathrm{d}x$，$\mathrm{d}x$ 是这种颗粒在全部悬浮颗粒中所占的分数。总去除率 η 可按下式计算：

$$\eta = (1 - x_0) + \int_0^{x_0} (u/u_0)\mathrm{d}x \tag{12-6}$$

式中，x_0 为沉降速度小于 u_0 的颗粒占全部悬浮颗粒的分数。显然，$(1-x_0)$ 为沉降速度大于和等于 u_0 的颗粒占全部悬浮颗粒的分数。这部分颗粒 100% 被去除。$\int_0^{x_0}(u/u_0)\mathrm{d}x$ 表示沉降速度小于 u_0 的所有颗粒的部分去除对总去除率的影响。

设计离散型颗粒沉淀池时，有两个重要参数必须给出，一是截留速度 u_0，二是沉降时间 t。η 与 u_0 的关系可以通过实验确定。

12.2.2 沉淀池

同许多其他工业废水处理一样，大多数制浆造纸废水处理厂都设有一级沉淀池。一级沉淀池中最常用的是辐流沉淀池，其设有机械刮泥装置，其次是平流沉淀池。在美国，多数一级沉淀池系统前不加混凝处理，因为废水中固体物质具有良好的沉降特性。

多数制浆造纸废水在一级沉淀池内都可以达到 80%～90% 的悬浮固体去除率，可沉固体去除率可达 95%～100%（不是所有悬浮固体都是可沉的）。沉降效果因工厂排放的悬浮固体性质的不同而不同。对于设有高效纤维回收系统的工厂，一级沉降处理很难达到最高的效率，因为短纤维和树皮在悬浮物组分中占优势。利用废纸生产纸或纸板的工厂所产生的白水，其悬浮物是高灰分的，有时绝大部分悬浮物已被除去但其排水仍是浑浊的，这是由于仍然有少量填料没有被去除。表面活性物质能促使某些填料在水中稳定存在，一般脱墨车间悬浮物去除率低也是由于这一原因。

1. 辐流式沉淀池

辐流式沉淀池如图 12-4 所示。它一般都是混凝土结构的圆形池，在中心轴下方装有旋转的污泥耙齿持结构。废水通常经过装在池中心的进水上升管进入池内，沿径向流动，经溢流堰流出，这种配置称为"中心进料，四周排出"。与此相反的另一种较少使用的配置称为"四周进料，中心排出"，用耙齿将沉降的污泥推向位于池中央的污泥坑或污泥池，然后用污泥泵送出，进一步处置。污泥耙齿必须有足够的扭矩，以确保在重负载条件下运行。耙齿结构必须靠近池底，以防止污泥滞积而产生厌氧分解，池底部坡度约为 1:12，向中心倾斜。用与中心转轴

相连的表面集沫器收集水面上的漂浮物质,并通过直径至少为150mm的管道将其排入贮斗。为防止沉淀池的池体下沉,牢固的沉淀池基础结构是极重要的,必要时要采用重型桩基。地下水位高的地区也要小心处理设备基础问题,因为当沉淀池空载时,地下水也许会将其托起。

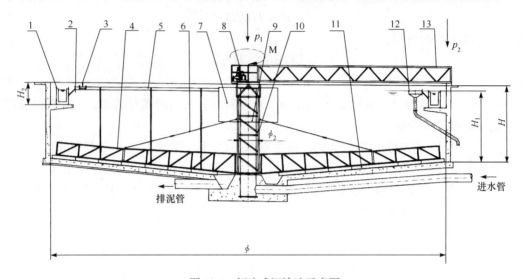

图12-4 辐流式沉淀池示意图

1.出水堰板;2.浮渣挡板;3.刮渣耙;4.刮臂;5.撒渣板;6.拉索;7.稳流筒;8.驱动装置;9.中心立柱;10.中心转动竖架;11.刮板;12.排渣斗;13.工作桥

2. 平流式沉淀池

如果需要设置多段沉降设施,可选用平流式沉淀池,这种沉淀池较适合并列布置,中间距离小,占地较少。而且采用多段沉降设施时,即使一台设施需要维修而停止运行,系统仍能继续正常工作。

图12-5所示为平流式沉淀池,它分为进水端、沉淀区和出水端三部分。水通过进水槽和孔口流入池内,在沉淀区内均匀地缓缓流动,可沉悬浮物逐渐沉向池底。出水端设有溢流堰和出水槽,沉淀区出水溢流过堰口,通过出水槽排出池外。如水中有浮渣,堰口前需设挡板及浮渣收集设备。在沉淀区设有一个或多个污泥斗,池底污泥被刮泥机刮入污泥斗内,开启排泥管上的闸阀,在静水压力的作用下,水中的污泥由排泥管排出池外,排泥管管径至少为200mm,池底坡度0.01～0.02,倾向污泥斗。如果不设污泥斗,则采用吸泥机将池底的污泥吸出。

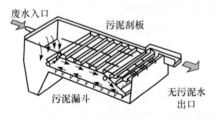

图12-5 平流式沉淀池示意图

一级沉淀池后的废水往往还要进行二级生物处理。如果从工厂排出废水的水量或水质波动很大,则应在一级沉淀池和生物处理系统之间增置调节池。如果二级处理系统是高效生物处理系统,这样做尤其必要。

12.3 二级处理单元

废水的二级处理(生化处理)是利用广泛存在于自然界中的依靠有机物生活的微生物氧化分解废水中的有机物并将其转化为无机物的过程和方法。

按微生物的代谢形式,生物处理法可分为好氧和厌氧两大类。由于好氧性生物处理效率高,因而使用广泛,已成为生物法处理的主流。按微生物的生长方式可分为悬浮生物法和生物膜法。好氧生物处理又分为活性污泥和生物膜两种基础方法。

废水的生化处理设备是在采取一定的人工措施基础上,创造有利于微生物生长、繁殖的环境,使微生物大量增殖,以提高微生物氧化分解有机物效率的设施。处理设备由反应设备和附属设备两部分组成,反应设备是直接为微生物生长创造环境的设施;附属设备是满足反应设备正常运行所需要条件的设备。

造纸工业中污染物浓度较低的废水一般可用好氧生物处理法以减少其中的 BOD_5(生化需氧量),同时还可消除对水生物的毒性。

12.3.1 好氧生物处理

1. 好氧活性污泥工艺

活性污泥是微生物群体及其吸附的有机物质和无机物质的总称。微生物以细菌为主,包括真菌、藻类、原生动物及微型后生动物。活性污泥法就是利用这些人工培养和驯化的微生物群体分解氧化污水中可生物降解的有机物,通过生物化学反应改变这些有机物的性质,再把它们从污水中分离出来,从而使污水得到净化的方法。目前所应用的较为先进的 AB 法、氧化沟和 SBR 工艺,都是在活性污泥基础上发展起来。好氧活性污泥系统的构筑物主要由曝气池、二沉池及曝气设备等组成。

1) 曝气池

曝气池主要有推流式和完全混合式两种。

(1) 推流式。水流从池的一端进入,向前推移,从另一端流出,见图 12-6。按曝气设备安装位置,推流形式可以有平移推流、旋转推流及浅层、底层、中层曝气等。池中的基质浓度沿池长变化,入口端最高,出口端最低。

(2) 完全混合式。污水与回流活性污泥进池后,通过强烈搅拌,能与池内的混合液迅速而充分混合,使全池液体浓度基本一致,不像推流式那样上下游有明显差别,固有较强的耐冲击负荷的能力。图 12-7 为完全混合式曝气池。

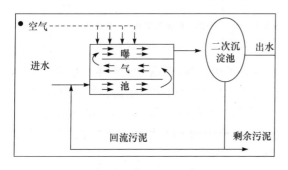

图 12-6 推流式曝气池(转折水流式)

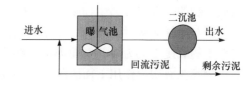

图 12-7 完全混合式曝气池

2) 二沉池

参见 12.2 沉淀池。

3) 曝气设备

(1) 鼓风曝气设备。鼓风曝气曝气系统由加压设备、扩散设备和连接两者的管道系统三部分组成。加压设备一般有回转式鼓风机、离心式鼓风机、罗茨鼓风机,还有用于污水处理的空气压缩机。

(2) 机械表面曝气设备。机械表面曝气是通过机械曝气装置达到充氧的一种活性装置。最常用的机械曝气装置为曝气叶轮,由于其常安装在池面,称为表面曝气。

表面曝气叶轮的充氧是通过上述三部分实现的:①叶轮的提水和输水作用,使曝气池内液体不断循环流动,从而不断更新气液接触面和不断吸氧;②叶轮旋转时在其周围形成水跃,使液体剧烈搅动而卷进空气;③叶轮叶片后侧在旋转时形成负压区吸入空气。

2. 好氧生物膜法

生物膜是使细菌、放线菌、蓝绿细菌一类的微生物和原生动物、后生动物、藻类、真菌一类的真核微生物附着在滤料或某些载体上生长繁殖,并在其上形成膜状生物污泥。

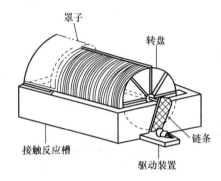

图 12-8 生物转盘构造示意图

生物膜法是污水经过从前往后具有细菌→原生动物→后生动物、从表至里具有好氧→兼氧→厌氧的生物处理系统而得到净化的生物处理技术,主要构筑物有生物滤池、生物转盘及生物接触氧化池等。生物滤池现在在废水处理中很少用,本节主要介绍生物转盘和生物接触氧化池。

1) 生物转盘

(1) 生物转盘的基本构造。生物转盘由盘片、转轴与驱动装置、接触反应槽三部分组成,见图 12-8。每一部分的作用见表 12-1。

表 12-1 生物转盘的构造

名称	形式	说明
盘体	盘体由若干圆形盘片所组成	盘片一般用塑料板、玻璃钢板或金属板制成
氧化槽	平面形状呈矩形,断面形状呈半圆形的水槽,槽两边设有进出水设备,槽底设有排泥和排空管	大型氧化槽一般用钢筋混凝土浇制。中、小型氧化槽可用钢板焊制
转动轴	采用实心钢轴或无缝钢管等	轴长控制在 5.0~7.0m
驱动装置(动力设备与减速装置)	动力设备分电力机械传动、空气传动和水力传动	国内目前大多用电力—机械传动

(2) 生物转盘的工作原理。盘片交替与污水和空气相接触,在盘片上产生一层滋生着大量微生物的生物膜。当生物膜与反应槽内污水接触时,污水中有机物被生物膜所吸附降解,当生物膜与空气接触时,一方面继续降解生物膜表面吸附水层中的有机物,一方面吸附水层吸收空气中的氧使之成为溶解氧而进入生物膜中,同时也使槽内的 DO 达到一定浓度。而老化了的生物膜在剪切力作用下而脱落,然后进入二沉池。

2) 生物接触氧化池

(1) 生物接触氧化池的基本构造。接触氧化池由填料、池体、支架、曝气装置、进出水装置以及排泥管道组成。池体为圆形、矩形或方形。池内填料高度 3.0~3.5m,底部布气高度 0.6~0.7m,顶部稳定水层高 0.5~0.6m,总高度为 4.5~5.0m。如图 12-9 所示,图(a)为带有表面曝气装置的中心曝气型接触氧化池;图(b)为鼓风曝气单侧曝气式接触氧化池;图(c)为鼓风曝气直流式接触氧化池;图(d)为外循环直流式接触氧化池。

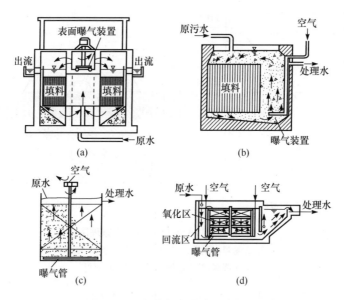

图 12-9 生物接触氧化池基本构造

(2) 生物接触氧化池的工作原理。生物接触氧化处理技术的实质之一是在池内充填填料,已经充氧的污水浸没全部填料,并以一定的流速流经填料。在填料上布满生物膜,污水与生物膜广泛接触,在生物膜上微生物的新陈代谢功能的作用下,污水中有机污染物得到去除,污水得到净化。

生物接触氧化处理技术的另一项技术实质是采用与曝气池相通的曝气方法,向微生物提供气所需要的氧,并起到搅拌与混合作用。

12.3.2 厌氧生物处理

造纸废水中含有大量生化性差的有机物,通过厌氧处理的酸化水解阶段,可以使废水中所含的大分子物质断裂成短链脂肪酸,提高废水可生化性,有利于后续的好氧生化处理。

1. 厌氧生物处理的基本原理

厌氧生物处理过程又称为厌氧消化,是在厌氧条件下由多种微生物共同作用,使有机物分解并生成 CH_4、CO_2、H_2O、H_2S 和 NH_3 的过程。该过程可分为典型的三个阶段:第一阶段为水解、发酵阶段,是在微生物作用下复杂有机物进行水解和发酵产生有机酸的过程;第二阶段为产氢、产乙酸阶段,是由一类专门的细菌(称为产氢产乙酸菌)将脂肪酸(丙酸、丁酸等)和乙醇等转化为 CH_3COOH、H_2 和 CO_2;第三阶段为产甲烷阶段,由产甲烷细菌利用 CH_3COOH、H_2 和 CO_2 产生 CH_4。

2. 厌氧生物处理的主要构筑物

废水厌氧处理最常用的构筑物是上流式污泥床反应器(upflow anaerobic sludge blanket,UASB)。UASB 反应器又称升流式厌氧污泥床,是荷兰学者 Lelfinga 等于 20 世纪 70 年代初研究开发的,其结构原理如图 12-10 所示。

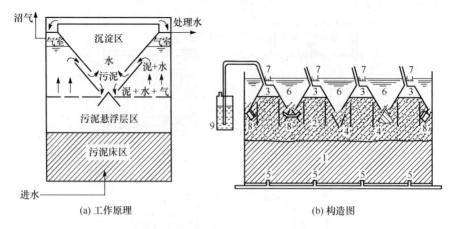

图 12-10 UASB 反应器结构原理图
1.污泥床；2.悬浮污泥层；3.气室；4.气体挡板；5.配水系统；
6.沉降区；7.出水槽；8.集气罩；9.水封

1) UASB 反应器工作原理

反应器的上部设置气、固、液三相分离器，下部为污泥悬浮层区和污泥床区，废水从反应器底部流入，向上升流至反应器顶部流出。废水由配水系统从反应器底部进入，通过反应区经气、固、液三相分离器后进入沉淀区；气、固、液三相分离后，沼气由气室收集，再由沼气管流向沼气柜；固体（污泥）由沉淀区沉淀后自行返回反应区；沉淀后的处理水从出水槽排出。UASB 反应器内不设搅拌设备，上升水流和沼气产生的气流足可满足搅拌要求。

2) UASB 的构造

UASB 反应器主要组成如下：

(1) 进、配水系统，其功能主要是确保废水分配均匀，同时产生水力搅拌。系统有树枝管、穿孔管与多点多管等形式。

(2) 反应区，包括颗粒污泥床区和悬浮污泥层区，是反应器的主体部位。有机物主要在这里被厌氧菌所分解。

(3) 三相分离器，由沉淀区、回流缝和气封组成，其功能是把气体（沼气）、固体（污泥）和液体三相分开。固体经沉淀后由回流缝回到反应区，气体分离后进入气室。三相分离效果将直接影响反应器的处理效果。三相分离器的形式有多种，其三项主要功能为气液分离、固液分离和污泥回流，主要组成部分为气封、沉淀区和回流缝。

(4) 出水系统，收集沉淀区表面处理过的水，排出反应器。

(5) 气室（集气罩），作用是收集沼气。

(6) 浮渣清除系统，其功能是清除沉淀区液面和气室液面的浮渣。

(7) 排泥系统，均匀地排除反应区的剩余污泥。

12.3.3 人工湿地法

湿地在污水净化方面具有强大的生态功能，被称为"天然的污水净化器"。天然湿地虽然具有高效强大的污水处理能力，但污水中的有毒物质和病菌对湿地生物多样性带来损害，且长期高负荷地承载污水将导致湿地功能的衰退甚至消亡。因此，为了保护天然湿地，用于污水净化的人工湿地便应运而生了。人工湿地处理系统作为一种成本低廉、节能降耗、简单易行、效果显著、无二次污染的废水处理技术越来越显示出强大的生命力和优越性。

人工湿地对造纸废水具有独特而复杂的净化机理,它能利用基质—微生物—植物这个复合生态系统的物理、化学和生物的三重协调作用,通过共沉、过滤、吸附、离子交换、植物吸收和微生物分解来实现对造纸废水的高效净化,同时通过营养物质和水分的生物地球化学循环,促进绿色植物生长并使其增产,实现废水的资源化和无害化。当造纸废水流经人工湿地系统时,大量的悬浮固体被填料和植物根系截留并沉积在基质中,其他污染物则通过生物降解和植物吸收等作用被去除,通过定期更换和收割栽种在湿地床填料中的植物,最终使污染物从湿地系统中去除。

12.4 深度处理方法及设备

生物处理后的废水中仍含有大量胶体和悬浮颗粒等,这些细小颗粒需要经过深度处理后形成大颗粒并沉积下来,最后进行脱水形成泥饼状废弃物。造纸废水处理中最常用的深度处理方法为混凝法。

12.4.1 混凝装置

混凝装置在造纸废水处理中几乎是不可缺少的处理方法之一。很多造纸污水处理、污泥脱水都用到混凝技术。混凝过程的好坏直接影响后续处理如沉淀、过滤、脱水的效果。

为了完成混凝沉淀过程,必须设置投加混凝剂的设备、使混凝剂与废水迅速混合的设备、使细小矾花不断增大的反应设备。

一般混合过程在10~30s内就可完成,至多不超过2min;混凝剂在废水中的反应速率非常快,混凝剂应在尽量短时间内与废水快速均匀混合,使水中的全部胶体杂质均能和药剂发生作用。目前,大多采用泵前加入混合和管道混合两种方法。国外也采用机械混合的方法。

1. 机械混合混凝装置

机械混合可采用桨板式搅拌机(图12-11),这是我国常用的一种搅拌器。叶轮呈"十"字形安装,一根旋转轴共安装8块桨板。搅拌速度可调,搅拌功率的大小取决于旋转时各桨板的线速度和桨板面积。该法混凝效果好,但要有一套机电设备,多耗电能,并增加维修和管理的工作量。

2. 水力混合和管道混合

1) 水力混凝器

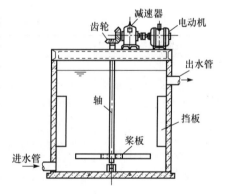

图12-11 桨板式搅拌机

最简单的水力混凝器是一只装有单个喷射进口管的水池,这种形式不要求效率很高,特别是在混凝作用的最后阶段,因为能量主要消耗在喷嘴而与池子容积无关。池内液体可以转动起来,这样进入的液流和池内液体的相对流速差就减小了,局部的过大剪切力减轻了,从而得到了更为有效的消除漩涡的方法。当体积减小时,情况更趋向接近于理想渠道条件,就是让喷射紊流占满了整个空间。

2) 管道混合器

管道混合器在造纸废水中较常用。在管道中用推流混合比搅拌池中的回流混合优越。回流混合搅拌池并不能达到反应的要求。现在,通常的趋势是把絮凝剂加注于接触室或絮凝室上游的管道或水渠中,即泵后投加。应用管内锯齿曲折形挡板,借助管内水流紊动,使混凝剂与废水充分混合。为了保证在管内有合适的混合条件,投药点宜选在距反应池 50～100m 处。如距离过短,混合不够充分;反之,则在出水管段内水流停留过长(大于 2min)会形成可见颗粒矾花,当这些矾花进入反应池时即被打碎,呈尖状而悬浮于水中不易下沉;要使这些尖状矾花再次产生絮凝,就必须适当增加投药量,从而增加药耗。

水泵出水管内具有一定压力,如果在出水管段投加混凝剂有困难,也可将投药点选在反应池进水口处,但反应池进水口处必须设有专门的混合设备,否则会影响混凝效果,增加耗药量。

12.4.2 沉淀装置

最简便、经济的沉淀方法是重力沉淀法,其沉淀原理和沉淀设备在 12.2 节已有详细叙述,在此不再叙述。

12.5 污泥脱水装置

废水的混凝处理和生化处理过程中会产生大量的污泥,污泥含水率一般为 95%～97%。为便于后续处理,污泥应尽量脱水以减小体积。机械脱水是污泥脱水常用的方法,污泥脱水干度小于 85%。

12.5.1 基本原理

机械脱水基本原理是以过滤介质两面的压力差作为推动力,使污泥中的水分(滤液)强制通过过滤介质,固体颗粒(滤饼)则被截留在介质上,从而达到脱水的目的。造成压力差的方法有依靠污泥水本身厚度的静压力——重力过滤法;在过滤介质的一面造成负压——真空吸滤法;对污泥加压把水分压过过滤介质——压滤法;造成离心力——离心过滤法。各种脱水方法效果比较见表 12-2。

表 12-2 各种脱水方法的比较

方	法	优 点	缺 点	适用范围
机械脱水	板框压滤机:间歇脱水液压过滤	滤饼含固率高;固体回收率高;药品消耗少,滤液清澈	间歇操作,过滤能力较低;基建设备投资大	其他脱水设备不适用的场合;需要减少运输、干燥或焚烧费用;降低填埋用地的场合
	带式压滤机:连续脱水机械挤压	机器制造容易,附属设备少,投资、能耗较低,连续操作,管理简便,脱水能力大	聚合物价格贵,运行费用高;脱水效率不及板框压滤机	特别适合于无机性污泥的脱水;有机黏性污泥脱水不适宜采用
	离心机:连续脱水离心力作用	基建投资少,占地少;设备结构紧凑;不投加或少加化学药剂;处理能力大且效果好;总处理费用较低;自动化程度高,操作简便、卫生	国内目前多采用进口离心机,价格昂贵;电力消耗大;污泥中含有砂砾,易磨损设备;有一定噪声	不适于密度差很小或液相密度大于固相的污泥脱水
自然干化	污泥干化床:间歇运行自然蒸发和渗透	基建费用低,设备投资少;操作简便,运行费用低,劳动强度大	占地面积大、卫生条件差;受污泥性质和气候影响大	用于渗透性能好的污泥脱水;气候比较干燥的地区,多雨地区不宜露天建设;用地不紧张或环境卫生条件允许的地区

12.5.2 污泥脱水装置种类

目前国内应用的主要有真空转鼓污泥脱水机、板框压滤污泥脱水机、带式污泥脱水机和圆盘污泥脱水机等。

1. 真空转鼓污泥脱水机

真空转鼓污泥脱水机主要用于初沉池污泥及污泥的脱水。其优点是能够连续操作,运行平衡,可自动控制,滤液澄清率高,单机处理量大;主要缺点是附属设备较多,占地面积大,滤布消耗多,更换清洗麻烦,工序复杂,运行管理费用较高,现已逐步被其他污泥脱水机种代替。

真空转鼓污泥脱水机的结构与工作原理类似于制浆车间用的真空洗浆机,在此不再详述。

2. 板框压滤污泥脱水机

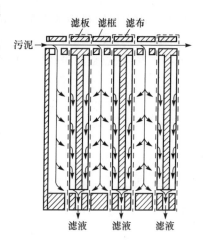

板框压滤污泥脱水机分人工板框滤机和自动板框滤机两种,前者劳动强度大、效率低,后者不需要很多的人工管理。板框压滤机由板和框相间排列而成,其工作原理和构件如图 12-12 所示。在滤板两面包有滤布,用压紧装置把板和框压紧,使板和板之间构成压滤室,被加压的污泥进入后,滤液在压力作用下通过滤布,并由孔道从滤板排出,达到脱水的目的。

图 12-12 板框压滤机工作原理

3. 带式污泥脱水机

1) 滚压带式污泥脱水机

滚压带式污泥脱水机基本上由辊和带组成,其结构原理如图 12-13(a)所示。压榨辊有两种辊压方式:相对辊方式,滚压辊上下相对,辊间接触面积小,压榨时间短,但压力大,适用于无机疏水的污泥脱水;水平辊方式,利用滚压辊施于滤带的张力压榨污泥,滤带同辊的接触面较宽,压榨时间长,虽压力较小,但在滚压过程中对污泥有一种剪切作用,可促进泥饼的脱水。通过辊与带的不同组合,可以得到各种形式的滚压带式污泥脱水机。根据辊与带的不同组合,在不同区域污泥脱水分重力脱水、压力脱水和剪力脱水三种方式,机理见图 12-13(b)。

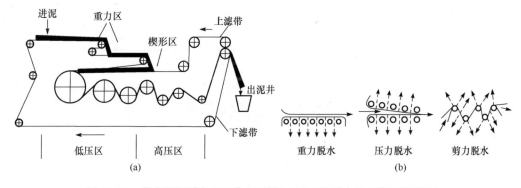

图 12-13 带式污泥脱水机工作原理图(a)及三种脱水机工作原理图(b)

2) 真空带式污泥脱水机

真空带式污泥脱水机以真空吸力作为过滤推动力,其过滤面呈现水平状态。吸滤过程中,加到滤带上的污泥受到真空盒的吸引过滤,滤渣留在滤带上形成滤饼,滤液则经过滤带排出。真空吸滤脱水机适用于粗颗粒、高浓度的处理。

真空吸滤脱水机类似于制浆车间水平带式真空洗浆机,只不过在底网上侧与之对应的还有一条顶网,两者压紧配合,实现脱水。真空带式污泥脱水机在造纸厂较少使用。

4. 圆盘污泥脱水机

圆盘污泥脱水机是一种连续作业的真空脱水机设备。它借助于真空的作用把污泥中的固体颗粒吸附在过滤盘两侧形成滤饼,滤饼在卸料区由吹风卸落。该机适用于固体颗粒小于 0.5mm、沉降速度不超过 18mm/s 的污泥。其优点是占地面积小,过滤面积大,处理量大,更换滤布容易;缺点是滤饼裂缝,从而降低真空度,滤布容易堵塞。

参 考 文 献

陈嘉翔.1990.制浆原理与工程.北京:中国轻工业出版社
陈克复.2011.制浆造纸机械与设备.3版.北京:中国轻工业出版社
董继先,谷建功.2006.一种新型圆柱式磨浆机的结构与性能分析.陕西科技大学学报,24(3):6-10
范丰涛.2008.连续蒸煮新技术.中华纸业,(17):50-54
华南理工大学,天津轻工业学院.1980.制浆造纸机械与设备.北京:中国轻工业出版社
江斌.2009.间歇蒸煮木浆的蒸煮加热设备.黑龙江造纸,(1):57-58
李银标.2008.KAMYR单体液相式连续蒸煮制浆工艺.中华纸业,(17):58,63
李元禄.1991.高得率制浆的基础与应用.北京:中国轻工业出版社
林小河.2006.KAMYR双体液相式连续蒸煮制浆工艺及改进措施.中国造纸,25(7):38-42
刘向红,严晓云.2008.锥形除渣器的设计.轻工机械,(3):21-22
斯穆克.2001.制浆造纸工程大全.北京:中国轻工业出版社
宋建新,徐林,李洪菊,等.2010.浅谈置换蒸煮技术和横管连蒸技术.华东纸业,41(3):4-8
万金泉,马邕文.2008.造纸工业废水处理技术及工程实例.北京:化学工业出版社
王宝贞.1990.水污染控制工程.北京:高等教育出版社
王琼生.2010.造纸用氧化铝陶瓷锥形除渣器的研制与磨损行为.中国造纸学报,(3):52
谢来苏,詹怀宇.2008.制浆原理与工程.北京:中国轻工业出版社
杨福成.2004.现代除渣器的理论与实践(续三).黑龙江造纸,(2):25
杨学富.2001.制浆造纸工业废水处理.北京:化学工业出版社
詹怀宇.2010.制浆原理与工程.3版.北京:中国轻工业出版社
张奇媛,史军伟,武成华.2010.蒸球与横管式连蒸系统优缺点对比.中华纸业,31(22):76-78
中国轻工总会.1996.轻工业技术装备手册.第1卷.北京:机械工业出版社
《制浆造纸手册》编写组.1989.制浆造纸手册(E).北京:中国轻工业出版社